PRÉCIS

DE

THÉRAPEUTIQUE VÉTÉRINAIRE

Coulommiers. — Typ. et stér. Crété

PRÉCIS

DE

THÉRAPEUTIQUE VÉTÉRINAIRE

AVEC DONNÉES SCIENTIFIQUES SPÉCIALES

SUR LES EFFETS DES ALCALOÏDES

PAR

M. M. KAUFMANN

Chef des travaux de physiologie et de thérapeutique
Chargé du Cours de thérapeutique
à l'École nationale vétérinaire de Lyon.

PARIS

ASSELIN ET HOUZEAU

LIBRAIRES DE LA FACULTÉ DE MÉDECINE
et de la Société centrale de médecine vétérinaire.
Place de l'École-de-Médecine

1886

INTRODUCTION

Tous les phénomènes qui se produisent dans l'univers obéissent à des lois *fixes* et *immuables*. Cette vérité, facile à démontrer pour ce qui concerne les sciences physiques et chimiques, a été souvent contestée pour ce qui est du domaine des sciences biologiques. C'est que les phénomènes vitaux sont, en général, très complexes et la détermination des lois qui les régissent devient, pour cette raison, très difficile. De plus, la plupart des doctrines philosophiques qui régnaient, en méconnaissant l'importance de l'observation et surtout de l'expérimentation, ont considérablement retardé le progrès de la biologie. Les sciences qui étudient la nature vivante doivent avoir pour base les faits que fournissent l'observation et l'expérimentation. Les idées spéculatives doivent être entièrement bannies de toute science et surtout de la médecine, qui est certainement la science la plus complexe, celle où la vérité est le plus difficile à mettre en évidence. Il n'y a que les faits dont les conditions sont parfaitement déterminées qui doivent constituer la base de la médecine scientifique. Aujourd'hui la biologie est devenue une science expérimentale comme la physique et la chimie; elle n'admet aucune théorie qui ne repose sur des faits bien déterminés. Grâce à l'emploi des véritables méthodes d'investigation, on a démontré que les lois qui régissent les êtres organisés sont aussi fixes et aussi immuables que celles qui régissent les êtres inorganiques. L'immortel physiologiste Cl. Bernard dit: « Les méthodes d'investigation sont toujours les mêmes, aussi bien dans les sciences qui étudient les êtres vivants que dans celles qui s'occupent des corps bruts.

« Mais dans chaque genre de science, les phénomènes varient et présentent une complexité et des difficultés d'investigation qui leur sont propres. C'est ce qui fait que les principes de l'expérimentation sont incomparablement plus difficiles à appliquer à la médecine et aux phénomènes des corps vivants qu'à la physique et aux phénomènes des corps bruts. »

Un phénomène n'a réellement de portée scientifique que lorsque les conditions en sont entièrement connues et qu'il peut être reproduit à volonté.

En thérapeutique c'est au *déterminisme* des conditions des phénomènes qu'il faut surtout s'attacher. Le principe du déterminisme n'admet pas de faits contradictoires; il repousse de la science tous les faits indéterminés ou irrationnels. Cl. Bernard, qui a d'une main si ferme tracé les règles de l'expérimentation, considère le *déterminisme* comme le pivot de la médecine expérimentale et de la thérapeutique. C'est donc sur la détermination des conditions que le physiologiste et le médecin doivent concentrer tous leurs efforts.

L'observation et l'expérimentation appliquées à la thérapeutique doivent avoir pour but de diminuer et de refouler l'*indéterminisme*. Le médecin, en face d'un malade, a toujours trois séries de conditions à bien déterminer : 1° des conditions se rapportant au sujet malade ; 2° des conditions portant sur les médicaments, et 3° des conditions se rapportant au milieu ambiant.

Les conditions physiologiques ou pathologiques du sujet sont les plus difficiles à bien déterminer, à cause de leur nombre, de leur complexité et de l'impossibilité où l'on est souvent de pouvoir explorer les organes et les tissus jusque dans leurs détails sur l'animal vivant. Avant de penser à appliquer un traitement, nous devons nous efforcer de connaître très exactement la nature, le siège, l'étendue et la cause de la maladie. Nous devons aussi déterminer les conditions physiologiques antérieures du sujet, ainsi que celles qui ont accompagné l'évolution morbide. Nous devons aussi tenir compte de l'espèce animale, de l'âge, de la taille, de l'état de la digestion et de l'état de toutes les autres fonctions, etc. Par cette énumération, on voit combien il est difficile d'obtenir un *déterminisme* exact sur toutes ces conditions. La pathologie, si étroitement liée à la thérapeutique, est encore trop incomplète, trop incertaine pour nous permettre, dans la plupart des cas, d'avoir un déterminisme exact sur l'état du malade.

Si nous passons à l'examen de la seconde série de conditions à déterminer, à celles qui concernent les médicaments, nous nous trouvons encore dans un plus grand embarras. Les propriétés physiques et chimiques des médicaments nous semblent assez bien connues, et cependant il y a là encore de nombreuses et importantes lacunes.

C'est surtout dans la connaissance des réactions chimiques que produisent les médicaments avec la substance vivante des tissus que nous sommes très ignorants. Souvent aussi nous ignorons les modifications fonctionnelles que les médicaments font apparaître dans l'organisme physiologique, et quand nous les connaissons, ce n'est généralement que d'une façon incomplète. Et, si à cela on ajoute l'influence des doses, de la manière dont le médicament est préparé, de la forme sous laquelle on l'administre et de la voie d'absorption à laquelle on le confie, etc., on voit qu'il y a souvent beaucoup d'inconnus.

Enfin pour que le déterminisme fût complet, il faudrait tenir compte des conditions de milieu qui agissent continuellement sur le sujet, telles que la pression barométrique, la température, l'état hygrométrique et électrique de l'air, la composition de l'air respiré, les conditions hygiéniques, etc., etc.

Nous voyons donc que le *déterminisme* est difficile à réaliser pour le sujet malade, pour les médicaments et pour le milieu ambiant. Aujourd'hui encore, le déterminisme est rarement complet pour le médecin.

On comprend donc sans peine pourquoi la médecine reste entachée d'empirisme, pourquoi elle fournit si souvent des résultats contradictoires, pourquoi elle a recours à la statistique pour juger un remède, et pourquoi elle ne jouit que d'une médiocre confiance dans l'esprit de certaines personnes. La médecine est certainement la science la plus complexe et la plus encombrée de théories et de faits contradictoires. C'est pourquoi il y a de la place pour le charlatanisme qui exploite si souvent la crédulité du public. Le charlatanisme et l'empirisme disparaîtront le jour où la médecine sera devenue plus positive, plus exacte. Et certes, celui qui contribue au progrès scientifique de la médecine, pour une part aussi modeste qu'elle puisse être, rendra infiniment plus de service à l'humanité que le législateur qui conçoit des lois de protection en faveur des médecins et des vétérinaires. Le moyen le plus sûr pour écraser l'empirisme, c'est de travailler sans relâche à perfectionner notre art, à acquérir des données nouvelles et positives, et c'est de prouver ainsi au public que nous sommes les seuls dépositaires de la médecine scientifique, c'est-à-dire de celle qui guérit sûrement lorsque la guérison est dans les choses possibles.

Ce livre que j'offre au public vétérinaire est un

résumé succinct des données positives acquises jusqu'à ce jour sur les effets physiologiques et thérapeutiques des médicaments. J'ai cherché, autant que l'état actuel de la science le permet, à présenter sous une forme scientifique les résultats acquis. Je me suis inspiré des règles du déterminisme expérimental de Cl. Bernard. Je n'ai accepté que les faits bien constatés et bien déterminés ; j'ai éliminé soigneusement tous les résultats incomplets et ceux dont le déterminisme laisse à désirer. J'ai vérifié personnellement par l'expérimentation la plupart des faits ; j'en ai recueilli un certain nombre de nouveaux. Grâce à l'installation toute spéciale de notre laboratoire, j'ai pu, sous la paternelle direction de mon savant maître M. Chauveau, employer les méthodes de recherche les plus exactes. Les dosages des médicaments ont été faits avec des soins tout particuliers, et les phénomènes physiologiques engendrés après l'absorption des substances médicamenteuses ont été recueillis avec la plus grande exactitude par des appareils graphiques très perfectionnés. Les résultats sont d'une exactitude souvent mathématique et peuvent être vérifiés facilement. La méthode graphique appliquée à la pathologie et à la thérapeutique a déjà rendu de grands services ; dans l'avenir elle fournira des résultats encore plus merveilleux. J'ai aussi étudié avec un grand soin les différentes voies d'absorption qui doivent être utilisées pour chaque médicament.

J'ai largement profité des nombreuses données

scientifiques recueillies par les auteurs qui ont écrit sur la thérapeutique, tels que : Tabourin, Trousseau et Pidoux, Gubler, Vulpian, Cl. Bernard, Vogel, Rossbach, etc.

Dans ce *Précis de thérapeutique* j'ai cherché à condenser l'état actuel de la science. L'ouvrage n'est certainement pas exempt d'imperfections de plus d'un genre, mais j'espère qu'il pourra rendre quelques services à la profession vétérinaire. Si cet espoir se réalise, ce sera pour moi la plus grande satisfaction.

M. KAUFMANN.

Lyon, le 10 octobre 1885.

PRÉCIS

DE

THÉRAPEUTIQUE VÉTÉRINAIRE

AVEC DONNÉES SCIENTIFIQUES SPÉCIALES SUR
LES EFFETS DES ALCALOÏDES

GÉNÉRALITÉS

Définitions. — Agents thérapeutiques. — Classification. — Administration des médicaments. — Voies d'absorption. — Effets physiologiques. — Modifications subies par les médicaments administrés. — Choix des médicaments. — Forme.

La thérapeutique est la science de la guérison des maladies. Il y a maladie lorsque le jeu régulier et normal de l'organisme vivant est troublé. La maladie est toujours due à une cause externe ou interne. Tant que l'organisme sain n'est pas atteint par des causes perturbatrices, toutes les fonctions s'accomplissent suivant un rhythme régulier, avec une intensité et une harmonie qui constituent la caractéristique de l'état de santé, pendant lequel l'homme ou l'animal éprouve une certaine légèreté, un certain bien-être. Quand il y a trouble d'une ou de plusieurs fonctions, sous l'influence d'une cause quelconque, il y a gêne ou souffrance, il y a maladie.

L'organisme malade livré à lui-même est susceptible

de guérir spontanément après un temps plus ou moins long, si la cause maladive est légère ou peu durable; mais il succombe souvent à la suite de troubles graves apportés dans une ou plusieurs fonctions, si le médecin n'intervient pas à temps avec des remèdes appropriés au mal. Depuis longtemps la médecine a démontré qu'en faisant agir *certains agents* sur un organisme malade, on arrive à abréger la durée de la maladie curable naturellement et à rendre curable une maladie grave qui amènerait infailliblement la mort, si on la laissait évoluer naturellement. Quelquefois il est dans le pouvoir du médecin d'enrayer instantanément la maladie, qui alors se dissipe comme par enchantement; d'autres fois le rôle du médecin consiste à rendre l'évolution morbide plus rapide et à prévenir les complications qui pourraient survenir. Dissiper les maladies, les rendre moins douloureuses, abréger leur durée, tel est le but multiple de la thérapeutique. Cette science demande pour son développement le concours de toutes les autres sciences médicales; elle constitue le but plus ou moins direct de l'ensemble de toutes les sciences biologiques dont elle est pour ainsi dire la résultante.

Les causes modificatrices auxquelles on soumet un malade pour le ramener à l'état de santé, constituent ce qu'on appelle des *agents thérapeutiques*. Ces agents sont extrêmement nombreux et variés; on peut les diviser en trois groupes, savoir : les agents *chirurgicaux*, les agents *physiques*, et les agents *chimiques*. L'étude des agents *chirurgicaux* constitue une branche spéciale de la thérapeutique qu'on appelle la *chirurgie;* nous n'avons pas à nous en occuper ici.

Les agents physiques sont la *chaleur*, l'*électricité;* ils seront étudiés sommairement dans un appendice placé à la fin de ce livre.

Les agents *chimiques* ou *médicaments* sont ceux fournis par la pharmacie ; leur étude, qui *constitue la thérapeutique médicale*, fera l'objet principal de cet ouvrage. Nous étudierons, en détail, toutes les réactions fonctionnelles qui apparaissent sur les animaux quand on les soumet à l'action des médicaments dans les différentes conditions possibles. De cette étude, nous déduirons, chaque fois, le rôle thérapeutique ou curatif du médicament.

Pour rendre cette étude plus facile, plus attrayante et moins ingrate, il faut étudier les médicaments suivant un certain ordre, suivant une certaine classification.

CLASSIFICATION. — Les classifications proposées par les auteurs sont nombreuses ; mais aucune n'est absolument irréprochable. Je proposerai la classification suivante basée sur le lieu et la nature des effets physiologiques des médicaments. Elle peut être l'objet de critiques, mais je crois qu'elle répond assez bien à l'état actuel de la science et aux exigences de la pratique. Si on considère le lieu de l'action des médicaments, on constate que les uns agissent surtout localement, c'est-à-dire au point d'application, tandis que d'autres n'ont presque aucune action locale, mais agissent très activement après leur absorption, c'est-à-dire après leur mélange avec le fluide nourricier et leur transport dans toutes les parties du corps. De là deux groupes de médicaments : 1° les *médicaments à action locale;* 2° les *médicaments à action générale.* Il est évident qu'il n'y a pas une différence absolue entre ces deux groupes. Il y a des médicaments à action locale qui peuvent passer à l'absorption et déterminer des effets généraux, mais ces derniers effets sont en général moins marqués et n'offrent qu'un intérêt médiocre pour la thérapeutique. D'ailleurs, en les décrivant en particulier, j'indiquerai ces effets généraux, ne serait-ce que pour prévenir les accidents d'empoisonnement.

Le groupe des médicaments à effets généraux renferme aussi des substances qui ont une action locale, mais celle-ci est d'une minime importance si on la compare à l'action générale.

Classification des médicaments basée sur le lieu et la nature de leur action physiologique.

1er GROUPE. — Médicaments à action locale.	1° Émollients.
	2° Tempérants.
	3° Astringents.
	4° Caustiques.
	5° Irritants cutanés.
	6° Vomitifs.
	7° Purgatifs.
	8° Antiparasitaires.
	9° Désinfectants.
	10° Excitants.
	11° Anesthésiques locaux.
2e GROUPE. — Médicaments à action générale.	1° Toniques.
	2° Altérants.
	3° Anesthésiques généraux.
	4° Hypnotiques et calmants.
	5° Hyperesthésiques.
	6° Toniques vasculo-cardiaques.
	7° Antisécrétoires.
	8° Hypersécrétoires.
	9° Emménagogues.

ADMINISTRATION DES MÉDICAMENTS. — L'administration des médicaments consiste à les mettre en rapport avec l'organisme malade, pour le modifier dans un sens favorable au retour de la santé. En les administrant, on se propose de produire, soit des effets locaux, c'est-à-dire se développant seulement au point d'application, soit des effets généraux, c'est-à-dire se développant après absorption et transport des médicaments dans tous les tissus par l'intermédiaire du sang. Dans le premier cas le point d'application est toujours indiqué par celui où l'on veut produire les effets. Il faut appliquer les médicaments directement sur la plaie que l'on veut cicatriser, sur la tumeur que l'on veut faire disparaître, ou sur les muqueuses que l'on se propose de modifier. Ici le point d'application des médicaments est toujours très nettement indiqué d'avance par le siège du mal. Il n'en est pas de même quand il s'agit de combattre une maladie ou des troubles qui siègent sur un ou plusieurs organes profondément situés, loin des surfaces tégumentaires. Dans ces cas il est nécessaire de faire arriver les médicaments aux organes malades par l'intermédiaire du courant sanguin. Les molécules médicamenteuses doivent alors être placées sur un point de l'organisme où elles puissent être absorbées et mélangées au sang, chargé de_les transporter ensuite dans tous les tissus.

Les surfaces sur lesquelles les médicaments peuvent être absorbés sont nombreuses, mais toutes ne conviennent pas au même degré. On peut les diviser en *surfaces naturelles* et en *surfaces artificielles*. Les premières sont : la *peau* et les *muqueuses;* les secondes sont : le *tissu conjonctif sous-cutané*, les *solutions de continuité*, l'*intérieur des veines*. C'est dans cet ordre que nous allons faire leur étude.

1° ABSORPTION DES MÉDICAMENTS PAR LA PEAU.

La peau, qui constitue l'enveloppe extérieure du corps, est souvent choisie comme surface d'application des médicaments pour remédier à une affection locale, pour déterminer des réflexes sur des organes déterminés; mais elle n'est utilisée que rarement, lorsqu'on veut obtenir l'absorption complète des médicaments et la production de leurs effets généraux. La peau peut être *intacte* ou *privée de son épiderme;* de là, deux méthodes d'application : la méthode épidermique et la méthode endermique.

a. MÉTHODE ÉPIDERMIQUE. — La méthode d'application,

qui consiste à déposer les médicaments à la surface de la peau intacte, c'est-à-dire pourvue de son épiderme et de ses poils, constitue ce qu'on appelle la méthode épidermique, iatraleptique ou iatralepsie (de ἰατρὸς, médecin, et ἀλείφειν, frotter). Cette méthode, la plus ancienne, convient pour les affections locales, mais est peu avantageuse dans les médications générales, parce qu'elle ne permet, le plus souvent, qu'une absorption insuffisante des médicaments, surtout chez nos animaux domestiques dont l'épiderme est épais et garni de poils nombreux.

Si on envisage la série animale, on voit que la peau, suivant les propriétés physiques de ses revêtements, fonctionne tantôt comme une membrane des plus perméables, tantôt comme un tégument presque imperméable. Entre ces deux extrêmes il y a une foule de nuances intermédiaires. Il y a aussi, chez le même individu, une grande différence dans l'intensité de l'absorption suivant la finesse et la souplesse de la peau. Plus la peau est mince, fine et vasculaire, plus elle est propre à l'absorption. Le tégument n'a pas le même pouvoir absorbant pour toutes les substances; celles-ci sont absorbées avec plus ou moins de rapidité suivant qu'elles sont *gazeuses, solides, liquides* ou *incorporées aux corps gras.*

Absorption des gaz. — La peau de tous les animaux jouit de la propriété d'absorber les gaz. Chez les batraciens et les mollusques, la peau peut suppléer à l'appareil respiratoire et absorber l'oxygène, en quantité suffisante pour entretenir l'hématose. Chez nos animaux domestiques et chez l'homme, la peau absorbe également l'oxygène, mais à un degré infiniment restreint; dans aucun cas, elle ne peut suppléer à l'appareil respiratoire. MM. Bouley et Fourcault, en appliquant des enduits imperméables à la surface cutanée chez le cheval et le chien, ont produit la mort avec les lésions de l'asphyxie. La surface cutanée joue donc un certain rôle dans la respiration même chez les animaux supérieurs.

Certains gaz délétères sont absorbés très rapidement; ainsi un lapin ou un oiseau dont le corps est enfermé dans un ballon plein de gaz hydrogène sulfuré, la tête demeurant en dehors, périt en dix ou douze minutes (Chaussier et Collard de Martigny).

Absorption de l'eau et des solutions salines. — La pénétration de l'eau et des solutions salines est difficile, car la peau est enduite de matière sébacée non nuisible à l'eau. Chez nos animaux, l'absorption de l'eau par la peau intacte est tellement faible, qu'on peut la considérer comme nulle dans la pratique. Duriau a constaté que chez l'homme plongé dans un bain à 20° ou 25°, le poids du corps augmente légèrement, qu'il reste invariable dans un bain de 25° à 34°, et qu'il diminue dans un bain de 42°.

L'homme et les animaux domestiques peuvent rester immergés, pendant un temps assez long, dans un bain contenant en dissolution du sublimé corrosif, ou de l'acide arsénieux, ou d'autres substances toxiques, sans éprouver de phénomènes d'empoisonnement. Si cependant la durée du bain est assez longue, l'absorption a lieu : on retrouve la substance dans les urines, et on voit quelquefois apparaître des phénomènes d'empoisonnement.

Vestrumb a vu le prussiate de potasse absorbé par la peau d'un chien plongé dans un bain par le train de derrière.

M. Colin a versé pendant cinq heures une dissolution de 40 grammes de cyanure de fer sur la région dorso-lombaire d'un cheval et en a obtenu des traces dans les urines après 4 heures et demie.

En maintenant sur la peau du ventre d'un chat une dissolution de strychnine, M. Colin a vu les premiers symptômes d'empoisonnement apparaître après 10 heures et la mort après 16 heures.

La peau des oiseaux, malgré sa finesse et la minceur de l'épiderme, n'absorbe qu'avec une grande lenteur.

Absorption des sels non dissous. — Quand on saupoudre la surface de la peau avec un sel, on constate que ce sel peut être absorbé en petite quantité, car on le retrouve dans l'urine. Roussin a trouvé de l'iode dans son urine, les trois jours pendant lesquels il a porté une chemise imprégnée d'iodure de potassium. Tardieu signale des accidents sur les individus portant des bas teints à la coralline. Dans ces cas ce sont les produits sécrétés par la peau qui dissolvent les sels et favorisent leur absorption.

Absorption des matières incorporées aux corps gras et à des liquides susceptibles d'adhérer à la peau. — La peau absorbe beaucoup mieux les substances associées aux graisses que celles en dissolution dans l'eau. Ainsi l'application de la pommade d'iodure de potassium est suivie au bout de quelque temps de l'apparition de l'iode dans les urines; celle de la pommade mercurielle donne lieu à la salivation. La pommade stibiée peut provoquer la nausée et le vomissement ; la pommade d'atropine produit assez rapidement la dilatation des pupilles.

Diverses autres substances, miscibles à la matière sébacée, sont très aptes à traverser l'épiderme et à être absorbées ; tels sont l'alcool, les huiles essentielles, le sulfure de carbone, la benzine, l'ammoniaque.

En résumé, la peau intacte absorbe bien les gaz, elle n'absorbe que très lentement l'eau et les matières salines ; elle se laisse un peu mieux pénétrer par certains sels non dissous et par les substances incorporées aux corps gras.

Conditions qui favorisent l'absorption cutanée. — Pour rendre l'absorption plus rapide et plus intense, il faut choisir le point où la peau est fine, souple et vasculaire, la débarrasser de la matière sébacée par des lavages, et amincir l'épiderme par des frictions. Pour favoriser encore plus le contact intime de la substance médicamenteuse avec la peau, il convient de débarrasser celle-ci de ses appendices pileux en les rasant. Quand on veut faire absorber des médicaments unis à des matières grasses, il faut toujours laisser parfaitement sécher la peau après les lavages. On applique les matières médicamenteuses avec des frictions vigoureuses, pour amincir l'épiderme, pour faire pénétrer mécaniquement les molécules médicamenteuses dans la peau, pour rendre la circulation plus active et par suite l'absorption plus facile.

L'iatralepsie est une méthode d'administration peu avantageuse, car, à cause de la lenteur de l'absorption par la peau, elle ne permet d'obtenir que des effets généraux insignifiants ou insuffisants ; et en outre, elle entraîne toujours la perte d'une grande quantité de médicament qui, ne passant pas à l'absorption, reste à la surface du tégument.

b. MÉTHODE ENDERMIQUE OU ENDERMIE. — Quand on dépose les médicaments à absorber sur la peau dénudée de son épiderme, on emploie la méthode endermique ou endermie. La peau dénudée absorbe facilement les substances mises en contact avec elle. Dans les médications générales cette méthode est donc préférable à la méthode épidermique. Comme dans cette dernière méthode, il faut choisir, pour lieu d'application, les points où la peau est fine, souple et lâche. Ces points doivent être autant que possible cachés, car s'il résultait des tares, elles pourraient déprécier l'animal si elles étaient visibles.

Pour dépouiller la peau de son épiderme, on s'adresse généralement à une préparation vésicante. Après l'application d'onguent vésicatoire à la surface de la peau, il se forme une sérosité purulente entre le derme et l'épiderme. Cette sérosité soulève la couche épidermique et la détache complètement du derme. On arrive au même résultat par l'emploi de l'eau bouillante ou du fer chaud.

Quand l'épiderme est enlevé, le derme est rouge, gonflé, douloureux, et sécrète une sérosité alcaline. Avant d'appliquer le remède, il faut atténuer l'inflammation par l'application préalable d'émollients ; car l'observation démontre que les surfaces vivement phlogosées n'absorbent que très lentement les matières mises en contact avec elles. Quand le médicament est appliqué, il convient de recouvrir le tout avec un bandage approprié, afin de soustraire la surface médicamentée au contact de l'air.

Cette méthode, outre qu'elle est douloureuse et expose à tarer les animaux, a encore l'inconvénient de ne pas se prêter à l'absorption de tous les médicaments. Pour que les médicaments puissent être absorbés par cette méthode, il faut qu'ils soient solubles dans la sérosité alcaline que sécrète la surface absorbante ; or il y a un grand nombre d'alcaloïdes qui sont insolubles dans cette humeur alcaline et qui ne sont pas absorbés. En outre, l'endermie ne permet pas de graduer l'absorption et expose à des accidents d'empoisonnement, lorsqu'on fait usage de substances très actives.

L'endermie comme l'iatralepsie ne doit guère être utilisée que pour les affections locales.

2° ABSORPTION DES MÉDICAMENTS PAR LES MUQUEUSES.

Les muqueuses ont en général une organisation qui les rend très propres à l'absorption. Leur tissu est spongieux, riche en vaisseaux ; leur épithélium est généralement mince et se laisse facilement traverser par les corps fluides. Les muqueuses n'offrent cependant pas toutes le même pouvoir absorbant. Il y a sous ce rapport de grandes différences que nous allons signaler en étudiant chaque muqueuse en particulier.

A. MUQUEUSE DIGESTIVE. — Cette muqueuse est la voie ordinaire de l'absorption des matières alimentaires liquéfiées dans les cavités qu'elle tapisse. Dans la partie gastro-intestinale la muqueuse digestive est admirablement disposée pour l'absorption ; sa surface, recouverte d'un épithélium très mince, est extrêmement étendue par la présence des plis et des villosités.

La partie de la muqueuse qui s'étend de la bouche au pylore est, en général, peu propre à l'absorption ; son épithélium est stratifié et épais. Les matières médicamenteuses ne peuvent d'ailleurs rester que peu de temps en contact avec elle.

Il faut étudier successivement l'absorption par l'estomac et par l'intestin.

a. ESTOMAC. — L'estomac des carnassiers et des omnivores absorbe activement ; celui des solipèdes absorbe très peu ; les trois premiers estomacs des ruminants sont impropres à l'absorption, mais l'absorption est active dans la caillette.

Ces différences dans l'absorption chez les divers animaux sont nettement établies expérimentalement. Si on fait prendre à un chien, à un lapin, à un porc, une dose toxique d'un sel de strychnine après avoir lié le pylore ou après avoir coupé les deux pneumogastriques, on voit bientôt survenir des accidents d'empoisonnement et ensuite la mort (Colin, *Physiologie*, p. 92).

Si on répète la même expérience sur le cheval, on constate que celui-ci n'éprouve nullement les effets toxiques du poison (Bouley et Colin). Perosino, de Turin, en injectant dans le viscère une dissolution de cyanure de fer et de potassium, n'a vu qu'au bout d'un temps assez long que l'urine contenait de légères traces du sel. L'absorption était donc à peine sensible.

MM. Bouley et Colin ont injecté 32 grammes d'extrait alcoolique de noix vomique délayée dans 300 grammes d'eau tiède dans la caillette d'un taureau, après avoir ligaturé le pylore ; l'animal mourut sept heures après l'injection, mais les effets du poison se sont montrés avant la cinquième heure.

Chez les animaux dont l'estomac absorbe, chien, chat, lapin, porc, toutes les substances ne sont pas absorbées avec la même rapidité ; quelques-unes semblent même réfractaires à l'absorption. Cl. Bernard a en effet démontré que le curare n'est pas plus absorbé dans l'estomac que dans l'intestin.

b. INTESTIN. — L'intestin grêle absorbe chez tous les animaux avec le plus d'activité. Un sel de strychnine produit ses effets après 3 ou 4 minutes si on l'injecte directement dans l'intestin grêle. Le ferro-cyanure de potassium se trouve dans le sang au bout de 5 ou 6 minutes.

Le cœcum absorbe activement chez le cheval. La mort arrive 50 minutes après l'injection de 32 grammes d'extrait de noix vomique dans sa cavité (Colin). Le gros côlon et le rectum absorbent avec activité. Colin a vu la mort survenir chez le cheval une heure dix-sept minutes après l'administration d'un lavement contenant de l'extrait de noix vomique.

L'absorption gastro-intestinale offre de nombreuses

variations d'activité suivant les conditions physiologiques de la digestion et les cas pathologiques. Certaines substances ne sont presque pas absorbées par la voie gastro-intestinale ; tels sont le venin de vipère (Redi), le poison des flèches des Javanais, le curare (Bernard).

Pendant la digestion l'absorption est beaucoup moins rapide que lorsque l'animal est à jeun. Ainsi il est impossible d'empoisonner avec du curare un chien en digestion, tandis qu'on le tue si on administre une forte dose de ce poison pendant la diète.

Certains médicaments éprouvent des altérations dans l'estomac ou dans l'intestin et les propriétés en sont modifiées.

En général, si on veut s'adresser à la voie gastro-intestinale pour faire absorber les médicaments, il faut les administrer à jeun et s'abstenir, pendant un certain temps, de donner des aliments ou des boissons qui pourraient les altérer ou diminuer leurs effets. Il y a cependant quelques cas où il est utile de faire prendre les médicaments avec les aliments, c'est lorsque l'absorption doit être lente, ou lorsque la présence des aliments est nécessaire pour rendre les médicaments solubles.

Quand on veut faire absorber des médicaments dont l'action irritante pourrait être nuisible à l'estomac et à l'intestin grêle, on les administre en lavements par le rectum. Avant de donner un lavement médicamenteux, il est indispensable de débarrasser l'intestin des excréments qui s'y accumulent ; on retire avec la main le contenu du rectum et de la fin du côlon flottant. Il peut aussi être utile de presser doucement sur la vessie pour provoquer l'expulsion des urines. Pendant le séjour du médicament dans la partie postérieure du tube digestif, il faut laisser les animaux dans un repos complet et les mettre à la diète pour éviter une action expulsive.

La voie gastro-intestinale est souvent utilisée dans la pratique. Pour éviter les échecs, il est nécessaire de tenir grand compte de l'état de la digestion, de la nature de la maladie et des propriétés chimiques des médicaments que l'on se propose d'administrer. Sans ces précautions on s'expose à ne pas obtenir d'effets ou à obtenir des effets trop énergiques ou différents de ceux que l'on voudrait provoquer. Il ne faut pas oublier que les sucs digestifs agissent chimiquement sur beaucoup de médicaments et les transforment plus ou moins complètement. Il faut que le praticien connaisse d'avance très exactement les modifications qu'ils subissent sous l'influence des combinaisons qu'ils contractent avant leur absorption complète.

B. Muqueuse respiratoire. — La muqueuse respiratoire, très étendue, très fine et très vasculaire, surtout dans sa partie pulmonaire, absorbe avec une grande activité. Cette muqueuse tient sous ce rapport le premier rang parmi les surfaces libres du corps. Elle est le lieu d'élection pour l'absorption des substances volatiles en général ; elle est également avantageuse, c'est-à-dire plus rapide et plus sûre pour les substances liquides ou en solutions.

Les expériences qui démontrent l'énergique absorption par la voie pulmonaire sont nombreuses. Goodwin, Ségalas, Mayer ont vu l'eau injectée dans la trachée sur le chien et le lapin disparaître presque instantanément par absorption. Gohier et ses élèves ont pu injecter de 30 à 40 litres d'eau dans la trachée du cheval avant d'amener la mort.

A l'autopsie faite immédiatement après ils n'ont pas trouvé de liquide dans les bronches, toute l'eau avait passé à l'absorption. Colin a fait couler 18 litres d'eau pendant 3 heures dans la trachée d'un cheval sans le gêner considérablement.

Les vapeurs d'alcool inspirées avec l'air peuvent produire l'ivresse. L'essence de térébenthine inhalée communique rapidement l'odeur de violette à l'urine. Les vapeurs d'éther, de chloroforme, produisent l'anesthésie.

Les sels solubles s'absorbent aussi avec rapidité. Les sels de strychnine produisent la mort dans 5 à 10 minutes. Le ferrocyanure de potassium se trouve dans le sang deux minutes après son injection dans la trachée chez le chien (Mayer). Colin a retrouvé ce sel dans le sang de la veine jugulaire chez le cheval quatre minutes après l'injection intra-trachéale. Le curare, non absorbé dans l'estomac et l'intestin, est très facilement absorbé par la voie pulmonaire.

Les huiles grasses ne s'absorbent pas sur la muqueuse respiratoire, elles s'accumulent dans les bronches et rendent la respiration laborieuse.

Les médicaments sous forme de poudre ne peuvent être absorbés que s'ils entrent en dissolution. Les particules solides pénètrent quelquefois par effraction dans le tissu pulmonaire et s'y enkystent; mais ce n'est pas là une véritable absorption.

Les médicaments gazeux ou sous forme de vapeurs sont d'une administration facile; il suffit de les faire respirer avec l'air. Il n'en est pas de même des liquides ou des substances en dissolution. Pour faire arriver ces dernières dans l'arbre bronchique, il faut les introduire par une ouverture artificielle pratiquée sur la trachée. On se sert très avantageusement d'une seringue munie d'une canule à aiguille. On remplit la seringue du liquide à injecter, puis on plonge la pointe de la canule entre deux cerceaux de la trachée, et on injecte lentement de manière à faire arriver le liquide, goutte à goutte, dans l'intérieur de l'arbre aérien. Il n'est pas absolument indispensable de faire pénétrer la canule entre deux cerceaux de la trachée, on peut traverser au milieu d'un cerceau, mais alors il arrive souvent que la canule fait emporte-pièce et se bouche par un fragment de cartilage. Pour éviter cet accident, il vaut mieux se servir d'une canule munie d'un trocart pour percer la trachée ; aussitôt que la ponction est pratiquée, on retire le trocart en laissant la canule en place, on adapte la seringue et on pousse l'injection avec lenteur.

L'administration intra-trachéale est très avantageuse. Elle convient pour la plupart des médicaments solubles dans l'eau ou dans l'alcool. Il n'y a que les médicaments huileux ou trop irritants qui ne doivent pas être portés par cette voie. D'ailleurs, pour éviter les accidents de toux et de bronchite, il est nécessaire de beaucoup diluer les solutions et d'injecter avec une grande lenteur.

Cette administration est extrêmement simple et à la portée de tout praticien. Les médicaments sont absorbés rapidement sans subir aucune altération. Il y a donc promptitude et sûreté dans les effets. Il y a, en outre, une réelle économie, car toute la quantité injectée passe à l'absorption.

Par cette méthode d'administration on emploie des substances pures et exactement dosables ; on obtient ainsi une absorption sûre, rapide et complète. Je me permets de la recommander aux praticiens. Elle a rendu de grands services à M. Lévy, professeur à l'école vétérinaire de Pise, dans un grand nombre de maladies.

C. Muqueuses génito-urinaire, oculaire et auriculaire. — Ces surfaces, quoique douées de la faculté d'absorption, ne sont pas mises à profit dans les médications générales, parce qu'elles n'ont pas assez d'étendue pour recevoir une grande quantité de matière médicamenteuse. Quand on applique des médicaments sur ces muqueuses, c'est en général pour remédier à des maladies de ces muqueuses mêmes.

3° TISSU CONJONCTIF SOUS-CUTANÉ.

La méthode qui consiste à introduire les substances médicamenteuses dans le tissu conjonctif est appelée *méthode hypodermique* ou *sous-dermique*.

Les substances injectées sous la peau sont rapidement absorbées. Du ferrocyanure de potassium, injecté sous la peau de la face d'un cheval, se trouve dans l'urine au bout de huit minutes. Un lapin ou un cochon d'Inde qui reçoit une injection hypodermique d'un sel de strychnine meurt empoisonné au bout de quatre à cinq minutes.

Les huiles et les corps gras ne sont pas absorbés dans le tissu cellulaire. Ainsi l'huile de croton appliquée sous la peau ne produit pas la purgation (Colin).

Le tissu conjonctif sous-cutané présente de grandes variétés dans la rapidité d'absorption. Quand il est chargé de graisse et dense, l'absorption est plus lente; quand il est lâche et peu chargé de graisse, l'absorption est plus rapide.

Pour administrer les médicaments par cette voie, on doit choisir les régions du corps où le tissu cellulaire est lâche et abondant, comme au poitrail, à l'encolure, à la face interne des cuisses, sur la région costale.

Autrefois on faisait, avec une aiguille à séton, un godet sous-cutané dans lequel on versait le médicament. Ce procédé doit être complètement abandonné, car il offre de nombreux inconvénients. Aujourd'hui on possède des seringues exactement graduées, à canules fines et pointues, qui permettent de faire les injections sous-cutanées avec la plus grande facilité. Voici comment il faut procéder :

Avec le pouce et l'index de la main gauche on forme un pli à la peau, au point où l'on veut injecter; de la main droite on enfonce vigoureusement l'aiguille à travers le tégument pour faire arriver la pointe dans le tissu conjonctif sous-cutané; on abandonne alors le pli formé, et on injecte lentement le contenu de la seringue; on retire la canule et l'opération est terminée. Le liquide s'accumule au point d'injection et forme une petite tumeur molle sous la peau. Pour faciliter l'absorption, on peut écraser légèrement cette petite tumeur avec les doigts pour étendre le liquide et le mettre en rapport avec une surface absorbante plus étendue. Lorsqu'on a à injecter plus de 5 centimètres cubes de liquide, il faut faire plusieurs piqûres; on évite ainsi les accidents locaux, et on rend l'absorption plus rapide. La seringue graduée de 5 centimètres cubes ou 10 centimètres cubes est la plus convenable pour le besoin de la médecine vétérinaire.

Cette méthode offre les avantages suivants : rapidité de l'absorption ; sûreté dans l'action ; facilité de graduer les effets par des dosages convenables ; économie de substance médicamenteuse. Il n'y a que les corps gras et les substances très caustiques et très irritantes qui ne peuvent pas être administrées par cette voie. Les accidents locaux que l'on observe quelquefois sont : la formation d'abcès et la gangrène de la peau. Ces accidents sont facilement évités par le bon choix des préparations et une administration intelligente.

4° PLAIES.

Les plaies absorbent plus ou moins activement suivant leur nature. Lorsque la surface est hachée, mortifiée, sanguinolente, l'absorption est lente; si au contraire la plaie est nette, qu'elle a cessé de saigner, l'absorption est active. On n'utilise que très rarement les plaies pour obtenir l'absorption médicamenteuse. C'est plutôt pour prévenir les cas d'empoisonnement possible par les plaies que je parle ici de ces voies d'absorption.

5° INJECTIONS INTRA-VEINEUSES.

Les médicaments ne déterminent des effets généraux que quand leurs molécules sont parvenues dans le sang. Pour obtenir des effets plus prompts on a donc pensé à pratiquer des injections médicamenteuses directement dans les veines. Cette méthode est employée depuis le milieu du dix-septième siècle en médecine humaine; aujourd'hui encore on a recours à elle dans certaines maladies graves, tétanos, choléra.

En médecine vétérinaire, l'injection intra-veineuse n'est pas encore entrée dans la pratique, mais elle est employée journellement dans les expériences physiologiques et toxicologiques faites sur les animaux dans les écoles vétérinaires. Cette méthode constitue un excellent procédé de recherche. Quand on veut étudier les effets physiologiques d'un médicament, on devrait toujours avoir recours à l'injection intra-veineuse.

En effet, il est démontré suffisamment par les expériences de Brown-Séquard que la plupart des médicaments agissent localement au point d'absorption; et cette action locale peut amener des effets éloignés par action réflexe qui s'ajoutent aux effets généraux et les compliquent. Pour éviter les effets secondaires d'origine locale, il est indispensable d'introduire le médicament directement dans le sang; on obtient ainsi les effets généraux absolument purs.

L'injection intra-veineuse doit entrer dans la pratique vétérinaire; elle est moins dangereuse et moins difficile qu'on ne le pense généralement. Presque toutes les substances très actives qui ne coagulent pas le sang peuvent être confiées directement aux veines. Le manuel opératoire est d'ailleurs extrêmement simple, surtout quand il s'agit du cheval ou du bœuf. On doit choisir une veine volumineuse. La veine jugulaire convient le mieux, à cause de son volume et de sa position. Avec une main on fait gonfler la veine, comme lorsqu'on veut faire une saignée ; avec l'autre, on tient la seringue munie de son aiguille creuse, qu'on enfonce instantanément à travers la peau pour la faire arriver dans la veine.

Avec un peu d'exercice on pénètre ainsi facilement dans le canal veineux. Pour s'assurer qu'on est bien dans la veine, on tire légèrement le piston et on voit alors le sang se mélanger avec le liquide déjà contenu dans la seringue. Si le sang n'arrive pas dans la seringue, c'est qu'on n'est pas dans la veine.

Quand on s'est assuré que l'extrémité de la canule est dans la veine, on enlève la main qui la gonflait, et on injecte très lentement le contenu de la seringue.

Quand l'opération est terminée, on retire la canule, et il ne reste aucune trace locale de l'injection.

Les accidents qui peuvent se produire pendant l'injection sont : la mort par syncope et la mort par introduction d'air dans le sang.

La mort par syncope cardiaque arrive, quand on injecte trop vite certaines substances qui agissent énergiquement sur le cœur et arrêtent ses mouvements. On évite facilement cet accident par une injection très lente. Il y a des auteurs qui recommandent d'injecter dans une petite veine très éloignée du cœur. Évidemment cette précaution peut être employée quand on expérimente, mais elle ne peut pas être observée dans la pratique, car il n'est pas facile de pénétrer dans une petite veine sans la découvrir par une incision de la peau. J'ai injecté des centaines de fois des substances médicamenteuses dans la veine jugulaire, et je n'ai jamais observé d'accidents, lorsque j'ai injecté avec lenteur.

L'introduction de l'air dans la veine est facile à éviter. S'il y a des bulles d'air dans la seringue, il faut pencher celle-ci, pour què ces bulles restent toujours en contact avec le piston, et cesser de pousser, quand tout le liquide est sorti de la seringue.

Il peut arriver quelquefois des accidents consécutifs, ce sont le thrombus et la phlébite. Le thrombus ne survient que lorsque la canule est trop volumineuse, et que le sang de la veine peut sortir par l'orifice fait à ses parois. Cet accident est extrêmement rare. La phlébite est encore plus rare, je ne l'ai jamais observée à la suite des injections que j'ai pratiquées.

L'injection intra-veineuse peut rendre des services dans certains cas spéciaux. Pour éviter les accidents, il est nécessaire d'employer une seringue et des canules convenables et très propres, et d'injecter avec une extrême lenteur.

EFFETS PHYSIOLOGIQUES DES MÉDICAMENTS.

Quand les médicaments sont mis en contact avec l'organisme par un des procédés que nous venons d'étudier, ils font apparaître certains effets, certaines modifications fonctionnelles qu'il est utile d'étudier afin de pouvoir les utiliser dans les cas particuliers.

Le médicament, étant une substance non vivante, ne peut agir que par ses propriétés *physiques* ou *chimiques*.

L'état physique rend certains médicaments *irritants*. C'est ainsi que la poudre de *Spongilla lacustris* (Link) est employée comme rubéfiante dans certaines parties de la Russie. L'action irritante est due entièrement à l'effet mécanique produit par les aiguilles siliceuses très fines qui entrent dans la composition de cette poudre. La poudre de bolet, en s'imprégnant de sang, forme une masse solide qui arrête les hémorrhagies; c'est un hémostatique puissant.

Certaines substances végétales ou animales, convenablement préparées, se gonflent beaucoup dans l'eau. On utilise cette propriété pour dilater certains orifices, certaines cavités de l'organisme.

Mais la plupart des substances médicamenteuses doivent leurs effets physiologiques à leurs réactions chimiques. En effet, la matière organique a des affinités chimiques pour certains médicaments. Les sels alcalins qui entrent dans la composition des tissus et des liquides organiques, en se combinant avec les acides employés comme médicaments, éprouvent des modifications, des transformations qui retentissent sur les fonctions. De même les acides de l'organisme, en se combinant avec les médicaments basiques, se neutralisent, et il en résulte certaines modifications physiologiques. L'organisme, à cause de son hétérogénéité, ne présente pas les mêmes réactions chimiques dans toutes ses parties : ainsi la matière colorante de la garance ne se fixe pas indistinctement sur tous les tissus; elle a une affinité spéciale pour le tissu osseux qui s'en imprègne, tandis que les autres tissus ne la fixent pas. Cette affinité très grande du tissu osseux pour la matière colorante de la garance est due à la présence des sels de chaux qui entrent dans la composition de l'os.

L'émétique n'a aucune action sur l'albumine en dissolution dans un milieu alcalin ou neutre, mais la précipite si le milieu est acide. Ce corps agit énergiquement sur l'estomac où il rencontre le suc gastrique acide, et sur la peau où il trouve la matière sébacée et la sueur qui ont une réaction acide. L'acide convolvulique anhydre n'a aucune action dans l'estomac parce qu'il y reste insoluble ; il a au contraire une action énergique sur la muqueuse intestinale parce qu'il se dissout dans la bile.

Les exemples précédents suffisent pour démontrer qu'une substance médicamenteuse n'agit que dans certains organes et dans certains milieux ; qu'elle peut avoir une élection pour certains éléments anatomiques à l'exclusion des autres.

NATURE DES EFFETS PHYSIOLOGIQUES. — Les médicaments engendrent des modifications fonctionnelles ou organiques qui sont ou *locales* ou *générales*. De là deux sortes d'effets : des *effets locaux* et des *effets généraux*. Les effets sont locaux quand ils se produisent au point d'application, ils sont généraux quand ils apparaissent après l'absorption du médicament et son mélange avec le fluide nourricier général. Suivant la nature des effets qu'ils engendrent, les médicaments reçoivent différents qualificatifs. Ils sont : *rubéfiants* quand ils produisent sur la peau de la rougeur, de la chaleur, de la douleur et de la tuméfaction : farine de graine de moutarde, vératrine, aconitine, ammoniaque, potasse, essence de térébenthine, euphorbe, huile de croton tiglium, etc. ; *vésicants* lorsqu'ils déterminent une accumulation de sérosité entre le derme et l'épiderme ; ex. : cantharides, acide acétique, euphorbe, liniment ammoniacal ; *émollients* lorsqu'ils ramollissent les tissus, les imbibent et en diminuent la sensibilité, ex. : graine de lin ; *astringents* quand ils resserrent et dessèchent les tissus et qu'ils arrêtent les sécrétions, ex. : sels de plomb, tannin, etc. ; *tempérants* quands ils anémient les organes, produisent un abaissement local de la température et diminuent la soif quand ils sont absorbés, ex. : acides étendus ; *réfrigérants* lorsqu'ils agissent en abaissant la température locale, ex. : eau, éther, ammoniaque, chloroforme, sulfure de carbone ; *anesthésiques locaux* quand ils diminuent la sensibilité locale, ex. : cocaïne, éther, chloroforme, morphine ; *antiparasitaires* quand ils tuent les parasites, ex. : sulfure de potasse, acide arsénieux, sels de mercure, racine de vératre, etc. ; *myotiques* quand ils produisent un resserrement de la pupille, ex. : ésérine ; *mydriatiques* lorsqu'ils dilatent la pupille, ex. : atropine ; *sialagogues* lorsqu'ils provoquent la salivation ; *digestifs* quand ils favorisent la digestion ; *stomachiques* quand ils activent principalement la sécrétion du suc gastrique, ex. : poivre, sel marin ; *émétiques* ou *vomitifs* quand ils font vomir ; *antidotes* quand ils arrêtent les effets toxiques des poisons ; *antiacides* quand ils font disparaître l'acidité exagérée du suc gastrique, ex. : magnésie calcinée, bicarbonate de soude ; *carminatifs* quand ils favorisent l'expulsion des gaz par l'anus ; *anthelminthiques* ou *vermifuges* quand ils tuent les vers et produisent leur expulsion ; *eccoprotiques* quand ils favorisent l'expulsion des matières fécales sans les fluidifier ; *purgatifs* quand ils augmentent la fluidité des matières fécales et produisent la diarrhée ; *reconstituants* ou *toniques* quand ils favorisent l'assimilation ; *altérants* quand ils augmentent la désassimilation ; *accélérateurs cardiaques* quand ils augmentent surtout le nombre des battements du cœur ; *modérateurs cardiaques* quand ils diminuent le nombre des battements cardiaques ; *toniques du cœur* quand l'énergie des contractions est augmentée ; *hyperthermiques* quand ils augmentent la température, rectale, ex. : alcool, essence de térébenthine, ammoniacaux ; *hypothermiques* quand ils diminuent la température rectale, ex. : digitaline, quinine, vératrine; *excitants* quand ils augmentent l'activité nerveuse; *anesthésiques* quand ils diminuent la sensibilité générale et les sensibilités spéciales; *hypnotiques* quand ils produisent le sommeil; *tétaniques* quand ils déterminent des contractions musculaires; *antispasmodiques* quand ils arrêtent les spasmes de la vie organique; *cholagogues* quand ils augmentent la sécrétion de la bile; *galactopoïétiques* quand ils activent la sécrétion du lait; *expectorants* quand ils favorisent l'expulsion du mucus bronchique; *sternutatoires* lorsqu'ils produisent l'éternuement; *diurétiques* quand ils augmentent la quantité d'urine; *aphrodisiaques* quand ils augmentent l'excitation génitale; *emménagogues* quand ils provoquent l'expulsion du fœtus, etc., etc.

Les autres dénominations appliquées aux médicaments seront indiquées dans l'étude que nous ferons de chaque substance.

Les médicaments modifient l'organisme vivant; mais celui-ci à son tour peut modifier les médicaments et les transformer.

Modifications subies par les médicaments. — Certaines substances sont altérées par les liquides digestifs. Dans la bouche, la salive, dont la réaction est alcaline, agit sur l'amidon et toutes les substances féculentes pour les transformer en glycose. La salicine est également transformée en glycose par la salive, d'après Städeler.

Les sels de fer et de plomb se précipitent quelquefois dans la bouche sous forme de sulfure et produisent un enduit noir autour des dents.

Beaucoup de substances s'hydratent ou se combinent avec les sels alcalins de la salive; d'autres se combinent avec la matière albuminoïde de ce liquide et la précipitent.

Cependant, comme le séjour des matières médicamenteuses est de courte durée dans la bouche et l'œsophage, la plus grande partie des médicaments arrivent intacts dans l'estomac.

Dans l'estomac les médicaments rencontrent le suc gastrique acide. La plupart des sels, les oxydes métalliques, les alcaloïdes se combinent avec l'acide du suc gastrique et entrent en dissolution. Les carbonates et les cyanures sont décomposés et il y a dégagement d'acide carbonique ou d'acide cyanhydrique. Le fer, en se combinant avec l'acide chlorhydrique, produit un dégagement d'hydrogène. Certains sels métalliques sont rendus solubles; d'autres au contraire sont rendus insolubles; beaucoup se combinent avec la pepsine ou l'acide chlorhydrique du suc gastrique.

Les médicaments éprouvent également des modifications dans l'intestin sous l'influence des sucs biliaire, pancréatique et entérique, qui ont une réaction alcaline ou neutre. Les matières de l'estomac, en arrivant dans l'intestin, perdent leur acidité en présence de la bile, du suc pancréatique et entérique. Certains sels deviennent solubles, exemple : le chlorure d'argent, l'acide convolvulique anhydre et peut-être le soufre. Les matières de nature albuminoïde sont rendues solubles et assimilables. L'acide sulfhydrique qui prend naissance agit sur beaucoup de sels métalliques et les transforme en sulfures insolubles qui sont expulsés avec les excréments.

La présence ou l'absence d'aliments dans le tube gastro-intestinal a encore une grande influence sur les modifications des médicaments. Les aliments peuvent favoriser l'absorption de certains médicaments ou au contraire entraver celle de certains autres.

Sur les autres muqueuses, sur les plaies et dans le tissu conjonctif, les médicaments sont absorbés sans subir d'altérations appréciables; ils peuvent cependant s'hydrater ou se combiner avec la matière albuminoïde.

Généralement leur absorption se fait sans qu'ils

soient modifiés. Les sécrétions cutanées peuvent les modifier quelquefois lorsqu'on les applique sur la peau.

Quand les substances médicamenteuses sont arrivées dans le sang elles subissent de nouvelles modifications. Elles se combinent avec l'albumine du plasma et avec la substance même des globules ; une partie est éliminée par les urines, une autre par l'intestin, la bile et la peau.

Il y a des métaux qui se déposent dans certains organes et y séjournent quelquefois très longtemps. Nous ne connaissons pas encore exactement toutes les formes qu'affectent successivement les médicaments dans le sang, avant leur élimination. Il y a certainement des oxydations, des réductions et des synthèses.

Pendant leur élimination par les glandes, les médicaments subissent quelquefois de nouvelles altérations ; ainsi l'essence de térébenthine se transforme en essence de violette pendant son passage dans le rein ; cette essence se forme bien dans le rein, car on ne peut pas constater sa présence dans le sang.

CHOIX DES MÉDICAMENTS. — En médecine, comme en physique ou en chimie, on ne doit rien négliger pour obtenir des résultats mathématiquement exacts. Quand on administre une substance, on doit connaître d'avance la nature et l'intensité des effets qu'elle va produire. Sans ces connaissances on s'expose aux accidents les plus graves ; on peut devenir la cause involontaire, mais coupable, de la mort du malade que l'on traite. La médecine soulagera d'autant plus de souffrances, guérira d'autant plus de maux, qu'elle deviendra plus scientifique, plus exacte. Dans beaucoup de parties, elles est encore entachée d'empirisme, hâtonsnous de la dépouiller de cette vieille écorce, c'est le plus sûr moyen d'arriver à vaincre les empiriques dont se plaignent tant les praticiens. Or l'exactitude ne sera possible que si nous employons des médicaments toujours identiques.

Il faut faire usage de substances chimiquement pures ou dont la composition chimique est toujours parfaitement déterminée; il faut laisser de côté les matières impures, les mélanges de sels inconnus, les substances végétales à composition variable; il faut s'adresser aux sels parfaitement purs, aux mélanges parfaitement connus, aux alcaloïdes et à leurs sels.

Pendant longtemps on a pensé qu'en médecine vétérinaire la qualité du médicament était chose accessoire; on acceptait facilement les substances impures, altérées, ou à composition inconnue, parce qu'elles étaient d'un prix moindre que les substances pures et de bonne qualité. Ces errements doivent cesser, car ils sont ruineux pour le propriétaire d'animaux malades et ils sont peu propres à relever le prestige du médecin. Le traitement avec des substances pures est toujours moins coûteux que celui fait avec des matières impures, quoique le prix d'achat de ces dernières soit moins élevé; de plus il assure toujours le succès quand celui-ci est dans les choses possibles. Le médecin, obtenant des effets nets et à intensité voulue, sera dans les meilleures conditions possibles pour combattre rapidement l'état pathologique. L'importance de la pureté des substances médicamenteuses a été tellement bien comprise par quelques hommes éminents, qu'ils ont cru utile de qualifier du nom de *dosimétrie* l'usage de ces substances.

La dosimétrie ou la médecine dosimétrique n'est pas une médecine spéciale, elle n'est que la médecine ordinaire perfectionnée par le choix de médicaments purs, d'alcaloïdes employés généralement sous la forme pilulaire et administrés à doses fractionnées. Certains auteurs veulent en faire une médecine nouvelle et exagèrent singulièrement ce qu'il y a de vrai et de scientifique dans cette méthode, d'ailleurs très rationnelle.

FORME DES MÉDICAMENTS. — Lorsque les médicaments sont employés pour produire des effets locaux, la forme sous laquelle on les emploie est extrêmement variable suivant les cas : solutions aqueuses, alcooliques, pommades, onguents, poudre, etc. La nature du mal à combattre indique généralement assez nettement la forme qu'il faut choisir.

Quand les médicaments doivent être absorbés, la forme sous laquelle ils sont administrés a une grande importance ; en effet, suivant leur forme, ils sont absorbés plus ou moins vite, ils produisent des désordres locaux plus ou moins intenses et plus ou moins dangereux. En règle générale, il faut mettre les préparations sous la forme la plus soluble et qui permet l'administration la plus facile, la plus rapide et la plus sûre. Les dissolutions aqueuses titrées, fraîchement préparées, doivent toujours être préférées quand les médicaments sont solubles dans l'eau ; cette forme convient pour l'estomac, le rectum, la trachée et le tissu conjonctif sous-cutané. Pour les médicaments insolubles ou peu solubles dans l'eau, mais solubles dans l'alcool ou la glycérine, on peut choisir ces derniers liquides comme véhicules et les administrer par les mêmes voies. La forme pilulaire ne convient que lorsqu'on peut faire absorber les principes actifs par le tube digestif ; cette préparation, d'un usage très commode, d'une administration assez facile, peut être employée dans quelques cas ; cependant la forme liquide doit être généralement préférée. Les pilules employées doivent toujours être parfaitement bien préparées et renfermer une quantité de principe actif exactement déterminée.

Les pilules que l'on achète chez les pharmaciens sont

souvent trop vieilles, irrégulièrement actives parce qu'elles ne contiennent pas toutes la même proportion de principe actif. En les employant on s'expose, dans uu cas, à obtenir des effets trop énergiques; dans un autre cas, des effets à peu près nuls.

La forme d'électuaire ou de bol peut aussi convenir dans quelques cas particuliers.

La forme gazeuse convient pour l'administration des médicaments par les voies respiratoires; les inhalations doivent être faites avec prudence.

PREMIER GROUPE

PREMIÈRE CLASSE

ÉMOLLIENTS.

Ces médicaments sont encore appelés *débilitants, relâchants, adoucissants, atoniques*, etc.

Division. — Les médicaments émollients sont très nombreux. Pour en faciliter l'étude, on a dû y établir des divisions. Nous adopterons la division suivante :

1° *Féculents*. — Amidon et fécule. Dextrine. Farine des céréales.

2° *Sucrés*. — Sucre cristallisable. Cassonade ou sucre brut. Mélasse. Glycose. Sucre de lait. Miel. Réglisse. Betterave. Carotte. Autres racines sucrées.

3° *Gommeux*. — Gomme arabique. Gomme du Sénégal. Gomme adragante. Gomme de Bassora. Gomme du pays.

4° *Mucilagineux*. — Mucilage. Graine de lin. Racine de guimauve. Mauve. Bourrache. Bouillon blanc. Grande consoude. Figuier de Barbarie. Lichen d'Islande.

5° *Albumineux*. — Albumine. Jaune d'œuf. Coquilles d'œuf. Gélatine. Fibrine. Lait. Crème. Petit-lait.

6° *Corps gras*. — Huiles. Beurre. Graisses diverses. Blanc de baleine. Cire. Savon. Glycérine. Vaseline.

7° *Corps protecteurs*. — Collodion. Gutta-percha. Caoutchouc. Poix. Plâtre. Silicate de potasse.

Tous ces médicaments possèdent quelques caractères communs que nous devons faire connaître immédiatement pour éviter les redites.

EFFETS PHYSIOLOGIQUES COMMUNS. — Appliqués sur un organe, les émollients le ramollissent, le gonflent, le relâchent, en rendent la surface plus douce, plus glissante, plus pâle, moins sensible, et ralentissent la nutrition dans son tissu. Ces effets se produisent partout, quelle que soit la surface sur laquelle ces médicaments sont déposés. L'intensité avec laquelle ces effets se développent est variable suivant la consistance, la délicatesse des tissus.

Dans le tube digestif ils tendent à diminuer l'excitabilité réflexe de la muqueuse et à ramollir les matières excrémentitielles qui sont expulsées plus facilement. Administrés en grande quantité, ils rendent la muqueuse gastro-intestinale impropre à la digestion en la relâchant considérablement. Ils activent les sécrétions diverses qui sont déversées dans le conduit digestif ; mais les liquides digestifs sont aqueux et n'agissent que faiblement pour transformer les aliments ; de là, diminution de l'appétit et apparition de la diarrhée.

Après leur absorption, les émollients ont un pouvoir nutritif variable suivant les substances. Quelques-unes sont très nutritives, exemple : le blanc d'œuf, le lait ; mais la plupart sont aqueuses et peu nutritives. Employés exclusivement comme aliments pendant un certain temps, les émollients déterminent, outre la diarrhée, un *affaiblissement général* de l'organisme avec *ralentissement* de toutes les fonctions. Le sang s'appauvrit en globules, devient aqueux ; de là une anémie qui prédispose aux hydropisies passives des séreuses et à l'engorgement des membres ; de là aussi une hypersécrétion sur toutes les muqueuses dont les produits sont plus aqueux, plus fluides.

EFFETS THÉRAPEUTIQUES. — Les effets thérapeutiques

dérivent directement des effets physiologiques ci-dessus. Puisque les émollients ramollissent et relâchent les tissus, ils sont indiqués dans tous les cas où la dureté trop grande d'un organe compromet son fonctionnement normal, ou peut être nuisible à la guérison d'une maladie existante.

La corne du sabot du cheval devenant très dure par la dessiccation perd son élasticité normale, comprime les parties profondes sensibles, et occasionne des boiteries. Celles-ci disparaissent rapidement sous l'influence des émollients qui, en ramollissant la corne, lui restituent son extensibilité, sa souplesse et son élasticité. Quand une inflammation siège dans les tissus sous-cornés, le gonflement inflammatoire qui se produit comprime les tissus, provoque une douleur d'autant plus vive que la corne opposera une plus grande résistance au gonflement inflammatoire. Il en sera exactement de même quand une inflammation prendra naissance sous une peau épaisse, dure, résistante, ou sous une aponévrose inextensible. Dans tous ces cas, l'effet ramollissant et relâchant des émollients a pour conséquence de faire disparaître es souffrances et d'accélérer la guérison de la maladie.

La propriété qu'ils ont d'adoucir les surfaces et de les rendre plus glissantes les rend précieux pour faire cheminer des corps étrangers arrêtés dans un conduit quelconque de l'organisme. Ainsi, on administre avec raison de l'huile, du mucilage, pour faire progresser une pomme, une poire, ou un corps étranger quelconque arrêté dans le trajet de l'œsophage. On donne des lavements de cette nature, pour ramollir les pelotes arrêtées dans le gros intestin et produire leur expulsion par le rectum. Quand les eaux de l'amnios s'écoulent trop vite pendant l'accouchement et que la surface vaginale tend à se dessécher, on fait des injections d'eau mucilagineuse. On pourrait multiplier les exemples.

Enfin, l'action dépressive que produisent les émollients sur la nutrition, ajoutée à la diminution de la sensibilité qu'ils provoquent, les rend précieux pour combattre les inflammations très vives et très douloureuses. Quand l'inflammation débute, ils l'arrêtent; quand elle est déjà établie, ils abrègent sa durée et diminuent les souffrances. Ils favorisent la formation des abcès et augmentent la sécrétion du pus sur les plaies et les muqueuses; ils constituent d'excellents maturatifs.

Les émollients combattent directement la constipation, les spasmes intestinaux et l'irritation de la muqueuse gastro-intestinale. Ils sont bien indiqués aussi dans tous les cas de fièvre, parce qu'ils diminuent la suractivité des fonctions respiratoire, circulatoire et calorifique. En diluant le sang, en le rendant moins excitant, les émollients ont une action curative assez puissante sur les maladies internes, surtout les maladies des muqueuses profondes caractérisées par une grande sécheresse ou par une vive douleur.

Les émollients ne doivent pas être employés lorsqu'on veut prévenir l'augmentation de volume d'un organe; ils doivent être proscrits également lorsqu'on veut tarir la sécrétion muqueuse ou purulente. Il ne faut jamais baigner la matrice renversée dans un liquide émollient; car la matrice se gonflerait, augmenterait de volume et la réduction deviendrait impossible. Lorsqu'une muqueuse ou une plaie sécrète du pus en grande quantité et qu'on juge le moment venu pour tarir ces sécrétions, il faut suspendre l'usage des émollients. Ceux-ci, en effet, augmentent la formation du pus et retardent la cicatrisation. Dans la pratique, il suffit de se reporter aux effets physiologiques pour pouvoir en faire, dans les cas spéciaux, un emploi rigoureux. Le praticien qui raisonne les indications saura toujours faire usage des émollients au moment où ils sont utiles, et les suspendre quand ils n'ont plus d'utilité ou qu'ils tendent à devenir nuisibles.

Nous allons maintenant faire l'étude sommaire de chaque médicament émollient en indiquant les particularités caractéristiques.

1° ÉMOLLIENTS FÉCULENTS.

Amidon et fécule.

On connaît plus spécialement sous le nom de *fécule* la matière retirée des parties souterraines, et sous celui d'*amidon* celle qu'on extrait des céréales.

Examinée au microscope, la matière amylacée forme des globules allongés de grosseur variable, mais toujours très petits.

Lorsqu'on chauffe de l'amidon avec de l'eau, chaque grain prend, vers 70°, 20 à 30 fois son volume primitif, de sorte que si la quantité d'eau n'est pas considérable, l'eau est emprisonnée et on obtient l'*empois*. Lorsque la quantité d'eau est considérable, on obtient l'eau *amidonnée*.

L'amidon a pour caractère de bleuir avec de très petites quantités d'iode. Par une ébullition prolongée, on transforme l'amidon en dextrine : la présence d'une petite quantité d'acide sulfurique active cette transformation. La diastase de l'orge germée, la diastase salivaire transforment l'amidon en glycose. Les alcalis en solution concentrée, chauffés avec l'amidon, le désorganisent et le dissolvent.

Effets physiologiques et thérapeutiques. — L'amidon en poudre est un corps avide d'eau. Appliqué sur une surface humide, l'amidon absorbe cette humidité et forme une légère croûte protectrice. En même temps la sensibilité devient plus obtuse ; et, s'il y a douleur, elle diminue. Cette propriété absorbante et calmante est utilisée contre les inflammations cutanées prurigineuses et sécrétantes, contre les diarrhées, etc. Mélangé au plâtre, à parties égales, et gâché avec de l'eau, l'amidon constitue un bandage contentif pour les fractures.

Dextrine.

La dextrine dérive de l'amidon. Elle est amorphe, légèrement jaunâtre, très soluble dans l'eau et insoluble dans l'alcool et l'éther concentrés. Elle forme des solutions visqueuses et collantes qui ne sont pas précipitées par le sous-acétate de plomb. Ce dernier caractère la distingue de la gomme arabique.

Effets physiologiques et thérapeutiques. — La dextrine est très adoucissante pour les tissus sur lesquels elle est appliquée. Elle convient très bien pour confectionner les électuaires ou pour faire des liquides émollients. Elle sert aussi à préparer des bandages contentifs que l'on peut enlever en mouillant les bandes avec de l'eau tiède.

Le mélange dont on se sert habituellement est formé de 100 parties de dextrine, 50 parties d'eau et 50 parties d'eau-de-vie camphrée.

Farines des céréales.

Les graines des céréales renferment de 50 à 80 p. 100 de matière amylacée et de 7 à 14 p. 100 de gluten. Les farines qui en dérivent jouissent sensiblement des mêmes propriétés que l'amidon, avec cette différence qu'elles sont très nutritives à cause du gluten.

Les farines servent à former des boissons émollientes et nutritives; elles conviennent dans tous les cas de maladie, soit pour diminuer l'irritation gastro-intestinale, soit pour maintenir les forces de l'animal.

Le riz convient surtout chez les petits animaux sous forme d'eau de riz. Chez les grands animaux on emploie de préférence les grains des autres céréales.

Pour augmenter les vertus antidiarrhéiques des boissons farineuses ou de l'eau de riz on y ajoute du laudanum, une décoction de pavot ou de l'extrait d'opium.

2° ÉMOLLIENTS SUCRÉS.

Sucre cristallisable. $C^{12}H^{11}O^{11}$.

Le sucre cristallisé a une densité de 1,60, il est soluble dans le tiers de son poids d'eau froide, et dans l'eau chaude en toute proportion; il est insoluble dans l'alcool. Chauffé à 180° il fournit un produit transparent appelé sucre d'orge; à 220° il se transforme en caramel. Les acides, les ferments et un grand nombre de sels acides, surtout à l'aide de la chaleur, transforment le sucre ordinaire en glycose. La fermentation le décompose en alcool et en acide carbonique. Il se combine avec la chaux, et forme un sel insoluble.

Effets physiologiques et thérapeutiques. — A l'état de poudre, le sucre cristallisé est légèrement excitant pour les tissus. Cette action excitante est due à l'état physique du sucre dont les particules anguleuses agissent mécaniquement; il est en outre très hygroscopique et tend au premier moment à deshydrater les tissus. L'effet véritablement émollient suit l'effet excitant. Cet effet est surtout utilisé pour les inflammations de la cornée, de la conjonctive et pour les plaies blafardes.

La propriété qu'a le sucre de former un sel insoluble avec la chaux le rend précieux comme antidote contre les empoisonnements par la chaux vive. Administré en petite quantité il constitue un émollient énergique du tube digestif. A doses fortes il provoque la diarrhée, puis la purgation après avoir produit une soif vive. D'après Viborg, des poules sont purgées par 32 à 45 grammes de sucre et les moutons par 200 grammes; chez ces derniers, la purgation se montra neuf heures après l'administration. Essayé sur le porc et le chien, le sucre ne détermine aucun effet purgatif. Il se transforme en glycose dans le tube digestif, est absorbé et agit alors en rendant le sang moins excitant. Il a surtout une action sur les glandes rénales, la muqueuse pulmonaire et bronchique dont il augmente la sécrétion. Il est *diurétique* et *expectorant*.

Cassonade ou sucre brut.

La cassonade est le sucre brut de canne. Elle possède exactement les mêmes propriétés que le sucre ordinaire.

Mélasse.

La mélasse est un produit secondaire de la fabrication du sucre; elle est sous forme d'un sirop épais, d'un rouge brun foncé, d'une odeur de caramel, d'une saveur sucrée mêlée d'amertume et d'âcreté. La mélasse est formée de sucre cristallisable, de glycose, de caramel, d'un principe mucoso-sucré, d'acide acétique et d'acétates; ces derniers principes sont surtout abondants quand elle a vieilli.

Elle a les propriétés physiologiques et thérapeutiques un peu atténuées du sucre, sauf l'action excitante. En grande quantité elle détermine la purgation. Elle sert surtout à édulcorer les boissons et les breuvages.

Glucose ou glycose. $C^{12}H^{12}O^{12}$.

Le glucose pur ou sucre incristallisable se présente

sous forme de petites masses mamelonnées, comme les choux-fleurs ; il est d'une saveur sucrée qui est deux fois plus faible que celle du sucre ordinaire à poids égal. Dans le commerce le glucose est sous la forme d'un sirop épais, transparent, de couleur blanche ou jaunâtre, inodore, de saveur sucrée et collant fortement aux doigts comme la térébenthine. Cette variété de sucre réduit les sels métalliques avec une grande facilité.

Usages. — Il sert à édulcorer les boissons et les breuvages et entre dans la confection des électuaires et des bols. Comme il précipite les sels de cuivre, de plomb, de mercure, d'argent, etc., il peut servir d'antidote dans les cas d'empoisonnement par ces sels métalliques.

Sucre de lait. — Lactine ou lactose. $C^{24}H^{22}O^{22}$
$$+ H^2O^2.$$

C'est le sucre qui communique au lait sa saveur sucrée.

Ce sucre cristallise sous forme de prismes à quatre pans terminés par des pyramides quadrangulaires ; les cristaux sont incolores, durs, croquant sous la dent, d'une densité de 1,54. Il est sans odeur et d'une saveur douce peu sucrée. Il se dissout dans 6 parties d'eau froide et 2 parties d'eau bouillante : il est insoluble dans l'alcool et l'éther. En présence de la caséine, d'une liqueur alcaline, la lactose se change en acide lactique.

Usages. — Ce sucre convient très bien pour les petits animaux. Il jouit exactement des mêmes propriétés que le sucre cristallisé.

Miel.

Caractères. — Le miel de bonne qualité est solide ou

mou, jamais liquide, sa couleur est d'un blanc plus ou moins pur ou d'un jaune plus ou moins foncé, son aspect est grenu, il est onctueux au toucher et collant comme un sirop ; son odeur est aromatique : sa saveur est sucrée et agréable. Soluble dans l'eau froide ou chaude, ainsi que dans l'alcool faible, le miel est insoluble dans l'alcool absolu, l'éther, les essences et les corps gras. Exposé à l'air, il s'altère facilement, entre en fermentation et acquiert une saveur aigre due à la présence de l'acide acétique.

COMPOSITION CHIMIQUE. — Le miel renferme trois espèces de sucre : du sucre cristallisable, du glucose et du sucre de fruit ; il contient, en outre, une matière sucrée analogue à la mannite, de la cire, un acide libre, un principe aromatique, une matière colorante.

EFFETS PHYSIOLOGIQUES ET INDICATIONS THÉRAPEUTIQUES. — Le miel est très adoucissant pour les tissus. Il ne fait pas gonfler les parties sur lesquelles il est appliqué ; au contraire, il tend à diminuer leur volume ; il a donc une action résolutive. Les solutions de continuité sont légèrement excitées et se cicatrisent avec activité sous l'influence du miel. A l'intérieur il est très bon émollient à faible dose et devient laxatif à dose forte. C'est un des meilleurs expectorants et un des meilleurs calmants des voies respiratoires. Ces propriétés le recommandent dans tous les cas de fièvre et de phlegmasies internes surtout des organes respiratoires. Il rend de grands services aussi à l'extérieur, sur les plaies, les parties mortifiées, les crevasses et autres inflammations locales. Il paraît excellent contre les ophthalmies.

(Grands animaux, de 50 à 250 gr.
Doses. { Moyens — de 15 à 90 gr.
(Petits — de 8 à 20 gr.

Ces doses peuvent être répétées plusieurs fois par jour.

Réglisse (*Glycyrrhiza glabra*, L.).

Cette plante légumineuse croît dans le midi de l'Europe et fournit sa racine qui est jaune, à odeur particulière et d'une saveur sucrée.

COMPOSITION CHIMIQUE. — D'après Robiquet elle renferme un principe sucré, non fermentescible, appelé *glycyrrhizine*, de l'albumine, de l'amidon, de l'asparagine, un principe oléo-résineux, du ligneux et des sels.

EFFETS. — Cette racine traitée par macération, infusion ou décoction cède son sucre et ses sels, et fournit des boissons adoucissantes et béchiques. La macération et l'infusion sont préférables à la décoction, parce que l'eau bouillante dissout aussi le principe oléo-résineux qui est âcre et amer, ce qui diminue les qualités émollientes de la préparation.

Doses.
{ Grands animaux, de 60 à 130 gr.
{ Petits ruminants et porcs, de 15 à 30 gr.
{ Carnivores, de 4 à 8 gr.

Betterave (*Beta vulgaris*, L.).

COMPOSITION CHIMIQUE. — La racine de betterave contient beaucoup d'eau, du sucre, de la pectine, de la cellulose, des sels.

PROPRIÉTÉS. — Traitée par décoction elle fournit un liquide très sucré et très émollient, qui peut remplacer la plupart des tisanes édulcorées, dans les affections des voies respiratoires, du tube digestif, de l'appareil génito-urinaire.

Carotte (*Daucus carota*, L.).

COMPOSITION CHIMIQUE. — La carotte contient dans sa racine beaucoup d'eau, du sucre, une forte proportion de pectine, une matière colorante, un principe aromatique, de la cellulose, des sels, etc.

Propriétés. — La tisane de carottes est émolliente, béchique, diurétique. Elle convient bien dans les affections des voies respiratoires, du tube gastro-intestinal, du foie, et des voies urinaires. Elle augmente la sécrétion du lait chez la vache. Avec la pulpe on fait des cataplasmes émollients et résolutifs.

Autres racines sucrées.

Les autres racines sucrées qui jouissent de propriétés semblables à celles que nous venons de décrire sont la rave (*Brassica rapa*, L.), le navet (*Brassica napus*, L.), le panais (*Pastinaca sativa*, L.), le topinambour (*Helianthus tuberosus*, L.), etc.

3° ÉMOLLIENTS GOMMEUX.

Gommes.

Caractères. — Les gommes sont plus ou moins solubles dans l'eau froide ou chaude, qu'elles rendent épaisse, visqueuse et collante aux doigts; elles sont insolubles dans l'alcool, l'éther, les essences et les corps gras. Leur composition chimique les rapproche de l'amidon et du sucre. Elles donnent naissance à de l'acide mucique sous l'influence de l'acide azotique et de la chaleur. Leur dissolution est précipitée par le sous-acétate de plomb.

Division. — Les gommes se divisent, sous le rapport de la solubilité, en trois séries distinctes : 1° *Gommes solubles*. Elles se dissolvent dans l'eau froide, la rendent mucilagineuse sans troubler sa transparence et ont pour principe immédiat l'*arabine*. Ex. : Gommes arabiques et du Sénégal. 2° Gommes insolubles. Elles ne se dissolvent ni dans l'eau froide ni dans l'eau chaude ; mais elles s'y gonflent considérablement et prennent l'aspect d'un mucilage épais ; elles sont à base d'*adragantine*. Telles sont les gommes Adragante et de Bassora. 3° Gommes mi-solubles. Elles se dissolvent en partie dans l'eau froide et presque entièrement dans celle qui est bouillante ; elles renferment principalement de la *cérasine*. Ex. : la gomme du pays.

PROPRIÉTÉS PHYSIOLOGIQUES ET THÉRAPEUTIQUES. — Les gommes constituent d'excellents émollients, surtout pour le tube digestif. Le liquide mucilagineux et visqueux qu'elles forment agit localement en couvrant la surface malade d'une couche protectrice, très adoucissante. Dans l'estomac la gomme est seulement partiellement transformée en sucre sous l'influence de la pepsine et de l'acide du suc gastrique ; la plus grande partie, n'éprouvant aucune altération, séjourne d'abord dans l'intestin, puis est expulsée avec les excréments. Les solutions à 10 p. 100 conviennent très bien dans les inflammations gastro-intestinales, dans les diarrhées, etc.

Les gommes ne sont pas absorbées dans le tube digestif ; il n'y a que la petite quantité de sucre qu'elles donnent dans l'estomac qui passe à l'absorption. Il n'a jamais été possible jusqu'à présent de démontrer le passage direct de la gomme dans le sang. Il résulte de ce défaut d'absorption que les gommes ne peuvent pas avoir une action énergique sur les muqueuses éloignées du tube digestif sur lesquelles le médicament ne peut arriver que par l'intermédiaire du sang. Ainsi les gommes administrées à l'intérieur n'agissent que faiblement sur les bronches, les reins, la vessie, etc.

Les gommes rendent de grands services dans l'allaitement des jeunes animaux. Mélangées au lait elles le rendent plus facile à digérer, parce que dans l'estomac la caséine, au lieu de se précipiter en bloc, se précipite lentement et sous forme de petites masses facilement attaquables par le suc gastrique. Il ne faut jamais associer la gomme au plomb, au fer et autres métaux qui la précipitent.

A l'extérieur les solutions gommeuses, épaisses, sont utiles contre les brûlures, les excoriations, les plaies, la conjonctivite.

4° MUCILAGINEUX.

On donne ce nom aux substances qui ont pour base le mucilage. Les principaux mucilagineux sont : la graine de lin, le tourteau de lin, les semences de coing, les pépins de pommes et de poires ; les semences des cucurbitacées ; les graines de trigonelle ou fenu grec, les graines de chanvre ou chènevis, les graines de pavot, la guimauve, la mauve, la bourrache, le figuier de Barbarie et le lichen d'Islande, la racine de guimauve.

Le mucilage étant le principe actif de ces différents produits végétaux, son étude suffira pour nous faire connaître les effets de tous les mucilagineux.

Mucilage.

Le mucilage est une matière organique qui, sous l'influence de l'eau chaude, se gonfle et lui communique une viscosité très prononcée. Ce corps a une composition chimique voisine de celle des gommes.

Effets physiologiques. — Le mucilage est de tous les émollients le plus franchement adoucissant, relâchant et calmant. Localement il ramollit fortement les tissus, les gonfle, les rend insensibles. Dans l'estomac il subit une fermentation acide qui le décompose en partie et le rend assimilable. Pendant cette fermentation il se forme de l'acide saccharique et de la mucine. La partie non absorbée constitue un enduit émollient pour la muqueuse digestive, qui est ainsi préservée du contact irritant des produits sécrétés. La partie du mucilage qui est absorbée agit sur les organes éloignés tels que : le larynx, les bronches, la muqueuse urinaire dont l'irritation diminue et dont les sécrétions augmentent. De fortes doses de mucilage peuvent devenir irritantes pour le tube digestif à cause de la fermentation acide qui se développe. Sous l'influence du mucilage convenablement administré, les sécrétions catarrhales deviennent plus abondantes, plus faciles et plus fluides.

EMPLOI. — A l'extérieur le mucilage est indiqué comme *calmant, maturatif*. A l'intérieur contre les irritations des voies digestives, les inflammations des voies urinaires, des bronches, etc. — On l'emploie en injections pour faire glisser des corps étrangers arrêtés dans un point d'un conduit, pour remplacer les eaux de l'amnios. On fait arriver le liquide mucilagineux dans les cavités au moyen d'une seringue ou avec un tube de caoutchouc.

Graine de lin (*Linum usitatissimum*, L.)

COMPOSITION. — Les graines de lin fournissent du mucilage 15 p. 100, de l'huile 25 p. 100, et du tourteau.

Le mucilage est contenu seulement dans l'enveloppe de la graine. Le tourteau renferme l'épisperme, le mucilage, de la pectine, de l'albumine, des sels terreux et alcalins et une petite quantité d'huile.

En infusion il faut 10 grammes de graines de lin pour obtenir un litre d'eau mucilagineuse ; en décoction il ne faut que 5 grammes par litre d'eau.

La farine de graine de lin sert à confectionner des

cataplasmes émollients dans lesquels entrent une partie de farine et trois parties d'eau. Cette farine doit être de préparation récente ; en vieillissant elle noircit, devient acide et perd ses propriétés émollientes.

Le tourteau peut remplacer la graine pour la confection des boissons mucilagineuses ou la farine pour la confection des cataplasmes.

Racine de Guimauve (*Althea officinalis*, L.).

COMPOSITION CHIMIQUE. — La racine de guimauve contient du mucilage 35 p. 100, de la gomme, de l'amidon, de l'albumine, de l'asparagine, du sucre, de l'albumine, une matière colorante et grasse et des sels alcalins.

EMPLOI. — Traitée par décoction à la dose de 15 à 30 grammes par litre d'eau, la racine de guimauve fournit un liquide mucilagineux et amylacé qui constitue des boissons ou des breuvages très adoucissants.

La poudre entre dans la composition des électuaires, des pilules et des bols.

Mauve (*Malva sylvestris*, L.).

Les feuilles de mauve sont très riches en mucilage et partant très émollientes. Cuites dans l'eau, les feuilles de mauve fournissent deux produits : 1° un liquide verdâtre, doux, mucilagineux, qu'on emploie en lavements, injections, bains, lotions et fomentations ; 2° une pulpe verte, qui constitue des cataplasmes adoucissants et maturatifs d'un usage vulgaire.

Bourrache (*Borrago officinalis*).

Les infusions de feuilles de bourrache sont émollientes, pectorales, sudorifiques et diurétiques. Leur emploi est indiqué dans les affections de la poitrine et dans les éruptions cutanées difficiles.

Bouillon blanc ou Molène (*Verbascum thapsus*, L.).

Les feuilles et les fleurs sont émollientes et antispasmodiques. Elles remplacent la mauve et la guimauve.

Grande consonde (*Symphytum consolida*).

La racine traitée par décoction fournit un liquide émollient et un peu astringent. Elle convient surtout dans la diarrhée, la dysenterie, la plupart des hémorrhagies internes et le pissement de sang.

Figuier de Barbarie (*Cactus opuntia*, L.).

Les feuilles de cette plante grasse, appelée raquette, renferment une pulpe verte, friable, qui est très riche en mucilage. Une de ces feuilles fendue en deux selon sa longueur et appliquée par la face divisée sur une partie enflammée remplace très avantageusement un cataplasme émollient. — Par décoction ou infusion on obtient un liquide très mucilagineux qui répond à toutes les indications ordinaires des émollients. Cette plante constitue dans nos possessions d'Algérie une ressource précieuse pour la médecine vétérinaire.

Lichen d'Islande (*Cetraria Islandica*, L.).

Composition. — Le lichen d'Islande contient de l'amidon (lichenine), un principe amer appelé cétrarine ou acide cétrarique, de la gomme, du sucre, des sels calcaires, etc.

Le principe amer étant soluble dans l'eau froide ou

tiède peut être enlevé par quelques lavages ; il reste alors une matière qui traitée par décoction donne un liquide épais, comme mucilagineux, qui se prend en gelée en se refroidissant lorsqu'il est suffisamment concentré.

Mêmes indications que les autres émollients.

5° ÉMOLLIENTS ALBUMINEUX.

Les émollients albumineux employés en médecine sont les œufs de tous les oiseaux de basse-cour. Dans un œuf on distingue trois parties : *le blanc*, *le jaune* et la *coquille*. Chacune de ces parties a des usages spéciaux.

Albumine ou blanc d'œuf (*Albumen*).

PROPRIÉTÉS PHYSIQUES ET CHIMIQUES. — C'est un liquide visqueux, transparent, inodore, insipide, plus doux que l'eau et moussant beaucoup par l'agitation en emprisonnant l'air. Soumise à une douce chaleur, l'albumine se dessèche et forme des plaques translucides, jaunâtres, vitreuses, et conserve sa solubilité dans l'eau. Mais à une température supérieure à 70° centigrades, l'albumine se coagule entièrement, forme une masse blanche, élastique, complètement insoluble dans l'eau. L'albumine liquide ou desséchée est très soluble dans l'eau, mais elle est précipitée de sa solution aqueuse par un grand nombre de corps, tels que : l'alcool, l'éther, les essences, la plupart des acides minéraux ou organiques concentrés, tous les sels métalliques, etc. Par contre, les alcalis caustiques et les carbonates alcalins dissolvent l'albumine, même lorsqu'elle a été coagulée par la chaleur ou les acides. Les acides acétique, chlorhydrique, phosphorique hydraté, très étendus d'eau, exercent aussi une action fluidifiante sur l'albumine. On devra tenir compte de ces réactions dans les alliances pharmaceutiques de l'albumine.

Le blanc constitue environ les deux tiers de la masse de l'œuf ; il est formé d'une dissolution aqueuse d'albumine. Il est composé de 85 parties d'eau, de 12 d'albumine et de 2,7 de matière muqueuse, de 0,3 de soude libre, de soufre et de matières salines.

PROPRIÉTÉS PHYSIOLOGIQUES ET EMPLOI. — Le blanc d'œuf battu avec de l'eau tiède constitue un liquide très émollient et très nutritif qui est indiqué dans les inflammations des voies gastro-intestinales : la gastrite, l'entérite, la dysenterie, la diarrhée, etc. Concentrée, la solution albumineuse convient dans le cas d'empoisonnement par les sels métalliques et spécialement par les sels mercuriels ; seulement il ne faut pas exagérer la dose, car l'expérience a démontré qu'elle dissolvait le coagulum primitivement formé.

Le blanc d'œuf sert aussi à l'extérieur comme émollient, défensif et comme moyen de contention dans les cas de fracture. — On applique des solutions aqueuses concentrées sur les brûlures, l'érysipèle, les éruptions cutanées, etc. En se desséchant sur la peau l'albumine forme une sorte de vernis protecteur favorable à la cicatrisation. Comme moyen défensif on l'utilise sur les entorses, les distensions, etc., battu avec de l'alun, de l'alcool camphré, etc. Pour en faire un appareil contentif d'une fracture, on le bat avec de l'extrait de Saturne (étoupade de Moschat) ou avec de l'alun et l'on y trempe les pièces de l'appareil avant de les appliquer. En ajoutant de l'amidon au mélange d'albumine et d'alun on le rend plus épais et plus agglutinatif.

Jaune d'œuf (*Vitellus*).

Le jaune forme environ le tiers de la masse du contenu de l'œuf et pèse 16 grammes en moyenne.

Composition chimique. — Sa composition chimique est très complexe ; il renferme, d'après Gobley, les principes suivants : albumine spéciale appelée vitelline 16 ; huile particulière 21 ; matière visqueuse 10 ; eau 50 ; enfin de la cholestérine, de l'osmazôme, des matières colorantes rouge et jaune, des traces d'acide lactique, des sels, du phosphore, du soufre et de l'iode.

Usages. — Le jaune d'œuf dissous dans l'eau tiède forme ce que l'on appelle vulgairement un *lait de poule*, préparation adoucissante pectorale et nutritive. Dissous dans l'huile et émulsionné avec une petite quantité d'eau, le jaune d'œuf est éminemment adoucissant et convient dans les inflammations violentes des entrailles, les empoisonnements irritants, etc.

La dissolution de jaune d'œuf dans l'eau est l'intermédiaire le plus fréquemment employé pour l'administration à l'intérieur du camphre, des résines, des baumes, de la térébenthine, des corps gras, des essences, du soufre, du phosphore, etc.

Mélangé à la térébenthine et à l'huile d'olive il constitue l'onguent digestif simple.

Coquilles d'œufs.

D'après Proust la coquille d'œuf est formée : de carbonate de chaux 97 p. 100, sous-phosphate de chaux 1 p. 100, matière animale 2 p. 100. On y a signalé, en outre, du soufre et du phosphate de magnésie. Cette matière administrée à l'intérieur est *antiacide*. On l'emploie avec succès contre la diarrhée des jeunes animaux nourris au lait.

Gélatine.

Propriétés physiques et chimiques. — La gélatine desséchée se présente sous forme de plaques plus ou moins épaisses, elle est incolore, inodore, insipide, transparente, dure, flexible et plus dense que l'eau. Dans l'eau froide, elle se gonfle considérablement, mais ne se dissout pas ; dans l'eau bouillante elle se dissout à la longue et par le refroidissement elle se prend en gelée. La dissolution aqueuse de gélatine est précipitée par l'alcool, l'éther, les essences, le tannin, le sulfate de zinc, le sublimé corrosif, le nitrate de mercure, le chlore, etc. Il faut tenir compte de cette propriété dans les préparations pharmaceutiques.

PROPRIÉTÉS PHYSIOLOGIQUES ET EMPLOI. — Les gélatineux sont émollients. A l'intérieur ils sont en outre nutritifs. A forte dose ils produisent la diarrhée, surtout chez les herbivores.

La colle forte sert à la confection des bandages contentifs pour les fractures.

Fibrine.

Les principales variétés de fibrine sont le gluten, la chair musculaire et le sang. Ce sont des aliments plutôt que des émollients. Le sang mélangé à la chaux vive forme un mastic très tenace employé dans les cas de fracture.

Lait.

Exposé à l'air le lait se sépare en *crème* et *lait*, le lait s'acidifie ensuite et se subdivise en deux parties : le caséum ou caillé et le sérum ou petit-lait.

Chauffé, le lait ne se coagule pas. Il se mélange avec l'eau en toute proportion ; par contre, l'alcool, l'éther, les acides, beaucoup de sels métalliques, toutes les solutions végétales astringentes, le coagulent immédiatement. Les alcalis et les carbonates alcalins s'opposent au contraire à la coagulation du lait et dissolvent même le coagulum formé. Le lait constitue un excellent dissolvant du sulfate de quinine dont il dissimule en grande partie la saveur.

COMPOSITION CHIMIQUE. — Le lait contient de la *caséine*, de la *graisse*, du sucre de lait et des sels inorganiques. Les proportions de ces différentes matières varient avec l'espèce animale qui fournit le lait.

100 parties de lait contiennent :	Chez la vache.	Chez la chèvre.
Albumine	0.6	3.3
Caséine	4.0	3.4
Graisse	4.3	4.3
Sucre de lait	4	4
Sels	0.5	0.6
Matières solides	14.3	13.6
Eau	85.7	86.4

Les cendres contiennent du chlorure de sodium, de potassium et des phosphates. On y trouve des traces de fer et de l'urée. Le colostrum est riche en sulfate de sodium.

PROPRIÉTÉS PHYSIOLOGIQUES ET THÉRAPEUTIQUES. — Le lait est un aliment complet et constitue la meilleure nourriture des jeunes animaux.

En arrivant dans l'estomac le lait rencontre un milieu acide ; il se coagule immédiatement, puis se redissout lentement sous l'influence du suc gastrique. Quand le lait reste, sous forme de caillots, trop longtemps dans l'estomac, il fermente, donne naissance à des acides qui irritent la muqueuse et déterminent une indigestion ou une diarrhée.

Le lait est indiqué toutes les fois qu'il faut produire un effet relâchant, adoucissant sur le tube digestif en même temps qu'il faut nourrir l'animal. C'est l'aliment le plus convenable dans les maladies inflammatoires des voies respiratoires, génito-urinaires.

Le lait constitue le meilleur antidote contre les

empoisonnements par les sels métalliques. Quand on veut combattre l'empoisonnement par le phosphore ou les cantharides il faut employer le lait écrémé, parce que le phosphore et la cantharidine sont solubles dans les graisses.

A l'extérieur le lait est aussi employé comme émollient, mais il a l'inconvénient de rancir trop vite.

Crème.

La crème est très adoucissante et convient dans les inflammations locales ; cependant elle présente l'inconvénient de rancir trop vite.

Petit-lait.

Le petit-lait est composé d'une grande quantité d'eau, d'albumine, de caséine, de sucre de lait, de l'acide butyrique et lactique et une petite quantité de sels alcalins et terreux.

Dans le tube digestif il est émollient, plus relâchant, plus délayant et moins nutritif que le lait entier. Il a d'ailleurs les mêmes usages.

6° ÉMOLLIENTS GRAS.

PROPRIÉTÉS PHYSIQUES ET CHIMIQUES. — Les corps gras ont tous pour base la stéarine, la margarine et l'oléine mélangées en diverses proportions.

Les corps gras sont tous insolubles dans l'eau, mais solubles dans l'alcool, l'éther, les essences, la glycérine ; ils sont également solubles, les uns dans les autres. Ces principes immédiats se dédoublent sous l'influence des alcalis en acides gras particuliers (stéarique, margarique et oléique) et en un principe basique, unique, la *glycérine*. Exposés à l'air les corps gras absorbent de l'oxygène, s'oxydent, deviennent acides, odorants et irritants : on dit alors qu'ils sont rances. Les métaux oxydables s'altèrent au contact des corps gras.

Ils sont solides, mous ou liquides ; leur couleur, leur odeur et leur saveur varient dans chacun d'eux ; leur densité est toujours inférieure à celle de l'eau. Ils sont doux et onctueux au toucher, rendent glissants les corps sur lesquels on les a étendus et communiquent une transparence incomplète aux corps dans les porosités desquels ils ont pénétré, comme on le remarque pour le papier, les étoffes qu'ils tachent profondément. Soumis à l'action de la chaleur, ils entrent en fusion de 30 à 60° centigrades ; ils bouillent généralement entre 200 et 300° centigrades et ne tardent pas à se décomposer.

Ils constituent d'excellents dissolvants pour le soufre, le phosphore, l'iode, le brome, les résines, etc. On peut tenir les corps gras en suspension dans l'eau grâce à un jaune d'œuf ou à du mucilage ou une gomme ; on obtient ainsi des liqueurs blanches opalines appelées *émulsions*.

EFFETS PHYSIOLOGIQUES. — Appliqués sur un tissu, les corps gras le pénètrent peu à peu, le ramollissent et lui donnent de la souplesse. Ils diminuent la chaleur, la tension, la rigidité et même la sensibilité dans les cas d'inflammations. C'est surtout quand la surface du tissu ou de l'organe sur lequel on les applique est sèche, rude au toucher, crevassée, que les effets émollients des corps gras sont rapides et salutaires. Mais ces corps ont le grand inconvénient de rancir et de devenir irritants au bout de peu de temps. Sur la peau ils peuvent même provoquer de la dépilation. Appliqués sur une trop grande surface de la peau ils peuvent déterminer la mort des animaux par l'asphyxie cutanée, comme l'ont démontré les expériences de Bouley et de Fourcault.

Cet effet asphyxiant et toxique se produit surtout facilement chez les ruminants, principalement chez les
lamas.

Dans le tube digestif les corps gras produisent des
effets qui varient avec les doses. En petite quantité, ils
sont digérés, absorbés et servent à la nutrition. Ingérés
en quantité un peu forte ou d'une manière suivie, les
corps gras échappent en partie à la digestion, causent
du dégoût, provoquent le vomissement chez les carnivores et la purgation chez tous les animaux.

Après l'absorption les corps gras servent à entretenir
la chaleur animale et constituent, lorsqu'ils sont un peu
trop abondants, des dépôts de réserve dans certaines parties du corps. Ils ne peuvent pas servir exclusivement à
entretenir la vie. Magendie a en effet prouvé que les
animaux nourris exclusivement avec des corps gras
meurent infailliblement au bout d'un mois en moyenne.

Lorsqu'ils entrent pour une trop forte proportion
dans l'alimentation, les corps gras s'accumulent dans
le foie, le poumon et les reins. Burgraeve, Gluge et
Thiernesse (*Journal vit. et agr. de Belgique*, 1844,
p. 317) ont constaté dans leurs expériences que lorsqu'on augmente la dose tous les jours, les animaux
perdent l'appétit, maigrissent, toussent, éprouvent
beaucoup de dyspnée et présentent enfin tous les symptômes d'une violente pneumonie, à laquelle les chiens
succombent dans l'espace d'environ un mois et les
lapins beaucoup plus tôt.

Les lésions trouvées aux autopsies sont, en effet, l'hépatisation totale ou partielle des poumons, l'accumulation d'un fluide graisseux dans le parenchyme de ces
organes et, en outre, un dépôt de la matière grasse,
dans le foie, les reins et le sang. L'hépatisation des
poumons est toujours, quant à l'étendue, en rapport
avec la quantité d'huile introduite dans l'économie par

les voies digestives. Ces effets sont les mêmes chez les animaux herbivores et les carnivores.

Indications thérapeutiques. — L'action adoucissante est utilisée dans les inflammations superficielles de la peau produites surtout par le frottement, comme l'érythème aux ars, aux aines. La propriété que les corps gras possèdent de ramollir les tissus secs, durs, et d'entretenir leur souplesse les fait employer contre les dartres sèches, les crevasses, les gerçures, la sécheresse du sabot du cheval, etc.

Les corps gras sont antiparasitaires parce qu'ils imprégnent le tégument des parasites et, en entravant la respiration, produisent leur asphyxie.

Ils ont d'ailleurs les mêmes indications que les autres émollients pour combattre les inflammations locales.

La propriété qu'ils ont de rendre glissantes et douces les surfaces sur lesquelles ils sont déposés fait qu'on les emploie avantageusement dans les cas d'introduction de matières âcres et irritantes dans le tube digestif; dans les affections vermineuses; dans le cas d'introduction de corps étrangers dans l'œsophage; lors de l'existence d'une constipation opiniâtre, de pelotes stercorales, de bézoards, d'égagropiles, de desséchement des aliments dans le rumen ou le feuillet, etc. Dans les maladies des voies respiratoires et des organes génito-urinaires ils sont utiles aussi; mais ils peuvent être facilement remplacés par les autres émollients.

Des huiles grasses.

Les huiles grasses sont des corps gras liquides à la température ordinaire. Elles sont formées d'oléine et de margarine, et ce n'est qu'exceptionnellement qu'elles contiennent de la stéarine.

Exposées à l'air les huiles ne se comportent pas toutes

de la même manière : il en est qui absorbent l'oxygène, se résinifient et se desséchent; on les appelle *siccatives;* d'autres qui, dans les mêmes circonstances, s'épaississent tout en restant grasses : on peut les appeler huiles *onctueuses.*

Les huiles grasses se divisent en deux classes : les huiles *animales* et les *huiles végétales.*

1° Huiles grasses végétales.

A. *Huiles onctueuses.* — Dans cette catégorie se trouvent les huiles d'olive, d'amandes douces, de sésame, d'arachide, de noisette, de faîne, de colza, de navette, etc.

B. *Huiles siccatives.* — Les plus connues de ces huiles sont celles d'œillette, de lin, de noix et de chènevis.

L'huile de lin jouit de propriétés purgatives assez prononcées, surtout chez les grands ruminants. Elle est excellente contre les maladies parasitaires cutanées et contre les chancres des oreilles du chien.

2° Huiles grasses animales.

Les huiles animales sont l'huile de pieds de bœuf et les huiles de poissons.

Mêmes propriétés émollientes que les huiles végétales.

Des beurres.

a. *Beurre animal.* — Le beurre préparé avec la crème s'altère facilement à l'air et devient rance.

COMPOSITION CHIMIQUE. — Il contient les principes suivants : stéarine, oléine, butyrine, acide butyrique, principe aromatique, caséum, sucre de lait et tous les éléments salins du sérum du lait. Celui qui est rance renferme une petite quantité des acides caprique et caproïque qui lui donnent son odeur repoussante.

b. *Beurre de cacao.* — Ce beurre est fourni par les semences du Cacaoyer (*Theobroma cacao*). Il fond à 350° et ne s'altère que lentement à l'air.

c. *Beurre ou huile de muscade.* — Ce beurre est fourni par le fruit du muscadier (*Myristica moschata*). On en fait des frictions résolutives.

d. *Beurre ou huile de palme.* — Ce beurre est extrait du fruit d'un palmier qui croît en Guinée et au Sénégal, l'*Elæis guineensis*. Ce corps gras se conserve facilement.

e. *Beurre ou huile de laurier.* — Ce corps est retiré des bois du laurier sauce (*Laurus nobilis*, L.). Cette huile est adoucissante et résolutive. Elle est employée surtout sous forme de pommade de laurier dont voici la formule d'après Lebas :

```
Huile de laurier pure..... ....... 4 gr.
Axonge.. ,....... .... ..............  3
Suif...............................  2
```

Des graisses.

On appelle graisses des corps gras d'origine animale, mous à la température ordinaire et fusibles à celle du sang des mammifères. Les plus employées en vétérinaire sont l'axonge, la graisse de cheval, celle de volaille, la moelle de bœuf, et les suifs.

Elles sont toutes très émollientes et très relâchantes et résolutives.

Corps gras non saponifiables.

1° *Blanc de baleine.* — Cette matière encore appelée

spermacéti, cétine, adipocire, est fournie par les sinus de la tête des cachalots.

2° *Cire (Cera)*. — Composition chimique. — La cire est formée de deux principes essentiels, la *cérine*, qui en forme les deux tiers, et la *myricine*, qui constitue l'autre tiers. La cire jaune renferme en outre un principe aromatique et une matière colorante.

Cette matière entre dans la composition du cérat simple.

Cire jaune...................... 125 gr.
Huile d'olive 375

Cette préparation est très adoucissante.

Savons.

On désigne sous le nom de savons les combinaisons que forment les acides gras avec les bases alcalines, potasse, soude, ammoniaque, etc. Les savons à la potasse sont demi-solides, mous ; les savons à la soude sont durs et solides. En médecine vétérinaire on emploie surtout les savons à la potasse connus sous les noms de savon noir et de savon vert.

Ces savons sont parfaitement solubles dans l'eau et sans l'alcool ; ils sont à réaction alcaline, car ils contiennent un excès de potasse.

EFFETS PHYSIOLOGIQUES. — Le savon vert ou noir, appliqué sur la peau en frictions, détermine bientôt une irritation locale caractérisée par une augmentation de la sensibilité, une congestion, un amincissement de l'épiderme. L'alcali libre saponifie les matières grasses de la surface de la peau, dissout l'épiderme et nettoie parfaitement le tégument. L'action dissolvante du savon est en rapport direct de la quantité de potasse libre qu'il contient. Lorsqu'on le dissout dans l'eau, il se décompose en un sel acide et en un sel basique; c'est celui-ci qui dissout les graisses et l'épiderme et rend la peau glissante. Introduits dans l'estomac les savons se décomposent en présence du suc gastrique; il se forme du chlorure de potassium et du lactate de potasse; les acides gras mis en liberté sont absorbés et oxydés dans le sang. Ils ne sont que faiblement irritants dans le tube digestif à cause de leur décomposition rapide, mais ils agissent en suractivant les sécrétions et en facilitant la marche des matières; ils provoquent des défécations fréquentes et molles et déterminent rapidement la perte de l'appétit en ralentissant la digestion.

Les effets généraux produits après l'absorption sont ceux des carbonates alcalins; ils fluidifient le sang et sont légèrement diurétiques.

Emploi. — A l'extérieur le savon n'est guère employé que pour purifier la peau, pour la débarrasser des matières grasses, épithéliales et sudorales. Il est utile dans les maladies cutanées non seulement pour nettoyer la peau, mais aussi parce qu'il excite les papilles du derme et favorise la poussée des poils et de la corne. Il est insuffisant pour détruire les parasites, mais en rendant la peau propre et l'épiderme plus mince il permet aux substances antiparasitaires d'agir avec plus d'efficacité. Les lavages au savon doivent être énergiques; c'est le plus souvent une des premières conditions du succès.

L'action irritante et résolutive peut être utilisée contre les inflammations chroniques, les engorgements ganglionnaires et glandulaires, les épaississements de la peau et les engorgements cutanés ou sous-cutanés. Pour rendre cette action plus énergique on y ajoute du carbonate de potasse, du sulfure de potasse, du sulfate d'ammoniaque, de l'ammoniaque, du camphre, de l'iodure de potassium 1 pour 8, de l'iode 1 pour 20 ou de la pommade mercurielle quantité égale, etc. Le savon combat les brûlures faites avec les acides en neutralisant ces derniers.

Les teintures de savon sont d'excellents résolutifs locaux; la plus employée se compose de deux parties de savon vert et une partie d'alcool.

A l'intérieur les savons ne sont employés que lorsqu'on n'a pas d'autres alcalins à sa disposition, contre la météorisation chez les ruminants, les constipations accompagnées de coliques, les empoisonnements par les acides.

Les lavements au savon sont légèrement excitants pour le rectum, rendent sa muqueuse plus glissante et favorisent ainsi les défécations.

Les doses internes sont :

Cheval....................	20 à 30 gr.	
Bœuf......	30	60
Porc et mouton............	10	15
Chien.........	3	8

Glycérine.

CARACTÈRES PHYSIQUES ET CHIMIQUES. — La glycérine, découverte en 1799 par Scheele, est un corps basique qui constitue avec les acides gras les principes immédiats des corps neutres. Elle constitue un liquide épais, sirupeux, incristallisable, incolore, inodore, de saveur sucrée, d'une densité de 1,28. Elle est soluble dans l'eau et dans l'alcool, mais non dans l'éther et les graisses. Elle est très hygroscopique et ne s'évapore pas. Elle dissout plusieurs oxydes métalliques; quelques sels déliquescents; le soufre, l'iodure de mercure, le phosphore, la vératrine, l'iode, l'acide arsénieux.

EFFETS PHYSIOLOGIQUES. — La glycérine tient le milieu entre les huiles grasses et l'eau. Elle pénètre facilement les tissus, les assouplit et les maintient dans un certain état d'humidité. Sur la peau elle constitue un revêtement liquide, onctueux, qui pénètre facilement dans l'épiderme et le derme.

A cause de son hygroscopicité très grande, elle produit de la cuisson passagère lorsqu'on l'applique pure sur des tissus fins et sur des plaies.

La glycérine est facilement supportée par l'estomac et l'intestin. Elle est laxative à une certaine dose.

Après l'absorption on ne la retrouve ni dans le sang ni dans les produits d'excrétion, mais on y trouve ses produits de décomposition. Employée en grande quantité elle est diurétique d'abord ; devient ensuite fluidifiante pour le sang et provoque l'hématurie. Elle constitue un poison pour beaucoup d'êtres inférieurs, acares, poux, etc., et elle est antiseptique.

INDICATIONS THÉRAPEUTIQUES. — Elle répond aux mêmes indications que les corps gras ; mais elle présente, sur la plupart d'entre eux, les avantages suivants : elle constitue pour beaucoup de substances un meilleur dissolvant que l'eau et les graisses ; elle ne rancit pas et par conséquent n'acquiert pas de propriétés irritantes ; elle a un pouvoir diffusif et pénétrant considérable.

Elle convient donc surtout pour les maladies inflammatoires cutanées quelle qu'en soit la nature. Elle convient aussi sur les plaies, sur lesquelles elle agit, comme cicatrisant et antiseptique. De plus elle facilite le renouvellement des pansements en les empêchant de s'agglutiner. C'est un des meilleurs agents conservateurs de la souplesse de la corne du sabot. Elle jouit de propriétés vermifuges chez le chien.

Voici les principales préparations pharmaceutiques dans lesquelles entre la glycérine :

Glycérat simple	Glycérine	10 gr.
	Amidou	20
	Huile d'amandes douces	5

Mélangez dans un mortier.

Glycérat de goudron.... { Goudron de bois............. 100 gr.
{ Glycérine 30

Chauffez au bain-marie et ajoutez de l'amidon pour donner la consistance voulue.

Glycérine créosotée..... { Glycérine .... 32 gr.
{ Créosote 15

Mélangez exactement à froid.

Glycérine phéniquée.... { Glycérine .... 32 gr.
{ Acide phénique............. . 4

F. s. a. Très efficace contre la gale sarcoptique. (Zundel.)

Glycérine iodée......... { Glycérine .... 2 gr.
{ Iode........................ 2
{ Iodure de potassium......... 1

Faites dissoudre l'iodure et l'iode dans la glycérine.

Glycérine laudanisée.... { Glycérine................... 100 gr.
{ Laudanum de Sydenham...... 5

Glycérine saturnée...... { Glycérine.. .... 2 gr.
{ Extrait de Saturne........... 1

Pommade de glycérine.. { Glycérine........ . ... 32 gr.
{ Amidon................... q. s.

Vaseline.

La vaseline est un corps gras mou, blanc ou jaunâtre, à réaction neutre, obtenu dans la distillation du pétrole. Cette substance n'est pas saponifiable, elle ne s'oxyde pas à l'air et n'est altérée ni par les acides, ni par les alcalis caustiques, ni par les sels métalliques. Elle convient très bien pour servir d'excipient à ces diverses substances.

La vaseline est inodore, insipide, fond à 35°, bout à 150°,

insoluble dans l'eau, peu soluble dans l'alcool, mais très soluble dans l'éther, le chloroforme, le sulfure de carbone, la glycérine, les huiles grasses et les essences. Elle dissout le soufre, le phosphore, les acides phénique, benzoïque et presque tous les alcaloïdes.

Effets et emploi. — La vaseline a une action adoucissante marquée ; elle pénètre rapidement dans la profondeur des tissus, et sa propriété de ne pas rancir la rend, comme excipient, bien supérieure à l'axonge et même à la glycérine qui, en raison de sa solubilité dans l'eau, ne peut pas remplir les mêmes indications. Pour les pommades employées sur la peau du chien, elle a le précieux avantage de ne pas être, comme l'axonge, un appât qui engage le chien à se lécher et à absorber le médicament, ce qui présente plus d'un inconvénient. Unie au soufre dans la proportion de 30 grammes de soufre pour 100 grammes de vaseline, elle constitue une pommade dans laquelle le soufre est dissous en grande partie, tandis qu'il n'est qu'incorporé dans l'axonge.

Elle entre avantageusement dans la composition de toutes les pommades antiparasitaires et autres appliquées sur la peau de tous nos animaux domestiques. Elle ramollit facilement la corne durcie et lui rend sa souplesse.

Les mélanges des alcalis caustiques et de vaseline peuvent rendre des services aux vétérinaires pour la cautérisation de certaines tumeurs.

7° CORPS PROTECTEURS.

Collodion.

Caractères. — Le collodion est un liquide clair, sirupeux, légèrement opalescent, à réaction neutre, qu'on obtient en faisant dissoudre du coton-poudre dans de l'éther alcoolisé. Ce liquide est complètement insoluble dans l'eau et dans l'alcool ; il s'enflamme facilement au contact du feu.

Pour le préparer on introduit dans un flacon une partie de fulmicoton, une partie d'alcool et seize parties d'éther sulfurique, on agite de temps en temps jusqu'à dissolution complète du fulmicoton ; on passe ensuite à travers un linge clair avec expression, et on conserve dans un flacon bien bouché.

On peut communiquer au collodion des propriétés très nombreuses par l'addition de substances déterminées ; on lui donne de l'élasticité par l'addition de quelques gouttes d'huile de ricin, de glycérine, de térébenthine ; on le rend vésicant par l'addition d'éther cantharidé ; on lui communique des propriétés astringentes avec le sucre de saturne ou des propriétés coagulantes avec le perchlorure de fer, etc.

EFFETS ET USAGES. — Lorsque le collodion est étendu sur la peau des animaux, il ne tarde pas à se dessécher par la volatilisation de l'éther qui produit un abaissement de température, et à former une mince pellicule solide, fort adhérente aux tissus secs, mais peu adhérente aux tissus humides. Il met les surfaces à l'abri de l'air, et par suite de sa rétraction graduelle il exerce une compression légère des tissus et des vaisseaux.

Le collodion rendu élastique par l'addition de 2 p. 100 de glycérine ou d'huile de ricin ne resserre pas les tissus, il forme simplement une pellicule protectrice. Le collodion est précieux pour panser les inflammations superficielles ; il produit une constriction des vaisseaux, rend l'afflux du sang moins abondant, rapproche les lèvres des petites plaies, les préserve du contact irritant de l'air et hâte la cicatrisation. Il rend de grands services sur les plaies simples, les excoriations, les

gerçures du mamelon, les crevasses de la peau, l'érythème, etc. On utilise la pression graduelle qu'il détermine sur les parties, dans les cas de mammite, d'orchite,
de thrombus, de gonflements articulaires ou tendineux
au début, de varices, etc.

Lorsqu'une inflammation superficielle ou profonde
de l'œil est aggravée par l'action de l'air, il peut y avoir
avantage à rapprocher les paupières et à les coller
ensemble à l'aide d'une forte couche de collodion. Le
collodion est encore employé pour limiter l'action d'un
caustique, pour préserver une région du contact irritant
d'un liquide, tel que les larmes, l'urine, une sécrétion
ichoreuse, etc.

Pour préserver du contact de l'air et des corps irritants
la surface des larges plaies ordinaires ou des plaies articulaires sur lesquelles il est impossible d'appliquer un
bandage, on emploie l'ouate imbibée de collodion, auquel
on ajoute 10 p. 100 de térébenthine ou de la gomme
arabique glycérinée (glycérine 1, solution gomme arabique 20) ; on pourrait aussi se servir du collodion pour
tremper les bandages contentifs si cette substance
n'était pas d'un prix trop élevé.

COLLODION SATURNÉ. — Il se prépare en agitant ensemble une partie d'une solution concentrée de sucre de
saturne et 10 à 20 parties de collodion. Cette préparation
est surtout indiquée contre les excoriations, les plaies
récentes, la chute des cornes, etc.

COLLODION TANNIQUE OU FERRIQUE. — Il se prépare en
mélangeant à parties égales une dissolution éthérée
concentrée de tannin et de collodion ou en faisant
dissoudre une partie de perchlorure de fer dans 3 à 5
parties de collodion. Ces liquides constituent d'excellents
hémostatiques.

Gutta-Percha.

La gutta-percha est le suc concret qui s'écoule d'un arbre qui croît à Bornéo et dans les Indes, l'*Isonandra Gutta*.

Elle se compose surtout de matières hydrocarbonées; elle contient aussi des sels, des essences, des graisses et de la matière colorante. Elle se dissout facilement dans le chloroforme, la benzine, l'essence de térébenthine; elle est soluble dans l'alcool et l'éther et complètement insoluble dans l'eau. Sous l'influence de la chaleur la gutta-percha se ramollit, ce qui permet de lui donner toutes les formes possibles; par le refroidissement elle se durcit.

EMPLOI. — On peut l'utiliser pour faire des bandages contentifs; pour remplir certaines cavités creusées dans la corne du sabot du cheval.

Le papier de gutta-percha appliqué sur la peau et maintenu empêche la transpiration cutanée à cause de son imperméabilité. Après quelques heures d'application l'épiderme est ramolli par le liquide sécrété par la peau. Cette propriété est utilisée pour ramollir l'épiderme trop dur et trop épais, surtout dans les maladies épidermiques telles que exanthème, prurigo, pityriasis. On utilise aussi ce papier pour remplacer les cataplasmes, ou pour empêcher le rayonnement par la peau.

Une dissolution de 10 p. 100 de gutta-percha dans du chloroforme constitue un enduit collant qui peut avoir souvent son utilité. On peut encore donner plus de puissance à cette colle en y ajoutant un peu de caoutchouc. Lorsqu'on pratique des opérations dangereuses pouvant être la cause d'infection, comme les accouchements laborieux, la délivrance artificielle, il peut être bon d'enduire le bras et la main avec une dissolution de gutta-percha dans la benzine. L'application est faite sur les téguments et on laisse se dessécher la solution, qui forme alors un enduit imperméable d'une très grande minceur.

Caoutchouc.

Le caoutchouc dérive du suc laiteux jaunâtre, légèrement acide, qui s'écoule de certaines plantes de la famille des euphorbiacées et des apocynées, originaires du Brésil et de l'Inde.

Le caoutchouc est soluble dans l'éther, le chloroforme, la benzine, le sulfure de carbone. Il est remarquable par son élasticité. Il s'assouplit à une douce température et se durcit au froid.

Emploi. — Son élasticité le fait employer pour confectionner des drains, des bougies, des sondes, des sacs à glace, etc. Le caoutchouc vulcanisé est plus élastique que le caoutchouc ordinaire, il résiste même à la chaleur et au froid. On en fait des bandes destinées à exercer une compression sur les articulations, ou à produire l'anémie d'un membre pour faciliter les opérations chirurgicales (bandes d'Esmarch). La toile caoutchouquée sert à un grand nombre d'usages ; on l'emploie surtout pour maintenir la chaleur et l'humidité sur une région où l'on veut produire un effet émollient très prononcé.

Le caoutchouc est aussi disposé en fils plus ou moins gros pour les ligatures élastiques qui sont en général préférables aux ligatures ordinaires, quand on veut obtenir la chute d'une tumeur ou d'une partie molle quelconque du corps.

Poix noire.

C'est un produit pyrogéné qui résulte de la distillation, en vase clos, de filtres de paille sur lesquels on a clarifié la térébenthine ou le galipot. Elle est solide, noire, cassante quoique collante aux doigts, d'une odeur spéciale, d'une saveur amère, très fusible et très combustible, soluble dans l'alcool, l'éther, les essences et les corps gras.

EFFETS ET USAGES. — La poix est exclusivement employée à l'extérieur, comme moyen protecteur ou comme moyen contentif. Elle adhère fortement à la peau lorsqu'on la ramollit légèrement avant de l'appliquer. Étendue sur une toile ou du cuir, la poix forme l'emplâtre de poix noire qui est très utile sur les contusions produites par le collier, la selle, sur les plaies. Après avoir bien nettoyé celles-ci, on les recouvre avec de la charpie ou de l'étoupe par-dessus laquelle on applique l'emplâtre qui doit dépasser les bords de la plaie de 2 ou 3 centimètres. Après huit jours, l'emplâtre se détache par suite de la sécrétion de la plaie ; on le renouvelle jusqu'à guérison complète. Ce pansement a l'avantage de permettre l'utilisation des animaux ; mais il a aussi l'inconvénient d'être difficilement enlevé. On peut confectionner un emplâtre moins adhérent avec un mélange de poix et de térébenthine à parties égales.

L'emplâtre de poix noire agit aussi comme résolutif sur les engorgements indolents.

Plâtre.

Le plâtre est le sulfate de chaux deshydraté par une température de 100 à 180°. Lorsque le gypse est chauffé à 200°, il perd la propriété de se durcir avec l'eau. Réduit en poudre, le plâtre est blanc ou légèrement grisâtre, sa densité est de 1,87 à 3. Mélangé avec de l'eau il se combine avec ce liquide, et forme dans dix ou quinze minutes une masse dure et compacte.

Emploi. — Le plâtre sert à confectionner des bandages contentifs très solides et d'un prix peu élevé.

1° *Bandage simple.* — Le membre malade est enduit d'huile, sa surface est rendue régulière avec du coton ou des étoupes maintenus avec une bande humide, on applique par-dessus une couche d'une bouillie formée de 2 parties de plâtre et de une partie d'eau ; on la régularise avec la main mouillée et on applique une bande. La couche de plâtre doit être plus épaisse au milieu que vers les extrémités du pansement.

2° *Bandage avec bandes plâtrées.* — Des bandes faites avec de la toile, de la gaze, de la flanelle, etc., sont saupoudrées sur leurs deux faces avec du plâtre, puis enroulées ; on les trempe ensuite dans l'eau chaude pour faire pénétrer celle-ci partout, on exprime légèrement et on applique les bandes, en ayant soin de faire recouvrir les tours les uns par les autres pour obtenir un accolement général. Pendant qu'on serre les tours de bande, on exprime un peu de liquide plâtré qu'on a soin de bien étendre partout avec la main ; le tout se prend bientôt en une seule masse compacte.

Pour que le plâtre prenne bien il faut qu'il soit frais. Ce bandage très facile à exécuter, peu coûteux, a l'inconvénient d'être lourd, de ne pas être toléré longtemps par les animaux et d'être difficile à enlever. En outre, comme il se durcit d'abord à la surface et seulement plus tard au centre, il en résulte qu'il est souvent trop lâche et qu'il tombe facilement.

3° *Bandage de Beely.* — On trempe de la filasse dans un liquide fait avec parties égales d'eau et de plâtre jusqu'à ce qu'elle en soit bien imprégnée ; on la dispose en long autour du membre nu fracturé en l'exprimant avec la main, et on l'enveloppe d'une bande. Ce bandage est très solide, assez léger ; il est facile d'y tailler des fenêtres et des trous pour passer des rubans destinés à le maintenir fixe.

Ces bandages peuvent servir non seulement pour les fractures, mais encore pour les luxations, les tuméfactions articulaires, etc. On peut aussi se servir du plâtre, surtout en le mélangeant à du goudron pour les plaies du pied du cheval, surtout contre le crapaud.

Silicate de potasse.

Ce sel se présente sous forme d'un liquide sirupeux, vitreux, soluble dans l'eau. Il s'obtient en chauffant ensemble 45 parties de sable siliceux, 30 parties de potasse et 3 parties de charbon.

EMPLOI. — Il sert à confectionner des bandages compressifs pour les maladies articulaires et tendineuses chroniques, les mollettes, etc. On l'applique sur les mamelles enflammées et sur la peau érysipélateuse. Dans les cas de fracture on en fait des bandages contentifs. Les bandes de toile sont trempées dans la solution de silicate de potasse du commerce et on les applique. Ce bandage est plus léger, moins volumineux que celui fait avec le plâtre, mais il durcit moins vite.

DEUXIÈME CLASSE

TEMPÉRANTS.

Les médicaments tempérants, encore appelés acidules, rafraîchissants, hyposthénisants, vasculo-cardiaques, sont ceux qui resserrent les petits vaisseaux aux
points où ils sont appliqués, qui produisent un ralentissement de la circulation et un abaissement de la
chaleur animale quand ils sont absorbés. Il est à remarquer que la plupart des substances médicamenteuses
placées dans cette classe ne sont tempérantes que lorsqu'elles* sont diluées dans une grande quantité d'eau ;
pures, elles sont presque toutes caustiques. Nous ne les
envisagerons ici qu'au point de vue de l'action tempérante, nous réservant de compléter leur description
avec celle des caustiques.

Principaux tempérants. — Les substances qui jouissent de propriétés tempérantes sont : 1º les acides
minéraux dilués (acides sulfurique, chlorhydrique,
nitrique, carbonique, phosphorique); 2º les acides végétaux dilués (acides acétique, oxalique, citrique, malique, tartrique, lactique); 3º des sels à acides organiques (oxalate de potasse, bitartrate de potasse,
tartroborate de potasse); 4º quelques substances végétales et animales (l'oseille, le petit-lait, le lait de
beurre.

Effets physiologiques communs. — Appliqués sur un
tissu quelconque, les tempérants produisent une sensation de fraîcheur, irritent légèrement les surfaces,
augmentent leurs sécrétions naturelles, mais blanchis-

sent les parties qu'ils touchent en refoulant le sang dans les gros vaisseaux; ils diminuent le volume de l'organe sur lequel ils sont déposés, et, à la longue, le crispent et amènent une sorte d'engourdissement comme les liquides froids. Ces effets immédiats sont de courte durée et sont bientôt suivis d'une réaction si l'on n'insiste pas sur l'emploi de ces médicaments. Les tempérants dissolvent le sebum et le mucus qui recouvrent les téguments, nettoient leur surface et favorisent leurs sécrétions.

Dans le tube digestif les tempérants produisent les mêmes effets locaux; ils rafraîchissent la bouche, font couler la salive et le mucus buccal, étanchent la soif, stimulent l'estomac, accélèrent la digestion en augmentant la quantité et les qualités dissolvantes du suc gastrique.

Arrivés dans l'intestin, les acidules accroissent toutes les sécrétions qui aboutissent dans ce conduit, ramollissent les matières excrémentitielles, stimulent la muqueuse et la tunique charnue, accélèrent le mouvement péristaltique, activent l'absorption, hâtent la défécation. Quand on insiste trop sur leur usage, ou qu'on les administre trop concentrés ou à doses élevées, ils deviennent nuisibles à la fonction digestive; ils agacent les dents et empêchent la mastication; ils irritent l'estomac et l'intestin en dissolvant leur épithélium, diminuent l'appétit, causent des coliques chez les solipèdes, la diarrhée chez tous les ruminants; ils amènent la pâleur des muqueuses et la débilité.

Après l'absorption les médicaments tempérants produisent des changements dans le rhythme des principales fonctions. Ils modifient surtout la circulation, la respiration, la calorification, la nutrition et les sécrétions, etc.

Sous l'influence de ces médicaments; les battements

du cœur deviennent moins nombreux et moins forts, le pouls devient petit, concentré et lent; la respiration est ralentie; la chaleur animale baisse; la nutrition est moins active; les sécrétions de la peau sont diminuées, et, par contre, celles des reins et des diverses muqueuses sont augmentées; le sang devient plus fluide, plus foncé en couleur et pauvre en globules.

Employés trop longtemps sur les animaux sains, les tempérants attaquent les dents, altèrent la digestion, causent de la diarrhée, de la toux, racornissent les organes digestifs, les parenchymes et les ganglions, dissolvent le sang, causent un amaigrissement général, amènent une débilité profonde; souvent même ils déterminent l'inflammation des voies respiratoires, et occasionnent des pneumonies lobaires. A l'autopsie des animaux morts à la suite de l'abus des médicaments tempérants, on trouve le cœur et les muscles décolorés, le tube digestif resserré, racorni, ses membranes amincies, le sang peu abondant et diffluent.

L'action défavorable des tempérants sur la nutrition est due à la diminution de l'alcalinité du sang. Les chimistes nous enseignent, en effet, que les oxydations de la matière organique augmentent en présence des alcalis et diminuent en présence des acides. C'est en ralentissant les mutations chimiques que les tempérants produisent un abaissement de température et un ralentissement des fonctions digestive, respiratoire et circulatoire.

Effets thérapeutiques. — Leur action anémiante locale les rend précieux pour combattre la *rougeur*, la *chaleur*, la *tuméfaction* qui accompagnent l'inflammation locale. Ils dissolvent le mucus, nettoient la membrane buccale, diminuent l'empâtement de la langue, calment la soif, rétablissent les sécrétions taries. Après l'absorption leurs effets dépresseurs sont utilisés pour ralentir la respiration, la circulation et abaisser la température. L'expérience démontre que ces médicaments ne conviennent pas dans les maladies des voies respiratoires, car ils rendent l'hématose plus difficile, augmentent la toux et la rendent plus douloureuse. Ils ne conviennent dans aucun cas où il faut relever la nutrition générale. Ils sont peu favorables dans la plupart des inflammations des voies urinaires, de l'appareil respiratoire et dans les affections nerveuses.

Étudions maintenant les principaux tempérants.

Acide sulfurique étendu.

L'acide sulfurique en solution aqueuse de 5 à 10 p. 1000 a des propriétés tempérantes énergiques.

Dans l'intérieur l'acide sulfurique étendu resserre les muqueuses en leur enlevant l'eau et provoque leur pâleur avec sensation de fraîcheur.

Dans l'estomac et l'intestin il se combine avec les bases et forme des sulfates qui peuvent agir comme laxatifs. Une partie de l'acide est neutralisée par l'action des alcalis de la salive, du mucus, du suc pancréatique et de la bile. Les solutions sulfuriques arrêtent facilement la sécrétion du suc gastrique et entravent la digestion.

Après l'absorption l'alcalinité du sang diminue, mais la réaction alcaline ne disparaît jamais. L'acide sulfurique est éliminé par les urines à l'état de sels. La quantité d'urine n'est pas augmentée.

En employant les injections intra-veineuses des solutions très étendues d'acides minéraux, Schmidt a remarqué qu'il n'y a pas coagulation du sang; que la respiration devient difficile; qu'il se produit un affaiblissement musculaire surtout du côté du cœur; ces effets sont dus à la diminution de l'alcalinité du sang;

car on peut les faire disparaître par l'injection intra-veineuse de carbonates alcalins.

Emploi. — Pour combattre les inflammations locales. A l'intérieur, comme rafraîchissant ; cependant à cause de son action funeste sur la digestion et la respiration il n'est plus guère employé que pour combattre les empoisonnements par le plomb, ou pour arrêter des hémorrhagies capillaires des organes parenchymateux.

On utilise les préparations suivantes

1° Solution aqueuse.... { Acide sulfurique........... 5 à 10 gr.
{ Eau...................... 1000 gr.

Mettez l'eau dans un vase de verre ou de porcelaine et ajoutez-y peu à peu l'acide en agitant constamment pour opérer le mélange.

Il faut édulcorer cette solution avant de s'en servir comme boisson ou breuvage.

2° Solution alcoolique ou } Acide sulfurique............... 1 gr.
eau de Rabel....... } Alcool à 85°................. 3

Mettez l'alcool dans un vase et ajoutez-y peu à peu l'acide, en agitant sans cesse jusqu'à mélange complet.

L'eau de Rabel s'emploie à la dose de 10 à 20 grammes dans 1 litre d'eau édulcorée.

Acide chlorhydrique étendu.

L'acide chlorhydrique est certainement un des meilleurs tempérants. Cet acide joue d'ailleurs dans la digestion un grand rôle physiologique. Il est contenu dans le suc gastrique de tous les animaux (0,25 p. 100 chez le porc et 0,30 p. 100 chez le chien) et constitue avec la pepsine le dissolvant par excellence des matières albuminoïdes. Le ferment peptique n'agit pas sur les aliments en présence d'un milieu alcalin ou neutre, tandis qu'il acquiert son maximum d'effet dissolvant en présence de l'acide chlorhydrique.

Les solutions d'acide chlorhydrique jouissent, à elles seules, du pouvoir d'attaquer partiellement les matières albuminoïdes et de les transformer en peptones ; mais en présence de la pepsine, la transformation s'opère avec plus d'énergie. L'acide chlorhydrique rend également solubles un grand nombre de sels métalliques ou terreux qui, sans cela, resteraient insolubles.

Si la présence de l'acide chlorhydrique est indispensable à la digestion gastrique, il faut pourtant que la proportion de cet acide ne devienne pas trop forte. On a remarqué, en effet, que lorsque le suc gastrique renferme plus de 1 p. 100 d'acide chlorhydrique, ses propriétés digestives s'affaiblissent.

L'acide chlorhydrique administré en trop grande quantité, non seulement s'oppose à la digestion, mais il diminue l'alcalinité du sang et rend ce liquide pauvre en sels. En arrivant dans le sang cet acide se combine avec les bases pour former des sels qui sont éliminés par les reins, il dissout aussi en partie l'hémoglobine et rend le sang fluide ; il détermine l'anémie et un amaigrissement général. L'acide chlorhydrique étendu s'oppose aussi aux fermentations qui tendent à se produire dans le tube digestif ; il rafraîchit la bouche et étanche la soif.

APPLICATIONS THÉRAPEUTIQUES. — L'acide chlorhydrique à cause de ses propriétés *digestives* et *antiseptiques* convient pour dissiper les dyspepsies dues au défaut d'acidité du suc gastrique, à la trop grande abondance de matières alimentaires ou à des fermentations qui tendent à s'y établir. Dans les cas de fièvre due à une maladie siégeant en dehors du tube digestif, l'acide chlorhydrique est encore indiqué pour calmer la soif et pour favoriser la digestion ; car Manasseïn a démontré que, dans les cas de fièvre, le suc gastrique renferme assez de pepsine, mais qu'il est pauvre en acide chlorhydrique. Il convient surtout bien chez les ruminants dans le cas d'engouement du feuillet ou dans les cas de ballonnement intermittent. A cause de son action détersive, il est utilisé pour laver la bouche, surtout lorsque la muqueuse est enflammée ou présente des éruptions.

Les doses et les préparations sont les mêmes que pour l'acide sulfurique.

Acide azotique dilué.

Dilué, l'acide azotique resserre énergiquement les capillaires des surfaces sur lesquelles il est appliqué et produit de la pâleur. Il n'a pas d'action dissolvante sur le mucus et les épithéliums ; il ne calme pas bien la soif et produit rapidement de l'inappétence.

Cet acide ne doit pas être employé à l'intérieur ; car il peut être avantageusement remplacé par les autres tempérants.

A l'extérieur il répond aux mêmes indications que les autres tempérants.

Acide carbonique.

Cet acide est employé sous forme d'eau gazeuse artificielle ou naturelle. Cette eau donnée en boisson ou en breuvage est un stimulant léger du tube digestif; elle augmente la sécrétion du suc gastrique. A défaut d'eau gazeuse on peut administrer aux animaux des carbonates en poudre et faire boire par dessus de l'eau acidulée. Dans ce cas les acides citrique et tartrique conviennent mieux que les acides minéraux.

Acide phosphorique hydraté.

Cet acide dissous dans l'eau est tempérant au même titre que les acides précédents ; concentré il détermine une gastro-entérite et une dégénérescence graisseuse du foie, du rein et des muscles.

Acide acétique étendu ou vinaigre.

Composition. — Le vinaigre d'Orléans, qui est le plus estimé et le plus usité en pharmacie, contient les principes suivants : eau, acide acétique, alcool, matières colorantes et extractives, bitartrate de potasse, tartrate de chaux, sulfate de potasse et chlorure de potassium.

Effets physiologiques. — L'acide acétique ne précipite pas l'albumine, mais le gonfle et le rend gélatineux ; il précipite la mucine et empêche la précipitation de la fibrine.

Appliqué sur la peau par dès frictions, le vinaigre pur détermine les effets des *rubéfiants ;* ces effets sont encore plus marqués quand on élève la température de ce liquide. L'épiderme se gonfle, se ramollit et tombe au bout de quelques jours. Sur les tissus dénudés ou sur les muqueuses, le vinaigre produit une irritation assez vive, mais passagère. Introduit dans les voies digestives, à l'état de pureté, il irrite vivement la muqueuse, gonfle l'épithélium qui devient d'abord blanchâtre, puis brun ; le tissu sous-épithélial s'infiltre, il y a soif intense, douleurs, coliques, diarrhée et gastro-entérite qui peut devenir mortelle.

A petites doses et dilué, le vinaigre favorise l'action digestive du suc gastrique surtout chez les ruminants. Il s'oppose à la fermentation des matières alimentaires dans le tube digestif.

Après l'absorption l'acide acétique s'oxyde dans le sang, forme de l'acide carbonique et de l'eau, produits qui sont éliminés par les *reins* et par la *peau*. Pendant cette élimination il y a *diurèse* et légère *sudation*. Après un usage prolongé, ou sous l'influence de fortes doses, le sang devient moins riche en globules, il se produit un amaigrissement rapide en même temps qu'une diminution de l'activité cardiaque, et un abaissement de la tension artérielle; on trouve alors l'acide acétique en nature dans les produits d'excrétion.

En injections intra-veineuses, l'acide acétique dissout les globules du sang dont les débris forment embolies dans le tissu pulmonaire et engendrent une difficulté très grande de la respiration et un grand abaissement de la température.

INDICATIONS THÉRAPEUTIQUES. — A l'intérieur le vinaigre remplit les mêmes indications que les autres acides. La propriété qu'il a de favoriser la digestion gastrique et d'arrêter les fermentations le recommande dans les cas d'indigestion gazeuse, d'obstruction du feuillet, de météorisation périodique, etc. Il est avantageux aussi pour combattre les empoisonnements par les alcalins caustiques, parce qu'on le trouve partout et qu'il forme des sels inoffensifs qui deviennent même légèrement purgatifs.

Dans les maladies inflammatoires, le vinaigre n'a d'autre effet utile que de calmer la soif et de rendre la bouche moins sèche et moins pâteuse.

Employé en lavements, le vinaigre excite les contractions de l'intestin.

Les vapeurs de vinaigre, produites en versant ce liquide sur un corps métallique chaud, agissent comme désinfectantes; on utilise cette propriété contre les catarrhes infectieux, la pneumonie gangréneuse, le croup, etc.

Ces vapeurs excitent vivement les surfaces muqueuses, ce qui les recommande en inhalation contre les syncopes, l'asphyxie, etc.

A l'extérieur, le vinaigre peut remplacer tous les autres tempérants, toutes les fois qu'il s'agit de combattre une inflammation locale. Le vinaigre chaud est un révulsif précieux contre les maladies inflammatoires internes au début. On trempe un drap dans du vinaigre bien chaud et on entoure complètement le corps de l'animal; par dessus on applique la couverture de laine. La peau ne tarde pas à s'échauffer, il se produit de la diaphorèse et une révulsion extérieure très puissante. On l'associe soit à des teintures, soit à des plantes aromatiques pour faire des applications dans les cas de mammite. L'action désorganisatrice du vinaigre sur les cellules organiques est utilisée pour exciter et lubréfier les plaies de mauvaise nature, pour détruire les cancroïdes, les papillômes, etc.

Les principales préparations à base de vinaigre sont les suivantes :

1° Oxycrat	{ Vinaigre fort...................	1 gr.
	(Eau commune..................	10
2° Oxymel simple.......	{ Bon vinaigre.................	1
	(Miel ordinaire..............	2

Délayez le miel dans le vinaigre : faites cuire à feu ménagé en consistance de sirop, et passez dans un linge clair.

Il est employé à la dose de 100 à 200 grammes par litre d'eau ou de décoction émolliente pour faire des boissons ou des breuvages acidulés et béchiques.

3° Vinaigre alcoolisé....	{ Vinaigre de vin...............	1 gr.
	(Eau-de-vie ordinaire..........	1

Mélangez et dissolvez dans suffisante quantité d'eau,

tant pour l'usage interne que pour l'usage externe.

POSOLOGIE. — La quantité de vinaigre à l'état d'oxycrat, qui peut être administrée aux divers animaux, est indiquée par le tableau suivant :

1° Grands ruminants..............	500 à	1000 gr.
2° Solipèdes......................	250	500
3° Petits ruminants et porcs.....	32	100
4° Carnivores....................	8	16

Ces doses peuvent être, selon les exigences des cas, répétées plusieurs fois dans le courant d'une même journée.

Acide oxalique.

L'acide oxalique est solide, en cristaux, incolore, inodore, d'une saveur très acide et d'une densité de 1,50. Il est soluble dans l'alcool et dans l'eau ; cette dernière en dissout 1/8 à froid, et son poids lorsqu'elle est bouillante.

On le trouve à l'état normal dans l'organisme ; c'est un produit de dénutrition qui s'élimine par les urines.

EFFETS PHYSIOLOGIQUES. — Concentré, cet acide est un caustique fluidifiant des plus énergiques ; introduit dans l'estomac, il l'irrite vivement d'abord et ne tarde pas à perforer ses membranes (Orfila).

Étendu d'eau, cet acide est rapidement absorbé et agit sur le système nerveux, qu'il stupéfie.

INDICATIONS. — Les mêmes que pour les autres acides tempérants :

	Carnivores...............	0^{gr},50 à	1 gr.
Doses.	Petits ruminants et porcs	2	3
	Grands herbivores.......	4	8

Acide tartrique.

Cet acide est solide, cristallisé, incolore, inodore, d'une

saveur acide et agréable. Il est soluble dans l'eau et l'alcool.

Effets physiologiques. — C'est un tempérant très agréable à la dose de 2 à 3 grammes par litre d'eau. Cependant après un usage prolongé l'acide tartrique altère la digestion.

Indications. — Il répond aux indications générales des tempérants.

Acides citrique et malique.

Ce sont deux acides tempérants qui sont rarement employés purs, on utilise surtout le jus de citron, d'orange, de groseille, de pommes, etc. Ces fruits constituent d'excellents tempérants.

Acide lactique.

Cet acide prend naissance pendant la fermentation des matières sucrées dans l'estomac et l'intestin. Il agit comme l'acide chlorhydrique sur la digestion. On trouve cet acide dans presque tous les organes, combiné aux sels de potasse ou au fer (cerveau, foie, rate, pancréas). L'acide sarco-lactique prend naissance dans les muscles pendant leur contraction et produit la rigidité cadavérique en coagulant la myosine.

L'acide lactique est toujours absorbé à l'état de sels, qui sont oxydés dans le sang et éliminés par les urines à l'état de carbonates alcalins. Les lactates ne sont éliminés en nature que lorsque les oxydations intra-organiques sont considérablement diminuées, comme cela arrive dans l'empoisonnement par le phosphore, dans l'atrophie aiguë du foie, la leucémie.

A dose trop forte ou après une administration trop longue l'acide lactique agit défavorablement sur la digestion.

INDICATIONS THÉRAPEUTIQUES. — L'acide lactique, outre ses propriétés tempérantes ordinaires, a encore pour effet de favoriser la digestion des matières albuminoïdes. Il est indiqué aussi pour dissoudre les calculs de phosphate de chaux, car cet acide dissout énergiquement le phosphate calcaire.

Oxalate de potasse (*sel d'oseille*).

Ce sel cristallisé est peu soluble dans l'eau. C'est un tempérant un peu astringent. Il est peu employé.

Bitartrate de potasse (*crème de tartre peu soluble*).

Ce sel se présente sous forme de cristaux, il est incolore, inodore, d'une saveur faiblement acide. Insoluble dans l'alcool et très peu soluble dans l'eau; froide, elle n'en dissout que $1/60^e$ et chaude $1/7^e$ environ.

EFFETS PHYSIOLOGIQUES. — Le bitartrate de potasse, en arrivant dans l'intestin, se transforme en carbonate de potasse, passe à l'absorption et provoque la diurèse. L'acide libre est transformé en acide carbonique dans l'intestin et dans le sang. A haute dose, tout l'acide absorbé ne peut pas être oxydé, il agit alors comme fluidifiant du sang et rend ce liquide moins nutritif.

Le bitartrate de potasse, étant peu soluble dans le tube digestif, agit mécaniquement sur la muqueuse, il provoque des contractions péristaltiques et une sécrétion plus abondante, il détermine un léger effet purgatif.

Les recherches de Boildieu ont prouvé que ce sel provoque une abondante sécrétion de bile. Comme le prix de ce sel est élevé et qu'il faudrait des doses considérables pour amener la purgation chez nos grands animaux, on ne l'utilise guère que pour les petits.

INDICATIONS THÉRAPEUTIQUES. — Il est indiqué pour

produire la diurèse et pour entretenir la liberté du ventre. Il est utile dans les inflammations chroniques du tube digestif ou dans les affections du foie. On le donne aux doses suivantes :

Cheval	15	à	30 gr.
Bœuf	50		100
Mouton	15		60
Porc	20		80
Chien	5		15
Chat	2		5

A cause de l'insolubilité de ce sel, on l'administre généralement sous forme de bols, pilules, électuaires ou bien on le mélange avec des aliments.

Tartro-borate de potasse (*crème de tartre soluble*).

CARACTÈRES. — La crème de tartre soluble est sous forme de poudre, blanche, inodore, très acide et soluble dans 2 parties d'eau à la température ordinaire.

EFFETS. — A doses élevées, la crème de tartre soluble est laxative ; en petite quantité, c'est un excellent tempérant, qu'on emploie principalement dans la fièvre bilieuse, la jaunisse, l'entérite, les affections cutanées. Comme ce médicament est d'un prix assez élevé, on ne l'emploie que rarement. On donne la dose suivante :

Poulains	60	à	75 gr.
Grands herbivores	50		100

SUBSTANCES VÉGÉTALES OU ANIMALES.

a. **Oseille** (*Rumex acetosa*).

L'oseille est une plante de la famille des polygonées dont les feuilles renferment les principes suivants : eau, bioxalate et quadroxalate de potasse, acide tartrique, mucilage, fécule, chlorophylle, etc.

La composition chimique des feuilles d'oseille indique suffisamment que cette plante est rafraîchissante. On pile les feuilles et on en extrait un suc qu'on dissout dans l'eau pour faire des boissons tempérantes. Le plus souvent, cependant, on préfère faire bouillir l'oseille, et, lorsqu'elle est cuite, on la soumet à la pression ; on obtient ainsi deux produits : le suc, qui est un peu laxatif, et la pulpe, qui constitue d'excellents cataplasmes tempérants. La décoction de feuilles, qu'on appelle vulgairement *bouillon aux herbes*, est tempérante et relâchante ; elle est indiquée dans les maladies du tube digestif qui s'accompagnent de teinte ictérique des muqueuses, d'engorgement du foie. La pulpe est employée en cataplasmes résolutifs dans le cas de mammite, d'orchite, etc.

Succédanés. — A défaut d'oseille des jardins, on peut employer l'oseille des prés, la patience (*Rumex patientia* L.) ; l'alléluia (*Oxalis acetosella* L.).

b. **Petit-lait aigri.**

Le petit-lait aigri renferme une certaine quantité d'acide lactique qui lui communique des propriétés tempérantes et délayantes, d'autant plus utiles que ce liquide est recherché par la plupart des animaux qui le prennent d'eux-mêmes, surtout le porc et le mouton. C'est une boisson qui convient à tous les animaux au déclin des maladies inflammatoires.

c. **Lait de beurre.**

Le lait de beurre est le résidu qui reste dans la baratte après qu'on a préparé le beurre ; on y ajoute souvent aussi de l'eau de lavage du beurre. C'est un liquide blanc, plus ou moins épais, d'une odeur acide et butyreuse à la fois, d'une saveur aigrelette très prononcée, plus dense que l'eau et se dissolvant dans ce liquide en toute proportion.

Le lait de beurre renferme les principes suivants : eau, caséum, beurre, lactine, acides acétique, lactique et butyrique, sels calcaires et alcalins.

Il peut remplacer le petit-lait, ou être employé concurremment avec lui.

TROISIÈME CLASSE

MÉDICAMENTS ASTRINGENTS.

On donne le nom d'astringents aux médicaments qui jouissent de la propriété de resserrer, de condenser les tissus sur lesquels ils sont appliqués, et de tarir les sécrétions locales.

Ces médicaments reçoivent encore les noms de *styptiques*, de *dessiccatifs*. Ils sont nombreux et sont tirés des végétaux et des minéraux ; quelques-uns résultent de la combustion des matières organiques. Suivant leur origine, on peut donc les diviser en trois groupes : 1° *les minéraux ;* 2° *les végétaux* et 3° *les pyrogénés*. Dans chacun de ces groupes, on trouve un grand nombre de substances.

Avant d'étudier chaque médicament astringent en particulier, il est utile de faire connaître leurs caractères communs.

Propriétés physiologiques communes. — Les effets locaux des astringents peuvent se résumer ainsi : resserrement, condensation, diminution de volume du tissu sur lequel ils sont appliqués ; constriction vasculaire, pâleur, abaissement de la température, arrêt des sécrétions et diminution de la sensibilité.

Ces effets physiologiques très nombreux et très importants sont d'autant plus prononcés que les tissus sur lesquels les astringents agissent sont plus fins, plus délicats. Quand l'application astringente est de courte durée les effets énumérés ci-dessus sont éphémères ; ils se dissipent bientôt et des effets inverses apparaissent, c'est alors ce qu'on appelle la *réaction*. La réaction consiste dans le retour brusque du sang, dans les capillaires sanguins de la partie, qui devient rouge, gonflée, chaude, sensible et dont les diverses sécrétions se réveillent avec activité : ainsi un organe qui, sous l'influence très passagère des astringents, se resserre, se condense, diminue de volume, devient pâle et froid, tarit ses sécrétions et devient moins sensible, se relâchera, augmentera de volume, deviendra rouge et chaud, sécrétera abondamment et sera très sensible après que les effets des astringents seront dissipés. Cette réaction se produit d'autant plus facilement et avec une intensité d'autant plus grande, que la durée de l'application des astringents est plus courte, et que les effets passagers provoqués sont plus intenses.

Pour éviter le retour de la réaction, il est indispensable d'insister longtemps sur l'application astringente. Plus la durée de l'application est longue, moins la réaction a de tendance à se produire.

Quand l'action astringente dure trop longtemps, les tissus deviennent durs, épais, pâles, froids, insensibles et impropres à remplir leurs fonctions ; ils sont en quelque sorte tannés.

Les effets immédiats des astringents dérivent de leurs propriétés chimiques, surtout de leur affinité pour les matières albumineuses. Tous les astringents coagulent l'albumine et la fibrine, et c'est parce qu'ils se combinent avec les substances albumineuses des tissus, qu'ils provoquent leurs effets de resserrement, de condensation, de constriction vasculaire.

Introduits dans la bouche les astringents produisent une action styptique des plus marquées, ils arrêtent la sécrétion du mucus et de la salive, dessèchent la muqueuse buccale, la décolorent et la crispent, resserrent vivement le pharnyx, l'œsophage et rendent la déglutition très laborieuse. Arrivés dans l'estomac, ils sont généralement mal supportés ; ils arrêtent la sécrétion du suc gastrique, produisent du dégoût, déterminent la soif, provoquent le vomissement chez les carnivores et une digestion laborieuse chez les herbivores.

Dans l'intestin les mêmes effets se produisent : le mucus et le liquide entérique ne sont plus sécrétés en aussi grande quantité, non plus que la bile et le suc pancréatique ; les tuniques de l'intestin reviennent sur elles-mêmes et diminuent le calibre de ce conduit ; la marche des aliments est lente ; la consistance des excréments augmente ; les défécations sont retardées. Quand on insiste trop longtemps sur l'usage interne des astringents, ils arrêtent entièrement la fonction digestive, irritent la muqueuse, frappent d'inertie le canal intestinal, déterminent d'abord une constipation opiniâtre, puis l'arrêt des matières fécales, et peuvent déterminer la mort si l'on ne remédie pas bientôt à ces fâcheux effets par les boissons mucilagineuses, les laxatifs, les purgatifs salins.

Les astringents sont absorbés difficilement, à cause de leur action condensante sur la surface absorbante ; ils sont surtout absorbés lentement quand ils sont concentrés ou employés à doses trop fortes. Les effets généraux se développent donc lentement ; ils consistent surtout dans une augmentation de la tonicité de tous les organes et une augmentation de la plasticité du sang. Ils diminuent toutes les sécrétions et sont expulsés en grande partie par les urines, où il est possible d'en dévoiler la présence à l'aide de réactifs appropriés. Au début d'une administration un peu soutenue ils ne gênent pas beaucoup la nutrition, mais au bout d'un certain temps, ils ne tardent pas à devenir nuisibles. On constate que le mouvement de nutrition est gêné ;

il y a ralentissement et affaiblissement des mouvements du cœur et de la respiration ; abaissement de la température ; la peau devient sèche et rude, les muqueuses deviennent pâles, les sécrétions sont suspendues ; ensuite la maigreur apparaît, puis le marasme et enfin la mort.

INDICATIONS THÉRAPEUTIQUES. — Les astringents en combattant directement la tumeur, la rougeur, la chaleur et la douleur conviennent dans tous les cas d'inflammation locale. Leur action condensante les fait employer pour diminuer la laxité et le boursouflement d'un tissu ou d'un organe quelconque. Leur action antisécrétoire les rend précieux pour tarir les sécrétions muqueuses, purulentes ou autres. Ils conviennent pour dessécher certaines surfaces humectées par un liquide morbide, ex. : dans les eaux aux jambes, les crevasses, la fourchette pourrie, la limace, le piétin, les dartres, certains ulcères, les eczémas humides, etc.

L'effet vaso-constricteur et hypothermique est utilisé dans les cas d'hémorrhagies superficielles, dans les contusions, les entorses, les efforts divers des articulations et des tendons, dans les cas d'ecchymoses, de tumeurs sanguines, de varices, d'anévrysmes au début.

L'action tonifiante et antisécrétoire les fait employer à l'intérieur pour combattre la diarrhée séreuse.

A cause de leur absorption difficile et de leur action malfaisante sur le tube digestif les astringents ne sont pas indiqués pour combattre des maladies inflammatoires aiguës, siégeant sur des organes internes, surtout sur les organes respiratoires.

Astringents minéraux.

Les principaux astringents minéraux sont : l'alun, le sulfate de zinc, le sulfate de fer, le perchlorure de fer, le tartrate de fer et de potasse, l'acétate neutre de plomb, le sous-acétate tribasique de plomb, l'acétate bibasique de cuivre, l'acétate neutre de cuivre, l'acétate de chaux, la chaux.

Alun (*sulfate d'alumine et de potasse*).

Les cristaux d'alun renferment 45 p. 100 d'eau de cristallisation. Quand ils sont soumis à une température élevée, ils se boursouflent considérablement, perdent leur eau, deviennent anhydres et donnent l'*alun calciné*.

L'alun est soluble dans 15 parties d'eau froide, dans 5 parties d'eau chaude et dans 1 partie d'eau bouillante.

Certaines substances décomposent l'alun ; les principales sont : la potasse, la soude, l'ammoniaque et leurs carbonates ; la chaux, la magnésie, les sels de plomb, les substances tannantes. Ils est important de tenir compte de ces incompatibilités dans les préparations pharmaceutiques.

EFFETS PHYSIOLOGIQUES. — Sur la peau intacte les effets sont à peine marqués ; ce n'est qu'à la longue que la peau est irritée et crispée. Sur la peau dénudée et sur les muqueuses, l'alun produit une légère irritation, puis il resserre et condense vivement les tissus et en même temps les dessèche en arrêtant leurs sécrétions. Les surfaces sont alors comme tannées et résistent à la putréfaction. Cet effet astringent énergique est dû à la combinaison de l'alun avec l'albumine des tissus qui est précipitée à l'état insoluble. D'après Mialhe le précipité que forme l'alun avec l'albumine est soluble dans un excès d'alun, il en résulte qu'à une certaine dose l'alun cesse d'être *astringent* pour devenir *détersif*. L'alun calciné, beaucoup plus actif que le précédent, non seulement resserre les surfaces et arrête leurs sécrétions, mais encore il détruit les tissus en les escharifiant légèrement, si l'application est un peu prolongée; cet effet est surtout très évident sur les solutions de continuité anciennes avec bourgeonnement mollasse et exagéré. Orfila dit que l'alun calciné, introduit sous la peau, détermine la mortification complète des tissus qu'il touche.

Administré à petites doses souvent répétées, l'alun n'a d'abord aucun effet apparent sur la digestion, si ce n'est une légère constipation; mais après un certain temps, il resserre le canal digestif, arrête les sécrétions, produit même de l'irritation, et une gastro-entérite avec des doses élevées. D'après Orfila 30 à 60 grammes d'alun administré en une fois au chien produisent des déjections alvines hâtées et des vomissements si les voies sont restées libres.

Dans le cas, au contraire, où l'on a lié l'œsophage, la mort s'ensuit et l'on trouve à l'autopsie la muqueuse gastro-intestinale enflammée, le mucus coagulé, les tuniques racornies et dures, etc.

Dans l'estomac l'alun se combine avec des matières albuminoïdes qui sont solubles et absorbables. Il passe dans le sang et, après douze heures, on peut le retrouver dans les urines. L'alun absorbé ralentit les sécrétions, notamment celles de la sueur, des urines et du lait. L'abus de l'alun amène un appauvrissement du sang et un trouble considérable dans la nutrition, d'où maigreur, puis marasme. L'élimination de l'alun se fait surtout par les urines; elle ne semble pas se faire par le lait, car Hertwig a remarqué que le lait obtenu sur des vaches soumises à l'action de l'alun ne s'acidifie pas plus vite que dans les conditions ordinaires.

Indications thérapeutiques. — L'action astringente énergique de l'alun indique son emploi sur les *plaies bourgeonnantes*, les *fistules articulaires*, les *catarrhes des muqueuses*, les *hypersécrétions de toute nature*, les renversements du rectum, du vagin et de l'utérus. Il convient très bien dans la métrite chroniqne en injections de 1 à 2 p. 100. Ces mêmes injections conviennent aussi dans les cas de non-délivrance pour exciter les contractions de l'utérus et pour empêcher la putréfaction.

Dans les cas d'hémorrhagies capillaires (métrorrhagie, épistaxis), les solutions d'alun arrêtent bientôt l'écoulement du sang.

La propriété que possède l'alun de précipiter l'albumine le fait employer pour confectionner des bandages contentifs pour les fractures et les luxations. Voici le mélange Delorme pour les entorses et la luxation du boulet chez les solipèdes : on prend six blancs d'œufs et 32 grammes d'alun calciné réduit en poudre, on bat le mélange et on imprègne des plumasseaux et des compresses qu'on dispose en long tout autour de l'articulation malade ; puis, à l'aide d'une bande de toile ou de flanelle de 2 mètres de longueur et de 6 centimètres de largeur, on exerce une compression bien égale autour du boulet. L'appareil doit rester en place huit jours et le sujet être tenu tout ce temps dans un repos complet.

M. Lafontaine emploie l'alun de la manière suivante pour les appareils contentifs des fractures : On fait bouillir un litre d'alcool faible avec 500 grammes d'alun cristallisé jusqu'à ce que le mélange ait acquis une consistance sirupeuse ; puis on trempe dans cette préparation des étoupes dont on entoure le point fracturé, on place ensuite les attelles comme à l'ordinaire, et on termine le pansement, en recouvrant le tout avec une bande imprégnée d'un mélange chaud de résine et de poix noire. Cet appareil est d'une extrême solidité, et mérite de passer dans la pratique.

A l'intérieur l'action astringente et antisécrétoire de

l'alun fait employer cette substance pour combattre la diarrhée et le relâchement du tube digestif. Les effets généraux ne sont guère utilisés que pour combattre le pissement de sang, l'albuminurie. On pourrait aussi l'employer à l'intérieur pour tarir certaines sécrétions morbides des voies génito-urinaires, puisque ce sel est éliminé par les urines.

Doses. — A l'intérieur l'alun cristallisé se donne aux doses suivantes :

Grands ruminants	8	à 16 gr.
Solipèdes	6	12
Petits ruminants et porcs	3	4
Chiens	0.50	2

Collyre contre les taches de la cornée (Guépin).
Sulfate de cuivre	0^g.50
Sulfate de morphine	0. 10
Sulfate d'alumine et de potasse.	1
Eau distillée	100

Faites dissoudre. On fait tomber trois gouttes de ce collyre dans une cuillerée d'eau, et on pratique dix à vingt lotions par jour.

Sulfate de zinc (*couperose blanche, vitriol blanc*).

Le sulfate de zinc est insoluble dans l'alcool et l'éther, il est soluble dans deux parties et demie d'eau froide, et dans son poids d'eau chaude. Il coagule l'albumine comme l'alun et le coagulum formé ne se redissout pas.

Effets physiologiques. — Les effets locaux sont analogues à ceux produits par l'alun, mais ils sont plus intenses, plus énergiques.

D'après les expériences de Tabourin sur le cheval, les effets du sulfate de zinc sur le tube digestif sont essentiellement différents suivant les doses. Ainsi donné à petites doses, c'est-à-dire de 4 à 5 grammes, dissous dans un litre d'eau, le sulfate de zinc se comporte purement et simplement comme un astringent fort, il décolore et dessèche la bouche, augmente l'appétit et la soif, produit la constipation et durcit les excréments, etc. Mais, administré à doses moyennes de 10 à 20 grammes, ses effets sont entièrement différents : la déglutition du breuvage est laborieuse, la bouche devient sèche et pâteuse, l'appétit est diminué et la soif augmentée, la défécation est rare, difficile, et les excréments sont généralement durs et coiffés ; on remarque souvent des coliques ; le ventre diminue de volume et se relève ; il y a parfois des bâillements suivis de nausées et de violents efforts de vomissement ; alors il y a de la salivation, de l'abattement, du hoquet, des éructations et quelquefois rejet par les narines de matières venant de l'estomac. Enfin, à doses élevées et toxiques comprises entre 30 et 40 grammes, les effets, quoiqu'étant de même nature, sont plus intenses et plus rapides.

Chez le chien des doses de $0^{gr},50$ à 2 grammes déterminent le vomissement sans aucun accident consécutif.

Après l'absorption le sulfate de zinc à faible dose ralentit la circulation et la respiration, et augmente la sécrétion urinaire. A forte dose il produit des nausées, un ralentissement et un affaiblissement des mouvements du cœur, un affaissement profond du système nerveux, et enfin la paralysie et la mort.

A l'autopsie d'un animal qui a succombé à une dose trop forte de sulfate de zinc, on trouve les lésions suivantes : ecchymoses disséminées sur la muqueuse de l'intestin grêle, et plus encore sur le gros intestin ; réduction du calibre de tout le tube digestif ; cœur petit et ecchymosé sur l'endocarde ; consistance plus grande qu'à l'ordinaire des organes parenchymateux et glandulaires.

INDICATIONS THÉRAPEUTIQUES. — Il est employé pour produire le vomissement chez les animaux carnivores et omnivores.

Ses vertus fortement astringentes et antiseptiques, le recommandent contre toutes les affections locales où les astringents sont indiqués. Pour éviter des répétitions inutiles, nous ne nommerons pas les nombreux cas où ce corps peut être utilisé.

A la dose de 1 pour 150 d'eau, il s'oppose à la multiplication des bactéries.

Les solutions astringentes sont de 1 à 4 p. 100 suivant l'intensité des effets que l'on désire obtenir et suivant la délicatesse des organes. Les solutions pour collyres doivent rarement dépasser 2 p. 100.

ANTIDOTES. — On combat les effets toxiques du sulfate de zinc avec le lait, le blanc d'œuf, les eaux sulfureuses.

Protosulfate de fer (*couperose verte, vitriol vert*).

Le sulfate de fer est soluble dans la moitié de son poids d'eau chaude, et dans le double de son poids d'eau froide.

Il est décomposé par *les sels* à base de chaux, de baryte, de plomb, d'argent, de mercure, etc., qui forment avec l'acide sulfurique des composés insolubles ; par les oxydes des deux premières sections qui précipitent l'oxyde de fer ; par les phosphates et les borates qui formeraient des sels de fer insolubles ; par les savons, le tannin.

EFFETS PHYSIOLOGIQUES. — Ce sel agit sur l'organisme comme un astringent *énergique*, mais il ne présente aucune particularité notable.

A l'état de poudre ou de solutions concentrées il cesse d'être astringent pour les tissus fins, il devient irritant.

Introduit dans les voies digestives, à la dose de 8 grammes chez le chien, ou injecté dans les veines à celle de 1 à 2 grammes, il provoque le vomissement et ne tarde pas à les faire périr après avoir déterminé un abattement général.

Le professeur Gohier administra 350 grammes de ce sel à un cheval, 200 grammes à un âne et 100 grammes à un poulain de 6 mois ; aucun d'eux ne vomit ni n'urina, mais il y eut quelques nausées. Le lendemain les trois sujets moururent et, à l'autopsie, on trouva les intestins gangrenés.

Dans l'estomac le sulfate de fer se précipite en général en se combinant avec les matières albuminoïdes ; mais l'acide chlorhydrique le redissout en partie et le transforme en chlorure de fer qui est absorbé.

Le sulfate de fer arrive donc dans le sang à l'état de chlorure de fer. Avant son absorption il provoque le resserrement de la muqueuse gastro-intestinale et la diminution des sécrétions digestives. Après son absorption il rend le sang plus plastique, plus riche en globules rouges.

Pour que ces effets toniques se manifestent, il ne faut l'administrer qu'à très faible dose, pour éviter son action malfaisante sur la digestion.

Le fer s'élimine en partie par les voies urinaires, ainsi que l'ont démontré Gmelin et Tiedeman, en traitant les urines par les réactifs appropriés ; mais la plus grande partie est éliminée par la bile.

Le vitriol vert est antiseptique et détruit les mauvaises odeurs qui se dégagent des matières organiques en fermentation.

APPLICATIONS THÉRAPEUTIQUES. — Ce sel répond à toutes les indications ordinaires des astringents ; il a en plus pour effet de relever la nutrition chez les anémiques ; il est cependant avantageusement remplacé par d'autres préparations ferrées. Son action antiseptique et désodorante peut être utilisée dans un grand nombre de cas.

Il est employé en poudre ou en solutions, plus ou moins concentrées de 1 à 10 p. 100.

Doses.
Grands ruminants........	8	à 16 gr.
Solipèdes...............	6	12
Petits ruminants et porcs.	2	4
Chiens et chats.........	0.50	2

Perchlorure de fer (*sesquichlorure de fer, muriate de fer, chlorhydrate de peroxyde de fer*).

Le perchlorure de fer est solide, en écailles violacées, très hygroscopiques ; il est très soluble dans l'eau, l'alcool et l'éther. Ce corps est rarement usité sous cet état ; il s'emploie surtout sous forme d'un *liquide* sirupeux marquant 30°, au pèse-sel de Baumé, d'une couleur rouge brun, d'une odeur chlorée et d'une saveur âcre et astringente. Il peut être acide basique, ou neutre ; c'est ce dernier qui doit être préféré. Ce liquide contient environ le tiers de son poids de perchlorure solide.

Avec les matières tannantes le perchlorure de fer forme de l'encre ; avec les cyanures et les ferrocyanures il donne naissance à du bleu de Prusse. Il précipite les gommes, le mucilage, l'albumine, et forme des combinaisons spéciales avec ces corps.

EFFETS PHYSIOLOGIQUES. — Le perchlorure de fer appliqué sur la peau intacte condense l'épiderme, le resserre, le tanne en quelque sorte, et le rend imperméable. Lorsqu'il est appliqué sur une plaie ou une muqueuse suppurante, il y détermine immédiatement une action coagulante si énergique, que le coagulum formé ressemble à une fausse membrane ou à une eschare, ce qui fait croire à une action caustique qui n'existe pas. Il ne devient escharotique sur les muqueuses et les surfaces nues que lorsqu'il est solide ou qu'il marque 45° B. Il ne produit pas immédiatement de douleur lorsqu'on l'applique, parce que le perchlorure de fer n'est pas une substante irritante ; mais au bout de quelques heures et par suite de l'action désorganisatrice par coagulation qu'il exerce sur la membrane pyogénique, et de la mise en liberté d'une certaine quantité de chlore, il provoque une douleur assez vive quoique peu persistante.

Le perchlorure de fer mis en contact avec le sang, la lymphe, les sécrétions diverses contenant des substances albuminoïdes exerce sur ces divers liquides une action coagulante des plus énergiques. Quand on verse une quantité de perchlorure égale à 10 gouttes à 45° Baumé par centilitre de sang en ayant soin d'agiter le mélange avec une baguette de verre, on obtient un magma solide, qui a la forme d'une pâte noirâtre, granuleuse, mais ferme.

Abandonné à lui-même à l'air, ce magma complètement imputrescible durcit encore, se dessèche assez rapidement et se réduit facilement en une poudre brune qui peut se garder indéfiniment.

Un excès de perchlorure de fer ajouté au coagulum encore humide le rend d'abord moins solide, et une nouvelle quantité tend à le redissoudre.

C'est en 1852, que cette propriété *coagulante* a été découverte par le docteur Pravaz, de Lyon, et elle a été immédiatement appliquée pour arrêter les hémorrhagies et guérir les varices.

Le perchlorure de fer est aussi un agent antiseptique et antiputride des plus énergiques.

Administré à petite dose à l'intérieur, le perchlorure de fer resserre légèrement l'estomac et l'intestin, colore les excréments en noir verdâtre, et ne tarde pas à déterminer la constipation. A la dose de 30 grammes il cause du dégoût chez le cheval, et l'eau dans laquelle il est en dissolution est déglutie avec difficulté.

Après son absorption il communique au sang une plasticité plus grande en augmentant le nombre des globules rouges. Pendant longtemps on a considéré le perchlorure de fer comme hémostatique capillaire après son absorption et comme pouvant agir sur tous les organes parenchymateux. Cette action hémostatique générale n'existe pas; le perchlorure absorbé n'exerce plus aucune action coagulante sur le sang qui le tient en dissolution.

L'action hémostatique ne peut donc être que locale, c'est-à-dire se borner aux points touchés directement par le perchlorure.

INDICATIONS THÉRAPEUTIQUES. — Son action coagulante en fait un hémostatique *local* des plus puissants. Cependant l'efficacité peut dépendre beaucoup du mode d'application.

L'action coagulante du perchlorure de fer est tellement instantanée, que, si l'on en verse sur les lèvres sanguinolentes d'une plaie, toute la superficie sera à l'instant coagulée; mais le liquide ne pouvant pénétrer jusqu'à l'orifice du vaisseau ouvert, l'hémorrhagie continuera; il y a donc certaines précautions préliminaires qui sont indispensables à la réussite de l'opération :

1° Il faut, autant que faire se peut, exercer avec le doigt, à une certaine distance de la plaie, une compression momentanée pour suspendre l'hémorrhagie ;

2° Éponger rapidement et aussi complètement que possible ;

3° Porter alors promptement un bourdonnet de charpie ou d'étoupe imprégné de liquide à l'orifice du vaisseau ou sur la surface sanguinolente dans les hémorrhagies en nappe, en pressant légèrement et en le maintenant un instant ;

4° Enfin, ajouter un autre plumasseau et maintenir encore quelques minutes la compression, afin de donner au caillot le temps d'offrir assez d'adhérence pour ne pas être expulsé par l'écoulement sanguin.

Pour faire des injections hémostatiques dans l'épistaxis, la métrorrhagie, on emploie des solutions à 10 p. 100.

L'action coagulante est encore utilisée pour fermer les plaies, les fistules articulaires et tendineuses.

Son action astringente et antiputride le rend précieux dans le traitement des solutions de continuité graves (ex., fistules, abcès, clapiers, etc.).

Son effet antisécrétoire est utilisé pour guérir les maladies cutanées sécrétantes, les dartres rongeantes et humides, les eaux aux jambes et le crapaud; il est opposé aussi à la diarrhée, à la dyssenterie, aux hémorrhagies intestinales, etc.

Comme nous l'avons déjà dit, le perchlorure de fer ne doit pas être employé comme hémostatique général à cause de la nullité de ses effets après absorption.

Il est indiqué comme tonique toutes les fois qu'il faut augmenter la plasticité du sang et relever la nutrition. On l'emploie avantageusement dans l'anémie et pendant les convalescences des maladies graves.

Enfin M. Rodet attribue au perchlorure de fer additionné d'un acide des vertus antivirulentes et antivenimeuses prononcées.

Voici les formules adoptées par M. Rodet :

	Eau distillée....................	32 gr.
Liqueur non caustique..	Perchlorure à 30°.............	16
	Acide citrique................,	5
	Acide chlorhydrique...........	5

Faites dissoudre l'acide citrique dans l'eau et ajoutez successivement le perchlorure et l'acide chlorhydrique.

Liqueur caustique......
Eau distillée..	32 gr.
Perchlorure...................	16
Acide chlorhydrique..........	8

Ajoutez à l'eau successivement le perchlorure et l'acide chlorhydrique.

Ces liqueurs neutralisent parfaitement le virus syphilitique et le virus vaccin, les venins d'abeilles, de guêpes, de frelons ; mais on n'est pas encore certain qu'elles puissent neutraliser le virus rabique, le virus morveux et les venins des vipères.

Doses.
Cheval	1	à 3 gr.
Bœuf...................	3	5
Mouton et porc..........	0.30	0.50
Chien...................	0.05	0.15

On doit donner ce sel en boissons étendues d'une grande quantité d'eau miellée ou sucrée.

Autres préparations :

Pommade de perchlorure de fer...............
| Perchlorure de fer........... | 4 gr. |
| Axonge...................... | 32 |

Incorporez.

Préparation hémostatique puissante ....
| Perchlorure de fer........... | 1 |
| Collodion................... | 8 |

Tartrate de protoxyde de fer et de potasse.

Ce sel est solide, de teinte verdâtre, cristallisé ou en poudre, d'une saveur amère et styptique, soluble à la fois dans l'eau, l'alcool et le vin. Il forme la base des préparations suivantes :

1° *Boules de Mars ou de Nancy.* — On fait une dissolution du sel précédent qu'on mélange avec une infusion très chargée de plantes vulnéraires qu'on évapore en consistance d'extrait, et auquel on ajoute, pour lui donner plus de liant et de dureté, un peu de gomme et de la poudre de racine de tormentille. On fait ensuite, avec cette pâte épaisse, des bols du poids de 40 à 50 grammes, qu'on arrondit dans les mains imprégnées d'huile, afin d'empêcher la surface des boules de se gercer. Les boules de Nancy sont solubles à la fois dans l'eau, l'alcool et le vin.

A l'intérieur, elles se donnent comme toniques et astringentes ; à l'extérieur elles s'emploient à titre de défensif, dans le cas de contusion, d'entorse, de plaies, de crevasses, etc.

2° *Boules de Molsheim.* — Ce sont les précédentes auxquelles on a ajouté de la térébenthine ou d'autres matières résineuses.

3° *Vin chalybé*.........	Tartrate de fer et de potasse..	32 gr.
	Vin blanc..................	1 lit.

Dissolvez à froid.

4° *Teinture de Mars*....	Tartrate de potasse et de fer...	32 gr.
	Alcool.....................	500

Dissolvez à froid.

Acétates de plomb.

En médecine on emploie deux acétates de plomb, l'acétate neutre et le sous-acétate ou acétate tribasique.

Acétate neutre de plomb (*sel ou sucre de Saturne*).

Ce sel est cristallisé, incolore, inodore, à saveur sucrée d'abord, puis âpre et très styptique. Exposé à l'air, il s'affermit et se transforme partiellement en carbonate en perdant de l'acide acétique ; l'eau froide en dissout le tiers de son poids, l'eau chaude la moitié environ et l'alcool un huitième seulement.

Ce sel est précipité par les carbonates, les sulfates, les alcalis, les matières albuminoïdes; il n'est pas précipité par la mucine.

Effets physiologiques. — *Localement* le sucre de saturne agit comme un excellent astringent; il resserre les tissus, les rend plus denses, tarit leurs sécrétions et diminue leur sensibilité. Il semble, en outre, avoir une action énergique sur les petits vaisseaux qu'il contracte; sur les surfaces sécrétantes il se combine avec l'albumine des liquides sécrétés et forme une couche solide, protectrice, très favorable à la guérison.

Les effets locaux ci-dessus ne se produisent qu'avec des solutions étendues; si les solutions sont concentrées ou si le sel est à l'état solide, il devient irritant pour les tissus fins, les muqueuses et détermine leur mortification.

Dans l'estomac l'acétate neutre de plomb se combine avec les matières albuminoïdes. Dans l'intestin, une partie forme du sulfure de plomb insoluble en présence de l'acide sulfhydrique; l'autre partie est absorbée.

Pendant son séjour dans le tube digestif, la muqueuse est resserrée, densifiée, et les sécrétions sont diminuées; les excréments deviennent noirs, durs et ne sont expulsés que rarement et avec difficulté.

A doses fortes ou trop concentrées, ce sel produit une vive irritation, une gastro-entérite accompagnée de coliques violentes et suivie de mort.

Après l'absorption, l'acétate neutre de plomb se fixe sur les hématies, d'après Millon, et ne se trouve pas dans le sérum. Les hématies transportent le plomb dans tous les organes; il se dépose principalement dans les os, les reins, le foie, les centres nerveux et produit des troubles nutritifs et fonctionnels dans ces organes, si l'administration est prolongée.

La présence du plomb dans les éléments des organes parenchymateux ralentit la nutrition et on voit survenir rapidement de l'amaigrissement, une faiblesse musculaire générale, des tremblements et des accès épileptiformes ; en outre, on voit une diminution du nombre des battements du cœur et des artères, une certaine difficulté dans la respiration, un abaissement de la température animale et un amaigrissement considérable accompagné d'une perte de la sensibilité générale. Les animaux présentent aussi des coliques intenses (coliques de plomb) qui sont dues, d'après Heubel, à l'action paralysante et irritante des particules de plomb qui se déposent dans les parois intestinales et à la présence de matières excrémentitielles très dures.

Le plomb déposé dans les organes parenchymateux ne se résorbe et ne s'élimine que lentement. L'élimination s'effectue par la bile et un peu par les urines et la salive. Le plomb éliminé par la bile revient dans l'intestin, dans lequel il est en partie rendu insoluble ; mais une certaine quantité passe de nouveau à l'absorption.

Les ruminants sont les animaux les plus sensibles à l'action des sels de plomb ; les effets toxiques se montrent après une administration même peu prolongée.

Pour combattre les effets du plomb pris en trop forte quantité, il faut précipiter ce métal dans le tube digestif à l'aide de quelques réactifs. Les meilleurs *antidotes* sont le sulfate de soude et de magnésie, le mucilage. Pour combattre les effets du plomb déjà absorbé et déposé dans les organes, on emploie le bromure et l'iodure de potassium, qui facilitent sa résorption et son élimination.

INDICATIONS THÉRAPEUTIQUES. — Le sucre de saturne,

comme astringent local antisécrétoire et analgésique, convient dans tous les cas d'*inflammation* locale, surtout lorsque les sécrétions sont surabondantes et que la douleur est vive. On le recommande surtout pour les plaies très suppurantes, les maladies cutanées sécrétantes et prurigineuses, les conjonctivites. Les sels de plomb ne conviennent pas pour les ulcérations de la cornée, car les particules de sel de plomb qui se précipitent s'enkystent et amènent des taches persistantes sur la cornée. Dans les conjonctivites ordinaires sans ulcération, ce sel convient très bien, soit sous forme de poudre qu'on insuffle dans l'œil malade et qu'on enlève ensuite avec de l'eau distillée après une minute de contact, soit sous forme de solutions.

A l'intérieur les propriétés astringentes, antisécrétoires et calmantes sont utilisées pour combattre des diarrhées épuisantes et rebelles, des hémorrhagies intestinales, l'entérite couenneuse, etc. Dans tous ces cas il faut administrer de fortes doses, mais éviter de les continuer longtemps.

On n'utilise guère les propriétés qu'il développe après son absorption que pour combattre certaines hémorrhagies du poumon, des reins; on pense qu'il détermine la contraction des vaisseaux des organes parenchymateux et qu'il peut ainsi arrêter les hémorrhagies capillaires. Cependant ce fait n'est pas encore absolument prouvé.

Doses.			
Cheval	5	à 15	gr.
Bœuf	1	5	
Mouton, porc	0.30	1	
Chien	0.02	0.10	

Sous-acétate ou acétate tribasique de plomb. Extrait de saturne.

L'extrait de saturne des officines est habituellement

liquide, un peu visqueux, blanc ou jaunâtre, d'une odeur spéciale, d'une saveur sucrée d'abord, puis très styptique. Exposé à l'air, il s'altère rapidement en absorbant l'acide carbonique; il est insoluble dans l'alcool, qui trouble sa solution aqueuse.

Quand on le mélange à l'eau ordinaire, il donne un précipité blanc d'autant plus abondant qu'elle est plus chargée de carbonates, de sulfates, de chlorure, etc., alcalins ou terreux. Il précipite un grand nombre de principes organiques, tels que la gomme, l'amidon, l'albumine, la gélatine, le tannin, etc.

Il faut se souvenir de ces propriétés chimiques dans la confection des préparations pharmaceutiques.

EFFETS PHYSIOLOGIQUES ET EMPLOIS. — Les effets locaux et généraux sont semblables à ceux développés par l'acétate neutre de plomb. On l'emploie dans les mêmes cas.

Préparations :

1º Eau blanche........	Extrait de saturne........	16 à 32 gr.
	Eau commune............	1 litre.
2º Eau de Goulard ou eau végéto-minérale . ..	Extrait de saturne............	6 gr.
	Eau-de-vie....................	64
	Eau ordinaire...............	1 lit.

Mêlez.

3º Cérat saturné.... ...	Extrait de saturne............	4 gr.
	Cérat simple.................	32

Incorporer à froid et préparer seulement au moment de s'en servir, car il durcit promptement.

Pommade contre l'eczéma (Wattren)........	Sous-acétate de plomb........	10 gr.
	Glycérine....................	10
	Axonge récente...............	30

F. s. a. Une pommade avec laquelle on fera des onctions pour calmer le prurit de l'eczéma aigu.

Acétates de cuivre.

Les acétates de cuivre employés en médecine sont l'acétate neutre et l'acétate bibasique de cuivre.

1° Acétate neutre de cuivre (*verdet cristallisé, cristaux de Vénus*).

Ce sel est solide, cristallisé en prismes rhomboïdaux d'un vert bleuâtre foncé, d'une saveur styptique et métallique très désagréable. Exposé à l'air, il s'effleurit; chauffé, il perd son eau, se dessèche et devient blanc; calciné, il se décompose entièrement. Très peu soluble dans l'alcool, il se dissout dans cinq fois son poids d'eau chaude et dans une grande quantité d'eau froide. Pour les effets, voir Acétate bibasique de cuivre.

2° Acétate bibasique de cuivre (*vert-de-gris*).

Le vert-de-gris se présente sous forme d'une poudre vert-bleuâtre, pâle, inodore, d'une saveur très styptique, inaltérable à l'air et facilement décomposable par l'action du feu. Insoluble dans l'alcool, le vert-de-gris se dédouble quand on le met en contact avec l'eau; il se forme de l'acétate neutre, qui se dissout, et de l'acétate bibasique qui, étant insoluble, se précipite sous forme de poudre verte.

Pour éviter les répétitions, nous étudierons simultanément les propriétés physiologiques des deux sels précédents.

Effets locaux. — Les deux acétates de cuivre agissent à peu près de la même manière, mais avec une inégale intensité; ils forment le chaînon qui unit les astringents avec les caustiques, car ils participent à la fois des propriétés de ces deux sortes d'agents. En effet, quand on les emploie à dose légère, pendant un temps très court, et sur des tissus peu délicats, ils agissent à la manière des astringents les plus énergiques ; mais si on les applique sur des tissus mous, sur des surfaces dénudées, pendant longtemps ou à forte dose, ils désorganisent les parties qu'ils touchent et les mortifient comme des caustiques légers.

Il résulte des recherches de M. Zündel (*Journal de méd. vétér. de Lyon*, 1860, p. 187) que le sous-acétate de cuivre est moins actif que l'acétate neutre et que le vert-de-gris n'agit le plus souvent que par l'acétate soluble qui prend naissance par l'intervention de l'eau, des liquides animaux, de l'alcool, des principes sucrés du miel, des corps gras, etc. ; en outre, que les acétates cupriques, bien que coagulants plus énergiques que le sulfate, ne produisent qu'un coagulum mou et moins bien circonscrit ; à quantité égale, ils agissent donc plus profondément que le sulfate : voilà pourquoi la liqueur de Villate, qui contient une forte proportion d'acétate soluble de cuivre, est si efficace, employée en injections, contre les caries osseuses, cartilagineuses ou ligamenteuses, les fistules, les clapiers, etc.

Ingérés dans le tube digestif à faible dose, les acétates cupriques sont inoffensifs et déterminent les effets ordinaires des astringents salins ; seulement il est prudent de ne pas trop insister sur leur usage par cette voie, parce que, étant absorbés en partie, ils pourraient, à la longue, déterminer un empoisonnement mortel. A dose élevée, ils sont irritants, provoquent le vomissement chez les carnivores et les omnivores, la purgation chez tous les animaux, des coliques intenses, le ballonnement du ventre, une agitation violente, etc.

Après l'absorption, on observe un ralentissement du cœur et de la respiration, le refroidissement des extrémités, une grande faiblesse, etc. Nous nous réserverons de parler des effets généraux des sels de cuivre en parlant du sulfate de cuivre. Le vert-de-gris est mortel pour le cheval à la dose de 64 grammes (Dupuis); pour le chien à celle de 1 gramme (Orfila).

PRÉPARATIONS. — Les acétates de cuivre n'étant que très rarement employés à l'intérieur, il suffit de faire connaître les préparations pour l'usage externe. Les plus importantes sont :

1° Onguent Egyptiac ou oxymellite de cuivre.
Vert-de-gris	1 gr.
Vinaigre	1
Miel	2

Mêlez et mettez dans une terrine d'une capacité triple du volume du mélange, car il y a boursouflement considérable, et faites cuire en remuant sans cesse jusqu'à ce que la préparation ait pris une belle couleur rouge de cuivre et acquis une consistance onguentacée.

2° Onguent Egyptiac de Schaack.
Vert-de-gris pulvérisé	4 gr.
Vinaigre	1
Miel	1

Mélangez intimement les trois substances et laissez fermenter.

3° Pommade Rodier.
Sous-acétate de cuivre	1 gr.
Axonge	4
Miel	q. s.

Incorporez à froid, contre les crevasses, les eaux aux jambes, etc.

4° Onguent vert.
| Vert-de-gris | 1 partie. |
| Onguent basilicum | 4 — |

Mélangez exactement à froid.

5° Pâte caustique de Gasparin.
| Vert-de-gris | 100 gr. |
| Vinaigre | q. s. |

Faites une pâte épaisse.

6° Solution dessiccative. { Acétate neutre de cuivre..... 64 gr.
{ Eau ordinaire................. q. s.

INDICATIONS. — Les acétates de cuivre ou les préparations ci-dessus conviennent, à l'extérieur, toutes les fois qu'il faut produire un effet astringent et antisécrétoire énergique (vieilles plaies, crevasses, crapaud, piétin, limace, etc.). L'onguent égyptiac est recommandé dans le traitement des plaies articulaires.

De la chaux (*oxyde de calcium*).

On distingue la chaux vive ou anhydre et la chaux éteinte. La première n'est guère employée que pour confectionner certaines préparations caustiques avec la potasse et les composés arsenicaux. La chaux éteinte forme la base de quelques médicaments composés destinés à l'usage externe et interne. La chaux n'est que peu soluble dans l'eau ; 1 litre en dissout environ 1 gramme. Pour augmenter la puissance de dissolution de l'eau pour la chaux, on peut y ajouter du sucre.

PROPRIÉTÉS PHYSIOLOGIQUES. — La chaux éteinte produit sur la peau des animaux une brûlure plus ou moins grave, suivant la durée du contact. D'après Tabourin, elle provoque d'abord la tuméfaction de la peau, le soulèvement de l'épiderme, et occasionne une vive douleur ; la brûlure est légère si le contact ne s'est pas prolongé au delà de quelques heures ; dans le cas contraire, on observe l'escharification plus ou moins complète de la peau et même des parties sous-jacentes. Ces brûlures se remarquent souvent sur les régions inférieures des membres chez les chevaux employés aux travaux de construction. La chaux vive, pulvérisée et mélangée, à parties égales, avec le goudron de bois et appliquée sur la peau, la tuméfie au bout de vingt-quatre heures, produit des phlyctènes et un peu de suppuration ; puis bientôt la peau se durcit, perd sa sensibilité, meurt et forme une eschare dure et sèche qui intéresse toute l'épaisseur du derme. Sur les solutions de continuité la chaux vive agit comme un caustique énergique, mais elle n'est guère employée que mélangée à la potasse dans la préparation appelée poudre de Vienne. Le lait calcaire et l'eau de chaux agissent comme de légers astringents.

L'action escharifiante de la chaux est due à son affinité pour l'eau, pour l'albumine et la graisse des tissus. Les tissus sont deshydratés et leurs éléments albuminoïdes entrent en combinaison avec la chaux et se mortifient ; les graisses sont saponifiées.

Ingérée dans le tube digestif, la chaux même vive est loin d'être aussi caustique que le feraient supposer ses effets extérieurs, ce qui provient évidemment de sa neutralisation partielle par le suc gastrique et par l'acide carbonique contenu dans le tube digestif. Cependant elle est encore dangereuse, puisque Orfila a vu mourir un chien en lui donnant d'abord 6 grammes puis 12 grammes de chaux vive ; le tube digestif était enflammé dans divers points de son étendue, mais trop légèrement pour expliquer la mort du sujet. Hertwig l'a administrée aux chevaux et a trouvé que cette substance irrite la bouche, produit de la salivation et du dégoût : beaucoup de sujets refusent de la prendre d'eux-mêmes ; enfin, après l'emploi de ce médicament pendant trois à quatre semaines, il a vu mourir plusieurs chevaux, dont la fin était précédée d'une respiration très laborieuse, d'engorgements œdémateux, de beaucoup de faiblesse. L'eau de chaux agit sur les muqueuses et les tissus nus comme un léger astringent. Elle tonifie légèrement les surfaces et les dessèche. Le lait de chaux (1 p. 10) est supporté facilement par les muqueuses, mais seulement pendant un temps court ; si l'usage est prolongé, on observe une perte d'appétit, une digestion difficile et des défécations rares. Après l'absorption la chaux produit de la *diurèse*, et diminue toutes les autres sécrétions. Après un usage prolongé, elle fluidifie le sang, diminue le nombre des globules rouges, détermine une diminution de volume des ganglions lymphatiques, des glandes et provoque l'amaigrissement général.

La chaux aide à la dissolution des fausses membranes, des matières muqueuses. Elle attaque aussi la carapace chitineuse des parasites qui vivent sur la peau de nos animaux et constitue un antiparasitaire assez puissant.

INDICATIONS THÉRAPEUTIQUES. — L'*action escharifiante* de la chaux vive est utilisée pour modifier la surface des ulcères, des plaies de mauvaise nature, etc. Généralement la poudre de chaux vive est mélangée au charbon, à l'écorce de chêne ou à d'autres poudres.

L'effet légèrement astringent de l'eau de chaux est mis à profit pour tarir les sécrétions pathologiques. On l'emploie en injection, dans le nez, l'oreille, le vagin, etc., lorsque la muqueuse de ces conduits est le siège d'une sécrétion muco-purulente ; elle est également utile dans les trajets fistuleux, les clapiers des grands abcès. Le lait de chaux constitue un dessiccatif excellent contre le crapaud et le piétin.

Dans les maladies croupales l'eau de chaux favorise la dissolution des fausses membranes et réprime leur formation.

La réaction alcaline de la chaux a pour effet de neutraliser l'excès d'acidité du suc gastrique. L'action antiparasitaire de la chaux est surtout utilisée pour combattre les poux, les puces, les acares de la gale ; l'eau et le lait de chaux conviennent donc pour favoriser et régulariser la digestion chez les animaux dont le suc gastrique est trop acide. Ils conviennent aussi pour absorber l'acide carbonique qui se produit dans la fermentation des aliments ingérés, surtout dans les cas de tympanite ou d'indigestion gazeuse du rumen.

Comme l'eau de chaux tonifie et dessèche un peu les muqueuses, elle est indiquée pour combattre les diarrhées, principalement chez les jeunes animaux. Son action sur le rein la fait employer avec succès contre l'hématurie liée à un état anémique.

Enfin, la chaux est encore indiquée à l'intérieur, toutes les fois que les aliments sont trop pauvres en sels calcaires pour suffire aux besoins de la nutrition des os. Elle est employée contre le rachitisme, dans les cas de fractures pour favoriser la formation du cal. Elle doit aussi être donnée aux femelles pleines pour favoriser la formation du squelette du fœtus. Cependant, comme c'est plutôt l'acide phosphorique qui fait défaut dans les aliments, il vaut mieux administrer de la poudre d'or ou du phosphate de chaux.

Les doses d'eau de chaux à l'intérieur sont :

```
Grands ruminants................  1  à  5 litres.
Solipèdes.......................  1     4   —
Petits ruminants et porcs........ 1/4   1   —
Chiens .........................  3 centil. à 1 décil.
```

Principales préparations pharmaceutiques à base de chaux.

```
1° Liniment calcaire....  { Eau de chaux................ 250 gr.
                          { Huile d'olive...............  32
```

Mettez les deux liquides dans un flacon et agitez jusqu'à ce que le savonule soit formé.

Convient surtout contre les brûlures.

2° Poudre détersive.....   { Chaux éteinte en poudre fine..   1 partie.
                           { Charbon de bois pulvérisé....   2   —

Mélangez et conservez à l'abri de l'air.

3° Lait de chaux........   { Chaux éteinte................   100 gr.
                           { Eau ordinaire...............   1 lit.

Délayez, conservez dans un vase et remuez avant de vous en servir :

4° Eau de chaux........   { Chaux récemment éteinte.....   25 gr.
                          { Eau commune...............   1 lit.

Délayez, passez au filtre ou décantez et conservez à l'abri de l'air.

Acétate de chaux.

Ce sel est très soluble dans l'eau et l'alcool.

Il constitue un astringent léger qui convient surtout pour arrêter les écoulements purulents de toutes les muqueuses ; il fait disparaître la diarrhée et le pissement de sang.

Astringents végétaux.

Tous les astringents végétaux doivent leurs propriétés à l'*acide tannique* et à l'*acide gallique* qu'ils contiennent. Il suffit donc de faire l'étude de ces deux acides pour connaître les effets de toutes les substances végétales astringentes.

1° Acide tannique.

PROPRIÉTÉS PHYSIQUES ET CHIMIQUES. — Chimiquement pur, l'acide tannique se présente sous la forme d'une poudre amorphe, blanche ou légèrement jaunâtre, inodore, d'une saveur amère et styptique, soluble dans 10 parties d'eau et 6 parties de glycérine, peu soluble dans l'alcool et l'éther.

Exposée à l'air, la solution d'acide tannique se couvre de moisissures, se colore en brun, dégage de l'acide carbonique et se transforme en acide gallique et en sucre.

L'acide tannique précipite tous les liquides de nature albuminoïde ou muqueuse ; il précipite aussi un grand nombre de sels métalliques et les sels à alcaloïdes organiques. Avec les persels de fer l'acide tannique donne de l'encre dont la coloration est noire, bleuâtre, verte ou grise.

Le précipité que l'on obtient en versant une solution d'acide tannique dans une solution albumineuse est insoluble dans l'eau, mais soluble dans l'acide acétique, dans un excès de solution albumineuse, dans l'acide lactique et l'acide chlorhydrique étendus, et enfin dans les carbonates alcalins et les alcalis.

Lorsque l'acide tannique est complètement saturé par les alcalis et que sa réaction est devenue alcaline, il ne précipite plus les solutions albumineuses. Les tannates alcalins n'ont plus aucune action visible sur l'albumine, mais ils possèdent encore la saveur astringente et les propriétés resserrantes de l'acide tannique.

La pepsine et les peptones se comportent comme l'albumine lorsqu'ils sont mis en contact avec l'acide tannique. Quand on ajoute de l'acide tannique à une solution de pepsine, on obtient un précipité qui est soluble dans la solution d'acide chlorhydrique à 1 p. 1,000 ; en ajoutant de l'acide tannique à une solution de peptone, il se forme un précipité insoluble dans un excès de tannin, mais soluble dans 1 p. 1,000 d'acide chlorhydrique. Ni les solutions de pepsine ni celles de peptones ne précipitent lorsqu'elles sont acidifiées préalablement par l'acide chlorhydrique, comme cela a lieu dans l'estomac. Les expériences du Dr Lewin, à l'institut pharmacologique de Berlin, le prouvent suffisamment. Cet auteur a fait voir que, dans les digestions artificielles, la présence de l'acide tannique n'empêche pas la transformation des matières albuminoïdes en peptones. Il a vu aussi que les tannates d'albumine, obtenus en précipitant l'albumine par le tannin, sont transformés en peptones dans les digestions artificielles. L'acide tannique ne subit aucune altération pendant les digestions artificielles, il n'est pas transformé en acide gallique et glycose, comme on le croyait pendant longtemps.

Il est utile de connaître l'action directe qu'exerce l'acide tannique sur le sang et la lymphe. Ces connaissances nous serviront pour expliquer les effets physiologiques du tannin.

Quand on ajoute à du sang quelques gouttes d'acide tannique en solution, il se forme au point de contact des deux liquides une coagulation qui disparaît par l'agitation, aussi longtemps que le sang conserve sa réaction alcaline. Quand on ajoute au sang assez d'acide pour lui faire perdre sa réaction alcaline, le coagulum formé ne se redissout plus par l'agitation.

La lymphe se comporte exactement comme le sang, vis-à-vis de l'acide tannique. Ces effets sur le sang et la lymphe se comprennent très bien, puisque nous avons dit plus haut que les tannates d'albumine sont solubles dans les carbonates alcalins. Aussi longtemps que le sang ou la lymphe renferme des carbonates alcalins libres, le coagulum formé par l'acide tannique se redissout, mais aussitôt que les carbonates alcalins sont saturés le coagulum persiste. Ce coagulum disparaît seulement, si on ajoute au sang des carbonates alcalins, ou une nouvelle quantité de sang jusqu'à réapparition de la réaction alcaline.

L'acide tannique a aussi une action sur la matière colorante des globules rouges du sang. Après l'addition de tannin le sang prend une coloration rouge écarlate, d'autant plus prononcée, que la quantité d'acide tannique ajoutée est plus considérable. Ce sang très rouge abandonné pendant quelque temps devient ensuite peu à peu brunâtre, puis noir. Au spectroscope il donne alors la raie de l'hématine acide entre 32 et 34.

L'acide tannique ne s'altère pas dans le sang et la lymphe, même après un contact très prolongé. On peut en effet avec des dissolvants appropriés retirer du sang le tannin pur.

PROPRIÉTÉS PHYSIOLOGIQUES DU TANNIN. — L'acide tannique est antiseptique, antiputride. Il empêche les fermentations produites par des ferments figurés. Cette propriété n'a pas été admise pourtant par tous les pharmacologues ; il en est qui ont enlevé à l'acide tannique la propriété antiseptique, la propriété d'arrêter les fermentations. Ces auteurs se bornent principalement sur ce fait que les moisissures se développent dans les solutions d'acide tannique exposées à l'air.

Cet argument est dénué de toute valeur, car les moisissures se développent dans un grand nombre de solutions de substances toxiques reconnues universellement comme jouissant de propriétés antiputrides énergiques. C'est ainsi qu'on voit les solutions d'acide arsénieux, d'acide oxalique, de strychnine, de digitaline, etc., se couvrir de moisissures. D'ailleurs les moisissures diffèrent considérablement des ferments de dédoublement qui engendrent les fermentations. Il n'y a aucune relation entre le développement des moisissures et celui des ferments. On remarque même une espèce d'antagonisme ; en effet, les moisissures ne se développent qu'avec difficulté dans les substances en décomposition putride. Les germes de la putréfaction rendent le terrain moins propre au développement des moisissures.

D'ailleurs, il est facile de démontrer directement que l'acide tannique est antiputride et antiseptique. Il suffit d'ajouter à du sang putréfié une certaine quantité d'une solution d'acide tannique pour voir l'odeur fétide disparaître. Le sang acquiert la propriété de se conserver longtemps sans se putréfier. Les bactéries, très mobiles dans le sang putréfié, sont immobilisées immédiatement par l'acide tannique. On a pu conserver, pendant des mois, des tannates d'albumine obtenus en précipitant une solution d'albumine pure par l'acide tannique.

Cette propriété antiseptique doit être attribuée à la grande affinité du tannin pour les matières protéiques et pour l'eau. L'albumine en se précipitant entraîne les germes de la putréfaction, les englobe et empêche leur multiplication. Des solutions tanniques concentrées enlèvent au ferment de la levûre la propriété de transformer le sucre en alcool. Une expérience de Gohier démontre très nettement les propriétés antiseptiques du tannin. Ce professeur a fait manger à des chevaux de grandes quantités de tannin ; après un certain temps de ce régime, il leur a tiré du sang qu'il a pu conserver, sans aucune décomposition putride, pendant deux mois entiers. Le tannage des peaux est basé sur la propriété que possède l'acide tannique de rendre le cuir imputrescible.

Les effets locaux produits par l'acide tannique sur l'organisme vivant varient suivant la concentration des solutions employées et la durée et le mode d'application.

Après l'application de l'acide tannique sur les muqueuses et les plaies, on voit la cohésion augmenter dans les tissus touchés. Le tissu conjonctif lâche se resserre, les liquides qui l'imprègnent se coagulent.

Les solutions concentrées agissent moins profondément que les solutions étendues; car il y a avec les premières, immédiatement, formation d'une couche de tannate d'albumine très dense qui s'oppose à la pénétration du reste du liquide. Mitscherlich, après une injection de 15 grammes de tannin dans 45 centimètres cubes d'eau dans l'estomac d'un lapin mort, a vu qu'après vingt heures le tannin avait à peine pénétré jusqu'à la musculaire de la paroi stomacale. Des solutions à 10 p. 100 pénètrent au contraire jusqu'à la séreuse péritonéale dans l'espace d'une heure.

L'acide tannique administré aux animaux agit d'abord localement sur l'estomac et l'intestin; il manifeste ses propriétés astringentes en condensant la muqueuse et en resserrant les voies digestives. Il provoque en général une constipation plus ou moins opiniâtre. A dose élevée, il arrête même la digestion et détermine des coliques.

Pendant son séjour dans le tube digestif, l'acide tannique est absorbé et passe dans le sang. Il est intéressant de savoir sous quelle forme il est absorbé. Il y a deux opinions principales sur le mode d'absorption de l'acide tannique. Certains auteurs pensent que l'acide tannique forme des composés solubles dans le tube digestif en se combinant aux matières albuminoïdes et qu'il est ainsi absorbé sans subir aucune altération; d'autres pensent qu'il est décomposé en acide gallique et glycose et que ce sont ses produits de décomposition seulement, qui passent à l'absorption. L'expérience démontre que c'est la première opinion qui est la bonne. Une solution de tannin introduite dans l'estomac n'altère en rien les peptones déjà formées, parce que ces peptones sont en dissolution dans un liquide qui renferme de l'acide chlorhydrique. Les matières albuminoïdes non encore transformées en peptones se précipitent et forment des tannates d'albumine. S'il y a un excès d'albumine, les tannates d'albumine formés se dissolvent. S'il n'y a pas d'excès d'albumine, les tannates formés sont transformés en peptones non précipitables par l'effet de la digestion.

De toute façon on voit que l'acide tannique est susceptible de devenir absorbable. Dans l'intestin l'acide tannique rencontre des liquides alcalins et il forme alors des tannates alcalins solubles et absorbables. L'acide tannique est donc absorbé par les voies digestives à l'état de tannates d'albuminoïdes solubles ou à l'état de tannates alcalins. D'après M. Lewin, l'acide tannique ne se décompose jamais dans le tube digestif en acide gallique et sucre.

Après l'absorption l'acide tannique se retrouve dans le sang sous forme de tannates albumineux et alcalins. Le sang devient plus rouge, plus consistant et se coagule rapidement lorsqu'il est tiré des vaisseaux.

L'acide tannique en circulant dans le sang n'est pas décomposé, il conserve ses propriétés astringentes et les manifeste sur tous les tissus.

C'est le tissu musculaire qui subit les plus grandes modifications sous l'influence de l'acide tannique. Le muscle perd de son extensibilité, mais son élasticité devient plus parfaite. Les vaisseaux étant formés en grande partie de fibres musculaires se rétrécissent et la tension artérielle devient plus forte. La rate diminue de volume et son tissu se densifie comme sous l'influence de la quinine. Les nerfs deviennent moins excitables et toutes les sécrétions sont diminuées.

Pendant longtemps on a admis que l'acide tannique est éliminé sous forme d'acide gallique par les urines. Mais les observations de Gohier et les expériences de Lewin démontrent que l'acide tannique peut être extrait en nature de l'urine. Il est expulsé avec l'urine sous forme de tannates alcalins et d'acide tannique libre. On n'a pas pu retrouver l'acide tannique dans la salive, la sueur, le mucus bronchique, le suc pancréatique.

EMPLOI THÉRAPEUTIQUE. — Localement l'acide tannique répond à toutes les indications des astringents. Il resserre, densifie les tissus mous et atones sans les irriter; il tarit les sécrétions morbides et dessèche les surfaces des plaies, des muqueuses enflammées. Il agit efficacement contre l'atonie du tube digestif, les diarrhées épuisantes. Ses propriétés coagulantes le rendent également précieux comme hémostatique local, surtout contre les hémorrhagies en nappe. C'est un bon antidote des alcaloïdes végétaux.

Les propriétés astringentes que ce médicament produit sur tout l'organisme, après son absorption, le rendent précieux pour combattre l'atonie des organes, les hypersécrétions des muqueuses éloignées, les hémorrhagies dans les organes parenchymateux. Il ne faut, en effet, pas oublier que ce corps, après un mélange avec le sang et la lymphe, conserve ses vertus astringentes et qu'il les développe dans tout l'organisme, surtout dans les organes où l'élément musculaire domine.

ADMINISTRATION. — L'acide tannique administré en poudre en grande quantité détermine rapidement une perte d'appétit, de la difficulté dans la digestion et même quelquefois une véritable irritation gastro-intestinale. Pour éviter ces effets irritants locaux il est utile de ne jamais administrer de tannin sous forme de poudre ni sous forme de solutions concentrées. Il faut donner le tannin sous forme de tannate d'albumine ou de tannate alcalin.

La solution de tannate d'albumine est facile à préparer; il suffit de précipiter une solution tannique avec une solution d'albumine et d'ajouter de cette dernière solution jusqu'à disparition du précipité. Ces solutions ont l'avantage de pouvoir se conserver longtemps sans altération, et leur saveur astringente est moins prononcée que celle de solutions tanniques pures.

On peut aussi transformer l'acide tannique en tannates alcalins, en ajoutant à la solution d'acide tannique du carbonate de soude. Cette solution doit se préparer au moment de s'en servir.

On peut encore précipiter une solution albumineuse par l'acide tannique et redissoudre le coagulum par le carbonate de soude.

En employant l'acide tannique sous une des formes que je viens d'indiquer il est supporté facilement par le tube digestif, et ses effets généraux se développent rapidement.

$$\text{Doses.} \begin{cases} \text{Grands herbivores.............} & 5 & \text{à } 14 \text{ gr.} \\ \text{Petits ruminants.............} & 2 . & 4 \\ \text{Chien et chat...............} & 0.10 & 0.25 \end{cases}$$

2° Acide gallique.

A l'état de pureté l'acide gallique est en petites aiguilles incolores, satinées, inaltérables à l'air, sans odeur, mais d'une saveur acide et astringente. Il est facilement soluble dans *l'eau* et *l'alcool*, très peu soluble dans l'éther. Il diffère de l'acide tannique en ce qu'il ne précipite pas la gélatine.

EFFETS PHYSIOLOGIQUES. — L'acide gallique possède les vertus astringentes du tannin, mais à un moindre degré. Il répond aux mêmes indications thérapeutiques.

Cachou (*terre du Japon*).

Cet extrait tannique est retiré de l'acacia catechu de la famille des Légumineuses, plante qui croît dans l'Indoustan. Il renferme du tannin environ 9/10, des matières extractives, du mucilage, etc., 1/10. Le tannin est formé de deux acides tanniques différents : l'*acide cachoutannique* et la *catéchine* ou acide *catéchucique*. Le premier est soluble dans l'eau froide et le second y est insoluble. Réduit en poudre le cachou est d'un brun rougeâtre, d'une odeur aromatique faible, d'une saveur amère et astringente suivie d'un arrière-goût sucré. Soumis à l'action des dissolvants et des réactifs, le cachou se comporte comme du tannin pur.

EFFETS ET EMPLOI. — Le cachou est très astringent sans être irritant. Il peut remplacer très avantageusement l'acide tannique pur dont il possède les propriétés.

Grands herbivores............	15 à 90 gr.	
Doses. Petits ruminants et porcs....	8	16
Carnassiers................	3	8

Gomme Kino.

C'est une espèce d'extrait plus ou moins analogue au cachou, retiré du Nauclea Gambier de la famille des Rubiacées qui croît aux Indes. Il contient une forte proportion de tannin. Il se dissout dans l'eau et l'alcool, surtout à chaud, et leur communique une teinte rouge. Il jouit des mêmes propriétés que le cachou et le tannin.

Sang-dragon.

C'est un suc concret, résineux et astringent, qu'on retire du *Calamus droca* (Palmiers) et du *Dracena draco* (Asparaginées), qui croissent dans les contrées tropicales. Il est insoluble dans l'eau, mais très soluble dans l'alcool, l'éther, les huiles, auxquels il communique une belle couleur rouge. Il peut remplacer le tannin.

Noix de galle.

On désigne sous le nom de noix de galle une production morbide qui se développe sur les rameaux d'un petit chêne rabougri de l'Orient (*Quercus infectoria* Oliv.), sous l'influence de la piqûre d'un insecte, le cynips ou *Diplolepis gallæ tinctoriæ*.

Les noix de galle renferment les principes suivants d'après les chimistes : acides tannique, gallique et ellagique environ 70 p. 100 ; de la gomme, de l'amidon, du ligneux, une essence, une matière extractive brune, du sucre et divers sels à base de potasse et de chaux.

La noix de galle jouit des propriétés du tannin qu'elle peut très bien remplacer.

Écorce de chêne (*Quercus robur L.*).

L'écorce de chêne est très riche en acide tannique, elle contient aussi de l'acide gallique, de l'acide pectique, du mucilage, du ligneux, des sels de potasse, de chaux et de magnésie (Braconnot).

Ses propriétés et ses usages sont ceux de l'acide tannique.

Doses.
Grands herbivores.............	15 à 60 gr.
Petits ruminants et porcs.....	4 8
Carnivores....................	1 4

Autres écorces astringentes.

Les écorces de la plupart de nos arbres indigènes et notamment du marronnier d'Inde, du châtaignier, du frêne, du hêtre, du bouleau, du charme, de l'aune, etc., jouissent des mêmes propriétés que l'écorce de chêne.

Racine de ratanhia.

Cette racine provient d'un sous-arbrisseau du Pérou, le *Krameria triandra*, de la famille des Polygalées.

D'après Vogel la racine de ratanhia contient les principes suivants : acide tannique et kramérique, extractif, matière muqueuse, gomme, fécule, ligneux, sels alcalins et terreux.

Elle jouit des propriétés ordinaires du tannin.

Doses. — Cheval : 30 gr.

Cette dose peut être donnée plusieurs fois par jour.

Suppositoire astringent. (Barnouvin.)	Extrait de ratanhia...............	1 gr.
	Axonge.........................	1
	Cire blanche...................	2
	Beurre de cacao...............	1.50

L'addition de la cire blanche à cette préparation permet d'y introduire une forte proportion d'extrait.

Racines indigènes astringentes.

Nous trouvons surtout les racines suivantes : la tormentille (*Tormentilla erecta* L.); la benoîte (*Geum urbanum* L.); l'aigremoine (*Agrimonia eupatoria* L.), la potentille (*Potentilla anserina* L.), le fraisier (*Fragaria vesca*), la bistorte (*Polygonum bistorta*), la grande consoude (*Symphytum officinale* L.), la garance (*Rubia tinctorium* L.).

Feuilles de noyer et brou de noix.

D'après Braconnot les feuilles de noyer et le brou de noix contiennent les principes suivants : acides tan-

nique, gallique, malique, citrique, une matière résineuse, de la chlorophylle, de l'amidon, du ligneux.

Propriétés physiologiques et thérapeutiques. — Les
feuilles de noyer et le brou de noix jouissent de propriétés astringentes et toniques très énergiques. Ils conviennent surtout contre les maladies ganglionnaires et
lymphatiques. Ils arrêtent la sécrétion du lait chez les
femelles. Cette propriété les fait employer pour tarir
le lait chez les femelles qui ont perdu leurs petits,
comme la jument, la truie, la chienne et la chatte.

Les autres propriétés sont les mêmes que celles de
l'acide tannique.

Autres feuilles indigènes astringentes.

Il faut citer celles de chêne (*Quercus robur* L.), de
la ronce (*Rubus fruticosus* L.), du plantain (*Plantago
major* L.), de l'aune, du frêne, du peuplier, de la vigne, etc.

Fleurs astringentes.

Les principales fleurs astringentes sont : les roses de
Provins, les fleurs de grenadier (Balaustes) ; les fleurs du
genêt à balai (*Genista scaparia* L.).

Fruits astringents.

1° Airelle myrtille (*Vaccinum myrtillus*). Les baies de
cet arbrisseau contiennent : les acides tannique, malique, citrique, une matière colorante bleue, du sucre
et de la mannite.

Ces baies constituent un astringent interne excellent
contre la diarrhée, l'hématurie.

	Grands herbivores............	60 à	100 gr.
Doses.	Petits ruminants et porcs....	16	30
	Carnivores..................	8	16

2° Glands de chêne. Ils sont composés, d'après Loewig, d'acide tannique, d'extractif amer, de résine, d'huile grasse, de gomme, d'amidon, de ligneux et de sels. La torréfaction augmente, d'après Davy, les propriétés astringentes de ces fruits et leur communique des propriétés toniques, vermifuges et antiseptiques.

3° Enveloppe de la grenade (*Malicorium*). Mêmes propriétés et mêmes usages que les autres astringents végétaux.

Astringents pyrogénés.

Les astringents pyrogénés dérivent de la calcination de produits d'origine végétale ou minérale.

Créosote ou kréosote.

La créosote est un liquide oléagineux, d'une odeur de suie, d'une saveur amère, âcre et caustique, qu'on obtient dans la distillation du goudron de bois. Elle se dissout dans 80 parties d'eau, en toute proportion dans l'alcool, l'éther, les essences, l'acide acétique, le sulfure de carbone, etc. Elle dissout à son tour le phosphore, l'iode, le soufre, les corps gras, les résines, le camphre, les principes colorants. Cette substance coagule immédiatement l'albumine, le sang et tous les liquides animaux.

Effets physiologiques.—Appliquée pure sur la peau, la créosote y détermine une brûlure ; sur les muqueuses apparentes et sur les tissus dénudés, cette substance blanchit subitement les surfaces comme le nitrate d'argent ou le beurre d'antimoine, et agit à la manière des caustiques coagulants ; elle cause peu de douleur et occasionne même un sentiment d'engourdissement.

Étendue d'eau ou d'alcool, la créosote perd ses propriétés escharotiques et devient un astringent énergique.

Donnée pure à l'intérieur, elle détermine une irritation gastro-intestinale promptement mortelle.

Les effets généraux sont assez semblables à ceux produits par l'acide phénique ; aussi renvoyons-nous à ce dernier médicament.

La créosote possède surtout à un très haut degré la propriété de tuer les êtres inférieurs qui vivent en parasites sur le corps de nos animaux; elle s'oppose aussi énergiquement aux fermentations et à la putréfaction.

INDICATIONS THÉRAPEUTIQUES. — Elle convient dans les mêmes cas que les autres astringents. En plus ses propriétés antiparasitaires la font employer à l'extérieur contre les différentes gales et à l'intérieur contre les vers.

On emploie les préparations suivantes :

1º Eau de créosote.....
  { Créosote pure............ 1 partie.
  } Eau distillée............. 80 —

2º Teinture de créosote.
  { Créosote pure............ 1 partie.
  { Alcool................... 16 —

3º Teinture composée de créosote...........
  { Créosote............ }
  { Teinture d'iode...... } Parties égales.

Étendez ce liquide des deux tiers de son poids d'eau avant de l'injecter. Remède puissant contre les caries.

4º Liniment de créosote.
  { Créosote................. 1 partie.
  { Essence de térébenthine..... 2 —
  { Huile d'olive............. 2 —

Mettez les trois substances dans une fiole et agitez vivement.

5º Pommade de créosote.
  { Créosote................. 1 gr.
  { Axonge................... 4

Incorporez.

A l'intérieur, on donne les doses suivantes :

Doses.
- Cheval...................... 2 à 5 gr.
- Bœuf........................ 3 8
- Mouton, porc................ 1 2
- Chien....................... 0.05 0.50

Ces doses peuvent être répétées deux ou trois fois par jour.

Du goudron végétal (*Pix liquida*).

Le goudron de bois résulte de la distillation des pins et des sapins. Sa composition chimique est très complexe. Le goudron est incomplètement soluble dans l'alcool, l'éther, les essences, les corps gras. Sa réaction est acide.

Voici, d'après les travaux des chimistes, les principes constituants du goudron.

1. Matières neutres : eau, acétone, alcool méthylique.

2. Matières alcalines : ammoniaque et méthyl-ammoniaque.

3. Matières acides : acides acétique, érésylique, créosote, acides oxyphénique, propionique, etc.

4. Matières hydrocarbonées ; essence de térébenthine, benzine, toluidine, xylidine, paraffine, naphtaline, résines et essences pyrogénées.

5. Matières bitumineuses : brai sec ou poix noire.

Lorsqu'on soumet le goudron à la distillation on obtient l'huile de goudron, qui peut se diviser en huile *légère* et huile *lourde :* la première est formée surtout d'acétone, d'alcool méthylique, d'essences diverses, de benzine, etc. ; la seconde contient principalement la créosote et les acides pyrogénés du goudron. Pour l'usage médical on peut se servir du mélange des deux huiles ou les employer séparément ; dans ce cas, pour la médecine des animaux il faut préférer l'huile lourde, parce que, en raison de sa richesse en créosote, elle est beaucoup plus active que l'huile légère.

Effets physiologiques. — Appliqué sur la peau intacte, le goudron est d'abord astringent, puis irritant. Par des applications convenables on peut provoquer des effets rubéfiants et même vésicants ; la peau rougit et il se forme de la sérosité sous l'épiderme. Ces effets irritants se manifestent d'ailleurs avec une intensité variable suivant les sujets, dont les uns sont beaucoup plus susceptibles que les autres. Sur les muqueuses le goudron agit comme un astringent énergique et même comme un irritant.

Cependant, à petite dose, le goudron ne montre que des effets astringents ; il resserre les muqueuses et les surfaces nues et tarit les sécrétions qui y existent. Dans le tube digestif, l'action du goudron à faible dose est favorable à la digestion, surtout l'eau goudronnée, qui augmente notablement l'appétit; mais bientôt, par suite de l'action astringente du goudron, les sécrétions diminuent, les intestins se resserrent et une constipation opiniâtre survient.

Après l'absorption des principes du goudron, il y a une légère excitation nerveuse, cardiaque, une diurèse abondante et une diminution de toutes les autres sécrétions. Les principes empyreumatiques du goudron sont éliminés par le poumon et les urines. Ce liquide prend une coloration un peu plus foncée. Comme le goudron n'a pas toujours une composition absolument identique, il en résulte que les effets ne sont pas toujours les mêmes. On a déjà vu survenir des phénomènes d'empoisonnement avec le goudron chez les carnassiers, qui présentaient alors les symptômes d'un empoisonnement par la créosote ou l'acide phénique.

Le goudron tue rapidement les divers parasites qui

vivent aux dépens du corps de nos animaux. Il est *anti-septique* et s'oppose aux *fermentations*.

INDICATIONS THÉRAPEUTIQUES. — L'eau du goudron agit comme un astringent peu énergique. Elle répond donc à toutes les indications locales des astringents. Le goudron pur, ayant des effets beaucoup plus puissants, convient surtout pour les maladies du pied du cheval caractérisées par un ramollissement de la corne ou des tissus sous-cornés, ou par une sécrétion morbide quelconque. Il donne d'excellents résultats contre la fourchette pourrie, le crapaud, et les plaies du pied, etc. A cause de ses propriétés anti-parasitaires et anti-sécrétoires on l'utilise avantageusement contre la gale, les dartres, les crevasses, les eaux aux jambes et autres maladies cutanées. Le goudron appliqué sur les plaies modère le bourgeonnement et les garantit contre la vermine et les germes de la septicémie.

A l'intérieur le goudron est indiqué pour accroître l'appétit, pour tonifier l'estomac et l'intestin, pour arrêter la diarrhée, les dysenteries, et pour tuer les vers. Les effets généraux qu'il développe après son absorption ont pour résultat de combattre la laxité des tissus, les maladies hydrohémiques, l'hématurie, les hypersécrétions muqueuses ou flux mucoso-purulents, tels que ceux des voies génito-urinaires et de l'appareil respiratoire. C'est surtout contre les maladies catarrhales chroniques que le goudron est puissant.

Pour combattre les maladies des voies respiratoires on l'emploie souvent en fumigations. On réduit le goudron en vapeurs, soit en y plongeant un fer chaud, soit en le projetant sur des charbons ardents, soit en le chauffant dans un vase ou en le mettant dans de l'eau bouillante. C'est ce dernier procédé qui est le meilleur; on fait respirer à l'animal la vapeur d'eau chargée de vapeurs de goudron. Pour rendre les vapeurs de goudron moins irritantes, il convient de neutraliser avec le carbonate de soude l'acide pyroligneux contenu dans le goudron. Ces fumigations conviennent aussi très bien contre la pneumonie vermineuse, les œstres, le pentastome ténioïde. Les parasites, il est vrai, ne sont pas tués par ces fumigations, mais on les force d'émigrer, de quitter les voies respiratoires.

On a conseillé les fumigations de goudron pour désinfecter les étables où sont morts des animaux atteints de maladies contagieuses. Mais il est reconnu que ces fumigations ne sont pas assez actives. Il vaut donc mieux employer les vapeurs de chlore, l'acide sulfureux et l'acide hypoazotique qui sont infiniment plus énergiques.

Les principales préparations du goudron sont :

1° Eau de goudron.....
{ Goudron...................... 100 gr.
{ Eau ordinaire................ 1 lit.

Laissez en contact pendant quatre ou cinq jours et décantez.

2° Pommade de goudron.
{ Goudron...................... 8 gr.
{ Axonge....................... 32

Incorporez.

Pour donner plus d'activité à cette préparation antipsorique, on y ajoute parfois du savon vert, de la potasse, de la pommade mercurielle, du soufre, des cantharides, de l'hellébore noir ou blanc, du sulfure d'antimoine, etc. Pour rendre son emploi plus commode on y ajoute de la glycérine.

3° Topique caustique...
{ Goudron...................... 100 gr.
{ Sublimé corrosif............. 60
{ Acide arsénieux.............. 30

Incorporez à froid ou à chaud selon la consistance du goudron.

Doses.
Cheval......................	10	à 20 gr.
Bœuf......................	10	30
Porc, mouton..............	3	8
Chiens....................	0.3	3

L'huile de goudron a les mêmes propriétés que le goudron ; on l'emploie aux doses suivantes :

Grands ruminants................	30	à 60 gr.
Moyens animaux.................	4	8
Petits animaux.................	0.50	2

Huile de cade (*huile pyrogénée de genévrier*).

L'huile de cade s'obtient en distillant à sec les débris du tronc et des racines du genévrier oxycèdre (*Juniperus oxycedrus* L.).

L'huile de cade est à peine soluble dans l'eau, elle est soluble dans l'alcool, l'éther, les essences, les corps gras, etc. Elle présente sensiblement la même composition chimique que le goudron.

Cette huile a les mêmes propriétés physiologiques et thérapeutiques que le goudron, on l'emploie dans les mêmes cas. Ses vertus antiparasitaires surtout sont très développées.

Suie (*Fuligo*).

La suie provenant de la combustion du bois est la seule qui doive être employée en médecine, elle a une odeur pyrogénée spéciale, désagréable, et une saveur amère et astringente. Elle cède à l'eau, à l'alcool, à l'éther, aux essences et aux corps gras, la plus grande partie de ses principes actifs. Elle contient du charbon très divisé et des cendres, de l'acide pyroligneux combiné en partie à la potasse et à l'ammoniaque, des résines et des essences pyrolignées, de la créosote, de l'absoline ou principe amer analogue à l'ulmine, etc.

Effets physiologiques. — La suie constitue un astringent énergique qui jouit aussi de propriétés dessiccatives et antiseptiques prononcées. A l'intérieur, elle est en outre vermifuge. Ses effets généraux sont les mêmes que ceux du goudron.

Emploi. — 1° Pour stimuler l'appétit ; 2° pour tonifier le tube digestif et faire cesser la diarrhée et la dyssenterie ; 3° pour tonifier les organes après son absorption et diminuer les sécrétions morbides ; 4° à l'extérieur comme antiparasitaire sur la peau et comme astringent antiseptique sur les plaies.

Doses. — Les doses de suie pour les animaux sont les suivantes :

Grands herbivores..................	60 à 130 gr.
Petits ruminants..................	15 30
Chiens...........................	8 15

Ces doses peuvent être répétées deux fois par jour. On l'administre sous forme de bols, d'électuaire, ou en décoction (200 grammes par litre d'eau).

Charbon de bois.

Le charbon de bois très sec est employé sous forme d'une poudre impalpable. Sa porosité le rend très propre pour absorber les liquides et les gaz. Lorsqu'il est frais il peut absorber jusqu'à 35 vol. d'acide carbonique, 55 vol. d'acide sulfhydrique, 90 vol. d'ammoniaque.

Dans l'estomac et l'intestin le charbon n'est pas altéré, mais il excite mécaniquement la muqueuse digestive, absorbe les gaz et favorise leur oxydation. Sous l'action du charbon la bière perd son principe amer, l'huile phosphorée son phosphore, l'encre devient blanche, les matières putréfiées sont rendues inodores.

Emploi thérapeutique. — A l'intérieur le charbon n'est presque pas employé, car ses particules anguleuses peuvent déterminer des coliques en excitant trop vivement la muqueuse.

A l'extérieur on utilise les propriétés absorbantes et désinfectantes pour amener la cicatrisation des solutions de continuité rebelles, donnant des sécrétions de mauvaise nature et d'une odeur infecte. Appliquée sur ces surfaces suppurantes, la poudre de charbon absorbe d'abord les produits morbides, liquides et gazeux, et fait cesser, après quelques pansements, toute mauvaise odeur ; de plus, ses particules anguleuses et dures excitent légèrement la surface, répriment le bourgeonnement, donnent bientôt de la fermeté aux tissus et une teinte rosée à la solution de continuité.

Il peut être employé comme antidote de l'huile phosphorée.

Benzine (hydrure de phényle, phène, benzène,
benzol, etc.).

La benzine provient de la distillation de la houille. C'est un liquide limpide, volatil, réfractant fortement la lumière, incolore, d'une odeur vive et pénétrante, toute spéciale, d'une saveur âcre et amère, et d'une densité de 0,85 à 1,50. Elle est fort peu soluble dans l'eau et la glycérine, elle communique pourtant son odeur à ces deux liquides ; elle se dissout facilement dans les alcools, les éthers, les essences, les huiles grasses, etc. Elle dissout le soufre, le phosphore, l'iode, le brome, les corps gras, la cire, le camphre, certaines résines.

Effets physiologiques. — Sur la peau saine de nos différents animaux la benzine n'exerce qu'une légère action excitante. Mais, quand la peau sur laquelle on applique la benzine par des frictions est irritée, en-

8.

flammée, la benzine produit des effets irritants très énergiques analogues à ceux engendrés par l'essence de térébenthine.

La benzine est surtout irritante sur la peau altérée du chat et du chien, animaux qui peuvent succomber à des frictions étendues. Introduite dans les voies digestives, la benzine excite la muqueuse buccale, provoque la salivation et rougit l'intérieur de la bouche ; assez souvent elle irrite fortement la peau des lèvres. Lorsqu'elle est pure, elle est déglutie avec difficulté et s'introduit aisément dans les voies respiratoires ; il faut donc en surveiller avec soin l'administration. Arrivée dans l'estomac et l'intestin la benzine ne produit aucun effet spécial, et comme les autres astringents, elle détermine une constipation assez opiniâtre ; les crottins ne tardent pas à devenir petits, durs, lisses, et à prendre une teinte foncée. Chez le chien la benzine ne paraît pas provoquer le vomissement.

Après son absorption la benzine produit, à doses modérées, un léger mouvement fébrile de courte durée. L'air respiré prend rapidement l'odeur de benzine et les urines prennent une odeur d'essence de violette. L'assimilation semble favorisée, car après un usage de quelques jours on voit les animaux prendre de la graisse. A doses plus fortes il y a accélération considérable du pouls et de la respiration qui est en même temps laborieuse, les yeux sont hagards, les conjonctives sont injectées. Enfin, à doses plus élevées, il y a dépression du système nerveux, tremblements musculaires, convulsions, perte de la sensibilité, abaissement de la température rectale et enfin survient la mort. Jamais la benzine ne produit des contractions tétaniques.

La benzine constitue un poison violent pour les différents parasites ectozoaires et entozoaires qui vivent sur nos animaux.

INDICATIONS THÉRAPEUTIQUES. — A l'extérieur on utilise surtout les propriétés antiparasitaires de la benzine. Elle est indiquée contre tous les parasites de la peau, tels que les puces, les poux, les ixodes, les ricins, les tiques, les acares de la gale, la phthiriase du cheval. Lorsque la gale est locale, on coupe les poils et on nettoie exactement la surface ; quand elle est générale, on se contente de faire un ou plusieurs lavages savonneux de manière à enlever toutes les impuretés du tégument ; puis, lorsque la peau est bien nette et bien sèche, on la frictionne avec la benzine pure ou en pommade, et on réitère les applications selon le besoin. Lorsqu'on traite des animaux susceptibles, on mélange la benzine avec 1, 2 ou 3 parties d'huile, de graisse, de savon vert ou de styrax. Ce dernier corps convient surtout lorsqu'on traite les chats, les chiens très sensibles et les volailles.

A l'intérieur la benzine n'est utilisée que comme vermifuge. M. Rey et d'autres ont publié plusieurs faits qui démontrent les propriétés vermifuges de cette substance soit chez le cheval, contre les larves d'œstres et l'ascaride lombricoïde, soit chez le chien contre les diverses variétés de ténia.

Doses thérapeutiques...	Grands herbivores......	60 à 108 gr.	
	Petits ruminants.......	16	32
	Porcs	10	20
	Chiens et chats........	6	12
Doses toxiques.........	Cheval	700 à 800	
	Chien	100	150

Pétrole ou huile de pétrole.

Le pétrole est un bitume liquide qu'on trouve au sein de la terre dans diverses contrées des deux continents. On en retire différentes huiles, dont la plus répandue est l'huile de pétrole pour l'éclairage. C'est aussi celle qui convient le mieux pour l'usage de la médecine vétérinaire.

EFFETS PHYSIOLOGIQUES. — Sur la peau, le pétrole a une action assez semblable à celle de l'essence de térébenthine. Son emploi en simples applications produit une faible action, tandis que les frictions réitérées sur les mêmes points provoquent non seulement une vive irritation de la peau, mais de plus elles amènent l'intumescence du tissu cellulaire sous-cutané à la manière des sinapismes. Cet effet inflammatoire est surtout très marqué chez les animaux de l'espèce bovine. M. Mégnin signale comme effet consécutif à cette irritation cutanée une sécrétion épidermique extrêmement abondante, très adhérente à la peau sur laquelle elle forme une sorte de cuirasse et qui ne se détache que fort lentement.

Sur les muqueuses l'huile de pétrole agit comme l'essence de térébenthine, c'est-à-dire qu'elle est irritante, mais infiniment moins que sur la peau. Elle provoque la contraction péristaltique de l'intestin et en général n'est pas favorable à la digestion.

INDICATIONS THÉRAPEUTIQUES. — On emploie le pétrole comme antiparasitaire à l'extérieur et à l'intérieur. Il est bien indiqué comme la benzine pour détruire la vermine qui vit sur la peau de nos animaux domestiques. On pourrait l'employer comme révulsif et résolutif à la place de l'alcool camphré ou des pommades mercurielles. A l'intérieur il est vermifuge surtout parce qu'il augmente les contractions péristaltiques de l'intestin.

Les doses administrées sont égales à celles de la benzine.

Les huiles de schiste et de naphte sont des succédanés du pétrole. Elles ont les mêmes propriétés et sont indiquées dans les mêmes cas.

Acide phénique (*phénol, hydrate de phényle, acide carbolique*).

L'acide phénique pur se présente sous forme de fines aiguilles cristallines, parfaitement blanches, ou légèrement rosées ; son odeur est pénétrante et rappelle celle de la créosote ; sa saveur est fortement caustique. Il est fusible à 340°C., très volatil. Il est très peu soluble dans l'eau, qui n'en dissout qu'un vingtième de son poids, très soluble dans l'alcool, l'éther, les essences, la glycérine, la vaseline, les corps gras liquides, l'acide acétique. Il ne décompose pas les carbonates et ne neutralise que très incomplètement les bases alcalines.

La solution aqueuse coagule nettement l'albumine et le sang.

EFFETS PHYSIOLOGIQUES. — Pur ou en solutions concentrées l'acide phénique agit comme un caustique. Appliqué sur la peau du cheval en solution ou sous forme de pommade, l'acide phénique produit rapidement un gonflement et un durcissement considérable du derme, avec une diminution de la sensibilité. D'après Delsol (*Recueil de méd. vét.*, 1872, p. 532) une simple application de l'acide phénique sur la peau de tous nos animaux domestiques blanchit d'abord l'épiderme, qui se crispe et se fendille ; puis au bout de dix minutes le derme se congestionne et se tuméfie sur les points touchés, comme avec l'emploi des rubéfiants ; enfin une eschare légère se forme d'abord, puis tombe au bout de quinze à vingt jours en entraînant les poils ; mais bientôt l'épiderme se régénère, les poils repoussent, et toute trace d'application irritante disparaît.

Appliqué sur les solutions de continuité et les muqueuses l'acide phénique pur en coagule la surface, les momifie et produit un léger effet caustique superficiel ressemblant à l'effet produit par le nitrate d'argent. Cependant une seule application ne suffit pas généralement pour détruire complètement la vitalité des tissus : celle-ci se réveille après un certain temps. Plusieurs applications produisent une eschare véritable mais toujours superficielle.

Lorsqu'on dépose l'acide phénique sur une grande étendue de la surface cutanée, on peut observer son absorption et l'apparition de phénomènes toxiques graves. Ces accidents sont surtout à redouter chez le mouton, le chien et le chat, et ils sont dus en grande partie à l'asphyxie cutanée. Après l'emploi hypodermique des solutions d'acide phénique, on observe toujours une inflammation vive, une momification suivie d'une plaie ulcéreuse. C'est par la voie hypodermique que l'absorption est la plus rapide et que les effets généraux se produisent le plus vite.

L'acide phénique donné à l'intérieur à dose faible et en solutions étendues n'influence presque pas la digestion ; on constate seulement que les excréments deviennent de plus en plus consistants. A dose forte le phénol produit une irritation gastro-intestinale.

L'acide phénique est absorbé facilement par la muqueuse digestive. Quand il est arrivé dans le sang, il entre bientôt en combinaison avec les sels du sérum, principalement avec les sulfates, et il se forme des sulfophénates qui sont éliminés par les urines où on peut les retrouver. L'acide phénique est aussi en partie éliminé par les bronches, car l'air expiré prend, après son administration, une odeur de goudron des plus marquées. Pendant son élimination par les reins, il excite la fonction de ces glandes, communique aux urines une teinte brunâtre très foncée et provoque une diurèse abondante.

Les effets les plus saillants produits par l'acide phénique, absorbé en petite quantité, sont un mouvement fébrile assez intense, mais de courte durée, des contractions musculaires dans la région du coude, du grasset, de la croupe. C'est à la dose de 5 grammes chez le cheval qu'on obtient ces effets. A la dose de 20 grammes chez les grands herbivores et à celle de 4 grammes chez le chien l'acide phénique produit rapidement une grande faiblesse, de la stupeur, puis des tremblements musculaires et des convulsions tétaniques ressemblant à celles produites par la noix vomique ; enfin des mouvements choréiformes suivis de la paralysie du système locomoteur.

Il est à remarquer que les sulfophénates formés dans le sang et éliminés par les urines ne sont pas toxiques, ni pour les animaux supérieurs, ni pour les organismes inférieurs. On peut utiliser cette particularité pour chercher à combattre les effets toxiques de l'acide phénique. Quand ce corps a été absorbé à dose toxique, il faut, autant que possible, favoriser sa combinaison avec les sulfates afin de le rendre inoffensif ; il en résulte qu'on doit administrer aux animaux empoisonnés des sulfates et principalement du sulfate de soude. D'après Husemann (*Pharmac. Zeitschr. für Russland*, t. X, p. 609) le sucrate de chaux serait aussi un excellent antidote. Les injections intra-veineuses d'ammoniaque arrêteraient également les effets toxiques de l'acide phénique d'après Baumann.

Le phénol jouit de propriétés antiseptiques, antiputrides et antiparasitaires très prononcées. A la dose de 0,5 p. 100, il empêche la putréfaction du pus ; à celle de 1,5 p. 100, il s'oppose à la fermentation de l'urine ; à celle de 2 p. 100, il conserve intacte l'albumine et la viande. Les fermentations lactique et alcoolique sont arrêtées par l'addition de 1 p. 100 d'acide phénique. D'après les recherches d'un grand nombre d'auteurs, les bactéries et les vibrions sont détruits par des solutions de 0,2 à 0,5 p. 100.

Les spores des moisissures perdent leur faculté germinative dans une solution à 0,10; les mycéliums des moisissures sont anéantis par des solutions de 1 à 2 p. 100. Le vaccin reste actif avec 1 p. 100; mais il devient inactif avec 2 p. 100 d'acide phénique. Le virus du charbon symptomatique perd également ses propriétés dans une solution d'acide phénique, d'après les recherches de MM. Arloing, Cornevin et Thomas.

L'acide phénique ne détruit pas les gaz qui s'échappent des produits organiques en putréfaction; il n'est pas *désodorant*, mais il s'oppose aux fermentations.

INDICATIONS. — L'acide phénique est indiqué comme *antiputride*, comme *antiseptique* pour les plaies suppurantes, les clapiers, les solutions de continuité quelconques, la non-délivrance, la métrite chronique; comme *antivirulent* toutes les fois qu'un virus ne peut pas être détruit par les caustiques et qu'il est encore local; comme *antipédiculaire* et *antipsorique* pour détruire tous les parasites ectozoaires; comme *antihelminthique* pour obtenir l'expulsion des vers de toute nature.

Comme il calme la douleur et qu'il détermine des effets astringents lorsqu'on l'emploie en solutions étendues, on l'utilise avec la glycérine contre les brûlures légères.

Ses effets légèrement caustiques, lorsqu'il est en solutions concentrées, le font employer contre le javart cartilagineux et les javarts tendineux, etc.

Ces mêmes solutions conviennent contre les aphthes des ruminants et les ulcères des pieds, etc.

Cet acide produisant, au point d'application sur la peau, un gonflement dur, résistant, est utilisé pour guérir les hernies ombilicales à la place de l'acide azotique. Le gonflement inflammatoire a pour effet de réduire la hernie et de produire la fermeture de l'ouverture herniaire.

A l'intérieur ses effets astringents et antidiarrhéiques le recommandent contre l'atonie du tube digestif, contre la diarrhée, la dysentérie.

L'acide phénique est indiqué aussi, après son absorption, contre les maladies débilitantes infectieuses, accompagnées de catarrhes des diverses muqueuses. Ex. la maladie des jeunes chiens ; la pneumonie et la bronchite chronique ; les écoulements uréthraux anciens, etc.

Il n'a aucun effet pour arrêter la marche du charbon, de la morve, de la rage et d'autres maladies virulentes quand ces maladies sont déclarées. Comme antivirulent et antiseptique, il convient pour désinfecter les écuries, étables et objets contaminés par des germes de maladie contagieuse.

On l'administre par les voies digestives ou les voies respiratoires. Par la première voie, on donne l'acide phénique en boisson, en breuvage ou en lavement; on le fait dissoudre dans une assez grande quantité d'eau pour lui enlever sa saveur et son odeur trop prononcées. Pour favoriser la dissolution on peut employer l'alcool ou l'acide acétique. Pour le faire pénétrer dans les bronches, on met l'eau phéniquée dans une casserole en terre et on la fait bouillir; on dirige les vapeurs chargées d'acide phénique dans les voies respiratoires, à l'aide d'un conduit en toile.

Lorsqu'on emploie l'acide phénique comme désinfectant pendant une opération grave, on se sert d'un appareil dans lequel on fait bouillir de l'eau phéniquée dont les vapeurs sont dirigées sur l'animal à opérer. Immédiatement après l'opération, faite avec des instruments aseptiques, on fait un pansement à l'acide phénique (pansement de Lister). Une plaie bien pansée par ce procédé se cicatrise rapidement sans fournir de suppuration.

Doses.
$\left\{\begin{array}{l} \text{Cheval} \dots\dots\dots\dots\dots\dots 3 \quad \text{à } 10 \text{ gr.} \\ \text{Bœuf} \dots\dots\dots\dots\dots\dots 5 \quad 15 \\ \text{Mouton} \dots\dots\dots\dots\dots 1 \quad 3 \\ \text{Porc} \dots\dots\dots\dots\dots\dots 0.50 \quad 2 \\ \text{Chien} \dots\dots\dots\dots\dots 0.30 \quad 1 \\ \text{Chat} \dots\dots\dots\dots\dots 0.10 \quad 0.15 \end{array}\right.$

Préparations phéniquées :

1º Eau phéniquée.......
$\left\{\begin{array}{l} \text{Acide phénique} \dots\dots\dots\dots 5 \text{ gr.} \\ \text{Eau} \dots\dots\dots\dots\dots\dots\dots 1 \text{ lit.} \end{array}\right.$

Faites dissoudre à froid.

2º Teinture d'acide phénique.............
$\left\{\begin{array}{l} \text{Acide phénique cristallisé} \dots \dots 1 \text{ gr.} \\ \text{Alcool} \dots\dots\dots\dots\dots\dots 16 \end{array}\right.$

Dissolvez. Employée à l'extérieur à l'état pur ; pour l'usage interne, on l'étend d'une certaine quantité d'eau.

3º Liniment d'acide phénique.............
$\left\{\begin{array}{l} \text{Acide phénique} \dots\dots\dots\dots 2 \text{ parties.} \\ \text{Essence de térébenthine} \dots 4 \quad — \\ \text{Huile d'olive} \dots\dots\dots\dots 4 \quad — \end{array}\right.$

4º Pommade d'acide phénique.............
$\left\{\begin{array}{l} \text{Acide phénique} \dots\dots\dots\dots 4 \text{ gr.} \\ \text{Axonge} \dots\dots\dots\dots\dots 32 \end{array}\right.$

Incorporez. — Comme antipsorique.

5º Poudre désinfectante.
$\left\{\begin{array}{l} \text{Plâtre finement pulvérisé} \dots 1 \text{ kilogr.} \\ \text{Acide phénique} \dots\dots\dots\dots 10 \text{ gr.} \end{array}\right.$

Mêlez exactement dans un mortier.

Goudron minéral. — Goudron de houille.

Le goudron minéral s'obtient dans la distillation de la houille. C'est un liquide plus ou moins épais, d'un noir foncé, d'une odeur forte, désagréable, d'une saveur âcre et amère, d'une densité plus grande que celle de l'eau. Sa composition chimique est complexe et varie avec la nature de la houille distillée.

Dans le tableau suivant on indique les principales matières qui y sont contenues:

1° Principes neutres : eau ;

2° Principes alcalins : ammoniaque, aniline, toluidine, xylidine, picoline, pyridine, viridine, quinoléine ;

3° Principes acides : acides phénique, crysilique, rosalique ;

4° Hydrocarbures liquides : benzine ou benzène, toluène, xylène, cumène, cymène, amylène, caproylène, etc. ;

5° Hydrocarbures solides : naphtaline, anthracène, paranaphtalène, crycène, pyrène ;

6° Résidu goudronneux : brai sec ou bitume factice.

EFFETS ET EMPLOI. — Le goudron de houille ayant une composition chimique assez analogue à celle du goudron de bois, produit sur l'organisme des animaux des effets à peu près identiques, mais plus intenses. C'est un astringent local qui peut devenir irritant ; il est fortement antiseptique et antiparasitaire. A l'intérieur il produit facilement la constipation et un arrêt de la digestion. Ses principes actifs sont absorbés rapidement et produisent souvent des effets toxiques. — Il n'est pas employé à l'intérieur.

A l'extérieur il est indiqué dans les maladies parasitaires cutanées et les plaies de mauvaise nature à odeur fétide. Quand on en fait usage comme antipsorique, il est prudent de ne l'appliquer que sur de petites surfaces à la fois afin d'éviter cette sorte d'asphyxie cutanée sur laquelle MM. Foucault et Bouley ont appelé l'attention.

Préparations :

Poudre désinfectante de Corne	Plâtre de mouleur	100 parties.
	Goudron minéral	3 —

Cette poudre est très désinfectante.

Poudre désinfectante de Renault	Plâtre de mouleur	100 parties.
	Goudron de bois	5 —

Triturez dans un mortier.

Cette préparation remplit les mêmes indications que la poudre de corne et n'a pas d'odeur désagréable.

Poudre de Barthélemy jeune	Plâtre de mouleur	100 parties.
	Noir animal pulvérisé	20 —

Mêlez exactement dans un mortier.

Cette poudre est supérieure à la poudre désinfectante au coaltar, et n'a pas l'inconvénient d'une odeur désagréable comme cette dernière et même comme celle de Renault.

QUATRIÈME CLASSE

On désigne sous le nom de *caustiques potentiels* les substances qui, en se combinant chimiquement avec les éléments organiques, produisent la destruction des tissus sur lesquels ils sont appliqués. La partie mortifiée prend le nom d'*eschare*. Avec les caustiques la mortification est rapide et primitive; l'inflammation se développe après la destruction organique, elle est toujours consécutive et a pour résultat l'élimination de l'eschare. Quelquefois les médicaments irritants, rubéfiants ou vésicants déterminent aussi une mortification des tissus touchés, mais cette mortification est lente et succède toujours à l'inflammation qui est primitive. C'est en ce point que les caustiques et les irritants diffèrent. La cautérisation actuelle est celle produite par le fer rouge. Nous n'avons pas à nous en occuper ici.

DIVISION. — Tous les caustiques détruisent les tissus et produisent une eschare; mais ils diffèrent les uns des autres par l'intensité de leur action et par les caractères que prend l'eschare. Si on prend pour base l'intensité de leur action destructive, on peut les diviser en *caustiques légers* ou *cathérétiques* et en *caustiques forts* ou *escharotiques*. Cette division n'est pas très rigoureuse, car la même substance peut se montrer cathérétique ou escharotique, suivant son degré de concentration et la durée de son application. En se basant sur les caractères de l'eschare, on peut les diviser en caustiques *coagulants* et en caustiques *fluidifiants*, selon que l'eschare produite est solide ou plus ou moins molle. Cette division est la plus physiologique et la plus nette; c'est celle que nous adoptons.

On a proposé encore un grand nombre de divisions basées, les unes sur la constitution chimique des caustiques, les autres sur leurs caractères physiques. C'est ainsi qu'on les a divisés en *corps simples* (iode, brome, phosphore, etc.), en *acides* (acides minéraux), en *oxydes* (potasse, soude, etc.), en *sels haloïdes* (chlorure d'antimoine, de zinc, de mercure, biiodure de mercure, sulfure d'arsenic, etc.), et en *oxysels* (nitrates d'argent et de mercure, sulfates de cuivre, etc.), ou encore en caustiques *solides*, *pulvérulents*, *mous* et *liquides*. Ces dernières divisions, ne nous donnant aucun renseignement sur les effets physiologiques, doivent être abandonnées.

Effets communs a tous les caustiques. — Lorsque les caustiques sont appliqués sur des tissus sains ou malades, ils y déterminent une destruction plus ou moins profonde due à une action chimique. Les uns amènent la mortification des tissus en leur enlevant l'eau et en les desséchant; les autres en se combinant avec leur matière protéique ou grasse, d'autres en agissant par un mécanisme complexe. Les parties touchées par les caustiques sont mortes; la sensibilité, la circulation, les sécrétions y sont anéanties; elles forment, relativement aux parties voisines, un véritable corps étranger qui doit être plus tard éliminé. Cette destruction locale est l'effet primitif, immédiat; elle se produit dans la période *chimique* de l'escharification.

L'escharification varie, en intensité et en durée, suivant une foule de conditions inhérentes soit au caustique, soit aux tissus, soit à l'application.

Quelle que soit la nature de l'agent caustique, la durée de son contact avec les tissus, son action destruc-

tive s'accompagne presque toujours d'une douleur plus
ou moins vive. Lorsque le caustique est énergique et
épuise promptement son action destructive, la douleur
est intense mais de courte durée; lorsque le caustique
est léger et que son action destructive est lente, la
douleur est moins intense, mais elle dure plus longtemps.
Il va sans dire que la douleur est d'autant plus intense
que le tissu renferme plus de filets nerveux sensitifs.
En général, la douleur est plus vive sur les tissus sains
que sur ceux qui sont altérés par la maladie.

Après la formation de l'eschare il s'établit au-dessous
et au pourtour de cette partie mortifiée, une inflammation plus ou moins vive qui produit peu à peu l'élimination de cette espèce de corps étranger. La région
devient donc douloureuse, tuméfiée et tendue; de la
sérosité, puis du pus, se montrent entre la partie morte
et les parties vives placées en dessous. Ces phénomènes
inflammatoires sont d'autant plus intenses que la cautérisation est plus profonde; quand la cautérisation
n'est que légère et superficielle, l'inflammation et la
suppuration sont à peu près nulles.

En général, la suppuration détache d'abord l'eschare
à la circonférence, et peu à peu l'action se propage vers
le centre, et finit par la détacher entièrement; il est des
cas, cependant, où les choses se passent dans un ordre
inverse, et où la suppuration se montre au centre de
l'eschare pendant que la circonférence adhère encore
fortement aux parties environnantes; alors on est
obligé de fendre circulairement la partie morte pour
donner écoulement au pus et faciliter l'élimination de
cette dernière. Enfin il est des circonstances où, malgré
la formation d'une eschare épaisse, il ne se développe
aucune inflammation bien sensible, et où les parties se
dessèchent au lieu de suppurer; on remarque surtout
cet effet quand on laisse la préparation caustique en

contact avec l'eschare, comme la pâte de Canquoin, la pâte arsenicale, etc. (Tabourin).

Pendant la période inflammatoire des caustiques, deux accidents peuvent apparaître : 1° une fièvre de réaction plus ou moins intense ; 2° des phénomènes d'empoisonnement produits par l'absorption d'une partie du caustique. D'après M. Mialhe, l'absorption et l'empoisonnement par l'usage des caustiques sont plus fréquents avec les *fluidifiants* qu'avec les *coagulants* ; cependant certains agents de cette dernière catégorie peuvent aussi causer l'empoisonnement, parce que l'eschare formée est en partie soluble dans les liquides animaux ; telles sont, par exemple, les préparations de mercure et de cuivre.

L'inflammation consécutive à la formation de l'eschare a pour résultat non seulement d'amener l'élimination de la partie mortifiée, mais encore de provoquer la régénération du tissu et la cicatrisation. Cette dernière s'opère plus ou moins vite suivant la nature du caustique, selon les désordres qu'il a produits et selon les tissus. Sur certains tissus pathologiques, il faut produire plusieurs cautérisations pour obtenir une cicatrisation définitive.

Aussitôt que la cicatrisation est complète, la région revient graduellement à son état normal par suite de la résorption de la sérosité épanchée entre les éléments des tissus constitutifs.

Indications générales des caustiques. — Les caustiques sont indiqués :

1° Pour détruire les tissus pathologiques, les caries, les tumeurs, les venins et les virus ;

2° Pour ouvrir les abcès, les kystes, etc., surtout quand on veut obtenir une ouverture béante pendant longtemps, et qu'on veut provoquer préalablement une inflammation adhésive qui empêche les épanchements dans les cavités splanchniques; exemples : abcès du foie, des reins, de la cavité abdominale, etc. ;

3° Pour empêcher les hémorrhagies en nappe après certaines opérations ;

4° Pour modifier la surface de certaines plaies de mauvaise nature et d'ulcères malins ;

5° Pour provoquer une inflammation adhésive dans les cas de fistules, de kystes, d'hygromas, de mal de taupe, etc. ;

6° Pour produire une inflammation substitutive dans les ophtalmies, le chémosis, l'onglet, le catarrhe nasal, vaginal, uréthral, l'otite, l'otorrhée, etc. ;

7° Pour obtenir un effet révulsif énergique et une forte dérivation dans certaines maladies internes, surtout les maladies articulaires.

Caustiques coagulants.

Les caustiques coagulants sont caractérisés par la propriété qu'ils ont de coaguler l'albumine et de former une *eschare* solide. On peut les diviser en deux groupes suivant que l'eschare est insoluble ou soluble à la longue dans les liquides de l'organisme. Ceux qui forment une eschare solide insoluble ne peuvent pas être absorbés et n'occasionnent jamais d'empoisonnement (iode, brome, phosphore, acides minéraux, sels de zinc, d'antimoine et d'argent). Ceux qui forment une eschare solide, mais soluble à la longue dans les liquides sécrétés, peuvent être absorbés et occasionner des empoisonnements (sels de cuivre et de mercure).

Voir iode, phosphore et brome.

Acide sulfurique.

a. C'est un liquide visqueux, d'apparence oléagineuse,

inodore, d'une densité de 1,85. Il se dissout en toute proportion dans l'eau et l'alcool dont il élève considérablement la température. Il détruit la plupart des matières organiques, végétales ou animales. Il a une grande affinité pour l'eau.

EFFETS. — L'acide sulfurique concentré détruit rapidement les tissus qu'il touche en produisant une douleur très vive et une eschare noire. L'effet destructeur de cet acide est dû à son affinité très grande pour l'eau et à la propriété qu'il a de coaguler l'albumine. Son affinité pour l'eau est telle qu'il sollicite une partie de l'oxygène et de l'hydrogène des tissus à s'unir pour former de l'eau et fait prédominer le carbone, d'où la coloration noirâtre de l'eschare. La cautérisation par l'acide sulfurique est toujours très douloureuse, profonde, et s'accompagne de la condensation et du froncement des parties environnantes; elle provoque toujours une inflammation assez intense. Appliqué sur la peau à l'état de pâte, il durcit le derme et produit de la suppuration sous-épidermique; de plus il pénètre par imbibition à une assez grande profondeur, comme l'a démontré M. Tabourin. Après l'avoir appliqué sur la croupe de plusieurs chevaux, cet auteur a pu en retrouver des traces sur les tissus qui entourent immédiatement l'articulation coxo-fémorale.

INDICATIONS. — L'acide sulfurique concentré remplit toutes les indications générales des caustiques (voir p. 152); en outre il est indiqué quand on peut provoquer un engorgement plastique considérable pour réduire des hernies des poulains. D'après Hertwig, on frictionne la tumeur le matin et le soir, les deux premiers jours ; une fois seulement les jours suivants jusqu'au dixième ou au treizième jour. Ces frictions se font avec un mélange d'acide sulfurique, d'huile de lin et d'essence de térébenthine. La guérison a lieu du sixième au vingtième jour.

M. Pauleau, vétérinaire à Montereau, a obtenu d'excellents résultats avec l'acide sulfurique contre l'arthrite du grasset chez les ruminants. Pour appliquer le caustique on se sert d'un petit tampon de linge fixé à l'extrémité d'un bâtonnet de bois. Les vessigons sont rasés d'abord et frictionnés ensuite avec l'acide pur, placé sur une soucoupe, pendant environ une minute, on doit prendre des précautions, pour préserver les parties voisines, comme le flanc et les mamelles surtout, du contact du caustique. Le lendemain les points frictionnés sont chauds et douloureux, mais cependant avec modération ; au bout de quelques jours, la peau est morte, dure et comme tannée ; cette eschare se détache de la circonférence au centre au bout de quinze à trente jours, sans suppuration et en laissant une cicatrice indébile.

Préparations :

1° Acide sulfurique pur ;
2° Acice sulfurique plus ou moins étendu d'eau.

3° Eau de Rabel.... { Acide sulfurique.......... 1 / Alcool ordinaire.......... 3

Ajoutez l'acide par petites portions dans l'alcool et agitez.

4° Liqueur caustique { Acide sulfurique.......... 1 / de Mercier..... / Essence de térébenthine... 4

Mettez l'essence dans une terrine placée dans de l'eau froide, ajoutez-y l'acide goutte à goutte, remuez sans cesse et laissez refroidir avant de l'employer.

5° Pâte caustique de { Alun calciné............ 100 gr. / Plasse........ / Acide sulfurique......... q. s.

Pulvérisez très finement l'alun calciné et ajoutez peu à peu l'acide pour faire une pâte peu consistante.

6° Caustique safrané (Safran...................... 1
de Velpeau ... (Acide sulfurique........... 2

Mélangez jusqu'à homogénéité parfaite.

7° Caustique opiacé (Acide sulfurique........ . 500 gr.
de Solleysel.... (Opium brut............. 32

Laissez en contact pendant vingt-quatre heures et faites par trituration une pâte homogène.

Outre les préparations ci-dessus, le praticien peut en confectionner d'autres présentant une action plus ou moins énergique suivant les cas.

Acide azotique.

L'acide azotique ou nitrique est un liquide incolore ou jaunâtre, d'une odeur forte et piquante, d'une densité de 1.52 à son maximum de concentration, soluble en toute proportion dans l'eau et l'alcool. Il forme avec l'acide chlorhydrique un mélange très caustique, l'*eau régale*. Il attaque la plupart des matières inorganiques et désorganise les matières organiques, qu'il colore en jaune.

EFFETS PHYSIOLOGIQUES. — L'acide azotique pur mortifie rapidement sur une grande profondeur les tissus sur lesquels il est appliqué en produisant une *douleur* très vive et une *inflammation* périphérique consécutive intense. Cet acide désorganise les tissus en leur enlevant l'eau, en décomposant leurs sels, en saponifiant les graisses et en coagulant fortement les matières protéiques. L'eschare est d'abord mollasse, souple, élastique, puis devient dure et cornée ; elle a une coloration jaune, due à l'acide xantho-protéique que forme l'acide avec les matières azotées.

Le gonflement inflammatoire périphérique étant toujours considérable, l'eschare inextensible se détache bientôt dans son centre par suite de la formation de pus. La cicatrisation n'est complète qu'après trois ou quatre semaines, suivant l'intensité de l'action caustique. En étendant cet acide d'eau ou d'alcool on peut diminuer à volonté son action jusqu'au point de le rendre simplement astringent ou tempérant (voir p. 78).

Indications thérapeutiques. — Comme caustique cet acide doit être généralement préféré à l'acide sulfurique. Il est surtout indiqué :

1° Pour cautériser les plaies, les ulcères de mauvaise nature, les ulcères calleux du pied, les excroissances fongueuses, les épithéliomes, le crapaud. Contre cette dernière maladie c'est un des meilleurs remèdes quand il est convenablement appliqué. Il produit une eschare légère qui se détache du troisième au quatrième jour ; la corne, d'abord molle et de mauvaise nature, ne tarde pas à prendre du corps et de la ténacité sous l'influence de l'application réitérée et méthodique de ce caustique ;

2° Pour détruire les verrues, les fics, les poireaux, les néoformations diverses ;

3° Pour réduire les hernies ombilicales chez les jeunes animaux.

Dayot, qui a bien étudié cette action sur les hernies, recommande de couper les poils sur la tumeur herniaire et de frictionner légèrement la surface avec cet acide. Deux frictions faites le premier jour produisent une douleur vive avec inflammation et gonflement intense. La peau se dessèche, se momifie et tombe par la suppuration. Au moment de la cicatrisation il y a forte rétraction des tissus, et après trois ou quatre semaines la guérison est complète (*Recueil de médecine vétérinaire* 1848, p. 778). Il répond d'ailleurs à toutes les autres indications générales des caustiques.

PRÉPARATIONS. — *Pur* ou mélangé à des substances indifférentes.

Acide chlorhydrique.

C'est un liquide, limpide, incolore ou jaunâtre, d'une odeur suffocante, pesant 1,21, soluble dans l'eau, l'alcool et l'éther.

ACTION. — Cet acide agit moins énergiquement que les deux précédents. L'eschare formée est toujours plus superficielle, d'une couleur grisâtre. La douleur est vive, mais l'inflammation consécutive est peu intense. Étendu d'eau dans la proportion d'un tiers environ et appliqué sur la peau, il provoque, d'après Tabourin, une chaleur et une douleur très intenses et assez prolongées, ce qui en fait un révulsif prompt et énergique.

INDICATIONS. — A cause de son action moins destructive, il convient surtout pour cautériser les altérations muqueuses; les aphtes de la bouche, du mamelon, du pied, le muguet des agneaux et des veaux, la muqueuse du pharynx dans l'angine couenneuse.

PRÉPARATIONS. — *Pur* ou mélangé à des substances indifférentes pour en diminuer l'activité.

Acide chromique.

Cet acide se présente sous forme d'aiguilles prismatiques d'un rouge rubis, sans odeur et d'une saveur caustique. Chauffées, ces aiguilles deviennent noires et ne reprennent leur couleur primitive qu'en absorbant l'humidité de l'air. Cet acide est très soluble dans l'eau, et la dissolution est jaune tirant sur le rouge; il est soluble dans l'alcool ordinaire; l'alcool absolu et l'éther s'enflamment en présence de l'acide chromique, qui est un oxydant énergique et brûle toutes les matières organiques, lesquelles le ramènent à l'état de sesquioxyde de chrome.

Effets physiologiques. — Les effets de l'acide chromique ressemblent beaucoup à ceux de l'acide azotique. Il diffère de ce dernier en ce qu'il oxyde plus énergiquement la matière organique et qu'il la dessèche plus fortement. Appliqué sur la peau, en poudre ou en solution concentrée, cet acide la dessèche, la colore en jaune, puis en brun et produit une eschare sèche. Sur la peau dénudée, les muqueuses et les plaies, l'acide chromique agit comme un des caustiques les plus énergiques en oxydant fortement les tissus, en coagulant énergiquement l'albumine et en absorbant l'eau. L'eschare formée est épaisse, dure, sèche et d'une coloration brunâtre; quand elle se détache, elle laisse une plaie d'un très bel aspect qui se guérit beaucoup plus vite que celle laissée par les acides minéraux précédents. Cet acide ne détermine que peu de douleur et ne produit qu'une inflammation périphérique insignifiante. Étendu, c'est un astringent excellent.

Indications. — Il est indiqué dans les mêmes cas que l'acide azotique. Ce dernier lui est généralement préféré à cause de son prix moins élevé. Comme astringent, on l'emploie en solution à 5 p. 100 pour dessécher les plaies et hâter leur cicatrisation. Il n'est jamais employé à l'intérieur parce qu'il est trop irritant pour le tube digestif.

Préparations. — En poudre ou en solution aqueuse.

Il ne faut jamais le mélanger à la glycérine ou à l'alcool, car il forme avec ces corps des composés explosibles.

Nitrate d'argent.

b. Ce sel, encore appelé azotate d'argent, pierre infernale, est sous forme de petites lames brillantes,
blanches, inodores, caustiques. Chauffé, il fond et peut
être coulé en bâtons (pierre infernale). Exposé à l'action
de la lumière, il noircit et se décompose partiellement,
d'où la nécessité de le conserver dans des flacons opaques. Il est soluble dans son poids d'eau froide et dans
l'eau chaude en plus forte proportion encore; insoluble dans l'alcool. Ses solutions aqueuses ont une réaction
neutre.

EFFETS PHYSIOLOGIQUES. — Sur la peau sèche le nitrate
d'argent solide, en cristaux ou en bâtons, n'a aucun effet,
à moins que le contact dure très longtemps. Si la peau
est humide ou si on emploie des solutions concentrées,
ce sel colore rapidement la surface touchée en violet,
puis en noir. L'épiderme touché est désorganisé, perd
sa vitalité, tombe au bout de quelques jours en laissant
au-dessous un nouvel épiderme. Quand l'action du nitrate d'argent est continue, le derme est mortifié à son
tour sur une profondeur plus ou moins grande et il en
résulte une eschare rétractile noire. Au moment de l'escharification, le nitrate d'argent produit une vive douleur, mais qui n'est pas bien durable.

Sur les solutions de continuité et les muqueuses,
l'effet caustique est encore plus prompt et plus énergique que sur la peau. L'eschare produite est d'abord
molle et superficielle, de couleur blanche avec reflet
argentin, puis à mesure que le caustique continue son
action, elle devient plus épaisse, plus consistante, et
prend bientôt, sous l'influence de la lumière, une coloration violette, puis bistre, puis enfin noire.

La formation de l'eschare doit être attribuée, d'après

les travaux les plus récents, à la grand affinité de ce
sel pour l'albumine, qui se précipite rapidement et
forme une couche d'abord blanche, puis violette, puis
noire. Ces changements de coloration de l'eschare sont
dus à la formation de chlorure d'argent, sel très altérable à la lumière. L'eschare est toujours superficielle,
elle se détache promptement par petits fragments et
laisse une surface qui se cicatrise rapidement. L'inflammation périphérique est toujours médiocre et la suppuration presque nulle.

Le nitrate d'argent n'est caustique que lorsqu'il est
employé solide ou sous forme de solutions concentrées
à 1 p. 5 ou 1 p. 10. En solution plus étendue il est seulement un astringent énergique. Il resserre énergiquement les petits vaisseaux et produit une anémie locale
très forte. Les solutions concentrées n'ont pas d'effet
vaso-constricteur local, elles agissent comme caustiques.

Le nitrate d'argent coagule rapidement la surface des
plaies et des muqueuses suppurantes, tarit les sécrétions et leur donne une grande tendance à la cicatrisation.

Introduit dans les voies digestives à petites doses, le
nitrate d'argent est facilement supporté. Dans l'estomac
il se combine avec l'albumine et perd ainsi une partie
de ses effets caustiques. C'est pourquoi son action est
moins énergique dans le tube digestif qu'à la surface
du corps. Des solutions qui attaquent l'épiderme ne
produiraient aucun effet escharotique dans le tube digestif. Dans l'estomac il y a aussi formation de chlorure
d'argent. Les solutions étendues produisent sur la muqueuse stomacale un effet astringent et diminuent les
sécrétions.

Quand le nitrate d'argent est administré à doses plus
fortes et surtout à l'état solide, il détermine une inflam-

mation de la muqueuse et souvent aussi des ulcérations dans les points où les parcelles du caustique séjournent accidentellement.

Le nitrate d'argent introduit dans le tube digestif peut passer à l'absorption. Une partie cependant reste insoluble et est rejetée avec les excréments sous forme de sulfure d'argent. La partie absorbée ne produit pas de modifications sensibles sur la circulation, la respiration et la calorification.

Après un usage un peu prolongé de ce médicament, la peau se colore en violet ou en noir, surtout dans les régions exposées à la lumière, on observe aussi un amaigrissement rapide. Si l'administration est arrêtée à temps, les animaux reviennent peu à peu à leur état normal, mais la coloration pigmentée de la peau persiste très longtemps à cause de la lente élimination de l'argent métallique déposé dans le tissu de la peau. Si l'administration continue, l'amaigrissement se prononce de plus en plus, des maladies catarrhales apparaissent, puis arrive la paralysie de la sensibilité et de la motilité, et enfin la mort. Le nitrate d'argent atteint assez rapidement le système nerveux, dont il affaiblit les propriétés vitales.

ANTIDOTES. — Les contre-poisons du nitrate d'argent, encore contenu dans le tube digestif, sont le sel marin (Orfila) et le protosulfure de fer récemment précipité (Mialhe).

INDICATIONS. — A l'intérieur, le nitrate d'argent est indiqué : 1° contre l'épilepsie. Beaucoup de cas de guérison ont été observés. Il n'est pas possible, avec l'état actuel de nos connaissances, de donner l'explication du mécanisme de ces guérisons. Il est vrai que la nature de l'épilepsie est fort peu connue en pathologie ;

2° Pour combattre la diarrhée rebelle et arrêter l'état catarrhal de la muqueuse gastro-intestinale. Le nitrate d'argent ne doit jamais être employé quand il y a inflammation aiguë du tube digestif.

A l'extérieur le nitrate d'argent est indiqué : 1° *comme caustique* pour réprimer le bourgeonnement trop actif des plaies, pour détruire les néoplasmes superficiels. Ce caustique, n'agissant jamais profondément sur les tissus, ne convient pas pour détruire des tumeurs épaisses ; dans ce dernier cas il lui faut préférer les acides minéraux ou le chlorure de zinc ;

2° Comme astringent en solutions plus ou moins fortes pour dessécher les plaies, pour les rendre aseptiques, pour modifier leur surface et hâter leur cicatrisation. Les plaies atoniques surtout sont modifiées très favorablement par le nitrate d'argent. On s'en sert aussi très avantageusement en injection sur les muqueuses qui sont le siège d'un catarrhe chronique ou dans des fistules difficiles à tarir. Ainsi on l'emploie avec succès contre l'otorrhée, la carie du cartilage de la conque ; contre le coryza chronique, l'ozène ; contre la vaginite et l'uréthrite chroniques, l'acrobustite ; contre les maladies cutanées sécrétantes, l'érysipèle grave, les crevasses, les eaux aux jambes, le crapaud, etc. Enfin le nitrate d'argent est un remède héroïque contre les maladies inflammatoires des yeux. Il réussit surtout bien contre les maladies de la conjonctive et des paupières. Il n'a aucune action curative sur la fluxion périodique.

PRÉPARATIONS :

1° *Nitrate d'argent* (pierre infernale).

On fait fondre les cristaux de nitrate d'argent et on coule le liquide dans des tubes de verre graissés à l'intérieur. Après refroidissement, le nitrate d'argent est en petits bâtons cylindriques de la grosseur d'une plume à écrire, d'une teinte ardoisée extérieurement, et d'une couleur grise en dedans avec disposition radiée et cristalline. On conserve ces bâtons dans des flacons remplis de graine de lin sèche.

2° *Solutions aqueuses titrées à 1/2, 1, 2, 5, etc. p. 100.*

3° *Solution albu-mineuse Delioux*
Nitrate d'argent crista'lisé..	0^{gr},50 à 5 gr.
Blanc d'œuf...................	n° 1
Eau distillée.................	250
Sel marin...	0^{gr},50 à 5

Faire d'abord l'eau albumineuse et ajouter successivement, en agitant sans cesse, le sel d'argent, puis le sel marin dissous.

4° *Pommade de nitrate d'argent...*
Azotate d'argent....	1
Axonge.	100

ADMINISTRATION. — Pour l'usage interne on se sert de solutions aqueuses (eau distillée) ou **glycérinées** à 1 ou 2 p. 100, qu'on administre en lavements ou en breuvages. Lorsqu'on veut obtenir l'absorption du sel d'argent ,on peut l'employer aussi en injections intra-trachéales pour combattre le catarrhe bronchique chronique, mais ce procédé n'a pas donné de bons résultats.

Pour l'usage externe on se sert surtout du crayon de nitrate ou de solutions aqueuses plus ou moins fortes suivant les cas. Le crayon suffit presque à tous les besoins externes, mais il faut savoir graduer convenablement son action. En touchant très légèrement une plaie on ne produit qu'un effet astringent énergique; si on touche un peu plus fort, on détermine une légère eschare superficielle et on a une action caustique. Le praticien qui sait bien manier son crayon de nitrate d'argent, peut réprimer le bourgeonnement trop actif ou exciter à volonté ce bourgeonnement quand il n'est pas suffisant; il peut ainsi régulariser les plaies les plus irrégulières et hâter leur cicatrisation. Les solutions caustiques sont de 5 à 10 p. 100 quand on veut les faire servir à cautériser des néoplasmes; elles sont à 3 p. 100 quand elles doivent cautériser seulement une surface.

Pour l'œil on emploie, outre le crayon, des solutions à 1/2 à 2 p. 100. Le crayon sert surtout pour les granulations, les érosions, les boursouflements de la cornée, le staphylome etc. Les solutions faibles pour les conjonctivites simples. Pour les conjonctivites purulentes graves on peut employer des solutions jusqu'à 5 p. 100. Pour faire les injections dans le canal de l'urèthre, le vagin, etc. on emploie des solutions à 2 p. 100.

Les taches noires produites par le nitrate d'argent sur la peau sont facilement enlevées en les lavant successivement avec une solution de sel marin.

Le sel marin peut être remplacé par le cyanure de potassium, le permanganate de potasse et une solution ammoniacale ou d'acide chlorhydrique.

Doses thérapeutiques. Estomac.		
Cheval........	0.50 à 1
Bœuf....	1 à 1 50
Mouton, porc..	0.10 à 0.30
Chien, chat....	0.01 à 0.05

En injection hypodermique les doses sont moitié moindres.

Protochlorure d'antimoine.

Ce sel, appelé encore *beurre d'antimoine* est mou, d'aspect graisseux, demi-transparent, incolore, inodore, d'une saveur amère et très caustique. Il est déliquescent à l'air et forme avec la vapeur d'eau qu'il attire un liquide épais, oléagineux, que l'on désigne sous le nom de beurre d'antimoine. Ce sel se dissout bien dans l'eau acidulée par l'acide chlorhydrique ou l'acide tartrique. L'eau distillée ou l'eau ordinaire le décompose en acide chlorhydrique et en une poudre, dite d'Algaroth, qui n'est autre chose que de l'oxychlorure antimonique.

EFFETS. — L'action caustique de ce sel est prompte et énergique. Aussitôt qu'il est appliqué sur une muqueuse ou une solution de continuité, on voit la surface blanchir, se crisper, et l'eschare se former instantanément. Sur la peau intacte, il agit un peu plus lentement. L'eschare formée est blanchâtre, mollasse d'abord, mais elle devient sèche, dure et nettement circonscrite ; généralement elle est profonde. La douleur produite est toujours très vive, mais dure peu ; l'inflammation consécutive est médiocre et la suppuration est à peu près nulle ; l'eschare se détache d'elle-même au bout d'un temps plus ou moins long. Les effets caustiques de ce sel ressemblent à ceux produits par le chlorure de zinc, mais ce dernier sel laisse une plaie plus nette et plus facile à cicatriser ; aussi dans la pratique doit-il être généralement préféré.

INDICATIONS. — Le beurre d'antimoine convient surtout pour cautériser les plaies étroites, profondes, sinueuses et anfractueuses qui recèlent un virus ou une matière putride (virus rabique, venins, etc.), pour détruire les caries osseuses ou cartilagineuses, ou les tissus altérés qu'on ne peut enlever avec l'instrument tranchant. Il a été employé avec succès par quelques praticiens contre le crapaud ancien.

PRÉPARATIONS ET APPLICATION. — Ce sel est généralement employé à l'état de pureté, quand il est tombé en déliquescence. Pour l'appliquer on se sert d'un petit pinceau souple de crins ou d'un bourdonnet d'étoupe ou de coton fixé à l'extrémité d'une baguette de bois ; on peut encore en imprégner des boulettes de coton ou de charpie et les appliquer sur la surface à cautériser. Pour ne pas affaiblir l'action caustique, il faut toujours bien enlever l'humidité de la surface à cautériser ; sans cette précaution, le sel se décomposerait en partie au contact du liquide organique, et son action serait d'autant diminuée.

Chlorure de zinc.

Ce sel pur est solide, amorphe, demi-transparent, peu consistant, incolore, inodore, d'une saveur caustique. Il est très déliquescent à l'air, très soluble dans l'eau, l'alcool et l'éther.

EFFETS. — Appliqué sur la peau intacte, ce sel ou sa solution attaque rapidement l'épiderme et ensuite le derme. L'action destructive résulte de sa grande affinité pour l'albumine et de la mise en liberté d'une certaine quantité de chlore et d'acide chlorhydrique, qui constituent des caustiques énergiques. Sur les plaies et les muqueuses l'action destructive est encore plus rapide et plus intense : après douze heures on a une eschare épaisse de 6 à 8 millimètres, et après vingt-quatre heures de 10 à 12 millimètres. Ce sel se diffuse surtout en profondeur ; il réduit le tissu musculaire en une masse molle grisâtre ; il coagule le sang, détruit les fibres nerveuses, mais laisse intacts les tissu fibreux élastiques et osseux. Pendant que l'eschare se forme, ce caustique produit une vive douleur. L'inflammation périphérique est vive. L'eschare grise est solide, devient dure et se détache après sept à neuf jours ; elle laisse une plaie de bon aspect qui se cicatrise rapidement. Le chlorure de zinc constitue pour la chirurgie vétérinaire un caustique précieux ; il agit rapidement ; son action se localise parfaitement ; il est peu coûteux et laisse toujours une surface aseptique à cicatrisation rapide ; il n'occasionne jamais d'empoisonnement.

INDICATIONS. — Il est indiqué : 1° pour détruire les tumeurs de nature squirrheuse ou cancéreuse, les tumeurs lardacées qui se montrent assez souvent au pli du genou chez les ânes et à l'encolure chez les chevaux, les hygromas, les caries, les virus, venins et matières infectieuses déposées dans des plaies, etc. : 2° pour hâter la cicatrisation des fistules ou des ulcérations; 3° pour activer le bougeonnement des plaies atoniques et pour désinfecter celles qui sont de mauvaise nature ou qui renferment des tissus mortifiés; 4° comme astringent et désinfectant en solutions à 2 ou 3 p. 100 pour panser les plaies, activer le bourgeonnement. Il peut parfaitement remplacer l'acide phénique dans les pansements antiseptiques, où il s'oppose au développement de tous les germes.

Préparations :

1° Chlorure de zinc pur ou en dissolutions plus ou moins concentrées.

2° Pâte de Canquoin ...
Chorure de zinc.......	1
Farine...............	2
Eau...........	q. s.

L'addition d'un peu de glycérine donne plus de souplesse à la pâte et retarde sa dessiccation.

3° Pâte de Soubeirau....
Chlorure d'antimoine..	1
Chlorure de zinc......	2
Farine...............	5
Eau.................	q. s.

Faire une pâte molle.

4° Solution de Hauke....
| Chlorure de zinc..... . | 4 |
| Acide azotique........ | 32 |

Dissoudre à froid.

Application. — On dessèche préalablement la surface, puis on applique le beurre de zinc deliquescent ou liquide au moyen de petites boulettes d'étoupe imprégnées de caustique. On les laisse en place pendant un quart d'heure, puis on les enlève. Quand il s'agit de fistules, les petits tampons peuvent rester en place plus longtemps.

Pour détruire les tumeurs on étend à leur surface une couche de pâte de Canquoin plus ou moins épaisse, et, au bout de quelques heures, on résèque avec le bistouri la partie mortifiée, qui est à peu près de l'épaisseur de la couche de caustique ; puis on réapplique une nouvelle lame de pâte escharotique et l'on continue ainsi jusqu'à ce que la tumeur ait entièrement disparu. Les solutions faibles astringentes et désinfectantes sont appliquées sur les plaies avec de l'étoupe, ou encore mieux, pulvérisées à leur surface sous forme d'un brouillard.

Bichlorure de mercure. Sublimé corrosif.

Le sublimé corrosif est un sel cristallisé en prismes très petits qui forment une poudre blanche, inodore, d'une saveur styptique, âcre et très tenace. Exposé à l'air, ce sel anhydre s'effleurit ; il est soluble dans l'eau froide dans la proportion de 1 p. 6 et dans l'eau chaude dans celle de 1 p. 3 ; dans l'alcool, à peu près dans les mêmes proportions, et beaucoup plus soluble dans l'éther. La solution a une légère réaction acide et se décompose partiellement à la lumière. Les acides chlorhydrique, nitrique et les chlorures alcalins augmentent sa solubilité. Il précipite rapidement toutes les matières protéiques en s'y combinant. Le coagulum formé est soluble à la fois dans un excès de ce sel, dans l'albumine et dans la solution des chlorures alcalins, y compris le chlorhydrate d'ammoniaque.

Effets physiologiques. — Le bichlorure de mercure est de tous les caustiques, celui qui agit le plus énergiquement. Aussitôt qu'il est mis en contact avec un tissu, il se combine avec ses matières albuminoïdes et le transforme en une eschare. La cautérisation par le sublimé corrosif est prompte, douloureuse, mais n'est pas très profonde : elle suscite toujours une *inflammation* considérable, une exsudation plastique abondante et une suppuration copieuse.

L'eschare est d'abord molle et fragile, puis elle devient sèche et grisâtre en se resserrant. Elle ne se détache des tissus que lentement et à mesure que la suppuration se développe. Les plaies laissées par la chute de l'eschare ne se cicatrisent que lentement, ce qui constitue un certain inconvénient. L'absorption du bichlorure de mercure n'est pas à craindre dans les cas ordinaires ; l'empoisonnement mercuriel ne survient que lorsqu'on applique ce sel sur une trop grande surface ou quand on introduit des trochisques dans le tissu conjonctif sous-cutané. Dans ces cas, l'eschare est en partie dissoute par les liquides albumineux en excès, et le sel de mercure est absorbé.

En solutions très étendues, le bichlorure de mercure peut être administré à l'intérieur sans occasionner aucun désordre local. Arrivé dans l'estomac et l'intestin, il forme un chlorure double de sodium et de mercure, et se combine à l'albumine. Il est absorbé et produit les effets ordinaires des mercuriaux. C'est le sel qui produit le plus rapidement l'infection mercurielle (Voy. *Mercuriaux*).

Administré à l'intérieur à l'état de solutions concentrées, il désorganise la muqueuse digestive et tue rapidement les animaux en produisant une gastro-entérite et une infection mercurielle aiguë.

C'est un désinfectant, un antiparasitaire énergique. Des solutions à 1 pour 20,000 tuent les micro-organismes et détruisent les virus.

INDICATIONS THÉRAPEUTIQUES. — 1° Comme caustique, le sublimé corrosif est surtout employé avantageusement dans le traitement des caries osseuses, cartilagineuses, tendineuses ou ligamenteuses, comme celles qu'on remarque dans le clou de rue pénétrant, dans le javart cartilagineux, le mal de garrot, le mal de taupe, les plaies articulaires, etc. A cause de son action coagulante énergique et de l'inflammation intense qu'il développe, ce caustique convient très bien pour obtenir la fermeture des fistules articulaires ou tendineuses. M. Saint-Cyr, qui a surtout étudié ce puissant moyen, recommande d'appliquer sur l'orifice de la fistule un emplâtre de poix noire saupoudré convenablement de sublimé corrosif. Quand la fistule est profonde, on introduit le caustique dans la fistule avec un petit tampon de coton ou une sonde cannelée.

2° Comme irritant cutané et antiparasitaire, le sublimé est indiqué contre les exanthèmes humides de toute nature, les maladies parasitaires de la peau, telles que : teigne, prurigo, pityriasis, gales, contre les eaux aux jambes, le crapaud, etc. Il faut toujours se servir de solutions étendues et les appliquer sur une petite surface à la fois.

3° Comme fondant, il est efficace contre la plupart des tumeurs indolentes, telles que : les tumeurs de l'appui du collier, le capelet, l'éponge, les mollettes et vessigons indurés, les kystes, les engorgements ganglionnaires, les exostoses, les ostéosarcomes, etc.

4° Comme révulsif énergique, il est employé sous forme de trochisque contre les boiteries anciennes de l'articulation coxo-fémorale ou scapulo-humérale.

5° Pour mortifier rapidement le cordon testiculaire dans la castration avec les casseaux.

6° Comme antiseptique et cicatrisant. Il est employé en solutions étendues pour faire les pansements après les opérations chirurgicales ou pour laver des plaies suppurantes.

7° Comme désinfectant, il est indiqué pour détruire les virus attachés aux instruments ou disséminés dans les locaux où ont logé des animaux atteints de maladies contagieuses.

8° Comme irritant astringent, il peut rendre des services dans les conjonctivites et l'opacité de la cornée. On l'emploie en solutions à 0,05, à 0,20 pour 100.

9° Pour l'usage interne, le sublimé corrosif répond aux indications ordinaires des Mercuriaux (Voy. p.   ).

Préparations :

1° Poudre.
2° Solutions titrées diverses.

| 3° Eau phagédenique | Bichlorure de mercure.... | 0gr,40 |
| | Eau de chaux............ | 125 |

Dissoudre le sublimé corrosif dans un peu d'eau distillée, ajouter la solution à l'eau de chaux et agiter vivement.

4° Eau phagédénique vétérinaire (Lecoq)............	Bichlorure de mercure . .	1 gr.
	Eau de chaux	10
	Alcool	q. s.
5° Eau phagédénique de Sollcysel............	Sublimé corrosif.	
	Acide sulfurique.....	32 gr.
	Alcool.....	250
	Eau de chaux........	1500

Versez doucement l'acide dans l'alcool ; faites dissoudre le sel et ajoutez ensuite l'eau de chaux.

| 6° Topique fondant de Girard. | Bichlorure de mercure.... | 32 gr. |
| | Térébenthine de Bordeaux. | 380 |

Incorporez à froid.

7° Topique fondant de Duthreil............	Sublimé corrosif..	16 gr.
	Collodion............	100
8° Liqueur de Cherry.......	Sublimé	4 gr.
	Alcool.	32

9° Pommade de sublimé corrosif...... .... { Sublimé corrosif... .... 6ː gr. / Huile de laurier..... ... 260 / Huile d'olive........... 100

10° Collodion caustique...... { Collodion.......... ...... 30 gr. / Sublimé corrosif.... 5

11° Trochisques Formule n° 1. { Sublimé corrosif........ ..... 1 gr. / Amidon.................. 2 / Mucilage de gomme adragante q. s.

Faire une pâte consistante qu'on divise ensuite en petits fragments de forme conique.

Formule n° 2 .... { Sublimé corrosif. .... 2 gr. / Minium .... 1 / Amidon et gomme adragante. q. s.

12° Trochisques simples. — Sublimé corrosif en masse, taillé en petits cônes du poids de 2 à 3 gr. au plus pour les grands animaux.

13° Liqueur de Van Swieten.. { Sublimé corrosif........ . 1 gr. / Alcool.................. 100 / Eau distillée............. 900

14° Liqueur de Mialhe....... { Sublimé................. 1 gr. / Sel marin .... 2 / Sel ammoniac........... 2 / Eau distillée............. 1 lit.

MÉDICAMENTATION. — La poudre est appliquée directement sur les parties à cautériser. On la transporte au fond des fistules avec une sonde cannelée. Les autres préparations sont appliquées d'une manière spéciale suivant leur nature.

Pour l'usage interne, on fait usage surtout de la liqueur de Van Swieten ou de celle de Mialhe.

DOSES :

1° Toxiques...... { Cheval.. 8 gr. (estom.). 4 gr. (veines). / Bœuf... 8 — / Mouton . 4 — / Chien. 0.20 à 0.30 — { 0.15 (Tissu conjonct.) / 0.04 (veines).

2° Thérapeutiques. { Grands herbivores.. 0^{gr},30 à 1 gr. (estomac). / Porcs............. 0 05 à 0 15 — / Moutons .... 0 02 à 0 05 — / Chiens............. 0 01 à 0 05 —

Nitrates de mercure.

Le mercure forme avec l'acide azotique deux composés : le protonitrate et le deutonitrate. Ces deux sels sont solides. Le protonitrate est cristallisé en prismes incolores; il est décomposé par l'eau en protonitrate acide soluble, et en protonitrate basique insoluble qui se dépose en poudre blanche. Le deutonitrate est blanc, incristallisable et déliquescent. Il est également décomposé par l'eau en un composé acide soluble, et un composé basique insoluble, appelé turbith nitreux, qui est sous forme de poudre jaunâtre.

Effets. — Ces deux sels, surtout le deutonitrate, sont des caustiques coagulants très énergiques, mais dont l'action est un peu moins profonde que celle du sublimé. Ils sont absorbables et par conséquent doivent être employés avec quelques précautions.

Indications. — Ils répondent aux indications générales des caustiques. En outre, ils agissent mieux que les autres caustiques sur le cancroïde épithélial de la lèvre du chat.

Préparations :

1° Solutions plus ou moins concentrées.

2° Protonitrate de mercure liquide (Mialhe).........

Protonitrate de mercure..	30 gr.
Acide azotique...........	20
Eau distillée.............	100

Agiter avant de s'en servir.

3° Nitrate acide de mercure liquide (Codex)..........

Mercure coulant...	1 gr.
Acide nitrique...........	2

Faites dissoudre le métal dans l'acide à l'aide de la chaleur, et réduisez la solution au quart de son volume primitif.

4° Pommade citrine........ { Mercure................... 32 gr.
                            { Acide azotique........... 48
                            { Axonge................... 250
                            { Huile d'olive............ 250

Dissoudre le mercure dans l'acide à l'aide de la chaleur, concentrer autant que possible et incorporer à une douce température, avec les corps gras jusqu'à ce que le mélange ait acquis une belle couleur jaune dorée.

5° Eau mercurielle........ . { Protonitrate de mercure.. 4 gr.
                             { Acide nitrique........... 2
                             { Eau distillée............ 8

Mélangez l'eau à l'acide et faites dissoudre le sel.

Sulfate de cuivre.

Ce sel, d'une belle couleur bleue, est encore appelé vitriol bleu, couperose bleue, etc. Il est cristallisé en gros prismes obliques, il a une saveur âcre et caustique. Il s'effleurit à l'air et se recouvre d'une poudre d'un blanc verdâtre ; chauffé, il fond dans son eau de cristallisation, qui égale 36 p. 100 de son poids, se dessèche et forme une poudre blanchâtre, anhydre et très avide d'eau, laquelle lui restitue sa couleur bleue naturelle. Insoluble dans l'alcool, le vitriol bleu se dissout dans quatre parties d'eau froide et deux parties d'eau bouillante. En se combinant avec l'ammoniaque, il forme un sulfate de cuivre ammoniacal.

EFFETS PHYSIOLOGIQUES. — Le sulfate de cuivre n'attaque que difficilement la peau intacte et il ne peut pas être absorbé par cette voie. Mais il agit comme caustique assez énergique sur les plaies, les muqueuses ; l'eschare produite est sèche, brunâtre, bien circonscrite, généralement superficielle, ne se détachant que lentement et presque sans suppuration. La douleur est vive ;

l'engorgement inflammatoire est assez développé; la plaie laissée par la chute de l'eschare est de bonne nature et se cicatrise rapidement. Employé en trochisque, le sulfate de cuivre produit un fort engorgement œdémateux et une suppuration abondante de bonne nature; il est prudent de n'en employer qu'une petite quantité ou de retirer le trochisque après vingt-quatre heures pour éviter la mortification de la peau et son décollement. Ce sel est absorbable sur les plaies, dans le tissu conjonctif, car l'eschare peut se fluidifier en partie quand les liquides organiques sont abondants. Cependant les empoisonnements sont peu à craindre chez les grands animaux.

En solutions étendues, le sulfate de cuivre perd ses propriétés caustiques et devient fortement *astringent* et *antiseptique*. Il resserre vivement les petits vaisseaux, anémie les surfaces, arrête les sécrétions sur les parties sur lesquelles il est appliqué, tonifie les plaies et hâte leur cicatrisation.

Introduit dans l'estomac, le sulfate de cuivre provoque le *vomissement* chez les carnivores, même à faible dose. Ces animaux sont rarement empoisonnés par ce sel introduit dans l'estomac; car les vomissements qui surviennent bientôt produisent son rejet par la bouche.

A faible dose, il est facilement supporté par les herbivores, il provoque une certaine constipation. A doses fortes, il produit la perte de l'appétit, provoque des nausées, des coliques, de la diarrhée et une gastro-entérite mortelle. Ces accidents surviennent surtout avec le sulfate de cuivre administré en bol ou en électuaire.

Dans l'estomac, le sulfate de cuivre se combine avec l'albumine et forme un composé soluble dans un excès de liquide albumineux. L'absorption peut donc se faire assez vite. Arrivé dans le sang, il est fixé par les hématuries qui le transportent dans tous les tissus et le déposent dans les éléments cellulaires des parenchymes, surtout du foie et du poumon, où il peut séjourner plusieurs mois. Son élimination est toujours très lente et se fait par la bile, l'urine, la sueur.

Quand le cuivre a été absorbé en trop grande quantité, il détermine l'empoisonnement. Les animaux tombent alors dans un grand état d'abattement, dans une immobilité complète, puis meurent sans présenter des convulsions.

A l'autopsie on trouve généralement une inflammation gastro-intestinale, une congestion du foie avec dégénérescence graisseuse, une congestion corticale du rein, des ecchymoses sur l'endocarde du cœur gauche; le sang est noir, incoagulé et accumulé en grande quantité dans les veines de l'encéphale.

INDICATIONS THÉRAPEUTIQUES. — A l'intérieur, le sulfate cuivrique est indiqué :

1° Comme vomitif chez les carnivores. Son action est rapide et toujours plus sûre que celle de l'émétique et de l'ipécacuanha ; de plus, il n'affaiblit pas les animaux autant que ces dernières substances. C'est le meilleur vomitif après l'apomorphine ; il agit surtout en irritant les extrémités gastriques du nerf pneumogastrique, le vomissement est donc réflexe comme avec l'ipécacuanha ;

2° Comme astringent et anticatarrhal, dans les diarrhées chroniques, les vieux catarrhes bronchiques, l'hématurie, l'albuminurie ;

3° Comme fluidifiant du sang et altérant dans les diathèses caractérisées par la poussée de tumeurs diverses, condylomes, fics, engorgements ganglionnaires, etc.

A l'extérieur, on peut l'utiliser avantageusement :

1° Pour exciter et tonifier les plaies et les ulcères atoniques à bourgeonnement mollasse ou à sécrétion purulente fétide ;

2° Pour détruire les caries osseuses, cartilagineuses ou ligamenteuses et faciliter leur élimination. Il convient très bien contre toutes les maladies du pied récentes ou chroniques, contre le mal de garrot, le clou de rue, la limace du bœuf, le piétin, le crapaud, etc. ;

3° Pour modifier l'inflammation des paupières, de la conjonctive ou du globe oculaire. C'est un des meilleurs médicaments à opposer aux diverses ophthalmies ; il est souvent préférable au nitrate d'argent ;

4° Pour combattre les maladies cutanées sécrétantes telles que crevasses, eaux aux jambes, fourchette pourrie, crapaud, dartres humides, gale, etc. ;

5° Pour tarir les sécrétions mucoso-purulentes des muqueuses enflammées, exemples : gonorrhée, otorrhée, ozène, etc. ; et pour arrêter les hémorrhagies en nappe.

PRÉPARATIONS. — 1° Sulfate de cuivre en poudre, en cristaux ou en crayons.

2° Solutions aqueuses plus ou moins concentrées : de 1 à 2 p. 100 pour les maladies des yeux ; de 2 à 3 p. 100 pour les plaies ; plus concentrées quand on veut obtenir un effet caustique.

8° Liqueur de Villate....	Sulfate de cuivre...........	64 gr.
	Sulfate de zinc...........	64
	Extrait de Saturne..........	125
	Vinaigre.................	1000

Dissolvez les sels dans le vinaigre, ajoutez l'acétate de plomb et agitez vivement. L'acide acétique transforme l'extrait de Saturne en acétate neutre de plomb, que les sulfates de cuivre et de zinc décomposent entièrement ; il se précipite du sulfate de plomb, et il reste en solution des sulfates et acétates cupriques et zinciques.

Cette préparation est surtout employée en injections dans les fistules diverses.

4° Liqueur de Villate laudanisée..........

Sulfate de cuivre....	} āā 4 gr.
Sulfate de zinc..........	
Laudanum	
Sous-acétate de plomb liquide	8
Vinaigre...............	32
Eau distillée............	1250

En injections sur les muqueuses qui sont le siège d'écoulements.

5° Liqueur de Veyret ....

Sulfate de cuivre....... ...	10 gr.
Vinaigre.............. ..	80
Acide sulfurique.....	12

Dissolvez le sel dans le vinaigre, ajoutez l'acide sulfurique goutte à goutte et remuez.

6° Pâte caustique de Payan. Sulfate de cuivre et jaune d'œufs, quantité suffisante pour faire une pâte épaisse.

DOSES.

		Estomac.	Tissu conj.	Veines.
1° Toxiques.......	Chien........	20 gr.	1 gr.	0ᵍʳ.025
	Cheval.	»	»	6 à 8
	Bœuf........	»	»	3 à 5

		Estomac.	
2° Thérapeutiques.	Cheval.................	5	à 10 gr.
	Bœuf.................	3	à 6
	Porc	0.10	à 0.30
	Chien	0.05	à 0.10
3° Vomitives	Chien.................		0.10 à 0.60
	Chat.................		0.05 à 0.20
	Porc.................		0.50 à 1.50

ADMINISTRATION. — Avec le cristal ou le bâton on touche les surfaces à cautériser ou à irriter. Avec les solutions on fait des lotions, des injections, etc. ; on les administre à l'intérieur, mais fortement diluées. Pour provoquer le vomissement on peut se servir des solutions ou de la poudre. Cette dernière est mélangée avec du sucre et de l'amidon, pour masquer sa saveur styptique.

Chromates de potasse.

On connaît le chromate neutre de potasse et le bichromate de potasse. Le premier est jaune citron, soluble dans deux parties d'eau froide; le second est d'un beau rouge orange et soluble dans dix parties d'eau froide. Ils sont tous les deux presque insolubles dans l'alcool.

Effets physiologiques. — Le bichromate de potasse agit comme un caustique puissant. Appliqué pur sur la peau ou à l'état de préparations cencentrées, il la coagule et la mortifie rapidement ; elle devient gris jaunâtre et forme une eschare sèche qui ne se détache que très difficilement et au bout de vingt à vingt-cinq jours seulement. Le chromate neutre agit un peu moins énergiquement. L'action de ces deux sels se rapproche beaucoup de celle de l'acide chromique. L'engorgement inflammatoire est toujours peu considérable et les plaies produites par leur action caustique se cicatrisent difficilement.

Convenablement dilués, ils agissent simplement comme irritants cutanés. En frictions sur la peau ils produisent une inflammation exsudative et ont une action fondante sur les tumeurs.

A l'intérieur ils sont très irritants et produisent rapiment une gastro-entérite. Ils sont absorbables même quand on les emploie à l'extérieur comme caustique, aussi ne faut-il pas les déposer sur de trop grandes surfaces. Après leur absorption ils provoquent de la dyspnée accompagnée d'abaissement général de la température, une accélération considérable du pouls, quelques mouvements convulsifs, bientôt suivis d'une faiblesse générale et d'une insensibilité qui précède la mort.

INDICATIONS. — 1° Comme caustiques ils ne présentent aucun avantage, ils conviennent généralement moins bien que ceux que nous venons de décrire.

2° Comme irritants et fondants ils peuvent rendre des services pour faire disparaître les tumeurs osseuses diverses du cheval, et les tumeurs molles articulaires ou tendineuses. Ils ont été recommandés par Fœlen pour réduire les hernies ombilicales chez les jeunes poulains. On fait plusieurs frictions avec la pommade sur la tumeur herniaire jusqu'à développement d'un engorgement.

		Tissu conj.	Estomac.
	Lapin	0.03	1
Doses toxiques....	Chien	0.50	3 à 4
	Cheval..............	20	80

Comme on n'en fait jamais usage à l'intérieur sel doses thérapeutiques sont inconnues.

PRÉPARATIONS :

1° Bichromate de potasse en sel.
2° Solutions diverses.

		N° 1.	N° 2.	N° 3.
3° Pommades simples....	Bichromate de potasse.	4	6	8
	Axonge................	32	32	32

En employant le chromate neutre on obtient des préparations un peu moins actives.

4° Pommade composée (Schmid)............	Bichromate de potasse.............	6
	Iodure de potassium..............	2
	Pommade mercurielle double......	64

Caustiques fluidifiants.

On désigne ainsi les caustiques qui ne coagulent pas l'albumine, qui donnent naissance à une eschare molle et qui sont facilement absorbables. Ils sont peu nombreux et comprennent *les alcalis* caustiques et les composés arsenicaux.

Potasse caustique.

La potasse est solide, incolore, amorphe, en plaques, en bâtons ou en pastilles ; elle a une saveur caustique et urineuse. Elle fond sous l'influence de la chaleur et se solidifie après refroidissement. Elle est très avide d'eau et d'acide carbonique, aussi quand elle est exposée à l'air la voit-on devenir déliquescente et se transformer lentement en carbonate de potasse. Elle est également très soluble dans l'alcool. Elle est fortement alcaline, neutralise tous les acides et saponifie les corps gras. On doit la conserver dans des flacons bien bouchés.

EFFETS PHYSIOLOGIQUES. — Appliquée sur la peau intacte, la potasse attaque l'épiderme, qui est complètement dissous après deux ou trois heures ; puis elle corrode le derme à une profondeur plus ou moins grande. L'action désorganisatrice est due à son affinité très grande pour l'eau, à la saponification des graisses, à une décomposition et une dissolution des matières protéiques. L'eschare produite est d'un jaune grisâtre, mollasse au centre et plus consistante à la conférence, et presque toujours plus étendue que la préparation caustique employée. Cette eschare se détache lentement, d'abord sous l'influence d'une suppuration sanieuse, et plus tard par l'effet d'une sécrétion purulente de bonne nature. Employée en trochisque, la potasse produit de grands délabrements et une suppuration très abondante.

En général, la potasse attaque plus facilement et plus profondément les tissus secs et indurés que ceux qui sont dénudés et recouverts de liquides. Son absorption est facile sur les diverses voies, mais nullement dangereuse, car elle se transforme en carbonate de potasse dans le sang.

INDICATIONS THÉRAPEUTIQUES. — Ce caustique, à cause de certaines particularités qu'il présente, est indiqué dans des cas spéciaux. Son action s'étendant toujours au delà du point d'application, elle est indiquée pour détruire des tumeurs à base large diffuse. On l'emploie avantageusement contre les tumeurs squirreuses, les cors, les durillons, les verrues, les polypes, les cerises, le champignon, le crapaud, les plaies et les ulcères à fond et à bords indurés, etc. La potasse n'attaque que difficilement les vaisseaux, elle les respecte généralement au milieu d'autres tissus qu'elle détruit; aussi convient-elle surtout lorsqu'on veut éviter le bistouri pour enlever un tissu morbide vasculaire.

Son grand pouvoir dissolvant pour les substances épidermiques la fait employer avantageusement pour détruire peu à peu les callosités de la peau et notamment celles qui se montrent au paturon à la suite d'enchevêtrures profondes. En solution forte elle convient aussi pour laver les parties de la peau qui sont le siège d'eczéma, d'exanthème chronique chez le chien.

PRÉPARATIONS ET MÉDICAMENTATION :

1° Potasse solide.
2° Potasse en dissolution aqueuse.
3° Poudre de Vienne...... { Potasse caustique.... 50 gr.
{ Chaux vive.......... 60

Mélangez vivement dans un mortier sec et chaud; renfermez immédiatement dans un flacon à large ouverture, bouchant à l'émeri.

Pour faire usage de cette poudre, on en délaye une certaine quantité dans un peu d'alcool et l'on fait ainsi une pâte consistante qu'on applique sur les parties à cautériser; elle ne coule pas et ne s'étend point au delà du lieu d'application.

4° Caustique solide Filhos.. { Potasse.. .... 120 gr.
{ Chaux vive........... 40

Faites fondre dans une cuillère de fer, et quand le mélange sera bien homogène, coulez dans une lingotière ou dans des tubes, comme pour le nitrate d'agent. Il faut préserver les bâtons de l'humidité.

Soude caustique.

La soude jouit des mêmes propriétés caustiques que la potasse, elle convient dans les mêmes cas.

CINQUIÈME CLASSE

IRRITANTS CUTANÉS.

. Les irritants cutanés comprennent les rubéfiants et
les vésicants.

1° Médicaments rubéfiants.

Les médicaments rubéfiants ont la propriété de rougir la peau en congestionnant le réseau capillaire du
derme, et de produire la plupart des phénomènes locaux
de l'inflammation, c'est-à-dire la douleur, la rougeur,
la chaleur et la tumeur.

PRINCIPAUX RUBÉFIANTS. — La rubéfaction peut être
produite sous l'influence d'agents nombreux, qui sont ou
mécaniques, ou physiques, ou chimiques. Il suffit de
citer : les frictions sèches avec une brosse rude ou un
bouchon de paille bien serré, la chaleur concentrée dans
un corps solide ou liquide, la farine de moutarde noire,
l'ammoniaque, les acides étendus, l'acide phénique, l'essence de térébenthine, de lavande, le vinaigre, l'alcool, etc.

EFFETS COMMUNS A TOUS LES RUBÉFIANTS. — Appliqués
sur la peau, les rubéfiants causent du prurit, augmentent la chaleur et la sensibilité, puis déterminent une douleur qui grandit progressivement et finit par devenir
très vive. Sous l'influence de cette irritation de la surface de la peau, le système capillaire du derme s'injecte
de sang, la partie rougit, se gonfle et peut devenir le
siège de sécrétions accidentelles si l'action irritante des

rubéfiants est continuée pendant trop longtemps. Les effets locaux immédiats des rubéfiants consistent donc dans le développement rapide des signes caractéristiques de l'inflammation, c'est-à-dire de la *douleur, de la rougeur, de la chaleur* et de *la tumeur*. Ces divers effets ne sont pas toujours également marqués; l'un peut prédominer sur les autres suivant la nature de l'agent rubéfiant employé.

La *douleur* précède toujours les autres effets locaux; elle ouvre en quelque sorte la série des désordres que les rubéfiants déterminent sur la peau; elle est donc très constante et se montre rarement isolée. Cependant elle peut prédominer beaucoup sur les autres accidents, comme on le remarque, par exemple, avec l'essence de térébenthine, qui détermine toujours une violente douleur chez les solipèdes et cause à peine une légère hyperhémie à la peau.

La *rougeur* produite par la congestion sanguine que les rubéfiants déterminent sur le derme, ne manque presque jamais; mais elle est souvent masquée par les poils ou la couleur foncée de la peau chez les animaux domestiques.

La *chaleur* est un effet qui existe toujours et qui est sous la dépendance directe de la rougeur ou de l'hyperhémie cutanée.

Enfin, la *tumeur* se manifeste toujours lorsque les moyens ont été appliqués pendant un temps suffisant et sur des points de la peau susceptibles de se tuméfier aisément. Néanmoins de tous les rubéfiants c'est la moutarde qui détermine le gonflement le plus volumineux et le plus étendu.

Les effets précédents sont accompagnés d'une suractivité fonctionnelle de la peau et de ses glandes et d'une perte de chaleur plus considérable, par suite de l'augmentation du rayonnement du calorique de l'animal.

Outre ces effets locaux plus ou moins prononcés suivant la nature du rubéfiant employé, les points de la peau où est faite l'application et la durée de cette dernière, il y a encore développement d'effets généraux importants. Ces effets varient un peu suivant *l'intensité* de l'irritation cutanée. Une simple excitation faible de la peau produit un *resserrement vasculaire* dans tous les vaisseaux du tégument cutané. Il en résulte une pâleur plus ou moins grande de la peau du point excité et même dans les régions éloignées du point excité. On voit aussi se produire une légère accélération du cœur, dont les battements sont plus vigoureux, plus énergiques, un *ralentissement* de la respiration, une élévation de la température rectale, un abaissement de la température cutanée.

Des excitations fortes, comme celles engendrées par les rubéfiants énergiques, produisent d'abord les mêmes effets que les excitations faibles ; mais bientôt survient une deuxième période, pendant laquelle la peau rougit d'abord au point d'application, ensuite dans toutes ses parties ; les battements du cœur se ralentissent ainsi que la respiration ; la température cutanée augmente, tandis que la température rectale diminue.

L'effet le plus important engendré par les révulsifs est la congestion cutanée. Cette congestion de la peau est en même temps accompagnée d'une anémie des organes internes, comme le démontrent les expériences de Zülzer et les miennes. Zülzer ayant appliqué du collodion cantharidé sur la peau du dos d'un lapin, a vu apparaître simultanément une congestion très vive de la peau, des tissus sous-jacents, et une anémie des organes splanchniques abdominaux. D'après cette observation, les révulsifs, les rubéfiants ou irritants cutanés, produisent une dilatation vasculaire, une congestion au point d'application en même temps qu'ils produisent une pâleur, une anémie des organes profondément situés. Mes propres recherches, faites dans de meilleures conditions que celles de Zülzer, conduisent aux mêmes résultats. Ayant enregistré le pouls et la tension artérielle avant et pendant l'action de la moutarde appliquée sous la poitrine sur un cheval, j'ai vu la tension s'élever considérablement pendant le développement des effets du sinapisme. Il y avait en même temps, il est vrai, accélération du pouls, mais cette accélération des battements du cœur est insuffisante pour expliquer l'augmentation énorme de la tension artérielle. Or j'ai établi d'autre part que, sous l'influence du sinapisme, les vaisseaux de la peau se dilatent et amènent une plus grande quantité de sang dans le tissu du tégument, ce qui devrait produire un abaissement de la tension artérielle. Puisque la tension artérielle s'élève malgré la dilatation vasculaire cutanée, il faut bien admettre un resserrement vasculaire interne portant sur les organes parenchymateux contenus dans les cavités splanchniques.

J'ai mis en évidence un autre fait d'une grande importance, c'est que les rubéfiants, et principalement la moutarde noire, déterminent une vascularisation plus grande et un afflux de sang plus considérable non seulement au point où ils sont appliqués, mais encore sur tous les points de la surface cutanée. Un sinapisme appliqué sous le thorax du cheval produit, au point d'application, une élévation de température de 4 à 5 degrés, et dans tous les autres points de la peau une élévation de 2 à 3 degrés. Le sinapisme congestionne donc toute la peau, mais plus énergiquement les points où l'application a lieu. C'est là un fait très important qui permet d'expliquer en grande partie les effets thérapeutiques si puissants des révulsifs dans le traitement des maladies inflammatoires au début. Sous l'influence de l'application d'un sinapisme, il y a aussi, pendant la période

d'excitation, une légère élévation de la température rec-
tele. Celle-ci ne s'élève jamais autant que la température
de la peau, elle revient rapidement à son chiffre primitif
quand les premiers effets du sinapisme sont dissipés,
puis s'abaisse au-dessous de la normale. De tous ces faits
rigoureusement démontrés, il faut conclure que les révulsifs, en congestionnant le derme cutané et en augmentant ses fonctions physiologiques, anémient au contraire les organes profonds, les muqueuses et les parenchymes et y diminuent les combustions. La révulsion
cutanée produit sur les organes centraux le même effet
que la saignée, mais elle a le grand avantage de ne pas
affaiblir l'ensemble de l'organisme, puisque le sang reste
dans l'appareil vasculaire, où il peut constamment servir
à maintenir les forces. La saignée anémie les organes,
affaiblit l'animal ; la révulsion cutanée congestionne la
peau, anémie les organes profonds et conserve la vigueur
et la force de résistance du sujet. Dans la révulsion il
n'y a pas de perte de sang, il y a simplement modification de sa distribution ; la quantité totale du sang reste
invariable, mais comme la peau en reçoit une quantité
plus considérable, il est évident que les organes centraux doivent en recevoir une quantité moindre. On
peut résumer de la manière suivante les effets physiologiques des révulsifs appliqués sur la peau : congestion
cutanée accompagnée d'une augmentation considérable
de la température de la peau ; hypersécrétion des glandes sudoripares et sébacées ; exhalation plus considérable, sensibilité plus vive ; perte plus grande de chaleur
par suite d'un rayonnement plus intense ; anémie des
organes profonds ; diminution rapide de la température
rectale, ce qui indique une diminution des combustions
centrales ; diminution rapide du nombre des pulsations
et des respirations ; conservation de la totalité du sang
et par conséquent conservation complète des forces.

11.

Les effets des rubéfiants persistent pendant un certain temps et disparaissent ensuite insensiblement dans l'ordre suivant : la douleur s'apaise peu à peu, la rougeur et la chaleur diminuent d'intensité, la tumeur s'affaisse et se résorbe insensiblement. C'est toujours ce dernier effet qui est le plus long à s'accomplir ; quand l'engorgement, souvent œdémateux au pourtour, est un peu prononcé, le sang et la sérosité sont repris par l'absorption ; mais les désordres survenus dans l'épaisseur de la peau, entre le derme et l'épiderme, ne sont pas réparés par la résorption, et alors cette dernière couche, ainsi que les poils qui la traversent, tombent, et la surface se trouve momentanément à nu ; seulement elle reprend bientôt ses premiers caractères, à l'exception des poils, qui repoussent parfois avec une couleur différente de celle qu'ils présentaient primitivement. Enfin, la peau altérée reste flétrie pendant quelque temps ; mais peu à peu elle revient à son état primitif et reprend ses fonctions sensorielles, exhalantes et sécrétoires.

Effets thérapeutiques. Indications. — Les rubéfiants sont indiqués comme *excitants locaux* toutes les fois qu'il est nécessaire d'augmenter la circulation et la calorification pour guérir un mal local. C'est ainsi qu'on les emploie contre les engorgements indolents, les inflammations chroniques, les paralysies locales, l'atrophie, l'atonie, les plaies, les ulcérations, les contusions, etc.

Ils sont indiqués aussi pour produire des réflexes sur certains organes internes dont la fonction menace de s'éteindre : dans le cas de syncope, dans l'asphyxie.

Ils sont surtout très utiles comme révulsifs au début des maladies internes.

Ils combattent directement les symptômes de la fièvre en produisant une hypothermie centrale. Appliqués à temps, ils font disparaître très rapidement les maladies internes au début.

Si on se rapporte aux effets physiologiques, on s'explique très bien leur mode d'action dans la guérison de ces maladies. En effet les maladies internes inflammatoires consistent au début dans une congestion vasculaire de l'organe malade ; après cette congestion survient la période de prolifération cellulaire et enfin la période de résorption. Les révulsifs, en congestionnant la peau, en décongestionnant les organes centraux, combattent donc directement les effets de la maladie au début. Ils changent pour ainsi dire le cours du sang ; ce fluide, attiré d'abord par l'organe malade, l'est ensuite par la peau sur laquelle les révulsifs agissent ; l'organe malade recevant moins de sang, se dégorge et revient plus facilement à son état hygide. Les fonctions de la peau étant augmentées sous l'action des révulsifs, la dépuration du sang est plus complète et l'hématose est plus facile, car il ne faut pas oublier que la peau vient en aide au poumon pour exhaler l'acide carbonique et pour absorber l'oxygène. C'est surtout au début, pendant la période de congestion, que les révulsifs agissent avec efficacité. Pendant la période de prolifération inflammatoire les effets thérapeutiques sont plus lents à se produire, et enfin dans la période d'état et de résolution ils n'ont presque plus aucun effet sur le cours de la maladie.

Moutarde noire (*Sinapis nigra*).

La moutarde noire fournit à la médecine ses graines globuleuses de la grosseur d'une tête d'épingle, lisses à la surface, rouges à la maturité, puis violettes, et enfin noirâtres quand elles sont sèches ; elles ont une pellicule noire et une amande intérieure jaune et huileuse. Entières, elles n'ont ni odeur ni saveur ; écrasées et humectées, elles sont d'abord amères, puis deviennent âcres et irritantes pour la bouche et le nez.

Les graines entières sont à peu près inusitées ; réduites en poudre, elles constituent la *farine de moutarde*.

La farine de moutarde est d'un vert jaune foncé, parsemée de points noirs provenant des débris de la pellicule d'enveloppe des graines ; inodore et insipide quand elle est sèche, cette poudre prend une odeur vive, caractéristique et une saveur chaude et brûlante dès qu'elle est mise en contact avec l'eau. Elle doit donc être conservée à l'abri de l'humidité et dans des vases clos ; quand elle a vieilli, elle est devenue rance et a perdu une partie de son activité.

Composition chimique. — La farine de moutarde renferme, d'après les analyses les plus récentes, les principes suivants : huile grasse douce, albumine, sucre, gomme, matières colorantes jaune et verte, acide libre, sels à base de potasse, sinapisine, myrosine, myronate de potasse. La farine de moutarde sèche ne contient pas d'essence de moutarde, celle-ci se développe seulement quand la farine est humectée. C'est l'essence de moutarde qui prend naissance au moment où la farine est mise en contact avec l'eau, qui constitue le principe actif. Ce principe, comme on le voit, ne préexiste pas dans la moutarde. D'après Bussy, l'essence de moutarde résulte de la combinaison de la myrosine avec le myronate de potasse en présence de l'eau.

Pure, l'essence de moutarde (sulfocyanure d'allyle) est liquide, incolore, d'une saveur âcre, caustique, d'une odeur vive, pénétrante et excitant le larmoiement comme l'ammoniaque ; elle est plus lourde que l'eau ; elle est soluble en partie dans ce liquide, ainsi que dans l'alcool et l'éther, auxquels elle communique des propriétés irritantes très prononcées. Cette essence est bien le principe actif de la moutarde à l'état de sinapisme, car quand cette huile volatile est appliquée pure sous la poitrine rasée d'un chien, elle détermine, au bout d'une demi-heure, une vésicule pleine de sérosité, accompagnée d'un engorgement chaud et douloureux, qui peut être suivi d'une eschare et d'une plaie facile à cicatriser. Si cette essence n'était pas d'un prix trop élevé, on pourrait l'employer en dissolution dans l'alcool pour produire des effets prompts et énergiques.

PRÉPARATIONS. — La farine de moutarde est employée sous forme de sinapismes, d'eau sinapisée, de vin et de vinaigre sinapisés, de moutarde en feuilles.

1° *Sinapismes.* — Ce sont des cataplasmes que l'on fait avec de l'eau tiède et de la poudre de moutarde, et qu'on applique sur la peau pour produire une révulsion. Ils doivent être assez consistants et appliqués immédiatement. On peut y mélanger de la farine de lin pour les rendre moins actifs, ou des poudres irritantes pour en augmenter l'activité. Ils sont formés en général de deux parties de moutarde en poudre et d'une partie d'eau tiède.

2° *Eau sinapisée.* — Elle se prépare en délayant une partie de farine de moutarde dans quatre parties d'eau un peu plus que tiède. Elle sert à faire des lotions, des fomentations, des bains locaux, des lavements et des injections sur les muqueuses apparentes. Elle peut se donner en breuvages en l'étendant d'eau.

4° *Moutarde en feuilles* (Procédé Rigollot). — La farine de moutarde dépourvue de son huile grasse, est fixée sur un papier fort, non collé, à l'aide d'une légère dissolution de caoutchouc. On emploie ces feuilles surtout chez les petit animaux. On rase la surface, on trempe la feuille sinapisme pendant quelques minutes dans l'eau froide et on la fixe avec un tour de bande.

La poudre Rigollot agit aussi fortement que la farine de moutarde entière. On prépare les sinapismes de la même manière.

MÉDICAMENTION. — Les sinapismes sont appliqués sur le

tronc ou sur les membres ; on maintient la pâte en contact avec la peau au moyen d'un bandage, ou bien on l'applique à rebrousse-poil de manière que la pâte sinapisante adhère d'elle-même. Avec l'eau sinapisée on peut donner des bains locaux, pratiquer des fomentations, faire des lotions, administrer des lavements, des injections irritantes.

Pour appliquer les sinapismes sous le ventre ou la poitrine on se sert d'un *porte-sinapisme*. Il se compose de deux pièces. La première est une dossière, allongée, en toile, rembourrée de manière à laisser un vide dans son milieu et dans le sens de sa longueur, propre à isoler la colonne vertébrale et à éviter toute pression sur elle. La seconde, qui porte le sinapisme, est un carré de toile double, renforcé sur ses bords afin qu'il ne se plisse pas lors de son application sur les parois pectorales. Cette pièce est suspendue à la dossière par trois courroies de chaque côté et par une courroie-bricole qui passe devant le poitrail pour empêcher le port en arrière de l'appareil. Dans la pratique usuelle on improvise un porte-sinapisme en pliant un sac en deux et en attachant aux quatre coins du rectangle formé des rubans ou des ficelles. On place le sinapisme sur le sac et on lie les ficelles en haut de la colonne vertébrale. Il importe, pour éviter les blessures de la peau par suite de la pression qu'exercent les attaches du porte-sinapisme improvisé, de disposer des bourrelets de paille aux points où portent les ficelles et les rubans.

Effets physiologiques de la moutarde. — La farine de moutarde, appliquée sous forme de sinapisme sur la peau de nos animaux, produit au point d'application des effets inflammatoires plus ou moins prononcés suivant les espèces animales et la finesse de la peau. En général, chez le cheval, au bout de quinze minutes la

moutarde produit une douleur cuisante que les malades indiquent par leur agitation, leurs mouvements
désordonnés, l'action de frotter la partie médicamentée contre les corps environnants, de la mordre avec
les dents. La douleur est accompagnée presque immédiatement d'une élévation de température de la région,
et au bout de deux à six heures on voit nettement un
gonflement inflammatoire plus ou moins volumineux.
Quelquefois l'œdème n'apparaît pas dans le temps ordinaire, ou même ne se produit pas : c'est lorsque les
animaux sont atteints d'affections graves, accompagnées
de coma et d'oppression des forces. A dater de l'apparition de la tumeur, si l'on répète trop souvent l'application de ce rubéfiant sur le même point, on est exposé
à tarer les animaux ; en effet si l'on persiste pendant
six ou douze heures, le tissu cellulaire s'œdématie et
des vésicules apparaissent sous l'épiderme ; après vingt-
quatre heures la partie est le siège d'une vésication
suppurante ; enfin, si l'on renouvelait l'application
pendant plusieurs jours sur le même point, on pourrait
mortifier la peau et même les tissus sous-jacents à une
certaine profondeur.

La mortification de la peau est surtout à craindre
sur les régions où la peau est épaisse et fort adhérente
aux tissus sous-jacents. Dans les régions où la peau est
fine, lâche, au contraire, la mortification cutanée est
rare. Ces résultats différents obtenus suivant que la
peau est dure, inextensible, ou lâche et fine, s'expliquent
facilement. La moutarde tend toujours à produire un
gonflement inflammatoire par suite de l'accumulation
de sérosité dans le tissu conjonctif sous-cutané. Quand
ce tissu conjonctif est lâche et abondant, quand la
peau est fine et souple, le gonflement inflammatoire se
produit facilement et la circulation de la peau se continue ; mais si le tissu conjonctif est dense, si la peau

est adhérente épaisse et inextensible, le gonflement inflammatoire qui tend à se produire comprime forte- ment la peau sus-jacente et y aplatit les vaisseaux au point que la circulation cutanée devint impossible. La peau ainsi privée de sang perd la vie, se mortifie et se gangrène. Après une chute de peau, il reste une plaie suppurante dont la cicatrisation est lente et qui laisse une trace indélébile. Quand le derme n'a pas été atteint sur toute la profondeur, les poils peuvent repousser, mais ils ont une couleur différente et affectent une di- rection anormale ; quand la peau est ulcérée sur toute son épaisseur, la surface reste nue, les poils ne repous- sent pas.

Les sinapismes n'agissent pas avec la même activité chez tous les animaux ; ce sont ceux qui ont la peau la plus mince et la plus sensible qui en ressentent le plus rapidement et le plus énergiquement les effets ; on peut les classer dans l'ordre suivant : chien, mouton, cheval, bœuf, mulet, âne et porc.

Effets généraux d'origine locale. — En même temps que la moutarde agit localement on voit se développer des effets réflexes éloignés. Sur les animaux sains la peau s'échauffe dans tous ses points de plusieurs degrés ; la température rectale s'élève quelquefois à peine, d'autres fois, quand l'agitation du sujet est consi- dérable, elle s'élève de 1° à 1°,5. Jamais l'élévation de la température rectale n'atteint celle de la température cutanée. Quand l'excitation douloureuse a cessé, on voit la température rectale revenir rapidement à son chiffre primitif et même s'abaisser au-dessous. L'élévation de la température cutanée persiste pendant plusieurs jours. La respiration et le cœur accélérés pendant les premiers effets se ralentissent ensuite considérablement quand les effets douloureux ont fait cesser l'excitation de l'a- nimal. Il arrive souvent sur les animaux malades que la

période d'excitation fait défaut, alors les effets antifébriles se produisent d'emblée.

EFFETS LOCAUX INTERNES. — Les graines de moutarde
noire administrées entières ne déterminent qu'un léger
effet laxatif à forte dose. A dose faible elles ne produisent aucun effet appréciable sur le tube digestif. La
poudre de moutarde administrée en électuaire ou en
breuvage, stimule assez fortement le tube digestif,
quoique avec une énergie infiniment moindre que celle
qu'elle déploie sur la peau. Elle excite vivement la
muqueuse buccale, et produit le ptyalisme. Dans l'estomac la farine de moutarde excite ce viscère, augmente l'appétit, accélère la digestion. Sur l'intestin elle
n'a presque aucun effet, il semble qu'elle ne modifie
pas sensiblement ni les sécrétions ni la contraction
péristaltique (Hertwig, Vogel). Cependant, d'après les
expériences faites par M. Tabourin, la moutarde agit
beaucoup plus activement lorsqu'on la donne en breuvage que quand on l'administre en électuaire. Sous la
première forme, la farine de moutarde à la dose de
500 grammes produit une excitation passagère avec
sueurs générales et une irritation gastro-intestinale qui
peut devenir dangereuse ; tandis que, sous forme d'é-
lectuaire, la même quantité est facilement supportée
par un cheval de taille moyenne.

EFFETS GÉNÉRAUX. — Quand l'essence de moutarde
est absorbée, elle provoque un léger mouvement fébrile
avec transpiration d'abord, puis, lorsque la fièvre s'est
apaisée, une diurèse abondante (Hertwig et Tabourin).

EFFETS THÉRAPEUTIQUES. EMPLOI. — L'effet rubéfiant
considérable engendré par la moutarde employée sous
forme de sinapisme sur la peau de nos animaux domestiques rend ce médicament précieux comme *révulsif*
énergique dans les maladies inflammatoires internes
au début. Il produit une dérivation considérable du

sang. La peau s'échauffe et fonctionne avec plus d'activité ; les organes internes se décongestionnent par suite d'une constriction vasculaire réflexe et reviennent plus rapidement à leur état normal. L'effet révulsif s'oppose directement à la fièvre morbide en abaissant la température rectale, en augmentant la température cutanée, en diminuant le nombre des respirations et des battements cardiaques.

L'excitation cutanée a aussi pour effet de provoquer des contractions et des sécrétions intestinales. L'emploi des sinapismes ou de l'eau sinapisée est donc indiqué pour combattre les indigestions, les coliques, les paralysies intestinales, etc.

L'expérience démontre que les sinapismes agissent avec une grande efficacité dans les maladies graves des voies digestives, de l'appareil génito-urinaire, des organes respiratoires, dans les affections aiguës des centres nerveux, des séreuses splanchniques. Il peut être utile d'augmenter l'énergie des effets de la moutarde. Pour développer le maximum d'effet il faut employer, dans la confection du sinapisme, de l'eau tiède à la température de 38 à 45°, et n'ajouter ni acide ni alcali. Les acides et les alcalis, en effet, s'opposent à la formation de l'essence de moutarde et diminuent par conséquent les effets des sinapismes. Il ne faut pas non plus faire usage d'eau froide, car le dégagement de sulfocyanure d'allyle serait trop lent. Pour obtenir un effet prompt et énergique, on peut mêler à la poudre de moutarde de la poudre d'euphorbe ou d'hellébore, des Cantharides, de l'essence de térébenthine, etc.

On peut aussi ajouter de l'ammoniaque étendue, mais seulement après que l'essence de moutarde s'est déjà dégagée.

Les effets irritants locaux ont aussi pour effet thérapeutique de produire *la résolution* d'engorgements indolents, de contusions, d'ecchymoses, de thrombus, de mollettes naissantes, de gonflements articulaires légers, d'engorgements tendineux, etc.

A l'intérieur la farine de moutarde est indiquée dans le relâchement du tube digestif, l'atonie de l'estomac et de l'intestin, l'inappétence, l'indigestion chronique.

$$
\text{Doses} \cdots \cdots \left\{
\begin{array}{llr}
\text{Cheval} \ldots\ldots\ldots\ldots & 30 \text{ à } 100 \text{ gr.} \\
\text{Bœuf} \ldots\ldots\ldots \ldots & 50 \text{ à } 200 \\
\text{Mouton} \ldots\ldots\ldots & 20 \text{ à } 50 \\
\text{Petits animaux} \ldots\ldots & 2 \text{ à } 5
\end{array}
\right.
$$

Essence de térébenthine $C^{10} H^{16}$.

C'est un liquide très mobile, incolore, à odeur forte, d'une saveur âcre et chaude, d'une densité de 0,87. Elle est inflammable et brûle avec une flamme fuligineuse. Exposée à l'air elle s'épaissit, se colore et s'oxyde en produisant de l'ozone. Elle est insoluble dans l'eau, soluble dans l'alcool, l'éther, les huiles essentielles et les huiles grasses. Elle dissout le soufre, le phospore et les résines.

EFFETS PHYSIOLOGIQUES. — Sur la peau de tous nos animaux l'essence de térébenthine agit comme un irritant énergique. Employée en frictions chez les solipèdes, elle détermine, après quelques minutes, une excitation générale très vive ; les animaux se secouent vivement, cherchent à se frotter, frappent du pied, grattent le sol, agitent la queue, mordent la partie médicamentée et se livrent à des mouvements désordonnés et presque convulsifs. La surexcitation est quelquefois telle, surtout chez les chevaux de race distinguée, qu'ils se mettent dans une véritable fureur. La douleur très vive, produite par l'essence de térébenthine appliquée sur la peau, dure de quinze à trente minutes, rarement plus. Si les frictions n'ont été pratiquées qu'une seule fois, elles ne laissent aucune trace sensible sur la peau et tout disparaît avec la douleur; mais, si elles ont été très prolongées ou réitérées, la peau devient chaude, se congestionne, se tuméfie, et il se forme des petites vésicules à sa surface. Quand les poils tombent à la suite de ces frictions, ils ne tardent pas à repousser avec les caractères normaux.

Chez le bœuf la douleur produite est moins vive que chez le cheval, mais en revanche les phénomènes inflammatoires sont plus intenses.

Sur les *plaies* et les *muqueuses* l'essence de térébenthine est beaucoup moins irritante que sur la peau intacte. Dans le tube digestif de faibles doses excitent l'appétit, augmentent les sécrétions des différentes glandes, suractivent les mouvements péristaltiques et déterminent un léger effet laxatif. A fortes doses, (600 gr. chez les solipèdes, 60 gr. chez les carnassiers) elle irrite assez énergiquement le tube digestif, provoque des vomissements chez les carnivores, des coliques et une forte purgation chez les grands herbivores. L'essence de térébenthine agit comme un poison énergique sur les êtres inférieurs qui vivent en parasites sur nos animaux domestiques. Elle tue les poux, les acares etc. et produit l'expulsion les vers intestinaux.

L'essence de térébenthine introduite dans le tube digestif est absorbée rapidement. Bientôt les différentes excrétions prennent une odeur caractéristique, l'air expiré prend l'odeur de térébenthine, il en est de même de l'exhalation cutanée et du lait des femelles; l'urine coule plus abondamment et acquiert une forte odeur de violette. Sous l'influence de cette essence le sang devient plus rouge, plus rutilant et plus riche en globules blancs (Binz); il y a diminution de l'excitation nerveuse, le pouls et la respiration se ralentissent, la température rectale s'abaisse. Jamais l'essence de téré-

benthine ne détermine une suractivité des grandes
fonctions et des nerfs après son absorption. Quand
après une administration on observe une excitation
vive, un pouls accéléré et dur, une respiration pressée,
une rougeur des muqueuses et une élévation de la
température, il faut attribuer la production de ces phénomènes à l'irritation locale du tube digestif. Rossbach
et Fleichmann, en émulsionnant convenablement l'essence de térébenthine avant son administration pour
éviter l'irritation gastro-intestinale, ont toujours constaté une diminution de l'activité nerveuse, un ralentissement graduel des fonctions jusqu'à la mort. Ils
n'ont à aucun moment observé une surexcitation chez
leurs sujets.

L'essence de térébenthine absorbée a une action énergique sur le rein. Amenée dans cet organe par le sang,
elle s'y décompose en essence de violette, elle excite
vivement la sécrétion de l'urine qui s'écoule abondamment et exhale une odeur très agréable de violette. A
trop forte dose ou à faibles doses trop souvent renouvelées, elle irrite la substance rénale, la ramollit, diminue la sécrétion de l'urine et produit de l'hématurie.

Cette essence absorbée exerce aussi une action excitante marquée sur les sécrétions de la peau; elle ne
provoque pas une véritable sudation, mais une *diaphorèse* marquée. La plupart des expérimentateurs ont
également constaté une augmentation de la *sécrétion
lactée* sous l'influence de petites doses d'essence de térébenthine. De fortes doses, en altérant la digestion et
la sécrétion urinaire, ont aussi pour effet de diminuer
la sécrétion du lait.

D'après le docteur Lévi, de l'université de Pise, les
injections intra-trachéales d'une dissolution d'essence
de térébenthine dans l'huile d'olive sont facilement
supportées par le cheval et produisent des effets rapides.

INDICATIONS THÉRAPEUTIQUES. — A l'extérieur l'essence de térébenthine est employée comme irritant cutané et comme antiparasitaire.

L'irritation cutanée produite par cette essence est utilisée :

1° Pour exciter momentanément les forces chez des animaux faibles qui sont couchés et qui refusent de se relever. Des frictions faites sur les membres engendrent une vive douleur qui engage l'animal à faire des efforts violents pour se redresser ;

2° Pour engendrer par la peau des réflexes sur le tube digestif dans les cas d'indigestions, de coliques. Les physiologistes ont en effet démontré que les excitations vives des nerfs sensitifs de la peau engendrent dans le tube digestif des mouvements péristaltiques intenses et une hypersécrétion glandulaire. C'est en ranimant les mouvements de l'intestin et en réveillant les sécrétions que les frictions irritantes cutanées agissent pour guérir les coliques, les indigestions ;

3° Pour augmenter la chaleur de la peau et suractiver les fonctions sécrétoires de cette membrane. Les frictions avec cette essence sont surtout très utiles chez le cheval pour ramener la chaleur à la peau. Comme l'essence pure produit une douleur trop vive, on la mélange à l'alcool pour atténuer son action et pour provoquer simplement un effet diaphorétique ou sudorifique. On se sert du mélange contenant 1 partie d'essence pour 15 d'alcool ;

4° Pour obtenir la résolution et la fonte de tuméfactions anciennes, chroniques. On l'associe dans ce but au savon vert, à l'onguent mercuriel dans la proportion de 1 d'essence pour 5 de ces dernières substances ;

5° Pour modifier l'activité nerveuse dans le rhumatisme, les névralgies ou les douleurs indéterminées. Les injections hypodermiques ont été quelquefois utilisées dans ce but, mais elles sont très douloureuses et produisent souvent des abcès. Lorsqu'on veut utiliser la méthode hypodermique contre les névralgies, il vaut mieux avoir recours à l'éther. Cette substance est très calmante, moins douloureuse, et n'occasionne jamais d'abcès ;

6° Comme antiectozoaire l'essence de térébenthine est indiquée contre toutes les affections parasitaires de la peau des divers animaux. On l'unit généralement à d'autres substances antiparasitaires, telles que : le savon vert, l'huile de colza, le styrax. On fait trois ou quatre frictions par jour.

A l'intérieur elle est indiquée :

1° Comme excitant local du tube digestif dans les indigestions, la paralysie ou l'atonie des parois gastro-intestinales, l'arrêt des sécrétions digestives. Il convient surtout chez les grands herbivores, le cheval et les ruminants. On a obtenu des succès nombreux contre les pelotes stercorales, les constipations opiniâtres, l'obstruction du feuillet, le météorisme chronique, les indigestions produites par le froid, etc. L'essence de térébenthine ne doit pas être administrée dans les cas de météorisation aiguë, car elle communique son odeur à tous les tissus et la viande deviendrait inutilisable en cas de mort de l'animal ;

2° Comme vermifuge, elle convient à la fois contre les nématoïdes et les cestoïdes. C'est un des vermifuges les plus fidèles. Elle produit aussi de bons effets contre les larves d'œstres du cheval et les larves du foie du mouton. Pour obtenir des résultats certains, il convient de l'administrer à fortes doses, plusieurs fois renouvelées ;

3° Comme contre-poison du phosphore, elle jouit d'une grande réputation. Dans ce cas il faut toujours faire usage de l'essence vieille qui renferme beaucoup d'ozone. Il se forme un composé insoluble d'essence de térébenthine et de phosphore absolument inoffensif.

Les effets généraux qu'elle développe après son absorption sont utilisés dans un grand nombre de cas :

1. La dépression qu'elle produit sur la circulation, la respiration et la température, la rend précieuse dans toutes les maladies fébriles caractérisées par une grande accélération du pouls et de la respiration et une élévation de la température rectale. On peut d'ailleurs l'associer dans ces cas au camphre et à la vératrine, qui agissent aussi comme antifébriles.

2. L'action antifébrile ajoutée à l'action spéciale qu'elle exerce sur l'appareil respiratoire pendant son élimination, la font employer avec un grand succès contre les maladies catarrhales chroniques du poumon ou des bronches. C'est certainement l'expectorant le plus énergique et le meilleur calmant de l'irritation bronchique. Elle rend de grands services dans toutes les maladies catarrhales, croupales, des diverses parties de l'appareil respiratoire. Quand il existe des cavernes pulmonaires ou de la gangrène, c'est le meilleur remède à cause de la propriété quelle a de former de l'ozone. On l'administre dans ces cas généralement sous forme d'inhalations. On verse l'essence sur une infusion bouillante et on fait respirer les vapeurs au malade. On peut aussi faire respirer l'essence qui se dégage d'une dissolution d'essence dans l'éther à 5 p. 100. Ces inhalations communiquent bientôt à l'urine l'odeur de violettes.

3. L'action diurétique très marquée que détermine l'essence de térébenthine la fait employer contre les *hydropisies diverses*, les *exsudations plastiques* des séreuses. Elle favorise la résorption des liquides et hâte la désagrégation des exsudats plastiques. L'essence de térébenthine est éliminée par les urines sous forme d'essence de violette. Celle-ci, en agissant sur la muqueuse

vésico-uréthrale, arrête les sécrétions muqueuses et tarit les écoulements mucoso-purulents. L'essence de térébenthine convient donc pour combattre tous les catarrhes de la muqueuse uréthrale ou vésicale, surtout les catarrhes chroniques. Elle ne peut pas être employée contre l'inflammation du rein, parce qu'elle irrite le parenchyme de cet organe et augmenterait l'inflammation.

4. Enfin l'effet diaphorétique que produit l'essence de térébenthine pendant son élimination par la peau, doit faire recommander son emploi dans toutes les maladies par refroidissement et dans tous les cas où la peau est sèche et froide (pneumonie, pleurésie, courbature accompagnée de fièvre, etc.).

ADMINISTRATION. — Par la bouche on l'administre sous forme de bols, d'électuaires, confectionnés avec du miel, du jaune d'œuf, du savon et des poudres adoucissantes. On la donne aussi en breuvages en la délayant convenablement dans une huile grasse, dans un liquide mucilagineux ou gommeux. Par les voies respiratoires on la donne en fumigations en la versant dans une infusion bouillante ou en la mélangeant à l'éther. Les lavements à l'essence se donnent purs, ou après l'avoir mélangée avec de l'huile douce. Ces lavements sont bien supportés et constituent des stimulants énergiques pour la partie postérieure de l'intestin dans la constipation, l'atonie du rectum, etc. Généralement un lavement pour les grands animaux, contient 20 grammes d'essence mélangée avec du mucilage de graine de lin. Pour les petits, un lavement en contient 1 à 2 grammes.

Pour les injections intratrachéales, M. Lévi conseille une dissolution de l'essence de térébenthine dans l'huile d'olive, à parties égales. On injecte chaque fois 5, 10, 15 grammes de liquide, selon l'intensité de l'affection et la matière du produit sécrété par les bronches. A l'extérieur on l'emploie en frictions, seule ou mélangée à l'essence de lavande, à la teinture de savon, à l'ammoniaque, à l'alcool camphré, à la teinture de cantharides, etc.

Doses :

1° Toxiques. — Essence pure.......	Cheval....	1 litre.	
	Cheval....	5	à 10 gr.
	Bœuf.....	10	à 20
2° Thérapeutiques. — Essence émul-	Mouton...	1	à 5
sionnée	Porc......	0.50 à	3
	Chien	0.10 à	1
	Chat.....	0.05 à	0.30

Ces doses sont faibles, elles conviennent lorsqu'on veut prolonger l'administration. Quand on veut agir énergiquement, on peut porter la dose chez le cheval à 300 grammes, chez le chien de 20 à 50 grammes.

Agave d'Amérique (*Agave americana*).

Cette plante, de la famille des Broméliacées, est originaire de l'Amérique méridionale, mais elle s'est naturalisée dans le sud de l'Europe, notamment dans le midi de la France ainsi qu'en Algérie, où elle est appelée improprement Pitte ou Aloès.

Ses feuilles, longues, épaisses, charnues et épineuses comme celles de l'aloès, fournissent, lorsquelles sont réduites en pulpe, un sinapisme qui ne le cède en rien, d'après Decroix, au sinapisme de farine de moutarde.

Huile de poisson.

D'après les vétérinaires belges, l'huile de foie de morue, appliquée plusieurs fois sur une même surface, y détermine un engorgement chaud et douloureux à la pression, qui peut devenir le point de départ d'une révulsion et surtout d'une résolution dans les affections articulaires et tendineuses chez le cheval, M. Gille, en y ajoutant des cantharides et de l'euphorbe, en fait une huile vésicante très puissante qu'il désigne sous le nom de feu belge.

Fourmis.

Les fourmis écrasées constituent aussi un excellent rubéfiant.

Acide phénique.

Voir page 141.

2° Des Vésicants ou Epispastiques.

Les Vésicants sont des irritants, qui, outre les effets des rubéfiants, provoquent entre le derme et l'épiderme, l'accumulation de sérosité et la formation d'ampoules analogues à celles produites par les brûlures superficielles. Ils se distinguent de rubéfiants par leur degré d'activité. Outre les effets des rubéfiants, ils produisent la formation de vésicules sous-épidermiques remplies de sérosité.

Principaux vésicants. — Les agents vésicants principaux sont : la chaleur, l'électricité, les acides minéraux concentrés, les alcalis caustiques, plusieurs sels métalliques, l'émétique, l'ammoniaque, certaines essences, certaines huiles grasses comme celle de croton tiglium ; l'euphorbe, l'écorce de garou ; les racines de thapsia, des hellébores, et enfin la cantharide, qui est l'agent le plus usité.

Effets communs aux différents vésicants. — On distingue les effets *immédiats* ou primitifs et les effets *consécutifs*. Je ne peux mieux faire que de reproduire ici la description faite par M. Tabourin.

1° Effets primitifs. — On peut reconnaître dans les effets des vésicants trois périodes distinctes : une de *rubéfaction*, une de *vésication* et une de *suppuration*.

a. Durant la première heure de son application, un topique vésicant développe les mêmes effets qu'un rubéfiant, c'est-à-dire qu'il détermine une douleur incommode, de la rougeur, de la chaleur, et enfin une tuméfaction plus ou moins intense du derme.

b. Après un temps d'application variant beaucoup suivant les animaux, mais qui est compris généralement entre six et vingt-quatre heures, les médicaments épispastiques ont déterminé entre le derme et l'épiderme la production d'une sérosité albumino-fibrineuse, analogue à celle que provoquent les brûlures, et amené la formation d'ampoules ou de phlyctènes caractéristiques. D'abord très petites, nombreuses, disséminées çà et là sans ordre, ces petites vessies s'agrandissent peu à peu à mesure que le contact du topique se prolonge, et finissent, en s'élargissant, par se réunir en une seule ampoule de l'étendue de l'application épispastique. La sérosité qui les gonfle, d'abord peu abondante et claire, de nature albumineuse, s'épaissit de plus en plus et devient fibrineuse à mesure qu'elle prend de la consistance et acquiert de la plasticité. Dans le principe, ce liquide tend à transsuder à travers l'enveloppe qui l'emprisonne ; mais, à mesure que l'épiderme s'imbibe de sérosité, il devient opaque, s'épaissit et forme dès lors une barrière infranchissable aux produits sécrétés, d'autant plus que ces derniers acquièrent de la consistance à mesure que l'irritation se prolonge, ainsi que nous l'avons déjà dit.

c. Si, après le développement des phlyctènes, on se contente d'en évacuer le produit par une petite ouverture, et sans enlever l'épiderme, comme cela se pratique dans ce qu'on appelle un vésicatoire volant, les

désordres sécrétoires cessent bien vite, et la couche épidermique ne tarde pas à se réunir de nouveau au derme.
Mais si, au lieu de procéder ainsi, on enlève les phlyctènes de manière à mettre le derme à nu, comme cela
a lieu dans l'établissement d'un vésicatoire fixe ou per-
manent, le contact de l'air sur cette surface dénudée,
très sensible et vivement enflammée, change le caractère des sécrétions qui ont lieu jusqu'alors, et à la place
de la sérosité plastique des ampoules, on obtient une
sécrétion purulente de bonne nature et plus ou moins
moins abondante. En appliquant pendant un certain
temps des préparations irritantes sur cette plaie acci-
dentelle, qu'on appelle un exutoire, on entretient une
sécrétion artificielle plus ou moins durable ; sans cette
précaution le vésicatoire ne tarderait pas à se fermer au
moyen de la couche de lymphe plastique qui tend à
remplacer la sécrétion purulente et à former une membrane de cicatrice en s'organisant.

Tels sont les phénomènes les plus habituels de la vésication sur une peau peu épaisse, comme celle de
l'homme, du chien, du mouton, et celle qui entoure les
ouvertures naturelles chez les grands animaux. Mais sur
la peau épaisse du cheval, du bœuf et du porc, la vésication offre d'autres caractères. D'abord, il faut qu'elle
présente une assez grande intensité pour entamer le
cuir épais de ces animaux ; les cantharides elles-mêmes,
ce type admirable des vésicants, sont souvent insuffisantes, et il faut presque toujours le secours d'un vésicant escharotique, comme l'euphorbe, pour amener une
action assez énergique. Quoi qu'il en soit, on peut distinguer deux périodes dans la vésication intense de la
peau des grands herbivores.

Dans la première, qui dure de un à trois jours, l'épiderme est soulevé par une lymphe plastique qui se
fait jour par les fissures épidermiques, et qui, souvent,

se concrète sous forme de larmes jaunâtres, comme gommeuses, à la surface de la peau. Dans la seconde période, beaucoup plus longue, la lymphe plastique est remplacée par un pus de bonne nature, quand la vésication est régulière, et par un pus sanguinolent, lorsque la vésication est accompagnée d'une action escharotique.

En médecine vétérinaire on n'emploie jamais que des vésicatoires temporaires ou volants, et quand un topique a produit son effet, on se contente, le plus souvent, de le remplacer par une nouvelle application vésicante.

Il y aurait, en effet, un inconvénient fort grave à entretenir un vésicatoire suppurant sur la peau du cheval, pendant quelques jours seulement, car, en excitant le derme, on finit par altérer sa texture à une certaine profondeur, et, par conséquent, par détruire les bulbes pileux et amener une tare indélébile, ce qu'il faut éviter avec le plus grand soin pour ne pas diminuer la valeur des animaux.

Enfin, nous ajouterons que, quand l'épiderme est soulevé par la suppuration, il faut se hâter de l'enlever pour éviter l'inconvénient que nous venons de signaler. En effet, cette couche inerte, qui a reçu l'action directe de l'agent vésicant et qui s'est fortement imprégnée de ses principes actifs, exerce sur le derme une action irritante continue qui peut transformer une vésication régulière et modérée en une vésication exagérée et susceptible de tarer les animaux.

Ici l'épiderme fortement imbibé des principes vésicants se comporte comme l'eschare qui devient le foyer de l'empoisonnement dans l'emploi des caustiques absorbables : en supprimant la cause, on supprime du même coup l'effet fâcheux ou exagéré.

Indépendamment de ces effets locaux, les épispastiques provoquent souvent, surtout chez les petits animaux, et sur ceux des grandes espèces qui sont jeunes ou irritables, une fièvre de réaction plus ou moins intense, mais rarement prolongée, à moins qu'elle ne soit entretenue par l'absorption du principe actif des vésicants, comme on le remarque parfois avec les cantharides.

Si, au lieu d'appliquer les vésicants sur la peau, on les introduit dans le tissu cellulaire sous-cutané, on obtient des effets qui sont analogues au fond, mais qui se présentent sous un tout autre aspect, à cause de la position du point irrité et de la manière dont se déposent les produits sécrétés. La présence d'un corps irritant sous le tégument y détermine bientôt une inflammation vive et la formation d'un engorgement plus ou moins étendu.

La sérosité albumineuse qui se forme, ne pouvaut se faire immédiatement jour au dehors, s'infiltre dans l'intérieur des tissus et leur communique une consistance anormale ; mais quand l'air peut pénétrer dans la plaie, il s'établit une suppuration abondante autour du corps irritant, et les produits sortent à mesure qu'ils se forment si l'ouverture est déclive. Dès lors la douleur et la fluxion disparaissent, et l'engorgement diminue insensiblement, comme s'il fondait sous l'influence de la sécrétion purulente, ce qui, au fond, est la vérité.

2° EFFETS CONSÉCUTIFS. — Les effets consécutifs des épispastiques varient un peu selon qu'ils suivent un vésicatoire volant, un vésicatoire fixe ou un trochisque. Il est nécessaire de dire quelques mots de chacun de ces cas.

a. Quand on réapplique l'épiderme soulevé par l'ampoule sur le derme, après avoir évacué la sérosité, ces deux couches de la peau ne tardent pas à se souder entre elles intimement, parce qu'il y a production, à la place de la sérosité, d'une lymphe très plastique qui sert de moyen d'union. Cependant cette adhésion n'est jamais que momentanée, et quand tous les phénomènes inflammatoires ont entièrement disparu, l'épiderme recollé s'exfolie peu à peu et finit par disparaître entièrement, souvent en entraînant les poils qui le traversent. Cette chute épidermique est toujours accompagnée d'une vive démangeaison.

b. Lorsque le derme a été mis entièrement à nu et que des préparations irritantes y ont été déposées pour entretenir la suppuration, la réparation de la solution de continuité est toujours plus longue et reste souvent incomplète. Après la cessation de toute sécrétion morbide, la surface dénudée tend rapidement à la cicatrisation ; une membrane pyogénique recouvre la plaie, se dessèche, et les produits qu'elle sécrète s'enlèvent par écailles furfuracées jusqu'à ce que cette membrane soit remplacée par un véritable épiderme. Dans quelques cas, les poils qui étaient tombés pendant la vésication repoussent avec leur couleur primitive, et toute trace de lésion disparaît, mais il arrive souvent que la cicatrice reste nue et qu'une tare indélébile en est le résultat. Cet accident arrive surtout lorsque l'application vésicante est restée trop longtemps en place, et que le derme a été profondément attaqué.

Il faut éviter, autant que possible, cet inconvénient grave, parce qu'il déprécie beaucoup les animaux.

c. Les trochisques, étant placés sous la peau, laissent rarement des traces visibles, à moins qu'ils ne soient demeurés trop longtemps en place ; dans ce cas, il reste presque toujours des indurations du tissu cellulaire ou une adhérence exagérée entre la peau et les parties sous-jacentes. Un phénomène consécutif à l'emploi des trochisques, qui se présente assez fréquemment, consiste dans la chute de l'épiderme et parfois aussi des poils de la partie lésée ; mais cette dépilation n'est jamais que momentanée.

Emploi thérapeutique. — On emploie les vésicants à titre de *résolutifs*, de *substitutifs* et de *dérivatifs*.

Comme agents *résolutifs* et *substitutifs*, les vésicants sont en général plus énergiques que les rubéfiants ; ils sont d'ailleurs employés dans les mêmes cas : engorgements aigus et chroniques, névralgies, rhumatisme, plaies atoniques de mauvaise nature.

Comme dérivatifs ils sont indiqués surtout lorsque l'effet doit durer longtemps et surtout quand on veut provoquer une abondante suppuration pour dégager un organe et pour diminuer la plasticité du sang. Quand on en fait usage pendant longtemps pour provoquer la suppuration, on fait de la *médication spoliatrice*, qu'on pourrait encore appeler médication *anémiante*. La suppuration prolongée et abondante, affaiblit l'animal, celui-ci maigrit, son sang diminue de quantité, s'appauvrit en globules ; et comme ce fluide tend constamment à se reconstituer et à reprendre ses caractères normaux, il attire activement les liquides épanchés et par conséquent diminue les engorgements inflammatoires.

L'effet général des dérivatifs est donc, d'entretenir dans le système vasculaire une déplétion constante, d'affamer en quelque sorte les organes, d'activer fortement l'absoption, et par suite, de déterminer la résorption des produits morbides engendrés par l'inflammation.

Portée jusque dans ses conséquences les plus extrêmes, l'action des dérivatifs aurait pour résultat de produire l'anémie, le marasme et la mort, si l'on ne soutenait pas l'économie par une nourriture appropriée. Quant à l'effet local de ces médicaments, c'est de déterminer une sorte d'atrophie des parties voisines du lieu d'application de l'agent irritant ; de là l'usage qu'on fait de ces moyens pour résoudre les engorgements extérieurs, et le précepte général de les appliquer au voisinage des parties internes engorgées, afin que le mouvement de résorption très actif qui survient à la fin de leur période d'action s'étende peu à peu aux tissus qui sont le siège de dépôts morbides.

Il est possible aussi, quoique cela ne soit pas démontré, que la suppuration que les vésicants provoquent ait pour résultat d'entraîner hors de l'économie les parties des humeurs viciées par les maladies.

On recommande, comme une précaution fort sage, de ne pas supprimer brusquement un exutoire qui a duré longtemps et qui a acquis en quelque sorte, droit de bourgeoisie dans l'économie animale. On diminuera donc, d'abord progressivement, le produit fourni par le vésicatoire ou le trochisque, et quand on sera arrivé au moment le plus favorable pour sa suppression, on administrera, pour éviter tout accident, soit un purgatif, soit un diurétique, afin de restituer aux sécrétions naturelles leurs anciens droits et de réintégrer l'organisme dans son rythme normal.

Cantharides.

La cantharide est un insecte de l'ordre des *Coléoptères*, du sous-ordre des *Hétéromères*, de la famille des *Trachélides*, de la tribu des *Cantharidies*, du genre *Melæ* de Linné et *Cantharis* des modernes, et de l'espèce *Cantharis vesicatoria* de Geoffroy.

Caractères. — Les cantharides se montrent vers la fin de mai et le courant de juin sur le frêne, le lilas, le chêne et quelquefois le saule et l'orme, dans la partie méridionale de l'Europe, surtout en France, en Espagne et en Italie. Leur présence sur ces différentes plantes est accusée à de grandes distances par l'odeur insupportable qu'exhalent leurs essaims, qui ne sont pas également peuplés toutes les années. Le corps, long de 15 à 25 millimètres, épais de 4 à 5, est cylindroïde ; les yeux sont saillants et latéraux ; les antennes filiformes composées de onze articles ; les membres antérieurs et les moyens ont cinq articles, les postérieurs quatre seulement, ils sont terminés par des crochets bifides ; les ailes sont membraneuses, grisâtres et propres au vol ; les élytres sont molles, longues et flexibles ; toute la surface du corps est nuancée d'un vert doré très brillant, présentant dans quelques points un léger reflet azuré. Desséchées et telles qu'on les trouve dans le commerce, les cantharides sont légères, puisque douze ne pèsent en moyenne que 1 gramme ; elles sont friables et se réduisent aisément en une poudre grisâtre parsemée de points vert doré, débris des élytres et des pattes. Entières ou pulvérisées, elles exhalent une odeur forte, désagréable, qu'on a comparée à celle de la souris ; leur saveur est d'abord amère, puis chaude et enfin âcre.

Les cantharides desséchées doivent être conservées dans des vases bien clos et exempts d'humidité. Pour les empêcher d'être attaquées par une espèce de *mite* (l'Anthrenus musæorum), il faut y ajouter du camphre, de l'alcool ou du carbonate d'ammoniaque.

Composition chimique. — D'après Robiquet les cantharides renferment les principes suivants : *cantharidine, huile volatile, huile verte, matière noire et matière jaune, acides acétique, urique, phosphorique, phosphates de chaux et de magnésie.*

Elles doivent leur activité à la *cantharidine* et à l'*huile volatile.*

La cantharidine ($C^{10}H^{41}O^2$) est une substance cristallisée en petites paillettes blanches, micacées, inodore et d'une saveur excessivement âcre et irritante. Insoluble dans l'eau, elle se dissout aisément dans l'alcool, l'éther, les essences, les corps gras et la plupart des acides et des alcalis. Elle ne forme pas de sels avec les acides. Elle détermine les mêmes effets physiologiques que les insectes, mais avec beaucoup plus d'énergie. M. Dieu estime que 6 centigrammes équivalent pour l'activité à environ 1 gramme de poudre de cantharides.

EFFETS PHYSIOLOGIQUES. — Appliquées sur la peau intacte, les préparations cantharidées déterminent une congestion intense, une élévation de la température locale, une forte cuisson, et enfin une formation de vésicules par suite de l'accumulation de sérosité entre le derme et l'épiderme. La cuisson porte les animaux à se gratter, à se frotter aux corps environnants; on doit les mettre dans l'impossibilité de le faire, en les fixant convenablement. Les vésicules apparaissent en général dans l'espace de six à douze heures. Elles sont d'abord pleines d'une sérosité limpide; qui devient ensuite trouble, très plastique et souvent sanguinolente. Dès que les phlyctènes ont paru, la douleur et le prurit diminuent d'intensité; le derme mis à nu est gonflé, rouge et très sensible. Si on ne détruit pas les vésicules, elles se dessèchent, forment des croûtes qui tom-tombent après huit ou dix jours en entraînant les poils et en laissant une surface épidermique nouvelle sur laquelle les poils repoussent avec leurs caractères normaux. L'action vésicante produite par les cantharides est intense chez le cheval, un peu moins prononcée chez les ruminants et légère seulement chez le porc. Pour augmenter leur activité on y ajoute de la poudre d'euphorbe, de l'huile de croton tiglium ou du tartre stibié. Si sur la surface enflammée par l'application de préparations cantharidées, on fait de nouvelles applications, la surface sécrète activement du pus de bonne nature, le derme s'ulcère sur une grande profondeur, les follicules pileux sont altérés ou détruits, la cicatrisation est lente, et lorsqu'elle est complète, il reste une surface sur laquelle les poils ne repoussent plus et qui représente une tare indélébile.

Déposées dans le tissu conjonctif, les cantharides ont une action destructive encore plus énergique. Les sétons animés par la pommade cantharidée produisent des engorgements énormes qui quelquefois se gangrènent. Il faut donc en user avec beaucoup de ménagements.

L'action inflammatoire est encore plus prononcée sur les muqueuses. Quand les animaux lèchent les préparations cantharidées appliquées sur une partie extérieure du corps, la muqueuse buccale s'enflamme, elle devient le siège d'une douleur brûlante; il y a salivation; difficulté de la déglutition, puis apparition des effets généraux. Sur les plaies et les ulcères, les préparations de cantharides activent l'inflammation et modifient favorablement la suppuration.

L'absorption de la cantharidine peut se faire par toutes les surfaces, même par la peau. On a constaté en effet que le liquide renfermé dans les vésicules contient de la cantharidine. Celle-ci produit rarement des accidents par l'absorption cutanée, qui est toujours assez lente, à moins qu'on n'ait fait des frictions trop fortes ou trop étendues. Les accidents d'empoisonnement sont, au contraire, fréquents après l'introduction des cantharides dans le tube digestif où l'absorption est rapide.

A très faible, dose les cantharides activent l'appétit, accélèrent la digestion, améliorent la nutrition, augmentent l'excitabilité des organes génito-urinaires et produisent une diurèse assez abondante. A doses plus fortes, ces insectes produisent une sensation de brûlure dans la bouche et la gorge, une douleur vive dans la région de l'estomac, de la salivation, du ténesme et des défécations hâtives chez tous les animaux, des vomissements chez les carnivores et les omnivores, une ardeur brûlante des organes sexuels toujours plus marquée chez les mâles que chez les femelles. A doses fortes, les symptômes précédents sont plus intenses ; on observe une dysurie quelquefois extrême ; l'urine est rare, sanguinolente et albumineuse ; les testicules se rétractent et leurs cordons sont douloureux ; le pénis devient le siège d'un priapisme continu ou intermittent qui produit quelquefois la gangrène de cet organe ; le clitoris se contracte ; la plupart des animaux donnent des signes d'ardeur vénérienne ; les excréments sont rendus fréquemment, ils sont sanguinolents ; il y a un ténesme atroce. Les animaux sont dans une grande agitation ; la respiration est accélérée, les mouvements du cœur sont plus nombreux et plus forts, les muqueuses sont rouges et la température rectale est très élevée. Ces phénomènes d'excitation et de fièvre cessent après un certain temps ; puis surviennent des phénomènes inverses ; un abattement général, une respiration lente et pénible, et fétide, un abaissement de la température de la peau, surtout des extrémités ; des sueurs froides exhalant l'odeur de souris, des tremblements musculaires, des convulsions, la paralysie des membres postérieurs chez les chiens, de l'immobilité, de l'assoupissement, une station chancelante, puis la chute sur le sol et la mort sans agitation.

Lésions. — A l'autopsie des animaux qui ont succombé à l'action de la cantharide, on trouve les lésions suivantes : inflammation gastro-intestinale caractérisée par des ecchymoses, une congestion très vive, des vésicules, des ulcérations disséminées sur la muqueuse ; inflammation parenchymateuse des reins et de la vessie ; les uretères sont toujours sains ; souvent aussi il y a congestion des synoviales articulaires.

Antidotes. — Si les cantharides ont été ingérées, il faut hâter leur expulsion en administrant un vomitif chez les carnivores et les omnivores, et un laxatif chez les herbivores. En outre, on administrera abondamment des boissons albumineuses, gommeuses, mucilagineuses, farineuses, mais non huileuses, parce que les corps gras dissolvent la cantharidine et facilitent son absorption. Quand l'absorption est déjà effectuée et que l'empoisonnement se poursuit, il faut employer les mucilagineux et le camphre pour calmer les organes génito-urinaires et des boissons alcooliques pour soutenir les forces des malades.

Préparations. — Les plus usuelles pour l'usage externe sont :

1° Onguent vésicatoire (Le-bas)...............	Cantharides en poudre............	6
	Euphorbe pulvérisée.............	2
	Poix noire et poix résine, chaque.	4
	Cire jaune.....................	3
	Huile d'olive..................	12

Faites fondre la poix, la résine et la cire; ajoutez l'huile grasse et incorporez les cantharides et l'euphorbe en remuant le mélange jusqu'à entier refroidissement.

2° Onguent vésicatoire non dépilant (Coculet).....	Onguent vésicatoire...... Pommade mercurielle	ãã 200 gr.
	Suie de cheminée...........	100
	Poudre de cantharides	15

Cet onguent peut être appliqué plusieurs fois sur la même région sans altérer les follicules pileux.

3° Pommade cantharidée..	Cantharides pulvérisées......	32 gr.
	Axonge	380
	Cire jaune.	64

Faites digérer les cantharides dans la graisse fondue, passez avec expression et ajoutez la cire pour donner plus de consistance.

4º Huile cantharidée...... (Poudre de cantharides... .. . 125 gr.
(Huile d'olive............... 2

Faites digérer au bain-marie ou à une douce chaleur, pendant quelques heures, passez avec expression et filtrez.

5º Teinture de cantharides.) Cantharides pulvérisées. .... 32 gr.
/ Alcool à 56º contésimaux. ... 250

Faites tiédir l'alcool et passez à l'appareil de déplacement ou faites digérer sur des cendres chaudes pendant quatre ou cinq jours.

6º Vinaigre cantharidé.... (Poudre de cantharides. ... . 64 gr.
(Vinaigre fort.......... 500

Faites digérer à une douce chaleur pendant quelques jours, passez avec expression et filtrez.

ADMINISTRATION. — On les administre toujours par la bouche en bols qu'on enveloppe dans du papier ou de la pâte de farine, en pilules, en breuvages gommeux ou mucilagineux.

A l'extérieur on emploie les préparations cantharidées en frictions, en applications avec ou sans bandage suivant les régions et la nature de la préparation.

INDICATIONS THÉRAPEUTIQUES. — 1º A l'extérieur, les préparations cantharidées sont employées pour produire la dérivation, la révulsion, la substitution et la résolution.

Comme *dérivatif* et *révulsif*, les cantharides conviennent surtout quand on veut obtenir un effet lent, durable et persistant. On les emploie surtout dans les maladies de poitrine, principalement les pleurésies, les maladies articulaires, les péricardites, etc.

Comme *substitutif*, on emploie avantageusement les préparations cantharidées sur les plaies *contuses*, les plaies *sanieuses*, les plaies *articulaires*; on en fait des injections dans les fistules de mauvaise nature, et des applications sur le bourrelet pour accélérer la poussée de la corne et la régulariser.

Comme *résolutif*, la cantharide est employée sur la plupart des tuméfactions chroniques et aiguës, telles que phlegmons, engorgements glandulaires, lymphatiques, sanguins, hygromas, les tumeurs molles articulaires et tendineuses.

2° A l'intérieur, les divers effets excitants sur la digestion, la sécrétion urinaire et l'appareil génital ne trouvent guère d'applications thérapeutiques. On possède en effet d'autres substances qui agissent aussi favorablement sur ces différentes fonctions sans offrir les dangers qu'offrent les cantharides. On ne doit guère les employer que pour exciter les fonctions génitales chez le mâle indolent.

Doses thérapeutiques. — Poudre..

Cheval..	0gr,50 à 2 gr.	
Bœuf........	2	à 4
Mouton, porc.	0 20 à 0	60
Chien........	0 10 à 0	25

Ces doses peuvent être répétées deux fois par jour.

Doses toxiques................. ....

Cheval..	15 gr.
Bœuf.....	30
Chien.............	3 à 4

Euphorbe (*Gummi Euphorbia*).

En pharmacie, on donne le nom d'euphorbe au suc concrété et desséché de plusieurs plantes du genre Euphorbia. Les espèces principales sur lesquelles on récolte l'euphorbe croissent spontanément en Afrique en Arabie, aux îles Canaries, aux Indes ; ce sont : l'*Euphorbia officinarum*, l'*Euphorbia antiquorum*, l'*Euphorbia Canariensis*.

Dans le commerce, l'euphorbe se présente sous forme de *larmes* ou de *poudre*.

Composition chimique. — L'Euphorbe renferme, d'après les recherches de Pelletier et Braconnot, les principes suivants : résine, essence, cire, malate de chaux, gomme et ligneux. La *résine* et l'*essence*, qui sont les principes actifs de cette substance, forment environ la moitié en poids de la matière de l'euphorbe. Mise en contact avec les dissolvants, elle cède à l'eau $1/7^o$ de son poids, $1/4$ à l'alcool et les $3/5^n$ à l'éther.

Effets physiologiques. — Il résulte des expériences de MM. Boiteux et Tabourin que l'euphorbe produit sur la peau du cheval des effets vésicants plus prompts et plus énergiques que ceux engendrés par les cantharides, mais qu'ils sont moins persistants. L'euphorbe produit, en même temps qu'une action vésicante, un effet escharotique, ce qui explique à la fois son action peu prolongée et la destruction des bulbes pileux que ce vésicant produit souvent. La teinture d'euphorbe détermine une vésication prompte, assez énergique, mais qui n'entraîne jamais la destruction des poils; c'est donc une bonne préparation. Par contre, la pommade et les autres préparations à excipients gras ou résineux altèrent la peau sur une plus grande épaisseur, détruisent souvent les follicules pileux et exposent à tarer les animaux.

Toutefois, en raison même de ses vertus vésicantes exagérées, l'euphorbe convient très bien pour la confection de l'onguent vésicatoire qui est destiné à agir sur la peau épaisse et peu sensible du bœuf. En outre, lorsqu'on a quelques raisons de craindre l'absorption de la cantharidine, on peut aisément confectionner un excellent vésicatoire avec l'euphorbe et le garou, à l'exclusion des cantharides, comme l'ont démontré les recherches de M. Tabourin.

L'euphorbe, introduite dans le tube digestif, agit comme un éméto-cathartique des plus énergiques chez les carnivores. D'après Orfila (*Toxicologie*, t. II. p. 102 et 103), un chien meurt avec 12 à 16 grammes dans l'espace de vingt-quatre heures, au milieu des plus vives douleurs ; 8 grammes introduits dans le tissu cellulaire de la cuisse d'un animal de cette espèce ont suffi pour amener le même résultat le deuxième jour, sans avoir déterminé de désordres internes bien notables. Chez les grands animaux elle agit comme un violent drastique et produit la mort à la dose de 60 grammes.

INDICATIONS THÉRAPEUTIQUES. — A cause de l'action irritante si énergique, l'euphorbe n'est pas indiqué à l'intérieur. Tout au plus peut-on l'employer sur certaines muqueuses pour provoquer certains phénomènes réflexes ; ainsi dans l'asphyxie, la syncope, on peut l'insuffler dans les cavités nasales pour réveiller le cœur et la respiration par action réflexe. Vallon l'a introduite dans l'urèthre pour provoquer l'émission de l'urine, lors de la rétention de ce liquide chez le cheval.

A l'extérieur l'euphorbe est indiquée pour provoquer une vésication énergique qui a pour but de produire une révulsion ou la résolution d'un engorgement local. Il faut toujours faire les frictions avec modération et empêcher les animaux de se lécher.

PRÉPARATIONS :

1° Pommade d'euphorbe..........
    ℞ Euphorbe pulvérisée.   2 g
    Axonge.............   32

Incorporez.

2° Huile ou liniment d'euphorbe..
    ℞ Euphorbe .... 15 gr.
    Huile grasse........ 1 kil.

Faites digérer pendant huit jours et passez à l'étamine.

3º Teinture d'euphorbe.. .... (℞ Euphorbe en poudre. 2 gr.
  (Alcool............. 32

Dissolvez.

Écorce de garou ou **Sain-bois** (*Daphne gnidium*, L.).

Le garou est un arbrisseau de la famille des Tymélées qui croît spontanément dans les départements méridionaux de la France. L'écorce est la seule partie employée en médecine, quoique les fruits et les feuilles jouissent aussi de propriétés irritantes. Cette écorce a une odeur faible, un peu nauséeuse, une saveur âcre et brûlante.

COMPOSITION CHIMIQUE. — Elle est compliquée, et encore incomplètement connue. Cette écorce paraît contenir de la *cire*, de la *daphnine*, plusieurs résines et sous-résines, une matière colorante jaune, de la gomme, du ligneux et une matière demi-fluide *très âcre*. On ne sait pas encore exactement quel est le principe actif, mais on est certain qu'il est insoluble dans l'eau, très soluble dans l'alcool, l'éther, les essences et les corps gras.

EFFETS PHYSIOLOGIQUES. — Cette substance a été bien étudiée au point de vue de ses effets physiologiques par MM. Boiteux et Tabourin. J'emprunte à ces auteurs ce que je vais dire de cette substance.

Le garou, convenablement préparé et appliqué sur les solipèdes, constitue, après les cantharides, le meilleur vésicant dont on puisse faire usage dans la pratique vétérinaire. Quoique moins actif que l'euphorbe, il convient mieux pour la confection du vésicatoire, à la condition d'en augmenter la dose. La teinture de garou, bien qu'irritante, ne produit jamais qu'une vésication insuffisante; elle est donc inférieure à celle de cantharides et d'euphorbe. Par contre, une pommade au sixième ou un onguent formé dans la même proportion, constituent des vésicants qui ne cèdent pas en puissance à l'onguent vésicatoire, quoique agissant un peu plus lentement. Les préparations grasses de garou ne produisent guère, dans les deux premiers jours, qu'une intumescence légère de la peau et un peu de douleur; mais généralement, le troisième jour, les phlyctènes apparaissent; elles sont remplies de sérosité albumineuse, et l'épiderme est facile à détacher du derme ; puis, vers le cinquième ou le sixième jour, la sérosité est remplacée par une sécrétion purulente de bonne nature qui se prolonge encore quelques jours et tarit ensuite; enfin la surface se dessèche peu à peu ; l'épiderme s'exfolie, et bientôt la cicatrisation se complète par la naissance de poils de même couleur et ne laissant aucune trace de la vésication.

Ramollie dans l'eau ou le vinaigre, l'écorce de garou insinuée sous la peau, y détermine lentement un engorgement considérable produit par une exsudation séreuse très abondante. Elle agit surtout très bien chez les ruminants, où elle est d'un usage fréquent ; chez le cheval, elle produit des effets exagérés, et il convient de retirer le trochisque aussitôt que l'engorgement s'est développé, autrement la peau s'ulcère et se perfore.

Donné à l'intérieur sous forme de décoction, le garou est assez facilement supporté par les solipèdes jusqu'à 50 grammes. A la dose de 15 à 30 grammes, le garou excite le tube digestif et augmente l'appétit ; mais quand la dose s'élève de 40 à 50 grammes, il détermine des coliques, produit un mouvement fébrile assez intense, cause de l'agitation, des mouvements désordonnés, des contractions spasmodiques des muscles de la face.

Les expériences d'Orfila font voir que le garou, donné en poudre à des chiens, cause de la salivation, des vomissements, des cris plaintifs, et amène la mort à la dose de 12 grammes. La poudre, déposée sur une plaie de la cuisse d'un chien, a déterminé la mort de l'animal au bout de vingt-six heures.

INDICATIONS THÉRAPEUTIQUES. — A l'intérieur, l'écorce de garou est indiquée pour augmenter l'appétit et améliorer la nutrition dans les maladies lymphatiques anciennes, les tumeurs osseuses, le rhumatisme chronique, les hydropisies, etc.

A l'extérieur, on l'emploie à titre de *vésicant* et d'*antipsorique*, seule ou combinée à l'action des cantharides, de l'euphorbe, etc. Les *trochisques* de cette écorce sont d'un usage fréquent dans la médecine du bœuf. Ils conviennent surtout sur les jeunes ruminants en ce qu'ils développent leurs effets peu à peu et sans occasionner beaucoup de douleur. Par contre, il faut éviter d'en faire usage chez les solipèdes, parce que leur action est toujours trop énergique, à moins de prendre la précaution de retirer le trochisque aussitôt que l'engorgement s'est développé.

Préparations :

1° Teinture de garou....	℞ Poudre de garou.........	1
	Alcool ordinaire..........	5
2° Huile de garou.......	℞ Écorce de garou divisée...	2
	Huile grasse.....	16

Faites macérer à une douce chaleur et passez avec expression.

3° Pommade de garou....	℞ Poudre de garou.........	4
	Axonge.............	16

Incorporez.

Succédanés du garou — Mézéréon ou Bois gentil. — Lauréole mâle — Clématite des haies.

Thapsia (*Thapsia garganica*).

SYNONYMIE. — Faux fenouil, faux Turbith, Bou-nefa, Brize ou Drias des Arabes.

C'est une plante de la famille des Ombellifères qui croît abondamment sur les terrains secs et arides du Tell algérien. On la trouve aussi dans les parties méridionales de l'Espagne et de l'Italie, en Grèce surtout sur le promontoire dit Saint-Ange ou Gargano, d'où l'épithète de *garganica* donnée à cette plante.

La racine est la partie la plus usitée et la plus active.

Effets physiologiques. — Les effets du thapsia sur la peau du cheval ont été bien étudiés par MM. Souvigny et Viardot (1), vétérinaires militaires. La décoction de thapsia appliquée en frictions sur une région, détermine d'abord la rubéfaction de la peau, qui devient chaude, douloureuse et se tuméfie. Au bout de vingt-quatre heures la tuméfication s'étend au tissu cellulaire sous-cutané, et la peau se recouvre d'un grand nombre de petites vésicules pleines d'une sérosité citrine ; bientôt ces petites phlyctènes crèvent, et le liquide plastique qu'elles contiennent se concrète à la surface de la peau en formant une croûte d'un brun jaunâtre. Enfin, la tuméfaction de la peau et des tissus sous-jacents se dissipe peu à peu, et au bout de quinze jours tout est réparé. M. Viardot, qui s'est servi de l'huile de thapsia mélangée au goudron de bois, a obtenu surtout de forts engorgements. Quand on y associe l'essence de térébenthine, l'action est très prompte et très énergique.

Dans le tube digestif le thapsia a des effets émétocathartiques très prononcés. C'est un purgatif drastique très dangereux : aussi détermine-t-il souvent en Algérie une superpurgation et la mort des animaux qui en mangent accidentellement.

Après l'absorption du principe actif à petite dose, le

(1) *Recueil de mém. et d'observ. de méd. et d'hyg. vétér. mili'..* t. XIX, p. 514.

thapsia produit une diurèse très marquée. Les autres effets généraux sont inconnus.

INDICATIONS THÉRAPEUTIQUES. — Comme *révulsif, vésicant*, le thapsia est connu depuis les Romains et les Grecs. Il a ensuite pénétré dans la médecine des Arabes. Depuis, il était tombé dans un oubli profond, en Europe, jusqu'à l'année 1857, où le docteur Reboulleau, médecin en chef des établissements hospitaliers de Constantine, essaya et réussit à faire revivre le thapsia comme révulsif pour l'homme ; il lui donna la forme de sparadrap ou d'emplâtre. En 1865 il proposa pour la médecine des animaux une teinture irritante qui est beaucoup employée aujourd'hui.

M. Saint-Cyr attribue à cette teinture toutes les qualités de la teinture de cantharides et l'avantage d'être exempte des inconvénients de celle-ci, notamment les accidents d'absorption causés par la cantharidine.

Contre les eaux aux jambes la teinture de thapsia jouit d'une véritable efficacité ; elle est aussi employée avec succès contre les crevasses du paturon et plusieurs affections cutanées de nature herpétique.

M. Viardot se sert spécialement de l'huile de thapsia préparée par décoction pour produire des effets révulsifs.

Préparations :

1° Teinture de thapsia... { 2ƒ Résine de thapsia....... 1 / Alcool à 85° cent....... 10

Faites dissoudre à froid et filtrez. En frictions irritantes dans les mêmes cas que la teinture de cantharides.

2° Emplâtre de thapsia.. { 2ƒ Cire jaune........... 180 gr. / Colophane........... 150 / Résine élémi........... 125 / ou / Térébenthine........... 50 / Résine de thapsia........ 85

Faites fondre la cire, la colophane et l'élémi, et ajoutez successivement la térébenthine et la résine de thapsia. Cette préparation doit s'étendre sur une pièce de toile ou un fort papier pour être appliquée sur les petits animaux : chez les grands herbivores, on peut l'employer à titre de charge irritante.

Hellébore noir (*Helleborus niger* ; (all. *Schwarze Niesurz, Christwurz*).

SYNONYMIE. — Rose de Noël, Herbe de feu.

Cette plante, de la famille des Renonculacées, croît spontanément en Suisse, en Italie et en France ; elle fournit à la médecine sa *racine*. Celle-ci a une odeur très prononcée et irritante quand elle vient d'être récoltée, et une odeur presque nulle quand elle est sèche.

COMPOSITION CHIMIQUE. — D'après l'analyse de MM. Fenelle et Capron, l'hellébore noir renfermerait les principes suivants : huile volatile, huile grasse, acide volatil, matière résineuse, cire, principe amer, muqueux, ulminé, gallate de potasse et de chaux, sels à base d'ammoniaque et ligneux, etc. M. W. Bastick, chimiste anglais, a retiré de l'hellébore noir un principe neutre, cristallisé, qu'il appelle *helléborine*. Les principes actifs sont : *l'helléborine, l'essence, l'huile grasse, la résine* et *l'acide volatil*.

EFFETS PHYSIOLOGIQUES. — (*a*) *E. locaux*. — Les expériences faites par M. Tabourin sur cette substance nous apprennent que, sur la peau intacte, les diverses préparations d'hellébore noir déterminent d'abord la *rubéfaction*, puis la *vésication*. Ce dernier effet est généralement peu marqué sur la peau épaisse de nos animaux domestiques ; ainsi sur le cheval on n'obtient qu'une vésication légère et insuffisante. Quand la peau est entamée, le principe peut passer à l'absorption et faire apparaître des effets généraux. Sur les muqueuses et les tissus dénudés l'action irritante est toujours plus forte et s'accompagne à peu près constamment de l'absorption du principe actif de l'hellébore, qui détermine alors le vomissement et la purgation chez les petits animaux, tels que le porc et le chien.

Introduite sous la peau, la racine d'hellébore noir y détermine des effets prompts et énergiques, surtout chez les ruminants ; et comme ils se présentent fréquemment dans la pratique, il est important de les décrire.

D'après Drouard (1), les engorgements produits par cette racine attachée à un séton deviennent énormes au bout de deux ou trois jours ; ils suppurent peu ordinairement et se terminent par résolution au bout de quinze à vingt jours.

Le tissu cellulaire qui était en contact avec la racine d'hellébore noir est frappé de mort ; il se détache et sort de lui-même par une des ouvertures du séton quand l'engorgement inflammatoire a presque entièrement disparu ; il forme une masse noirâtre de la grosseur d'un œuf de poule ou de dinde, et ressemble assez exactement au bourbillon d'un javart.

Quand on veut obtenir une suppuration abondante, on doit scarifier profondément la tumeur, qui fournit alors une grande quantité de sang. Chez les moutons, les effets sont les mêmes. Sur les solipèdes et surtout les carnassiers on a à craindre l'empoisonnement pendant le développement des effets locaux. Administré à l'intérieur, l'hellébore noir détermine le *vomissement* et la *purgation*. Chez les herbivores le vomissement manque presque toujours, excepté chez les ruminants soumis au régime du vert et qui vomissent parfois bien

____

(1) *Recueil de médec. vétér.*, 1837, note des pages 550, 551, 552.

réellement d'après Hertwig (*Arzneimittellehre* p. 287):
chez les autres animaux il y a souvent vomituritions.
La purgation n'a rien de régulier : souvent elle manque
entièrement, quoique les animaux aient présenté des
coliques vives; lorsqu'elle se manifeste, c'est presque
toujours avec une intensité exagérée ; il y a alors salivation, agitation, coliques violentes, diarrhée sanguinolente, fétide, amaigrissement rapide, etc.

(*b*) *Effets généraux.* — Après leur absorption, les
principes actifs de l'hellébore noir agissent très énergiquement sur l'économie animale. Ils déterminent la
mort, même à doses relativement faibles. Jusqu'à la
dose de 30 grammes chez le cheval, la racine d'hellébore
provoque, deux à quatre heures après l'administration,
une inquiétude se traduisant par le regard et par une
certaine agitation ; puis survient une irrégularité de la
respiration dont les mouvements sont tantôt ralentis,
tantôt accélérés; le pouls s'accélère et devient petit ;
puis apparaît la purgation, qui cependant n'est pas
constante. La purgation est très violente, les matières
excrémentitielles se ramollissent, deviennent liquides,
sanguinolentes et prennent une odeur infecte; plus
tard il y a simplement rejet de sérosité et de mucus. En
même temps que les troubles précédents se déroulent,
on voit apparaître des contractions (secousses) dans les
muscles abdominaux et dans les muscles du cou, des
tremblements de la queue et une grande faiblesse. Les
animaux perdent l'appétit, sont de plus en plus agités,
se jettent sur le sol et se débattent ; les muqueuses deviennent cyanosées, froides, le pouls imperceptible, et
la mort arrive généralement après quarante ou cinquante heures, avec des doses variant de 60 à 90 grammes. La racine d'hellébore noir entraîne toujours la
mort du cheval ; les troubles fonctionnels sont alors
plus intenses ; les excréments sont toujours sanguino-

lents ; les animaux salivent beaucoup, l'encolure est raccourcie par des secousses musculaires ; il y a des nausées et des efforts de vomissements, une expulsion copieuse d'urine, et enfin survient la mort.

Les mêmes doses produisent chez les grands ruminants des effets semblables.

Les lésions que l'on trouve à l'autopsie consistent toujours dans une inflammation plus ou moins vive du tube digestif ; dans l'engorgement sanguin des parenchymes et du cœur, dans l'état noir et fluide du sang.

Doses toxiques.

1° CHEVAL. — D'après Gohier (1), 190 grammes de racine fraîche donnée en breuvage déterminent une purgation violente chez les chevaux ; sèche, elle a tué un cheval à la dose de 90 grammes. Selon Hertwig (1), 32 grammes suffisent pour amener la mort des chevaux ; de 60 à 90 grammes tuent constamment le cheval. En injection dans les veines, 4 grammes en solution suffisent pour tuer les solipèdes.

GR. RUMINANTS. — Les doses toxiques sont les mêmes que pour les solipèdes ; 1 gramme en injection intraveineuse détermine le vomissement et des phénomènes nerveux.

PETITS RUMINANTS. — Chez le mouton et la chèvre, 4 à 12 grammes amènent la mort après l'injection.

OMNIVORES ET CARNIVORES. — La mort survient chez le chien après administration de 4 à 8 grammes. Si on lie l'œsophage pour empêcher le vomissement, ces doses sont plus que suffisantes (Orfila), 30 centigrammes de poudre déposée dans une plaie de la cuisse produisent la mort.

EMPLOI THÉRAPEUTIQUE. — A l'extérieur on utilise les effets irritants de l'hellébore noir ; on l'emploie sous forme de trochisque chez le bœuf pour produire un

(1) *Registre de l'École de Lyon*, 1809.
(2) *Arzneimittellehre*, p. 286.

effet résolutif et dérivatif. C'est un *antiparasitaire* externe excellent employé contre la gale et la vermine. D'après Tessier, les bergers espagnols guérissent leurs moutons de la gale par des applications d'une décoction faite avec 100 grammes de racine fraîche ou avec 50 grammes de racine sèche par litre d'eau.

A l'intérieur on peut utiliser l'effet *vomitif* et *diurétique* de la racine d'hellébore noir.

Hertwig l'a employée avec succès contre le vertige, sous forme d'injections intra-veineuses.

SUCCÉDANÉS DE L'HELLÉBORE NOIR. — 1° Hellébore vert (*Helleborus viridis*) ; 2° Hellébore fétide (*Helleborus fœtidus*).

Hellébore blanc (*Veratrum album L.*). *Veratre*, *Varaire*. All. *Weisse Niesswurz*.

Cette plante, de la famille des *Colchicacées*, croît en Suisse, en Italie, en France, et fournit sa racine.

COMPOSITION CHIMIQUE. — D'après les analyses chimiques, la racine d'hellébore blanc contient les principes suivants : vératrine, jervine, acide volatil, acide gallique, matière colorante jaune, amidon, gomme, ligneux. Luff et Wright y ont encore découvert deux autres alcaloïdes : la *révadine* et *la révadilline* ; Hesse y a trouvé la *sabadilline* et la *sabatrine*.

Comme c'est la vératrine qui communique au vératre blanc ses principales. propriétés, nous ferons surtout l'étude de cet alcaloïde.

Les effets de cet alcaloïde sont de même nature, mais plus intenses que ceux de l'hellébore.

Vératrine $C^{34}H^{22}AzO^6$.

C'est un alcaloïde solide, incristallisable, en poudre

blanche, inodore, d'une saveur amère et très âcre, insoluble dans l'eau, soluble dans l'alcool et l'éther, elle
neutralise incomplètement les acides et donne naissance à des sels incristallisables d'une grande activité,
solubles dans l'eau. Le sel le plus employé est le sul
fate de vératrine, dont on fait des solutions aqueuses
titrées à 1/100, 2/100, etc.

Effets physiologiques. — Sur la peau la vératrine
produit une douleur brûlante, de la chaleur et de la
rougeur. Appliquée sur la muqueuse buccale, elle a une
saveur brûlante et amène par action réflexe une *salivation* abondante. Sur la muqueuse nasale elle est très
irritante et provoque l'éternument.

Arrivée dans l'estomac et l'intestin, elle produit également des douleurs, traduites par des coliques ; elle
provoque en outre le *vomissement* et la *purgation*.

Les petites doses produisent une hypérémie de la
muqueuse gastrique, augmentent l'énergie des contractions des parois de l'estomac, stimulent l'appétit ; dans
l'intestin les effets sont les mêmes, les mouvements
péristaltiques sont surtout considérablement accrus.

Des doses un peu plus élevées produisent des effets
de même nature, mais plus intenses. L'estomac et l'intestin sont irrités ; les mouvements péristaltiques sont
considérablement accrus, on voit apparaître des douleurs très vives dans le ventre, des coliques accompagnées d'une grande agitation ; de la salivation, puis des
efforts de vomissements et quelquefois des défécations
d'abord normales, puis molles.

La vératrine est absorbée facilement par toutes les
voies ; elle détermine toujours une vive douleur au point
où elle est absorbée.

D'après mes propres expériences, on observe les phénomènes suivants, lorsqu'on emploie la vératrine ou
ses sels en injection hypodermique :

Immédiatement après l'injection, l'animal manifeste des signes d'une vive douleur; le chien crie, cherche à se mordre au point d'injection; le cheval est vivement agité, il frappe le sol avec ses membres antérieurs et souvent cherche à atteindre le point d'injection avec les dents. Environ dix minutes après l'injection, apparaissent les effets généraux; le chien salive et fait de fréquents mouvements de mastication et de déglutition, il cherche à se gratter le gosier avec ses pattes; puis il vomit avec violence, d'abord des matières alimentaires, ensuite du mucus spumeux. Les solipèdes montrent également de la salivation et des efforts violents de vo-missement, mais chez ces animaux le vomissement ne peut pas s'effectuer. Chez le bœuf les efforts de vomissement sont quelquefois suivis de vomissement véritable, surtout quand les animaux ont mangé du fourrage vert.

Les efforts de vomissement se renouvellent fréquemment et peuvent durer pendant plus de deux heures. On observe aussi fréquemment chez tous les animaux, une expulsion copieuse de matières fécales, d'abord molles, puis de plus en plus fluides. L'urine est rendue souvent avec une grande abondance; elle est toujours parfaitement claire sans aucune coloration. Chez les solipèdes on voit apparaître, dix ou quinze minutes après l'injection hypodermique, une *sudation abondante;* les gouttes de sueur ruissellent sur le corps et tombent en abondance sur le sol. Les phénomènes précédents sont toujours accompagnés de tremblements musculaires localisés d'abord vers la région du coude et du grasset et se généralisant ensuite sur tout le corps. Au début de l'action, l'*excitabilité* des animaux est considérablement augmentée, surtout chez les solipèdes, qui se défendent souvent des dents et des pieds lorsqu'on veut les approcher pendant qu'ils sont agités. A l'agitation succède bientôt un état de calme relatif ; les animaux s'affaiblissent, les mouvements deviennent difficiles, ils ne peuvent plus se tenir debout, se laissent tomber en décubitus et agitent leurs membres sans but déterminé. Il n'y a pas paralysie des mouvements, mais seulement incoordination et faiblesse.

Cette pseudo-paralysie peut s'expliquer facilement par l'action qu'exerce la vératrine sur la secousse musculaire. Bezold, Hirt, Marey, ont démontré que la vératrine, tout en augmentant d'abord la hauteur de la secousse, allonge considérablement la période de relâchement ; le muscle se raccourcit facilement, mais il se relâche difficilement et avec une grande lenteur. Ce phénomène tient à une modification de la *fibre musculaire*, car elle se produit avec l'excitation directe du muscle comme avec l'excitation indirecte, et aussi après l'empoisonnement par le curare. La vératrine absorbée modifie aussi la respiration, la circulation et la calorification. La *respiration* est toujours accélérée au début, elle est plus profonde et semble plus laborieuse ; puis elle offre des arrêts complets plus ou moins durables suivis de mouvements respiratoires rapides ; enfin si la dose absorbée est considérable, la respiration se ralentit, puis s'arrête complètement, le cœur continuant à battre. Les mouvements respiratoires ne s'exécutent pas comme dans les conditions normales ; l'inspiration est forte et brusque et est suivie immédiatement d'une expiration également brusque ; il semble qu'il n'y a plus de modération dans ces mouvements, qui sont extrêmement violents et comme saccadés.

Le pouls se ralentit sous l'influence de la vératrine, il devient plus faible et intermittent ; le cœur semble battre avec moins d'énergie. La tension artérielle peut s'élever pendant la période d'excitation, mais s'abaisse ensuite notablement d'après mes graphiques. Si on anesthésie l'animal avec du chloral avant de lui injecter de la vératrine dans les veines, on voit la respiration s'accélérer, le cœur se ralentir et la tension artérielle s'abaisser notablement.

La vératrine produit une *action constrictive* sur les vaisseaux et détermine la pâleur des muqueuses. L'effet vaso-constricteur devrait déterminer une élévation de la tension artérielle, et cependant c'est le contraire que l'on observe. C'est que le cœur est affaibli et qu'il n'envoie que des ondées de petit volume dans le système artériel.

La *température rectale s'abaisse* très notablement sous l'influence de la vératrine. Celle-ci a aussi une action marquée sur la vessie, dont la contraction est fortement augmentée. La mort arrive généralement par l'arrêt de la respiration. Pour sauver les animaux, il suffit souvent de pratiquer la respiration artificielle jusqu'au moment où la respiration normale revient.

Sur les animaux morts à la suite d'un empoisonnement par la vératrine, on trouve les lésions suivantes : l'estomac, l'intestin et la vessie sont fortement resserrés. La muqueuse stomacale au voisinage du pylore, la muqueuse de l'intestin grêle sont fortement congestionnées. Le foie, les reins offrent aussi de la congestion.

Le liquide de l'estomac et de l'intestin grêle, ne semble pas contenir le principe actif lorsque la vératrine a été injectée sous la peau ; car je n'ai pas réussi à empoisonner des petits animaux avec ce liquide. La vératrine ne s'éliminerait donc pas par la voie digestive. D'après Prévost, la vératrine s'élimine en nature par les urines; celles-ci, injectées sous la peau de grenouilles, les font périr à la suite de l'empoisonnement par la vératrine.

EMPLOI THÉRAPEUTIQUE. — A l'extérieur l'hellébore blanc est indiqué contre la *gale* et la *vermine*. D'après

Gohier, les lotions de cette racine à la dose de 32 grammes par litre d'eau, font disparaître complètement la gale du chien, celle de la brebis, etc. On l'emploie pour développer de forts engorgements sous-cutanés, sous forme de trochisque.

On peut l'employer pour provoquer le vomissement chez les carnassiers et les omnivores. Après l'apomorphine, la vératrine ou la poudre de vératre blanc est le meilleur émétique. On donne les doses suivantes :

Poudre (doses vomitives).

Porc......................	0^{gr},30 à 1^{gr},50
Chien, chat...............	0 05 à 0 30

On peut renouveler ces doses au besoin si elles ne produisent pas d'effet.

La vératrine est injectée pour produire le vomissement à la dose de 0^{gr},005 chez le chien et moins chez le chat.

L'*action excitante* que les faibles doses de vératre produisent sur le tube digestif rend ce médicament utile dans les maladies digestives du bœuf. On peut y associer du sulfate de soude, du sulfate de magnésie, du chlorure de sodium, de l'extrait d'aloès, etc. Les doses sont :

Chez le cheval................	5 à 10 gr. de poudre.
— bœuf.................	5 à 15 —
— mouton.............	5 à 10 —

L'effet dépressif énergique sur la circulation et la température rend ce médicament utilisable comme *fébrifuge* toutes les fois qu'il s'agit de combattre la fièvre engendrée par une maladie interne, surtout une maladie de l'appareil respiratoire, un rhumatisme aigu. Il faut alors l'administrer par doses très fractionnées. Journellement on peut ainsi faire prendre à un bœuf et à un cheval de 20 à 50 grammes de poudre et de $0^{gr},20$ à 0,30 de vératrine. En *injection hypodermique* on ne doit jamais administrer en une fois plus de $0^{gr},05$ à $0^{gr},10$ chez le cheval et le bœuf, et de 0,001 à 0,01 chez le chien.

La vératrine est indiquée aussi contre les indigestions, les obstacles au cours des matières alimentaires, comme les pelotes ou les calculs, parce qu'elle a pour effet de provoquer des contractions énergiques dans les parois de l'estomac et de l'intestin quand elle a passé à l'absorption par une voie quelconque.

Doses toxiques de la vératrine ou de ses sels :

Injection sous-cutanée.		*A l'intérieur.*	
Cheval, mulet.....	$0^{rr},40$	Grands animaux. 1	à 3 gr.
Bœuf.............	0 50	Chien............	0.05 à 0.25
Chien	0 02	Chat.......	0.005
Chat.............	0 005	Lapin.......... .	0.03
Lapin...........	0 005		

Doses toxiques de la poudre et de la teinture de racine d'hellébore blanc :

Poudre.		*Teinture.*	
Cheval............	32 gr.	Cheval	20 à 40 gr.
Grands ruminants ..	50	Bœuf.........	100
Petits ruminants ...	8	Chien..... 15 à 20 gouttes.	
Carnivores........	2		

De l'ammoniaque liquide. Alcali volatil.

L'ammoniaque liquide est une dissolution aqueuse de gaz ammoniac, qui est limpide, incolore, d'une odeur vive et piquante, provoquant l'éternument et le larmoiement, d'une saveur âcre, urineuse, caustique, d'une densité de 0,92 et marquant 22° à l'aréomètre de Baumé.

Exposée à l'air, la solution s'affaiblit par suite de l'évaporation d'une partie du gaz et par la combinaison d'une autre partie avec l'acide carbonique de l'atmosphère. Pour conserver l'ammoniaque liquide il faut la mettre dans des flacons bouchés à l'émeri et les placer dans un lieu bien frais.

EFFETS PHYSIOLOGIQUES DE L'AMMONIAQUE. — L'ammoniaque liquide versée sur la peau s'évapore rapidement, produit une sensation de froid et ensuite une légère cuisson avec rougeur ; mais si l'on empêche son évaporation en imbibant des compresses ou des étoupes qu'on recouvre d'une toile cirée ou de coton, ou si on la place dans un verre à boire et qu'on renverse celui-ci sur la peau, l'ammoniaque détermine rapidement la rubéfaction, puis la vésication et ensuite la cautérisation, qui est plus ou moins profonde selon la durée de l'application et la quantité de médicament employée. Si on fait une friction sur la peau avec du liniment ammoniacal double, on voit survenir au bout de douze à vingt-quatre heures de petites vésicules remplies de sérosité transparente d'abord, puis jaunâtre et même sanguinolente, si la peau est délicate et que la friction ait été forte. La douleur qui accompagne les frictions ammoniacales est très vive, mais elle est de courte durée ; l'engorgement inflammatoire est rapide, mais peu développé, et les poils, quand ils tombent, repoussent promptement et sans changement de couleur. Sur les muqueuses et les solutions de continuité, l'alcali volatil produit des effets plus énergiques encore que sur la surface cutanée.

En tant que *caustique*, l'ammoniaque désorganise les tissus en s'hydratant aux dépens de leur eau, en dissolvant les cellules épidermiques et épithéliales, en liquéfiant les matières albuminoïdes et en saponifiant les matières grasses ; l'eschare qui en résulte est molle, pultacée, grisâtre ou brunâtre lorsqu'elle est imprégnée de sang, analogue à celle que forment les alcalis caustiques. C'est donc un caustique fluidifiant.

Lorsqu'on fait arriver le gaz ammoniac qui se dégage d'une dissolution, dans les voies respiratoires d'un animal, on voit se produire par action réflexe, la sécrétion des larmes, la salivation, l'éternument, la toux et enfin si on insiste, la contraction tétanique des muscles respirateurs, de la dyspnée et des convulsions. Si on soustrait l'animal à temps à l'action du gaz ammoniac, il échappe à la mort, mais on observe une inflammation croupale et même une nécrose partielle de la muqueuse bronchique, buccale, pharyngienne et de la conjonctive. L'ammoniaque est caractérisée par la tendance qu'elle a de produire comme effet secondaire une sécrétion pseudo-membraneuse.

L'administration par la bouche entraîne avec elle des effets très variables selon la dose employée. Ingérée pure, cette substance dissout l'épithélium de la muqueuse digestive, irrite d'abord la bouche, le pharynx, l'œsophage, puis les bronches par les vapeurs qui sont entraînées dans les voies respiratoires avec l'air inspiré, et ensuite l'estomac et les intestins à un degré variable selon les cas ; chez les carnivores, on remarque parfois des vomissements de matières sanguinolentes, et, chez les herbivores, une purgation très violente. A doses plus modérées et convenablement étendu d'eau, ce médicament détermine seulement une excitation énergique du tube digestif, sans l'irriter vivement ; enfin, à doses très petites, l'ammoniaque est en partie neutralisée par l'acide du suc gastrique et ne produit sur les intestins qu'une excitation légère qui a pour conséquence de produire des contractions plus énergiques et des sécrétions plus abondantes. L'ammoniaque, en se combinant avec les gaz acides du tube digestif, les condense et réduit considérablement leur volume. Avec l'acide carbonique, elle forme du carbonate d'ammoniaque avec HS du sulfhydrate d'ammoniaque. A l'intérieur il ne faut jamais employer l'ammoniaque liquide pure, il faut toujours l'étendre, d'au moins trois fois son volume, d'eau ou d'infusion aromatique froide afin d'éviter à la fois l'évaporation et l'effet irritant.

EFFETS GÉNÉRAUX. —Après l'absorption, l'ammoniaque détermine chez tous les animaux une exagération du pouvoir réflexe se traduisant par une excitation générale. La vivacité du regard augmente, les mouvements sont plus faciles, la peau s'échauffe, le cœur et le pouls s'accélèrent. Ces effets excitants sont assez fugaces, car ils durent tout au plus deux heures.

L'ammoniaque agit comme excitant sur la moelle épinière et les muscles. En effet, après l'injection intraveineuse d'ammoniaque, on voit apparaître un tétanos violent généralisé. Si on coupe un nerf moteur, les muscles correspondants ne sont pas tétanisés, mais on y observe des contractions fibrillaires.

Pendant la période d'excitation générale produite par l'ammoniaque, il y a une augmentation manifeste de la sécrétion sudorale et des sécrétions muqueuses diverses, surtout de la sécrétion bronchique. Le cœur est accéléré et la tension artérielle est élevée. La respiration, un peu ralentie au début, s'accélère ensuite. Ces effets disparaissent insensiblement à mesure que l'ammoniaque s'élimine. L'élimination se fait surtout par les reins, où l'ammoniaque est éliminée sous forme d'urée engendrée par synthèse. Pendant cette élimination, il y a une légère excitation rénale, et on observe de la diurèse. Si on insiste sur l'emploi des ammoniacaux, on observe, après un certain temps, une dissolution du sang, une véritable cachexie ammoniacale. Cette action chimique poussée trop loin abaisse les fonctions nutritives et peut devenir nuisible ; mais bien dirigée, elle peut contribuer à désagréger, à dissoudre, à fluidifier certains produits pathologiques, et à remplir les indications de la médication fondante ou résolutive. Lorsqu'on fait arriver du gaz ammoniac dans du sang, celui-ci se colore en rouge foncé, puis il y a désagrégation, dissolution des globules, et la coloration devient noire : l'ammoniaque produit donc dans le sang, d'abord une désoxygénation, puis une dissolution des globules, et enfin une destruction de l'hémoglobine. Cette dernière substance se transforme en hématine. L'albumine du sang se combine aussi avec l'ammoniaque et forme un albuminate ammoniacal qui rend le sang incoagulable.

Après l'absorption de doses toxiques d'ammoniaque, on observe d'abord une période d'excitation violente, puis survient du coma, de l'insensibilité et de la paralysie.

Indications thérapeutiques. — Comme *antiacide* et *absorbant des gaz*, elle rend de grands services dans les indigestions gazeuses de tous les animaux, mais principalement des ruminants. Elle se combine avec l'acide carbonique et l'acide sulfhydrique, qui constituent la plus grande partie de ces gaz, et réduit considérablement leur volume.

Son pouvoir excitant local la fait employer aussi contre les indigestions ordinaires ; en excitant l'estomac, elle réveille les sécrétions et les mouvements.

L'ammoniaque combat l'ivresse avec le plus d'efficacité.

L'effet excitant général produit par l'ammoniaque après son absorption, indique son emploi dans les maladies internes au début pour réchauffer la peau et dériver le sang à l'extérieur.

En inhalation, l'ammoniaque est avec raison recommandée dans les maladies des voies respiratoires au début ; elle dissout le mucus et accélère la marche du processus morbide; elle est indiquée aussi contre les catarrhes chroniques, dont elle abrège la durée en les rendant aigus ; elle réveille le cœur et la respiration dans les cas de syncope et d'asphyxie menaçante.

A l'extérieur l'ammoniaque est indiquée pour combattre les effets de piqûre venimeuse faite par les mouches, les abeilles, le scorpion et la vipère.

Ce médicament est en outre indiqué pour produire la *rubéfaction*, la *vésication*, soit seul, soit associé à d'autres substances.

Employé pendant longtemps sous forme de pommade sur des engorgements, on voit se produire un effet fondant et résolutif très net.

Injecté dans des fistules glandulaires, il provoque une inflammation qui obstrue le canal.

ADMINISTRATION. DOSES. — L'ammoniaque administrée à l'intérieur doit toujours être fortement diluée.

Doses thérapeutiques.	Cheval.....	10 à 15 gr.
	Bœuf......................	15 à 30
	Mouton et chèvre...	3 à 8
	Chien................	5 à 10 gouttes.

Dans l'indigestion gazeuse des ruminants, on peut répéter l'administration à plusieurs reprises, et employer concurremment d'autres moyens propres à combattre la tympanite.

Doses toxiques.	Cheval	32 gr.
	Bœuf...................... ...	70
	Chien...............	2

Pour faire respirer l'ammoniaque, on la mélange généralement avec une égale partie d'alcool, et on présente le vase devant les narines de l'animal pour que l'air inspiré entraîne une certaine partie de gaz. On y ajoute aussi souvent 10 à 15 p. 100 d'acide phénique.

Pour les lavements ammoniacaux, on emploie pour les grands animaux de 5 à 8 grammes par seringue.

Pour combattre les inflammations et l'opacité du globe oculaire, on emploie l'ammoniaque en solution à 3 p. 100.

Les autres préparations de l'ammoniaque sont :

1° Liniment ammoniacal .. { Alcali volatil.... .... 1 partie.
                            { Huile d'olive.............. 4

Mélangez dans un flacon bouchant à l'émeri et agitez vivement.

On peut faire plusieurs frictions sur la peau de nos animaux domestiques sans amener des altérations profondes.

2° Liniment ammoniacal { Alcali volatil .... 1 partie.
   double.............. { Huile grasse.............. 2
3° Liniments ammoniacaux { Alcali volatil... ... . 1 partie.
   composés.......... { Huile médicinale 2
4° Liniment ammoniacal camphré. — On remplace simplement l'huile ordinaire par de l'huile camphrée.
5° Pommade de Gondret.. { Ammoniaque liquide....... 1 partie.
                         { Axonge et suif, de chaque.. 1
6° Sachet excitant . ..... { Chaux vive.... .... 1 partie.
                           { Sel ammoniac......... . 1
7° Alcool ammoniacal... . { Ammoniaque liquide....... 1 partie.
                          { Alcool.................... 2
                          { Ammoniaque liquide..... 100 gr.
8° Eau sédative (Raspail).. { Alcool camphré......... 10
                            { Chlorure de sodium. ... 60
                            { Eau ordinaire.... ..... . 1 litre.

Faites dissoudre le sel dans l'eau, ajoutez la solution à l'ammoniaque et à la teinture de camphre préalablement mélangées.

9° Liniment savonneux am- { Solution de savon dans 30 parties d'eau ;
   moniacal .... { on ajoute 10 parties d'alcool et 15 par-
                        { ties d'alcali volatil.

Employé en frictions comme résolutif.

Liqueur ammoniac. anisée. $\left\{\begin{array}{l}\text{Ammoniaque liquide. . . . . . . 5 gr.}\\\text{Alcool . . . . 24}\\\text{Essence d'anis. . . . . 1}\end{array}\right.$

C'est un excitant général excellent chez les petits animaux. On la donne à la dose d'une demi-cuillerée chez le chien dans la maladie du jeune âge, dans l'atonie du tube digestif ou dans les maladies des organes respiratoires.

Phosphore.

Le phosphore se présente sous deux états : 1° à l'état de phosphore ordinaire ; 2° à l'état de phosphore amorphe.

Le phosphore ordinaire absorbe facilement l'oxygène et luit à l'obscurité. Il s'enflamme à l'air sous l'influence de frottements légers. Il est peu soluble dans l'eau, un peu plus soluble dans l'alcool et l'éther, plus soluble encore dans les essences, les huiles grasses, et très soluble dans le sulfure de carbone.

Le phosphore amorphe se présente sous forme d'une poudre rouge, qui est dépourvue des propriétés toxiques du phosphore ordinaire.

EFFETS PHYSIOLOGIQUES. — Les solutions de phosphore employées en frictions sur la peau déterminent de la douleur, une forte rougeur et une inflammation ulcérative plus ou moins violente. L'huile phosphorée à 2 ou 3 p. 100 est un irritant cutané énergique, mais plus dangereux que la teinture de cantharides ; la douleur est plus vive et l'absorption du phosphore est à craindre. Sur les plaies et les muqueuses son action irritante est encore plus prononcée, l'inflammation qui en résulte est de mauvaise nature et d'une guérison longue. A doses très faibles, il n'a aucune action irritante sur la muqueuse stomacale, il stimule seulement la digestion. A dose un peu plus forte, 1 gramme chez les grands herbivores, il est irritant et provoque des coliques. A 2 gr. il tue les grands herbivores au bout de deux jours. Dans l'estomac, il se transforme en partie en acide phosphoreux et en acide phosphorique et dégage beaucoup de chaleur en s'oxydant. Il devient surtout soluble dans l'intestin à la faveur de la bile et des graisses ; il se forme aussi de l'hydrogène phosphoré qui est absorbé. L'élimination du phosphore se fait surtout par les urines sous forme d'acide phosphoreux et d'acide phosphorique, et par l'air respiré, qui prend l'odeur alliacée et devient phosphorescent à l'obscurité.

Wegner et Binz ont démontré que l'absorption de très faibles doses détermine une prolifération abondante des cellules parenchymateuses, surtout dans le tissu osseux. Le tissu spongieux de l'os se transforme en tissu compacte après quelques semaines d'administration. Sur un animal en voie de développement les os prennent plus vite de la consistance, les cellules cartilagineuses se transforment rapidement en cellules osseuses.

Chez un animal complètement développé la cavité médullaire de l'os disparaît et celui-ci prend une consistance égale sur tous les points de sa coupe. Cette néoplasie s'observe souvent chez les personnes qui travaillent dans les fabriques d'allumettes.

A doses plus fortes le phosphore produit rapidement la dégénérescence graisseuse des organes parenchymateux du foie, du rein, du cœur et des muscles du tronc.

Cette dégénérescence graisseuse qui s'observe dans tous les cas d'intoxication par le phosphore s'explique par l'affinité très grande du phosphore pour l'oxygène, par la transformation de celui-ci en ozone, qui agit comme agent de dédoublement sur les matières albuminoïdes des éléments anatomiques. Pendant ce dédoublement des matières protéiques, une grande quantité de graisse est mise en liberté, elle ne peut pas être oxydée immédiatement, et forme des gouttelettes qui remplissent les éléments anatomiques. Pendant l'action du phosphore, l'élimination de l'acide carbonique est diminuée au moins de moitié ; celle des albuminates est au contraire trois fois plus considérable.

INDICATIONS THÉRAPEUTIQUES. — L'action irritante locale est utilisée à l'extérieur contre les paralysies locales, les atrophies, les douleurs rhumatismales ; mais il faut se souvenir que ces frictions peuvent être dangereuses.

A l'intérieur, il est très bien indiqué toutes les fois qu'il faut augmenter la compacité des os ou améliorer leur nutrition ; dans le rachitisme, dans le ramollissement des os, dans la tendance aux maladies osseuses, dans les cas de fracture pour favoriser la formation du cal, et dans les cas de développement insuffisant du squelette.

Autrefois on faisait usage du phosphore contre toutes les maladies nerveuses, contre l'épilepsie, le tétanos, la chorée, la fièvre vitulaire, les paralysies générales, etc. ; mais cet emploi était purement empirique et ne reposait sur aucune connaissance scientifique aussi n'a-t-on guère obtenu que des insuccès.

PRÉPARATIONS ET DOSES :

Huile phosphorée	1	p. 100
Glycérine phosphorée	1	—
Pommade phosphorée	1	—

Doses de phosphore (thérapeutiques) :

Cheval	0gr,15	à 0gr,30
Bœuf	0 15	à 0 40
Mouton	0 03	à 0 08
Porc	0 001	à 0 005
Chien	0 001	à 0 003
Chat	0 001	à 0 002

Doses toxiques :

Cheval	($1^{gr},50$ dans l'estomac.
	) 0 20 dans les veines.
Chien	0 10 à 0 30 dans l'estomac.
Porc	0 10 à 0 30 id.

A l'intérieur, on donne l'huile ou la glycérine phosphorée dans un liquide mucilagineux ou sous forme
d'électuaire ou de pilules.

Les *antidotes* du phosphore sont : les vomitifs, les
purgatifs et l'essence de térébenthine vieille. On combat
l'inflammation locale par les mucilagineux, l'amidon.
Il faut exclure absolument les corps qui dissolvent le
phosphore, tels que les corps gras, le lait et les œufs.

SIXIÈME CLASSE

VOMITIFS.

On donne le nom de *vomitifs* aux médicaments qui jouissent de la propriété de déterminer des nausées et des efforts de vomissement chez les animaux auxquels ils sont administrés.

EFFETS PHYSIOLOGIQUES COMMUNS. — Le vomissement est très facile et très fréquent chez les animaux carnivores et omnivores, il est très pénible et très rare chez les herbivores.

Quand il se produit chez ces derniers animaux, c'est toujours un signe grave indiquant l'existence de désordres profonds qui peuvent compromettre la vie, principalement chez les solipèdes. Les médicaments vomitifs, en tant qu'*évacuants*, ne doivent donc être employés que chez les espèces animales qui vomissent facilement, c'est-à-dire chez les carnivores, les omnivores et les oiseaux. On peut administrer des substances vomitives aux grands herbivores, mais à la condition de donner des doses non vomitives; alors on utilise d'autres propriétés de ces médicaments.

Un animal soumis à l'action d'un vomitif présente les troubles fonctionnels suivants :

1° Une hypersécrétion salivaire, gastrique, intestinale, sudoripare, lacrymale et bronchique;

2° De violentes contractions de l'estomac, de l'intestin, des muscles abdominaux et du diaphragme :

3° Le rejet par la voie antérieure des matières contenues dans l'estomac et les premières portions de l'intestin grêle; il y a aussi souvent évacuation par les voies rectales;

4° Une congestion de toute la muqueuse digestive, de la peau et des organes musculaires, qui se contractent pendant les efforts de vomissement;

5° Une accélération du pouls, une élévation de la tension artérielle et une élévation de la température rectale.

Quand les vomissements ont cessé et que le calme est revenu, on constate souvent un ralentissement du pouls et de la respiration, et un abaissement de la température rectale.

Emploi thérapeutique. — Quelle que soit la nature du vomitif administré, les efforts ci-dessus se produisent toujours avec une intensité plus ou moins grande. Ces effets physiologiques communs doivent servir de base aux indications thérapeutiques. Les vomitifs produisant l'*évacuation* des matières contenues dans l'estomac, sont indiqués toutes les fois qu'il y a trouble de la digestion gastrique par suite d'excès d'aliments ou par suite de la présence de matières nuisibles. Ils conviennent dans les empoisonnements lorsque la matière toxique est encore contenue dans la cavité stomacale.

L'effet congestionnel qu'ils déterminent sur la muqueuse gastro-intestinale et la peau les fait employer comme *substitutifs* dans les maladies chroniques des voies digestives; comme *décongestionnants* et comme *dérivatifs* dans les maladies des organes respiratoires, dans la pneumonie, la pleurésie, la bronchite, etc.

L'effet *hypersécrétoire*, en provoquant l'évacuation d'une quantité considérable de liquide, produit une déplétion du système vasculaire, déplétion qui favorise la résorption des produits morbides et leur élimination par la voie des glandes. Cette propriété hypersécrétoire les rend utiles dans toutes les maladies inflammatoires des organes parenchymateux, surtout quand ces maladies sont encore à la période de congestion.

Enfin la dépression consécutive qu'on remarque sur les grandes fonctions prolonge l'effet antifébrile et est très favorable au retour de l'état normal.

Principaux vomitifs.

On peut diviser les vomitifs en *trois groupes*, en se basant sur les points où se localise leur action élémentaire. Le premier groupe comprend toutes les substances qui produisent le vomissement en irritant l'estomac ou les extrémités gastriques des nerfs vagues; on pourrait les appeler *vomitifs réflexes*. Le deuxième groupe comprend les vomitifs qui n'agissent qu'autant qu'ils sont absorbés et transportés par l'intermédiaire du sang jusqu'aux centres nerveux où est le siège du centre vomitif. On pourrait leur donner le nom de *vomitifs centraux*. Le troisième groupe comprend les substances qui agissent par une action mixte, c'est-à-dire qui excitent à la fois les extrémités gastriques des nerfs vagues et le centre vomitif. Ceux-ci doivent recevoir la dénomination de *vomitifs mixtes*.

1° *Vomitifs réflexes*. — Dans ce groupe, on peut placer la racine d'ipécacuanha, et son principe actif, l'émétine, le sulfate de cuivre, le sulfate de zinc, etc.

2° *Vomitifs centraux*. — Les mieux connus sont : l'apomorphine et ses sels.

3° *Vomitifs mixtes*. — Le principal vomitif mixte est l'émétique.

Racine d'ipécacuanha. (*Brechwurzel*) *Cephaëlis Ipecacuanha* (*Willd*).

Cette plante, de la famille des rubiacés, croît dans les

forêts du Brésil et de la Nouvelle-Grenade. Le mot ipécacuanha est d'origine portugaise ; il est formé de *i*
(petit), *pe* (au chemin), *caa* (plante), *goene* (vomitif).

COMPOSITION CHIMIQUE. — D'après Pelletier cette racine
contient : un alcaloïde (l'*émétine*), de l'amidon, de la
résine, de la cire, de la gomme, de l'acide gallique ; d'après
Willick, l'acide gallique est d'une nature spéciale, il lui
a donné le nom d'*acide ipécacuanhique*.

L'*émétine* est solide, en poudre blanche, inodore,
d'une saveur amère, peu soluble dans l'eau (1/1000°),
acilement soluble dans l'alcool, le chloroforme, le sul-
ure de carbone, les huiles grasses et essentielles. Elle
forme des sels ; l'azotate est soluble à 1/100° ; le sulfate
d'émétine est encore plus soluble.

EFFETS PHYSIOLOGIQUES. — L'ipécacuanha agit localement sur les tissus comme un irritant. Mise en rapport
avec la peau dépouillée de son épiderme, la racine
d'ipéca suscite une inflammation locale des plus énergiques ; en outre, une petite pincée insufflée dans l'œil
d'un chien donne lieu à une phlegmasie oculaire tellement intense, que la cornée est quelquefois perforée.
Appliquée sur la peau intacte du cheval sous forme de
pommade, la racine d'ipécacuanha ne produit qu'une
légère vésication. Introduit dans le tube digestif, l'ipécacuanha est encore irritant, mais à un degré moindre
qu'à l'extérieur du corps. A très faible dose, il agit sur
la muqueuse digestive de tous les animaux comme un
toxique astringent et produit la constipation. Il n'excite
pas sensiblement le péristaltisme du gros intestin et
n'augmente pas les sécrétions intestinales ; c'est pourquoi il ne purge pas.

A dose convenable, il détermine le *vomissement* chez
les carnivores, les omnivores et les oiseaux. Ce vomissement s'établit lentement, mais en revanche, il dure
plus longtemps que celui produit par le tartre stibié ;

il n'est d'ailleurs que rarement accompagné d'un effet purgatif.

Chez les herbivores de fortes doses d'ipécacuanha déterminent de violents efforts de vomissement, un ptyalisme abondant, de la tristesse, de l'abattement, effets qui ne se dissipent qu'au bout de quelques jours. M. Tabourin a constaté une grande différence dans l'activité de ce médicament chez les grands herbivores, suivant qu'il est administré sous forme solide ou liquide.

A la dose de 50 grammes chez le cheval, sous forme de bol, la poudre d'ipéca n'a produit qu'un léger mouvement fébrile ; tandis que la même dose donnée sous forme liquide a produit les effets violents de vomissement.

Effets généraux. — Après absorption, le principe actif de l'ipécacuanha agit fortement sur la sécrétion bronchique qui devient plus liquide et plus abondante. C'est donc à faible dose un *expectorant* énergique.

Lorsque de fortes doses ont passé à l'absorption par une voie quelconque, on voit apparaître, outre l'effet expectorant, des nausées et le vomissement chez les carnivores. Pour produire le vomissement par l'injection hypodermique intratrachéale ou intraveineuse, il faut des doses plus fortes que si on administre le médicament par la voie buccale.

Nature du vomissement. — L'ipécacuanha produit le vomissement parce que son principe actif irrite directement les extrémités nerveuses sensitives qui se distribuent dans la muqueuse stomacale. C'est un vomissement réflexe dont le point de départ se trouve dans les extrémités gastriques des fibres des nerfs vagues. Ce mode d'action de l'*émétine* est établi par un grand nombre de faits.

1° Après la section des deux nerfs vagues, l'émétine

ne produit plus de vomissement, quelle que soit la voie d'administration.

2° L'émétine ou l'ipécacuanha introduits dans l'estomac d'un animal produisent le vomissement plus vite que quand ces substances sont absorbées par une autre voie. Après l'ingestion stomacale le vomissement apparaît au bout de trois ou quatre minutes, tandis qu'après l'injection intraveineuse, il ne se montre qu'au bout de dix minutes.

3° L'émétine mise en contact avec la partie postérieure de la muqueuse intestinale même à forte dose, ne provoque pas de vomissement. On peut attribuer l'absence de vomissement dans ce cas, à ce que l'absorption se fait lentement; les doses d'émétine qui sont éliminées à un moment donné par la muqueuse gastrique sont trop faibles pour exciter suffisamment les nerfs sensitifs de cette muqueuse.

Ces faits démontrent que l'émétine n'agit pas directement sur le bulbe. Cette substance excite directement la muqueuse gastrique; cette excitation est transmise au bulbe par la voie des pneumogastriques et, de là, réfléchie par la moelle et les nerfs moteurs jusqu'à la tunique musculaire de l'estomac et aux muscles du vomissement. Le vomissement que produit l'émétine après l'injection intraveineuse, sous-cutanée ou intratrachéale s'explique par l'excitation de la muqueuse stomacale au moment de l'élimination du médicament par cette voie.

Indications thérapeutiques. — Comme *vomitif*, l'ipécacuanha et l'émétine sont indiqués chez les animaux jeunes, faibles, et quand il faut éviter un effet purgatif consécutif. La purgation qui suit le vomissement avec certains vomitifs, affaiblit beaucoup les animaux; or l'ipécacuanha n'offre pas cet inconvénient.

L'effet tonique local que développe la poudre d'ipécacuanha à faible dose la recommande dans l'atonie du canal gastro-intestinal, dans les diarrhées épuisantes, les douleurs intestinales. On l'unit alors généralement à la gomme, à l'amidon, à la quinine, au laudanum, etc.

L'effet expectorant indique l'emploi de l'ipécacuanha à dose non vomitive dans les maladies chroniques des voies respiratoires pour rendre le mucus plus fluide, moins adhérent et plus facile à éliminer.

Doses vomitives :

Poudre d'ipécacuanha (estomac)...	Porc.........	1 gr.	à 2gr,50
	Chien........	0 50	à 2 50
	Chat.........	0 25	à 0 75

On délaye la poudre dans de l'eau tiède et on fait avaler ce breuvage. Si au bout de dix minutes les doses ci-dessus n'ont pas produit d'effet suffisant, on fait une nouvelle administration d'une quantité égale.

Émétine (estomac)...	Chien......	0gr,025 à 0gr,10	(Chouppe).
	Homme....	0 001 à 0 010	(Büchheim).

Doses non vomitives (expectorantes) :

Poudre (estomac)........	Porc...............	0gr,20 à	0gr,50
	Chien.............	0 05 à	0 30
	Chat.............	0 03 à	0 10
	Grands herbivores..	8	à 16
	Petits ruminants....	2	à 4

Dans les maladies de poitrine, on administre des infusions chaudes dans lesquelles on a fait dissoudre l'ipéca ou l'émétine et on les donne par cuillerées à café cinq ou six fois dans la journée. L'emploi du sirop d'ipécacuanha est commode et avantageux pour les chiens et les chats.

Sirop d'ipécacuanha..	Extrait alcoolique d'ipécacuanha..	32 gr.
	Eau distillée.	250
	Sirop simple............	4500

32 grammes de ce sirop contiennent 20 centigrammes d'extrait d'ipécacuanha.

Doses toxiques :

Émétine............ { Chien........	$0^{gr},30$ à $0^{gr},50$ (Magendie).	
{ Chat........	0 02	
Poudre d'ipécacuanha { Cheval...............	} environ 100 gr.	
{ Bœuf...............		

Apomorphine.

L'apomorphine a été découverte en 1868, par Gee et Pierce, qui l'ont obtenue en faisant agir de l'acide chlorhydrique sur la morphine. En 1869, Mathiessen et Wright ont découvert ses propriétés vomitives très prononcées.

Ce corps se présente sous la forme d'une poudre blanche, amorphe. Exposée au contact de l'air, l'apomorphine se colore rapidement en vert et absorbe de l'oxygène. Elle est soluble dans l'alcool, l'éther, le chloroforme, les solutions alcalines, mais peu soluble dans l'eau. L'apomorphine forme des sels, le sulfate et le chlorhydrate d'apomorphine, qui jouissent des mêmes propriétés physiologiques et qui présentent le grand avantage d'être facilement solubles dans l'eau. Dans la pratique, on doit donner la préférence à ces sels. Les solutions se teintent en vert au bout de quelques minutes. Cette coloration augmente, mais sans influer en rien sur les propriétés physiologiques du produit. J'ai dans mon laboratoire des solutions aqueuses vieilles de deux ans, qui sont d'un vert foncé, mais dont l'action physiologique n'a pas varié sensiblement.

EFFETS PHYSIOLOGIQUES. — Les effets locaux des sels d'apomorphine sont nuls. Les injections hypodermiques ne sont pas douloureuses et ne produisent aucun accident local. Après son absorption, on obtient le vomissement, même à doses faibles, chez les carnivores et les omnivores. Ce vomissement présente les particularités suivantes : •

1° Il est sûr, quelle que soit la voie d'absorption du médicament ;

2° Il est très rapide, puisqu'il apparaît de deux à cinq minutes après l'injection intraveineuse, hypodermique ou intratrachéale ;

3° Il est abondant et n'affaiblit pas sensiblement les animaux ;

4° Il est suivi du retour rapide à l'état normal.

Les très faibles doses ne produisent pas de vomissement, mais seulement des nausées, de la salivation et un peu d'inappétence. En outre, elle active la sécrétion bronchique, rend le mucus plus fluide et l'expectoration plus facile.

Des doses très fortes produisent, outre le vomissement, une excitation générale pendant laquelle l'animal s'agite, se déplace et tourne en manège ; puis, survient un affaiblissement du train postérieur qui traîne sur le sol ; enfin il y a paralysie motrice complète. La mort arrive après une accélération de la respiration et du pouls, une diminution considérable de la tension artérielle et un abaissement de la température.

L'élimination de l'apomorphine se fait surtout par la muqueuse gastro-intestinale, car dix minutes après l'injection intraveineuse, on peut trouver l'apomorphine dans les matières vomies.

Mode d'action. — L'apomorphine ne produit pas le vomissement par le même mécanisme que l'émétine. Elle n'excite que faiblement l'estomac, mais elle a une action énergique sur le centre vomitif situé dans le bulbe rachidien. Ce vomissement n'est pas d'origine réflexe, il résulte de l'action directe de l'apomorphine sur le centre bulbaire. Après la section des deux pneumogastriques, les sels d'apomorphine produisent le vomissement aussi vite que lorsque ces nerfs sont intacts. L'effet vomitif se fait attendre plus longtemps après l'ingestion de l'apomorphine dans l'estomac qu'après son injection hypodermique. D'après Bordier, une injection préalable de morphine empêche les effets vomitifs d'une injection d'un sel d'apomorphine. L'atropine diminue l'action de l'apomorphine sans l'arrêter complètement.

INDICATIONS THÉRAPEUTIQUES. — L'apomorphine et ses sels tiennent le premier rang parmi les vomitifs. Le vomissement étant toujours très sûr, rapide, abondant et facile, on doit choisir ces médicaments dans tous les cas d'empoisonnement par une substance qui est encore contenue dans l'estomac.

Comme son action se porte sur les centres nerveux et qu'elle n'a presque aucun effet direct sur l'estomac, l'apomorphine est indiquée toutes les fois qu'il faut éviter d'irriter l'estomac, comme cela arrive lorsque ce viscère est enflammé. C'est un vomitif excellent chez les animaux jeunes, faibles, débilités, parce que la fatigue consécutive est presque nulle et, dans tous les cas, peu durable.

Doses hypodermiques vomitives.

Porc....................	0gr,01	à 0gr,10
Gros chien............	0 01	à 0 05
Petit chien...........	0 005	à 0 008
Chat.................	0 003	à 0 005
Homme...............	0 006	à 0 007

Dans chaque espèce il y a des susceptibilités individuelles. Ainsi deux chiens de même taille et de même poids ne vomiront pas avec la même dose. Il est bon d'employer d'emblée des doses un peu fortes, car il n'y a pas à craindre d'empoisonnement, la dose toxique étant bien au-dessus de la dose thérapeutique.

L'apomorphine, comme *expectorant*, est indiquée

dans les maladies catarrhales des voies respiratoires, mais alors on emploie des doses non vomitives. Les doses ci-dessus doivent être fractionnées et données en plusieurs fois dans la journée, soit dans des liquides sucrés et à cuillerées, soit par injections hypodermiques fractionnées.

Pour les injections hypodermiques on se sert de solutions aqueuses titrées à 1/100°, à 1/200° ou 2/100°, etc.

La voie sous-dermique est la meilleure pour l'administration de ce médicament.

Émétique. Tartrate de potasse et d'antimoine.
Tartre stibié.

Propriétés chimiques et physiques. — L'émétique est un sel formé de cristaux tétraédriques ou octaédriques, demi-transparents d'abord, puis devenant opaques en s'effleurissant à l'air, incolore, inodore et d'une saveur faible et nauséabonde. Il est soluble dans l'eau froide dans la proportion de 1/15° et dans l'eau chaude dans la proportion de 1/3; il est insoluble dans l'alcool, l'éther et tous les liquides non miscibles à l'eau. L'émétique est en partie décomposé par les acides, les bases alcalines et leurs carbonates, les sulfures solubles, la plupart des sels métalliques, les savons, les matières tannantes. Les associations de l'émétique avec ces diverses substances ne doivent être faites qu'avec beaucoup de réserves. Les solutions aqueuses d'émétique s'altèrent par le développement d'une algue, le *Sirocrosis stibica*.

Effets physiologiques. — L'émétique en poudre, en solution ou en pommade, détermine toujours, sur les tissus où il est appliqué, une irritation plus ou moins intense qui peut varier depuis l'inflammation légère jusqu'à la mortification des parties touchées.

Appliqué sur la peau de l'homme et de tous les animaux, l'émétique détermine une inflammation pustuleuse qui peut produire la chute des poils et entraîner l'ulcération du derme, qui conserve alors des cicatrices indélébiles. Une solution concentrée de tartre stibié, appliquée sur la peau du cheval, fait naître, dit M. Bouley, « une éruption confluente de petites pustules rougeâtres, acuminées, très denses, qui donnent sous les doigts la sensation de granulations tuberculeuses et se couvrent à leur sommet d'une croûte très adhérente, à la dernière période de leur développement ». M. Tabourin a obtenu un résultat analogue sur la croupe d'une vache, après avoir rasé les poils et réitéré trois ou quatre fois l'application d'une solution très concentrée d'émétique. Des frictions réitérées au même point avec la pommade d'Autenrieth produisent d'abord une vésication puis une escharification, une ulcération de la peau. Cette inflammation violente ne se borne pas à la surface de la peau, elle se propage aux parties sous-jacentes, les désorganise profondément et amène toujours une ulcération des tissus.

Dans le tissu conjonctif sous-cutané l'action irritante de l'émétique est encore très prononcée et des sétons animées avec cette substance produisent un engorgement considérable.

L'émétique semble cependant avoir une action irritante plus énergique sur les tissus qui sont le siège d'une sécrétion acide que sur ceux à réaction neutre ou alcaline. En solution acide, l'émétique soutire de l'eau aux tissus et décompose l'albumine; c'est pourquoi il devient quelquefois corrosif.

Mis en contact avec les muqueuses, l'émétique développe également une inflammation ulcéreuse. Dans l'estomac, l'émétique en poudre ou sous forme de solutions concentrées, produit rapidement une gastrite assez dangereuse quand il n'est pas employé en solutions très étendues. Pendant son séjour dans l'estomac, le tartre stibié est décomposé en partie par l'acide libre du suc gastrique ; une certaine proportion est absorbée en nature. La plus grande proportion de ce corps, qui arrive dans l'intestin, devient insoluble sous l'influence des bicarbonates alcalins de l'intestin et il n'y a qu'une faible partie qui est absorbée par cette voie. Il se développe souvent, avec des doses fortes, une inflammation pustuleuse sur la muqueuse intestinale.

L'émétique absorbé s'élimine lentement par plusieurs voies : par la bile, la sueur, le lait et par la muqueuse stomacale. Après l'injection hypodermique ou intraveineuse d'émétique, on peut retrouver cette substance dans l'estomac et dans l'intestin ; il y a donc élimination par ces surfaces. Après l'injection intraveineuse ou hypodermique le vomissement se produit, mais il faut des doses un peu plus fortes que dans l'estomac, parce que les alcalis du sang le décomposent en partie.

L'émétique introduit dans l'estomac, ou absorbé en quantité suffisante par une voie quelconque, détermine le vomissement chez les animaux qui peuvent vomir, et des coliques, des nausées, chez les animaux herbivores.

Cause du vomissement. — C'est par un double mécanisme que le tartre stibié produit le vomissement ; il agit à la fois comme irritant de l'estomac et comme excitant direct du centre vomitif. C'est donc un vomitif mixte. Le vomissement, quoique plus difficile et moins parfait, se produit encore après la section des deux nerfs pneumogastriques, si on fait absorber une quantité suffisante d'émétique.

Après l'extirpation de l'estomac, les efforts de vomissement se produisent encore par l'injection d'émétique dans les veines (Magendie). Ce sel produit le vomissement à plus faible dose quand il est introduit dans l'estomac, que lorsqu'il est injecté dans les veines. Tous ces faits, parfaitement établis, démontrent que l'émétique a une action double : il irrite la muqueuse stomacale et excite le centre vomitif bulbaire.

Viborg prétend que l'émétique ne détermine jamais de nausées et d'efforts de vomissement chez les solipèdes et les ruminants. Mes observations démontrent le contraire. Sur un cheval, après une injection intraveineuse de 1 gramme d'émétique, j'ai constaté des efforts de vomissement, au bout de quelques minutes, une grande inquiétude, une dilatation très forte des naseaux et de temps en temps un brusque abaissement de la croupe, comme si l'animal éprouvait de fortes douleurs dans le ventre.

Certains auteurs ont avancé que l'émétique provoque le vomissement avec d'autant plus de certitude qu'il est administré à doses plus faibles. C'est là une erreur mise en évidence par l'expérimentation la plus élémentaire. Généralement l'émétique détermine, outre le vomissement, une action purgative marquée. Celle-ci est surtout forte chez les herbivores, chez lesquels le vomissement n'a pas lieu. Cette purgation semble être le résultat complexe d'une hypersécrétion muqueuse, entérique, pancréatique et biliaire, et d'une exagération des mouvements péristaltiques de l'intestin.

Après le passage de l'émétique dans le sang, il produit des modifications dans presque toutes les fonctions.

On constate toujours une exagération de la sécrétion muqueuse des voies respiratoires. La toux devient grasse, l'expectoration plus facile. A forte dose, il arrive même souvent que le tartre stibié développe sur les voies respiratoires une véritable inflammation catarrhale. La plupart des auteurs admettent aussi une action *diaphorétique* marquée sous l'influence de l'émétique.

Delafond assure avoir observé, sur les bêtes bovines qu'on tenait couvertes pendant l'action de l'émétique, « une forte chaleur, une douce moiteur s'établir à la peau et celle-ci être humectée bientôt d'une sueur abondante. Chez les animaux qui transpirent difficilement, on constate néanmoins une congestion de la peau, ce qui doit entraîner une exagération des sécrétions insensibles ou de l'exhalation cutanée. Chez l'homme, de fortes doses déterminent quelquefois une véritable éruption pustuleuse à la peau. L'émétique excite le rein et augmente la quantité d'urine sécrétée. Il est éliminé principalement par cette voie. Continué pendant un certain temps, l'émétique produit l'inflammation du rein accompagnée d'*albuminurie*.

Outre l'augmentation des sécrétions intestinale, cutanée et urinaire, on observe, pendant l'action de l'émétique, des modifications remarquables de la circulation, de la respiration et de la calorification.

CIRCULATION. — Chez l'homme, les auteurs signalent une *accélération* et une *faiblesse* des battements du cœur à la dose de $0^{gr},10$.

Chez les animaux on remarque, avec des doses moyennes, une *accélération* cardiaque suivie d'une période de *ralentissement* considérable avec *faiblesse* des battements. Ces effets semblent être le résultat d'une action de l'émétique sur les ganglions accélérateurs intracardiaques qui sont d'abord excités, puis paralysés.

Le pouls subit les mêmes variations que le jeu du cœur; il s'affaiblit à tel point qu'il devient quelquefois presque imperceptible.

La tension artérielle s'abaisse pendant l'action de l'émétique, d'après tous les auteurs.

RESPIRATION. — Chez l'homme on voit que sous l'influence de l'émétique, la respiration devient petite et qu'elle s'accélère à la dose de $0^{gr},1$, D'après mes propres expériences, l'émétique donné en injections intra-veineuses à un chien de 15 kilogrammes à la dose de 0ᵍʳ,02, a produit d'abord une accélération passagère de la respiration, suivie d'une période de ralentissement. La respiration est devenue surtout abdominale. L'administration prolongée de l'émétique entraîne toujours un *ralentissement* considérable de la respiration. Voici comment s'exprime M. H. Bouley (1) qui a démontré cet effet sur le cheval : « Nous avons vu des animaux chez lesquels la respiration était tellement ralentie après l'administration de l'émétique que, dans certains moments, les flancs semblaient comme immobiles, et qu'il fallait, au commencement de l'inspiration et de l'expiration, autant d'attention pour voir se produire le mouvement d'élévation et d'abaissement du flanc, qu'il en est nécessaire pour suivre la marche de la grande aiguille d'une horloge dans son parcours d'une minute.» Parfois on ne compte que deux et demie à trois respirations par minute chez le cheval; mais ces cas sont rares et dans les circonstances ordinaires, les mouvements de la respiration ne sont diminués que d'un *tiers* ou de la *moitié* de leur nombre normal. Depuis M. H. Bouley ce ralentissement de la respiration, quoique assez constant, manque complètement chez certains sujets et peut même, dans quelques autres, être remplacé par un phénomène inverse, sans qu'il soit possible le plus souvent d'en dire la cause.

CALORIFICATION. — Après un usage un peu prolongé, le tartre stibié produit un abaissement marqué de la température *rectale*; on voit aussi que la peau, les oreilles, les cornes et les extrémités sont plus froides qu'à l'état normal ; la bouche est fraîche si des dérangements notables ne sont pas survenus dans le reste de l'appareil digestif.

(1) *Recueil de méd. vétér.*, 1846, p. 385 et 386.

NUTRITION. — Le tartre stibié après un certain temps d'administration fluidifie le sang dont le nombre des globules rouges diminue ; la sérosité devient plus abondante et le caillot diffluent (Delafond). En même temps que le sang s'appauvrit, on voit survenir un amaigrissement rapide et un affaiblissement musculaire prononcé. La nutrition est altérée ; il se produit une dégénérescence graisseuse du foie et des muscles, une albuminurie, une diarrhée, et si cet état se prolonge la mort survient. Pendant cet état typhoïde provoqué par l'émétique, l'arrachement des crins est très facile, d'après les remarques de M. C. Spooner.

EFFETS TOXIQUES. — Les animaux malades sont, en général, plus vivement impressionnés par l'émétique que les animaux sains. Il suffit de doses plus faibles pour produire l'empoisonnement chez les premiers. Les principaux phénomènes qu'on observe après une dose toxique sont : chez les petits animaux, vomissements abondants et répétés ; chez les herbivores, évacuations anales, fréquentes et de plus en plus fluides, salivation, tristesse profonde, abattement complet, station peu prolongée, marche incertaine et chancelante, mouvements automatiques, branlement continuel de la tête, appui contre la mangeoire, coliques violentes, refroidissement de la surface du corps et des parties placées en appendice, prostration des forces, adynamie profonde, parfois paralysie du train postérieur, chute sur le sol, et mort rapide sans convulsions.

LÉSIONS. — On trouve les veines gorgées de sang noir et poisseux, les bronches remplies de mucosités sécrétées sous l'influence de l'émétique, des ecchymoses et quelquefois des ulcérations sur la muqueuse gastro-intestinale, des ecchymoses pulmonaires et endocardiques.

ANTIDOTES. — Les mucilagineux, l'huile, le lait, le

savon, mais surtout les tannates ou les matières tannantes (écorce de chêne, quinquina), qui précipitent l'émétique et le rendent insoluble. Le sulfure de fer hydraté, en décomposant entièrement l'émétique, peut aussi être employé avec avantage. Si l'usage trop prolongé de l'émétique a plongé l'économie dans une anémie profonde, il faut employer les amers, les aromatiques, pour relever les forces.

EMPLOI THÉRAPEUTIQUE. — 1° Comme *vomitif*, l'émétique tient le milieu entre l'émétine et l'apomorphine. Il irrite facilement l'estomac, et excite les centres nerveux. Il faudra l'employer lorsque ces effets irritants sur l'estomac et les centres nerveux ne peuvent avoir aucun inconvénient. Il est indiqué soit comme *substitutif*, soit comme *dérivatif* dans les cas d'appétit capricieux et dépravé, de catarrhe gastrique chronique, de fièvre rhumatismale et au début des maladies de poitrine, du croup, etc.

Porc	0^{gr},50	à	1 gr.
Doses vomitives........ { Chien	0 10	à	0 30
Chat	0 05	à	0 20
Oiseaux de basse-cour..	0 05	à	0 15

Ces doses peuvent être données sous forme de poudre ou de solutions.

Chez les animaux qui ne peuvent pas vomir, on pourrait utiliser *l'effet purgatif* que produit l'émétique ; mais il y a généralement avantage à employer alors un véritable purgatif.

2° Les effets *antifébriles* de l'émétique peuvent être utilisés chez tous les animaux dans les cas de maladies internes aiguës. Ce médicament convient surtout dans les maladies des voies respiratoires, des plèvres, des méninges chez les animaux forts et vigoureux. Son action, fortement débilitante, doit le faire rejeter dans le traitement de maladies non franchement inflammatoires, surtout chez les sujets faibles, épuisés par les fatigues.

Pour combattre une maladie fébrile aiguë, il faut donner l'émétique à doses assez fortes et rapprochées, mais après 5 ou 6 doses, il faut suspendre l'administration. Généralement, la fièvre ne s'abaisse sensiblement qu'après 2 ou 3 jours; mais alors l'action antifébrile est très marquée, quelquefois même accompagnée d'une prostration. Quand on veut combattre des maladies catarrhales il ne faut user que de petites doses, qui ont l'avantage d'activer la sécrétion du mucus qui devient ainsi plus fluide, sans amener un affaiblissement notable.

Doses et administration.

Doses contro-stimulantes (Franck)	Cheval	1	à 4 gr.
	Bœuf	4	à 8
	Porc, mouton	0gr,10	à 0gr,20
	Chien	0 005	à 0 05

Ces doses conviennent dans toutes les maladies fébriles de moyenne intensité. On peut les doubler quand il s'agit de combattre un état fébrile très intense. A l'intérieur l'émétique est toujours donné sous forme de *breuvages* ou de *boissons*. La forme solide doit être proscrite.

Doses en injection intraveineuse (Tabourin)	Grands ruminants	1	à 4 gr.
	Solipèdes	1	à 2
	Mouton et porc	0gr,10	à 0gr,20
	Chien	0 01	à 0 05

D'après mes propres recherches, ces dernières doses sont trop fortes. Je crois qu'il faut les réduire de moitié. L'action irritante cutanée que produit l'émétique à l'extérieur fait employer cette substance comme *vésicant* ou *rubéfiant* quand on a à craindre l'absorption de la cantharidine. Comme dérivatif externe il convient surtout dans l'inflammation des reins, du cerveau, des articulations, etc.

PRÉPARATIONS. — A l'intérieur on emploie les solutions aqueuses, le vin émétisé et le vinaigre stibié. Ces deux dernières préparations sont étendues d'eau.

Vin émétisé	Émétique.........	2 gr.
	Vin blanc	1/2 litre.
Vinaigre stibié.....	Émétique........	4 gr.
	Vinaigre.........	1/2 litre.

Pour les injections intraveineuses on se sert exclusivement des solutions titrées à 1/100ᵉ.

Pour l'usage externe, on emploie de la pommade stibiée plus ou moins active.

Émétique.............	1	1	1
Axonge..............	2	3	4

SEPTIÈME CLASSE

Les médicaments purgatifs sont ceux qui déterminent une expulsion fréquente et abondante de matières molles ou liquides par l'anus. Ces évacuations surviennent un temps plus ou moins long après l'administration ; elles sont d'abord solides, elles deviennent ensuite rapidement molles et enfin entièrement liquides. Il y a des purgatifs qui produisent leurs effets seulement quand ils sont introduits dans le tube digestif ; il en est d'autres qui produisent la purgation après leur absorption par une voie quelconque. Il semble donc que tous les médicaments purgatifs n'agissent pas d'après le même mécanisme ; les uns agissent localement sur la muqueuse intestinale ; les autres agissent sur l'intestin par l'intermédiaire du sang, c'est-à-dire après leur absorption.

Tous les animaux ne sont pas purgés avec la même facilité. La purgation est facile et rapide chez les carnivores et les omnivores ; elle est difficile et lente chez les animaux herbivores. Le cheval, le mulet et l'âne n'évacuent jamais que le lendemain ou le surlendemain de l'administration du remède.

Les grands et les petits ruminants se montrent souvent réfractaires à l'action des évacuants intestinaux, à cause des difficultés qu'on éprouve pour faire parvenir les purgatifs dans le canal intestinal ; quand les effets des purgatifs doivent se montrer chez ces animaux, ils sont plus hâtifs, en général, que chez les solipèdes.

EFFETS COMMUNS. — L'évacuation rectale est pour ainsi dire le seul effet commun à tous les purgatifs. Elle ne se produit pas toujours par le même mécanisme, et elle offre des caractères variables suivant la nature du médicament administré.

Certains purgatifs, après être arrivés dans l'intestin, produisent un mouvement exosmotique du plasma sanguin ; celui-ci s'accumule dans la cavité intestinale et par sa présence fluidifie les matières, favorise leur marche et hâte leur expulsion. Dans ces cas l'absorption intestinale est presque nulle.

D'autres purgatifs excitent la sécrétion des différentes glandes qui déversent leur produit dans la cavité intestinale et retardent l'absorption à cause de leur faible pouvoir diffusif.

Il en est d'autres qui n'ont pas une action marquée ni sur le mouvement exosmotique ni sur les sécrétions, mais qui provoquent de violentes contractions péristaltiques, qui chassent rapidement les matières vers les parties terminales de l'intestin.

Enfin il en est qui congestionnent vivement l'intestin, qui activent à la fois les sécrétions diverses et qui augmentent les mouvements péristaltiques.

Il est rare qu'un purgatif agisse exclusivement par l'un des quatre mécanismes que nous venons d'indiquer : généralement il y a intervention simultanée de plusieurs actions, mais l'une d'elles reste toujours prédominante.

Outre l'évacuation rectale, la purgation est accompagnée de phénomènes accessoires. Quelques heures après l'administration d'un purgatif, les animaux deviennent tristes, tiennent la tête basse, éprouvent des bâillements fréquents (notamment les solipèdes), perdent l'appétit, accusent une soif vive, ont des espèces de frissons et une horripilation passagère. Quand la purgation est bien établie, la peau reste froide et ses fonctions sont ralenties.

Le pouls est petit, concentré, irrégulier ou intermittent. Souvent une fièvre plus ou moins intense se montre, le pouls est accéléré, les muqueuses s'injectent, la bouche devient chaude et pâteuse, la soif vive, etc. Si l'on applique l'oreille sur l'abdomen on entend des borborygmes bruyants qui se dirigent vers les parties postérieures des intestins ; les animaux s'agitent, regardent leur ventre, qui parfois se ballonne, relèvent souvent la queue, expulsent des vents, éprouvent des épreintes vives accusées par le relâchement et le resserrement continuels de l'anus, et enfin expulsent des matières fécales d'abord normales, puis molles, et enfin liquides. Tous ces phénomènes se maintiennent pendant un certain temps à leur maximum d'intensité, puis ils diminuent insensiblement pour revenir à l'état normal.

APPLICATIONS THÉRAPEUTIQUES. — Elles découlent directement des effets physiologiques, qui sont, en résumé : une exagération du péristaltisme, une augmentation des sécrétions digestives, une congestion intestinale et une diminution de l'absorption.

1° L'évacuation rapide provoquée par les purgatifs pourra être mise à profit pour débarrasser rapidement l'intestin de matières toxiques qui peuvent y être contenues.

2° L'afflux du sang vers l'intestin aura pour conséquence de décongestionner les organes éloignés, et les purgatifs peuvent, à cause de cet *effet*, être considérés comme des dérivatifs très puissants dans un grand nombre de maladies inflammatoires siégeant en dehors du tube digestif.

3° La purgation, en enlevant au sang une grande quantité de liquide, rend ce fluide plus concentré et plus propre à résorber les produits épanchés dans certains organes ou dans certaines cavités. Les purgatifs sont donc indiqués quand il y a des épanchements séreux chroniques ou aigus à faire résorber.

4º Pendant la purgation il y a un abaissement notable de la pression artérielle, le sang est également moins riche en globules rouges, ce qui est une condition favorable à la guérison des maladies inflammatoires siégeant sur des organes éloignés, surtout sur les reins et les centres nerveux.

5º Comme les purgatifs diminuent l'activité des fonctions de la peau et refroidissent cette membrane, ils sont indiquées dans toutes les affections cutanées rebelles.

Précautions à prendre avant, pendant et après la purgation. — Avant de purger les animaux, surtout les solipèdes, il convient de les soumettre à une diète graduée pendant deux jours et de les laisser en repos. Le jour qui précède la purgation, on leur supprime le foin et on leur donne exclusivement des barbotages et des boissons farineuses. On fait bien aussi de leur administrer quelques lavements.

Pendant la purgation les animaux sont très sensibles à l'action des agents extérieurs ; il faut donc les préserver des changements brusques de température durant la purgation, et les tenir dans un lieu plutôt chaud que froid. Les animaux ne doivent recevoir aucune nourriture solide. Quand les animaux ne manifestent pas d'agitation, il faut les laisser dans un repos absolu ; mais dès que les coliques apparaissent il faut promener doucement les animaux pour faciliter les évacuations.

Après la purgation le vétérinaire doit veiller encore pendant quelques jours à ce que les malades purgés soient préservés avec soin des intempéries de l'air ; à ce qu'ils soient ramenés graduellement à leur régime habituel ; à ce qu'ils ne soient soumis à aucun travail pénible avant qu'ils aient repris leurs forces.

Quand la purgation a été trop forte, il faut soumettre

les sujets à une diète rigoureuse pendant quelques jours, leur administrer des breuvages et des lavements adoucissants.

Division des purgatifs.

En se basant sur leur degré d'énergie on peut diviser les purgatifs en : 1° purgatifs laxatifs ; 2° purgatifs minoratifs ; 3° purgatifs cathartiques ; 4° purgatifs drastiques.

1° Purgatifs laxatifs.

Les purgatifs laxatifs sont ceux qui purgent doucement sans provoquer des coliques et sans occasionner des phénomènes généraux.

Les principaux laxatifs sont : la *magnésie calcinée*, le *carbonate de magnésie*, le *bitartrate de potasse*, le *tartro-borate de potasse*, la *moutarde blanche*, *l'huile de ricin*, *la manne*, *la casse*, *le tamarin*.

Magnésie calcinée.

La magnésie calcinée est solide, amorphe, inodore, insipide, légèrement alcaline, d'une densité de **2,3**. Elle absorbe dix fois son poids d'eau et s'échauffe comme la chaux vive, mais avec infiniment moins d'énergie ; elle se dissout à peine dans l'eau et plus dans celle qui est froide que dans celle qui est chaude. Elle se combine avec les acides pour former des sels.

Effets physiologiques. — Introduite dans l'estomac la magnésie calcinée en se combinant avec l'acide du suc gastrique tend à le neutraliser. A cause de cette propriété *neutralisante* on l'emploie pour combattre l'acidité trop grande du suc gastrique, l'inappétence et l'appétit capricieux. C'est surtout chez les petits animaux à la mamelle atteints de diarrhée acide que la magnésie rend de grands services. C'est un contre-poison des acides.

A dose un peu forte la magnésie calcinée purge légè-rement.

Doses neutralisantes pour les jeunes animaux : 4 à 8 gr.
  par jour en plusieurs fois.
Doses purgatives .. { Grands herbivores...   250 gr.
                     { Petits ruminants....   30 à 65

La magnésie ne convient pas dans l'empoisonnement par le phosphore.

Carbonate de magnésie.

Ce sel est insoluble dans l'eau pure, mais très soluble dans celle qui est chargée d'acide carbonique. Il jouit des mêmes propriétés physiologiques que la magnésie calcinée, mais à un degré moindre. Comme il est d'un prix peu élevé, il pourrait souvent être substitué à la magnésie calcinée. Il se donne aux mêmes doses.

Citrate de magnésie.

Ce sel se présente sous forme d'une poudre blanche, grenue, plus dense que la magnésie calcinée et formée d'un amas de cristaux prismatiques. En dissolvant ce sel dans l'acide citrique, on obtient le citrate acide employé de préférence comme purgatif.

Effets et usages. — Le citrate de magnésie purge doucement sans produire de coliques et en provoquant des évacuations aqueuses, promptes et abondantes. Il est recommandé surtout chez les petits animaux ; pour les grands il deviendrait trop dispendieux. Il convient surtout dans les affections de l'estomac et du petit in-testin ; après les empoisonnements, les indigestions, la jaunisse, etc.

La dose pour les petits animaux est de 30 à 70 grammes.

On peut le préparer extemporanément d'après la formule de Dorvault :

℞ Acide citrique cristallisé............ . 100 gr.
   Magnésie blanche..................... 60
   Eau.................................. 100

Dissolvez l'acide dans l'eau, ajoutez la magnésie et administrez immédiatement.

Le *bitartrate de potasse* et le *tartro-borate de potasse* ont déjà été étudiés avec les tempérants.

Moutarde blanche (*sinapis alba* B.).

Cette graine deux fois plus grosse que la noire est inodore, a une saveur amère et âcre. Elle ne renferme pas les mêmes principes que la moutarde noire ; elle contient un principe soufré appelé *sulfo-sinapisine* qui, sous l'influence de l'humidité, donne naissance à un principe âcre, huileux, fixe, auquel paraît due l'action de la moutarde blanche.

La graine de moutarde blanche provoque une excitation générale, du ptyalisme et une expulsion copieuse de matières fécales avec leur consistance normale. (eccoprotique).

Doses.. { Grands herbivores........... 250 à 500 gr.
       { Petits ruminants .... 20 à 30

On donne les graines entières en électuaire ou en suspension dans de l'eau miellée.

Huile de ricin.

Huile de castor. — Huile de palma-christi, etc.

Le ricin est une plante de la famille des euphorbiacées

qui croît dans l'Inde et l'Afrique. Il fournit à la médecine des graines desquelles on retire une huile laxative.

Composition chimique. — D'après M. Bower (1), les graines de ricin contiennent *une huile grasse*, de *l'amidon*, de *la cellulose*, de *l'émulsine* semblable à celle des amandes amères, et qui développe dans l'émulsion des graines de ricin un principe analogue à l'essence de moutarde. D'après quelques chimistes, ces graines renfermeraient un alcaloïde âcre, la *ricinine*, dont la nature n'est pas encore parfaitement connue.

L'huile de ricin est blanche, visqueuse, épaisse, inodore, d'une saveur douce et fade, à arrière-goût légèrement âcre. Elle rancit à l'air et finit par se dessécher comme une huile siccative. Elle est soluble à froid dans l'alcool rectifié, ce qui permet de découvrir immédiatement toute fraude dont elle aurait été l'objet. Au lieu d'acides oléique et margarique, l'huile de ricin contient des acides *ricinique, margaritique* et *élaiodique* combinés avec la glycérine ; enfin elle renferme souvent, quand elle a été mal préparée, un principe oléo-résineux qui lui communique une grande âcreté.

Effets physiologiques. — La purgation produite par l'huile de ricin est douce, régulière et n'est pas accompagnée de coliques. Cette huile doit ses propriétés : 1° à l'*huile grasse* qui est peu *diffusible* et enduit la muqueuse intestinale d'un enduit glissant ; 2° à l'*acide ricinique* qui devient libre dans l'intestin et qui en excitant la muqueuse produit une hypersécrétion entérique et pancréatique et des contractions péristaltiques plus intenses.

L'effet purgatif ne se développe qu'autant que l'huile de ricin est introduite dans l'intestin soit par la voie

(1) *Journal de chim. et de pharm.*, t. XXVI, p. 310.

antérieure, soit par la voie postérieure. Elle ne purge pas, si on l'injecte dans les veines, dans la trachée ou dans le tissu conjonctif.

C'est un excellent purgatif doux pour les animaux carnassiers ; mais elle manque quelquefois ses effets sur les grands herbivores ou les purge incomplètement.

EMPLOI THÉRAPEUTIQUE. — La purgation par l'huile de ricin est celle qu'on emploie généralement chez l'homme, même sans consulter le médecin. La douceur de l'effet purgatif rend l'huile de ricin inoffensive, même quand l'appareil digestif est irrité ou enflammé. Chez les animaux, l'huile de ricin est bien indiquée dans les cas de coliques dues à un arrêt des matières alimentaires dans une portion de l'intestin par suite de l'existence de pelotes, de calculs ou de corps étrangers. Elle ne produit des coliques que lorsqu'elle est rance ; alors elle détermine aussi souvent des vomissements chez les carnivores.

Doses..	Cheval	250 à 500 gr.
	Bœuf	500 à 1000
	Porc	50 à 150
	Mouton	30 à 100
	Chien	15 à 50
	Chat	5 à 15

Manne.

On donne ce nom à un suc concret fourni par plusieurs espèces de frênes, arbres de la famille des Jasminées, et notamment par le *Fraxinus rotundifolia* et le *Fraxinus ornus* L. qui croissent dans la Calabre et la Sicile.

On distingue dans le commerce trois variétés : 1° *la manne en larmes*, c'est la plus estimée et la plus active ; 2° *la manne en sorte*, c'est la plus commune et la plus fréquemment employée chez les animaux ; 3° *la manne grasse*, c'est la moins pure et aussi la moins chère.

COMPOSITION CHIMIQUE. — Elle renferme un sucre non fermentescible appelé *mannite* dans la proportion de 60 à 80 p. 100; en outre on y trouve du glycose, du mucilage, de la résine, un acide organique indéterminé.

EFFETS ET USAGES. — La manne est un laxatif très doux, d'une saveur sucrée agréable, mais elle est peu active et d'un prix très élevé. A cause de cela on ne l'utilise que chez les petits animaux. La purgation n'est jamais accompagnée de douleurs; elle résulte du faible pouvoir diffusif de la manne. Elle est aussi expectorante et béchique.

	Gros chiens..	30 à	60 gr.
	Moyens —	20 à	30
Doses..	Petits —	10 à	20
	Chats	5 à	10
	Grands herbivores..	500 à	1000
	Petits ruminants.	60 à	130

On l'administre sous forme liquide après l'avoir fait dissoudre dans du lait ou dans une infusion chaude, ou en électuaire quand on l'emploie chez les grands animaux; généralement les malades la prennent facilement.

Casse.

C'est le fruit du Cassécier (*Cassia fistula* L.), arbre de la famille des légumineuses qui croît en Arabie, dans l'Inde et dans l'Amérique méridionale. La gousse qui constitue le fruit du cassécier est ce qu'on appelle la *casse en bâtons;* la pulpe retirée des loges et mélangée aux graines s'appelle *casse brute* ou *à noyaux;* quand la pulpe est dépourvue de graines, c'est la *casse mondée;* elle est *cuite* lorsqu'on la fait délayer dans l'eau et qu'on la concentre sous forme d'extrait après l'avoir filtrée.

COMPOSITION CHIMIQUE. -- D'après Vauquelin, la pulpe de casse contient de *la pectine*, du *sucre*, de la gomme, du gluten, de l'eau et de la cellulose.

EFFETS ET EMPLOI. — C'est un purgatif très doux comme la manne ; malheureusement son prix élevé et son peu d'activité ne permettent pas d'en faire usage sur les grands animaux. On ne l'emploie guère que chez les chiens, les chats et autres petits animaux, parce qu'en raison de sa saveur agréable, ces animaux la prennent facilement. Pour l'administrer on la dissout dans de l'eau, du lait ou des infusions. Les doses sont les mêmes que pour la manne.

Tamarin.

Le tamarin est aussi un arbre de la famille des légumineuses, qui croît dans les mêmes pays que le précédent et qui fournit à la médecine sa gousse.

COMPOSITION CHIMIQUE. — On trouve dans le tamarin les principes suivants : acide citrique, tartrique, malique, bitartrate de potasse, sucre, gomme, pectine, parenchyme, etc.

EFFETS ET EMPLOI. — Les effets et l'emploi sont les mêmes que ceux de la casse.

2° Purgatifs minoratifs.

Les purgatifs minoratifs sont ceux qui agissent principalement en déterminant un courant osmotique vers la cavité intestinale. Ce sont les sels neutres de potasse, de soude et de magnésie.

MÉCANISME DE LA PURGATION. — Liebig attribue la purgation à une simple attraction du plasma du sang dans la cavité intestinale, sous l'influence des échanges osmotiques qui s'établissent entre le sang et la solution saline contenue dans l'intestin. En faveur de cette théorie il faut citer les faits suivants : 1° l'injection intra-veineuse des sels ci-dessus produit la constipation ; 2° la propriété purgative d'un sel est d'autant plus développée que le pouvoir osmotique est plus fort ; ainsi le sulfate de soude a un pouvoir osmotique trois fois plus grand que le chlorure de sodium, aussi purge-t-il beaucoup plus énergiquement. Cette théorie de Liebig ne doit pas être admise complètement ; ainsi on a constaté que la quantité d'eau introduite dans le tube digestif en même temps que les sels purgatifs n'exerce aucune influence sur la purgation. Or la théorie de Liebig étant absolue, on devrait observer une purgation d'autant plus intense que les solutions sont plus concentrées. Il faut tenir compte non seulement de l'attraction du plasma sanguin par le liquide contenu dans l'intestin, mais encore de la lenteur de l'absorption et de l'exagération des mouvements péristaltiques. Il est parfaitement connu que le sulfate de soude s'absorbe infiniment moins vite que le chlorure de sodium. Ainsi quand on administre un mélange de ces deux sels, on trouve rapidement le chlorure de sodium dans les urines, tandis qu'on ne trouve encore aucune trace de sulfate de soude. On doit donc admettre que les purgatifs minoratifs purgent : 1° parce qu'ils attirent le plasma sanguin dans l'intestin ; 2° parce qu'ils sont absorbés difficilement ; 3° parce qu'ils augmentent le péristaltisme intestinal qui chasse rapidement la matière vers les parties postérieures du tube digestif.

Sulfate de soude. (*All. Glaubersaltz*).

Synonymie : **Sel de Glauber, sel admirable.**

CARACTÈRES. — Ce sel se présente sous forme de cristaux rhomboédriques qui sont très solubles dans l'eau froide ou chaude. Le maximum de solubilité est à la température de 33°, où l'eau dissout environ trois fois son poids de sel. En se dissolvant dans l'eau froide et l'acide chlorhydrique, le sulfate de soude abaisse la température de ces liquides, propriété qu'on met à profit dans la formation de certains mélanges réfrigérants.

EFFETS. — A faible dose (50 grammes chez les grands animaux et 3 à 5 gr. chez les petits) le sulfate de soude ne produit pas d'effet purgatif même lorsqu'il est administré longtemps. Il active simplement la fonction digestive en excitant légèrement les sécrétions et en tonifiant la muqueuse. On n'observe pas d'effet diurétique malgré son élimination par le rein. Il s'élimine aussi par le lait, mais faiblement. A doses moyennes le sel de Glauber diminue la consistance des excréments, qui sont évacués plus fréquemment et plus abondamment. Jamais ces doses ne produisent une véritable purgation. Il y a donc simplement une action excitante plus énergique sur l'intestin.

Le sulfate de soude est absorbé, mais avec une certaine lenteur ; il fluidifie le sang, diminue le nombre des battements du cœur et produit un abaissement de température. C'est un tempérant énergique qui peut être employé comme antiphlogistique. Ces doses moyennes n'ont pas d'action sensible sur la sécrétion urinaire.

Les doses fortes seulement déterminent une véritable purgation, c'est-à-dire l'évacuation abondante de matières liquides. Cette purgation n'est pas accompagnée de *coliques* et de perte d'appétit, mais on constate des borborygmes intenses dans le ventre. Il y a toujours une notable augmentation de la *sécrétion biliaire*. Chez les carnassiers les effets purgatifs apparaissent quelques heures après l'administration, mais chez les herbivores ce n'est souvent qu'après 24 heures que la purgation a lieu. Comme nous l'avons établi plus haut, la purgation est accompagnée d'un appel de sérum sanguin dans la cavité intestinale, d'une hypersécrétion réflexe, d'une absorption faible et d'un péristaltisme plus énergique.

Le sulfate de soude est donc un *excitant* pour l'intestin, et non un *relâchant*, comme on le croyait autrefois.

EMPLOI THÉRAPEUTIQUE. — Comme condiment le sulfate de soude convient surtout aux grands herbivores; il entretient la liberté du ventre, augmente l'appétit et le pouvoir digestif, et relève la nutrition. Les doses qui conviennent sont :

Cheval...................	50 à 100 gr.
Bœuf.....	100 à 150
Mouton, porc.............	15 à 30
Chien...................	2 à 10

Les propriétés *rafraîchissantes* indiquent son emploi dans la constipation, dans les dyspepsies avec sécheresse de la bouche, dans les cas d'indigestions périodiques, quand les crottins sont coiffés, dans l'entérite catarrhale chronique.

L'action *antiphlogistique* du sulfate de soude est utilisée dans toutes les maladies aiguës des organes situés en dehors du tube digestif; on le donne alors aux doses suivantes :

Cheval..	30 à 50 gr.
Bœuf...................	50 à 100
Mouton et porc...........	5 à 10
Chien...................	2 à 6

Ces doses sont données plusieurs fois par jour dans les boissons ou les breuvages.

L'effet purgatif est utilisé chez tous les animaux

toutes les fois qu'on veut produire une purgation douce mais énergique.

$$
\text{Doses purgatives..} \begin{cases}
\text{Solipèdes\dots\dots\dots\dots} & \text{500 à 1000 gr.} \\
\text{Grands ruminants\dots.} & \text{250 à 500} \\
\text{Petits ruminants\dots..} & \text{100 à 150} \\
\text{Porc\dots\dots\dots\dots} & \text{80 à 100} \\
\text{Chien\dots\dots\dots\dots} & \text{10 à 80} \\
\text{Chat\dots\dots\dots\dots} & \text{2 à 10}
\end{cases}
$$

Il y a des animaux qui sont beaucoup plus sensibles que d'autres à l'action purgative du sulfate de soude.

L'administration se fait sous forme de breuvage, rarement sous celui d'électuaire. A l'extérieur on emploie le sulfate de soude comme réfrigérant, sur les contusions soit sous forme d'une masse pâteuse qu'on fait en ajoutant de l'eau au sel ; soit sous forme de mélange réfrigérant placé dans un sac imperméable.

Les principaux mélanges réfrigérants sont

$$
1° \begin{cases}
\text{Sulfate de soude\dots\dots\dots\dots} & 3 \\
\text{Acide azotique dilué\dots\dots\dots} & 2
\end{cases}
$$

Ce mélange produit un abaissement de 26°.

$$
2° \begin{cases}
\text{Sulfate de soude\dots\dots\dots\dots} & 5 \\
\text{Acide sulfurique étendu\dots\dots} & 4
\end{cases}
$$

$$
3° \begin{cases}
\text{Sulfate de soude\dots\dots\dots} & 8 \\
\text{Acide chlorhydrique\dots\dots\dots} & 5
\end{cases}
$$

Ces deux derniers produisent un abaissement de 27°.

Phosphate de soude.

Il jouit exactement des mêmes propriétés que le sulfate de soude, aussi ses applications thérapeutiques sont-elles les mêmes. Il a l'inconvénient d'être d'un prix plus élevé.

Sulfate neutre de potasse.

Ce sel se dissout dans dix parties d'eau froide et quatre parties d'eau bouillante ; il est aussi légèrement soluble dans l'alcool et l'éther.

Effets et usages. — Ce sel diffère du sulfate de soude au point de vue de ses effets physiologiques en ce qu'il est beaucoup plus irritant pour le tube digestif ; qu'il est comme tous les sels de potasse, plus toxique. En outre il est diurétique à faible dose et devient altérant lorsque son administration se prolonge un certain temps. Cependant comme ce sel est absorbé très lentement dans le tube digestif, ses effets toxiques sur le cœur n'apparaissent que difficilement.

Dans la pratique on doit toujours donner la préférence au sulfate de soude.

Si par suite de certaines circonstances on devait avoir recours au sulfate de potasse, il faudra l'administrer à doses moitié moindres.

Sulfate de magnésie (*All. Bittersaltz*).
Sel d'Epsom, de Sedlitz, sel amer.

Effets et usages. — Ce sel, très soluble dans l'eau, jouit des mêmes propriétés que le sulfate de soude. Il y a cependant quelques différences à signaler.

Sur les animaux dont le tube digestif est sain, il agit exactement comme le sulfate de soude ; mais sur ceux dont les intestins sont malades, l'action est beaucoup plus énergique et plus nuisible. D'après N. Tabourin on l'a employé à l'école vétérinaire de Lyon, dans la gastro-conjonctivite à la dose de 125 grammes ; il a souvent déterminé des coliques violentes, tandis que le sulfate de soude, administré à doses bien supérieures, n'a jamais causé d'accidents sérieux dans les mêmes circonstances. D'après beaucoup d'auteurs, le sulfate magnésien serait un mauvais purgatif pour les chevaux, tandis qu'il conviendrait très bien chez les ruminants.- Il n'augmente pas la sécrétion de la bile.

$$\text{Doses..} \begin{cases} \text{Cheval} \dots\dots\dots\dots\dots\dots\dots & 500 \text{ gr.} \\ \text{Bœuf} \dots\dots\dots\dots\dots\dots\dots & 500 \\ \text{Chien} \dots\dots\dots\dots\dots\dots & 5 \text{ à } 15 \end{cases}$$

Le sulfate de magnésie n'est que faiblement absorbé dans l'intestin ; il subit dans ce canal une décomposition partielle parce qu'il rencontre des sels de potasse et de soude qui, par affinité, lui enlèvent une partie de l'acide sulfurique, de sorte qu'une certaine quantité de magnésie est mise en liberté, s'arrête dans les plis intestinaux et irrite la muqueuse.

C'est à cette cause qu'il faut attribuer les coliques qu'on observe chez le cheval.

3° Purgatifs cathartiques.

On désigne sous le nom de carthatiques les purgatifs qui irritent légèrement la muqueuse intestinale et déterminent une congestion de l'intestin. Les cathartiques sont moins irritants que les drastiques, mais ils le sont plus que les minoratifs. Le mécanisme de la purgation sera étudié à propos de chaque substance.

Protochlorure de mercure.
Mercure doux, calomel, calomélas.

Le calomel est insoluble dans l'eau et les solutions acides, l'alcool et l'éther.

EFFETS PHYSIOLOGIQUES. — Malgré l'insolubilité du calomel dans un liquide acide, on remarque que des doses faibles et souvent répétées sont rendues absorbables dans le tube digestif, car on observe sur les animaux qui reçoivent ce sel des phénomènes généraux semblables à ceux produits par les préparations mercurielles solubles. Quelles sont donc les modifications que subit le calomel dans le tube digestif?

D'après Voit, le protochlorure de mercure rencontre dans l'estomac du chlorure de sodium et des matières albuminoïdes riches en chlore, avec lesquels il forme une certaine quantité de bichlorure de mercure soluble. Ce dernier sel précipite d'abord l'albumine, mais se redissout à la faveur d'un excès d'albumine et de chlorure de sodium et en définitive forme un chlorure double d'albuminate de mercure et de sodium soluble. C'est sous cette forme que serait absorbé le protochlorure de mercure.

Après l'absorption le mercure subirait dans le sang une ·oxydation d'après Mulder et Rose et formerait, comme tous les composés mercuriels, un albuminate d'oxyde de mercure.

Il n'y a qu'une petite quantité de calomel qui devient soluble et absorbable dans le tube digestif; la plus grande partie est rejetée avec les excréments sous forme de métal, de calomel et de sulfure de mercure. Après l'administration de doses fortes, l'absorption est généralement faible ; il y a surtout purgation.

Les petites doses souvent répétées sont les plus facilement absorbables et partant les plus dangereuses; elles déterminent un effet altérant puissant comme les autres mercuriaux. Cependant les doses purgatives peuvent même devenir dangereuses sur nos animaux et occasionner des accidents d'empoisonnement mercuriel ; aussi ce purgatif est-il généralement délaissé par les praticiens et cela avec raison. Cette purgation dure toujours longtemps et affaiblit beaucoup les animaux, car l'effet altérant s'ajoute à l'effet purgatif. Les symptômes et les lésions de l'empoisonnement mercuriel sont étudiés à l'article bichlorure de mercure; nous n'avons donc pas besoin d'y revenir ici.

Les excréments expulsés sous l'action purgative du protochlorure prennent une couleur vert grisâtre chez les herbivores et noirâtre chez les carnivores; de plus, ils exhalent une odeur infecte qui se prolonge pendant plusieurs jours après la cessation de l'usage du purgatif.

La coloration spéciale des excréments est due à la formation d'une certaine quantité de sulfure noir de mercure par l'action de l'acide sulfhydrique, contenu dans l'intestin, sur le calomel. Il y a des auteurs qui attribuaient cette coloration foncée particulière des excréments aux matières biliaires, et ils en concluaient que le calomel active la sécrétion de la bile. Mais les expériences faites par Rutherford sur le chien et qui consistaient à recueillir la bile par des fistules pratiquées sur le canal cholédoque, démontrent que le calomel n'augmente pas la sécrétion de bile, mais qu'il provoque seulement une excrétion plus active.

L'élimination du mercure est lente et s'effectue un peu par toutes les voies, mais principalement par la bile.

INDICATIONS THÉRAPEUTIQUES. — Les *propriétés altérantes* que produisent les faibles doses de calomel indiquent l'emploi de ce médicament pour diminuer la richesse, la plasticité du sang et pour amener une certaine déplétion dans les vaisseaux quand on veut favoriser la résorption de certains produits morbides qui apparaissent sous forme d'engorgements ou d'épanchements liquides. Il faut veiller pour ne pas produire l'empoisonnement. Ce corps, comme tous les altérants mercuriaux, affaiblit rapidement les malades, ce qui est un grand inconvénient. On n'emploie plus le calomel que rarement comme altérant. Comme purgatif on en fait usage, mais principalement chez les animaux carnivores, qui sont beaucoup moins sensibles aux mercuriaux que les herbivores.

Localement le calomel agit comme fondant et irritant substitutif, et est employé surtout dans les ophthalmies violentes et dans le trouble de la cornée. Il suffit d'insuffler deux fois par jour une petite prise de poudre de calomel dans l'œil.

Cheval	4^{gr}	à 8 gr.
Bœuf	3	à 6
Porc	2	à 4
Chien	0 50	à 1

Doses purgatives..

Quand on veut obtenir les effets généraux sans purgation, on ne doit donner que la moitié des doses purgatives.

Nerprun purgatif (*Rhamnus catharticus*; all. *Kreuzbeer*).

Le nerprun est un arbrisseau indigène appartenant à la famille des Rhamnées, qu'on trouve dans le midi de la France. Il fournit à la médecine ses fruits connus sous le nom de *baies du nerprun*.

COMPOSITION CHIMIQUE. — Les chimistes y ont trouvé : la *cathartine*, principe amer cristallisable, soluble dans l'eau et l'alcool faible, insoluble dans l'éther et l'alcool concentré; la *rhamnine*, matière colorante verte, susceptible de se cristalliser; des acides tannique, acétique et malique; de la gomme, du sucre, une matière albumineuse. La cathartine semble être la matière active.

EFFETS ET USAGES. — Les baies de nerprun administrées entières ou écrasées irritent énergiquement l'estomac et l'intestin, et produisent une *purgation* abondante mais douloureuse. Mais on emploie rarement les baies, on s'adresse surtout au rob et au sirop de nerprun, préparations qui produisent une purgation beaucoup plus douce que les baies. Les porcs et les chiens qui reçoivent de 50 à 80 grammes de baies de nerprun prennent une gastro-entérite intense qui peut entraîner la mort.

Les doses de sirop de nerprun sont de 30 à 100 grammes chez les carnivores. Quand on emploie le rob ou extrait, les doses sont moitié moindres.

Le sirop de nerprun se fait avec parties égales de suc de nerprun et de sucre blanc. Ce dernier corps peut être avantageusement remplacé par la mélasse, la cassonade, le glycose, le miel, etc.

Rhubarbe (*Radix rhei;* all. *Rhubarbarwurzel*).

On appelle ainsi la racine de plusieurs plantes du genre *Rheum*, surtout du *Rheum palmatum*, de la famille des Polygonées, qui croissent en Europe et en Asie.

Dans le commerce on distingue quatre variétés de rhubarbe : 1° la rhubarbe du Caire ou de Canton ; 2° la rhubarbe de Moscovie ou de Bucharie, qui est la meilleure ; 3° la rhubarbe de Perse ou de Turquie, qui est également bonne ; 4° la rhubarbe de France ou indigène, variété la plus mauvaise et la moins active.

COMPOSITION CHIMIQUE. — La bonne rhubarbe renferme les principes suivants : de *la rhubarbarine* qui est un principe amer ; de l'*acide cathartique*, qui est soluble dans l'eau et l'alcool, une matière colorante appelée *rhéine* ou *acide chrysophanique;* des oxalates, du tannin, de la gomme, de l'amidon, de la cellulose.

EFFETS ET USAGES. — Les effets de la rhubarbe varient avec les doses : en petite quantité elle agit comme un *tonique amer*, un *stomachique;* elle fortifie l'estomac et les intestins et détermine bientôt la constipation ; si on l'administre à doses plus fortes, elle rend les déféca- tions plus molles et plus fréquentes, surtout chez les petits animaux ; enfin à doses fortes elle détermine une *purgation* chez la plupart des espèces domestiques.

M. le professeur Bagge, de l'école de Copenhague, a injecté l'infusion de rhubarbe dans la veine jugulaire, il a constaté que l'animal ne tarde pas à rendre des excréments d'abord durs, puis de plus en plus ramollis.

Cette purgation est douce, lente, peu durable et est toujours suivie de constipation. Les excréments prennent bientôt une couleur jaune très marquée, ce qui est dû à la matière colorante de la rhubarbe. Les urines se colorent également en jaune sous l'influence de ce médicament. Le lait acquiert de l'amertume et des pro- priétés purgatives qui se font sentir sur les jeunes ani- maux qui tettent. La rhubarbe fait périr rapidement les vers intestinaux ; elle n'a pas une action bien marquée sur la sécrétion biliaire.

INDICATIONS. — Elle est indiquée : 1° à faibles doses contre l'atonie du tube digestif et les diarrhées, la jau- nisse ; 2° à forte dose comme purgatif assez énergique et comme vermifuge :

Doses toniques....	Cheval......	5 gr	à		10 gr.
	Bœuf.........	8	à		15
	Mouton et porc.....	2	à		5
	Chien.............	0	10	à	1
Doses purgatives..	Cheval........				250
	Porc...............	90	à		100
	Chien.............	8	à		15

ADMINISTRATION. — La rhubarbe s'administre en élec- tuaire ou en bol, mais rarement en breuvage, à cause de son amertume.

Du séné.

On donne le nom de séné à un mélange de feuilles et

de fruits de plusieurs arbrisseaux du genre *Cassia*, de la famille des Légumineuses ; arbrisseaux qui croissent dans les pays chauds, comme l'Égypte, l'Arabie et l'Amérique du Sud, etc.

COMPOSITION CHIMIQUE. — Le séné renferme les principes suivants : l'*acide cathartique*, glucoside constituant le principe actif, soluble dans l'eau et l'alcool, combiné à la chaux ou à la magnésie ; la *cathartomannite*, principe sucré ; le *sennacrol*, principe amer ; du mucilage, de l'acide malique et des sels.

EFFETS. — Le séné introduit dans le tube digestif excite vivement les contractions du canal intestinal. Les mouvements péristaltiques commencent à s'exagérer sur l'intestin grêle, puis se propagent successivement sur des parties plus postérieures et chassent rapidement les matières excrémentitielles dans le rectum, qui les expulse alors en grande quantité par l'anus. Ces mouvements péristaltiques énergiques sont accompagnés de *borborygmes* intenses et d'expulsion fréquente de gaz et d'excréments par l'anus ; il y a aussi souvent des coliques plus ou moins vives. Le séné n'augmente pas sensiblement les sécrétions intestinales ; son action consiste essentiellement en une excitation de la contraction de la musculeuse de l'intestin. C'est donc un purgatif *eccoprotique* par excellence. Pour obtenir des effets purgatifs plus sûrs et complets, on l'unit généralement à d'autres purgatifs agissant sur les sécrétions, comme le sulfate de soude ou d'autres. Cette association convient très bien chez tous les animaux. La purgation produite par le séné n'est jamais suivie d'une constipation comme cela s'observe avec la rhubarbe.

INDICATIONS. — Le séné est rarement indiqué seul, à cause de sa faible action sur les sécrétions. C'est donc comme adjuvant des autres purgatifs qu'il peut surtout rendre des services. Il n'est jamais indiqué quand

il y a irritation ou inflammation du tube digestif.
Les doses thérapeutiques sont :

Grands herbivores.......	125 à 150 gr.
Petits ruminants........	35 à 70
Porc....................	5 à 15
Chien...................	4 à 15
Chat....................	2 à 5

ADMINISTRATION. — Le séné ne convient pas sous
forme de poudre ou d'électuaire. L'infusion froide administrée en breuvage donne les meilleurs résultats, car
l'eau froide dissout l'acide cathartique, mais ne dissout
pas les matières résineuses qui sont surtout irritantes
et provoquent les coliques. Il faut éviter de traiter le
séné par décoction, car l'ébullition altérerait les principes actifs. Il faut toujours préparer l'infusion immédiatement avant de s'en servir, car l'acide cathartique
en solution se décompose assez rapidement. En ajoutant quelques gouttes d'acide chlorhydrique à l'infusion
on augmente l'activité du purgatif; on la diminue au
contraire par l'addition de bases calcaires.

Aloès.

On appelle *aloès* le *suc concret* des feuilles charnues de
plantes de la famille des Liliacées, qui croissent dans
l'Afrique méridionale et qui forment le genre *Aloès*.

On distingue suivant leur provenance un grand nombre de variétés d'aloès. Les principales sont :

1° L'*aloès succotrin*, variété la meilleure, se caractérisant par sa couleur jaune d'or et sa solubilité parfaite
dans l'eau et l'alcool;

2° L'*aloès hépatique* est moins soluble que la variété
précédente et est d'un jaune verdâtre. Cette variété
moins active que la précédente est celle qu'emploient
de préférence les vétérinaires;

3° L'*aloès caballin*, variété la plus mauvaise, elle est peu soluble dans l'eau ;

4° L'*aloès des Barbades*, dont la poudre est d'un rouge brunâtre, assez soluble dans l'eau et l'alcool ; variété beaucoup employée en Angleterre ;

5° L'*aloès du Cap* donne une poudre verte peu soluble ; variété médiocre ;

6° L'*aloès de Moka* ou de Bombay, variété très active, mais peu connue en France.

COMPOSITION CHIMIQUE DE L'ALOÈS. — D'après la majorité des chimistes, l'aloès renfermerait les principes suivants : *extractif savonneux*, soluble à la fois dans l'eau et l'alcool ; *principe résineux* peu soluble dans l'eau, mais soluble dans l'alcool ; essence, matière colorante, acide gallique, sels alcalins.

Le principe extractif ou savonneux paraît être la partie active de l'aloès ; il contient un principe immédiat cristallisable qu'on appelle *aloïne*.

EFFETS PHYSIOLOGIQUES. — Appliqué sur la peau, les muqueuses et les plaies, l'aloès produit un léger effet excitant légèrement astringent. Introduit dans le tube digestif, il détermine des effets qui varient selon la dose ingérée.

A dose faible l'aloès agit essentiellement comme tonique et stomachique, il excite l'appétit, augmente la tonicité de l'estomac et des intestins et favorise la digestion.

A doses moyennes, il rend les défécations plus fréquentes, dissipe les flatuosités, diminue la sécrétion du mucus.

A dose élevée, l'aloès constitue un excellent purgatif. Pour que l'action purgative se produise, il faut que l'aloès soit ingéré dans l'estomac ; les injections intraveineuses et les lavements d'aloès ne sont pas suivis de purgation. L'aloès, à cause de sa faible diffusibilité, est

absorbé très lentement, on ne peut retrouver l'aloïne
dans les sécrétions que vingt-quatre heures après l'administration de l'aloès. Ce principe actif s'élimine en
partie par le lait, qui peut acquérir des propriétés purgatives. La purgation par l'aloès ne s'établit que lentement, mais elle est sûre. Le porc et les carnassiers ne
sont purgés que de quatre à six heures après l'administration ; les solipèdes qu'après dix-huit à vingt-quatre
heures, et enfin la purgation est rarement complète
chez les ruminants, qui rejettent seulement des matières
ramollies. Pendant la purgation par l'aloès les animaux
sont inquiets, ils perdent momentanément l'appétit ;
mais il est très rare que l'aloès devienne dangereux,
même lorsqu'on le donne à dose très fortes. Cette substance congestionne la muqueuse digestive, active les
sécrétions intestinales et les contractions péristaltiques.
Après l'absorption du principe actif l'aloès produit une
hypérémie des organes génitaux, des contractions dans
la matrice et peut déterminer l'ayortement. Il augmente aussi la sécrétion urinaire, mais n'a pas d'action
bien marquée sur la sécrétion biliaire.

INDICATIONS THÉRAPEUTIQUES. — Il peut être employé :

1° Localement pour tonifier et cicatriser les plaies,
surtout les plaies atoniques ;

2° A l'intérieur comme stomachique et tonique à faible dose, dans l'inappétence, les digestions laborieuses,
la perte de la rumination. le relâchement et l'atonie du
gros intestin, etc. ;

3° Comme purgatif pour vider le canal intestinal dans
les cas d'obstruction intestinale par des aliments ou par
des vers, etc. ; pour dériver le sang sur l'intestin et diminuer la pression dans les autres parties du système
circulatoire ; dans les inflammations aiguës des centres
nerveux, des organes parenchymateux, tels que le rein, le
poumon et dans les maladies avec épanchements séreux ;

4° Comme aphrodisiaque, pour développer plus rapidement les chaleurs chez les femelles froides.

L'aloès ne doit pas être employé comme purgatif, sur les animaux pléthoriques, sur ceux qui sont nerveux, secs, irritables, sur ceux qui sont atteints d'une irritation ou d'une inflammation gastro-intestinale, ni sur les femelles pleines.

Doses toniques...	Cheval............	4ᵍʳ		à	8 gr.	
	Bœuf............	6		à	12	
	Porc, mouton......	0	50	à	2	
	Chien............	0	05	à	0	30
Doses purgatives..	Grands ruminants..	100		à	200	
	Solipèdes..........	60		à	90	
	Petits ruminants...	15		à	60	
	Porc..............	8		à	16	
	Chien............	4		à	8	
	Chat.............	0	50	à	2	

Administration. — Pour les ruminants, il faut préférer la forme liquide ; pour les solipèdes et les petits animaux la forme de bols et de pilules.

A l'extérieur on emploie la teinture d'aloès et la poudre.

Purgatifs drastiques.

On appelle *drastiques* les purgatifs qui irritent plus ou moins fortement le tube digestif. Ces purgatifs ne diffèrent des cathartiques que par leur degré d'énergie ; ils enflamment l'intestin, tandis que les cathartiques ne l'enflamment pas, mais le congestionnent seulement.

Les principaux drastiques sont : le jalap, les hellébores noir et blanc, la bryone, la gomme-gutte, la scammonée, l'euphorbe, l'huile de croton tiglium, l'huile d'épurge, de jatropha curcas.

Du jalap (*racine*).

Cette racine est fournie par une espèce de liseron, le *Convolvulus jalapa* qui croît au Mexique.

Composition chimique. — On trouve dans la racine de jalap : résine 12,16 p. 100, sucre 19, gomme 10, amidon 18 et des matières inertes. La résine constitue la matière véritablement active ; elle renferme une substance appelée *convolvuline*, incolore, inodore et insipide, difficilement soluble dans l'eau, mais facilement soluble dans l'alcool. En présence des alcalis la convolvuline se transforme en acide *convolvulique* qui agit comme purgatif énergique.

Effets physiologiques. — La racine de jalap constitue un purgatif énergique qui irrite l'intestin, le congestionne et augmente véritablement les sécrétions et les mouvements péristaltiques. La convolvuline qui constitue le principe actif se dissout dans la bile dont la sécrétion augmente, et agit alors avec une grande intensité sur l'intestin. On voit apparaître d'abord des mouvements péristaltiques énergiques dans le duodénum, et plus tard dans tout l'intestin ; on entend aussi des borborygmes intenses. Quelquefois le jalap détermine des vomissements par suite de l'irritation trop forte de la partie antérieure de l'intestin grêle. La purgation par le jalap est généralement suivie d'une constipation.

D'après les expériences qui ont été faites par différents auteurs, le jalap purge bien le chien, le porc, le mouton, le bœuf, mais il n'a pas une action favorable sur le cheval.

Indications thérapeutiques. — Le jalap convient surtout dans l'obstruction intestinale, dans les hydropisies des séreuses ou du tissu conjonctif, dans les maladies aiguës d'organes éloignés, telles que celles du poumon, des méninges ou des centres nerveux, etc. Il produit un abaissement de la tension artérielle et une dérivation considérable du sang, qui abandonne l'organe malade et se rend dans l'intestin.

Doses :		
Poudre de jalap...	Grands herbivores..	60^{gr} à 95 gr.
	Petits ruminants...	20 à 25
	Porcs..............	8 à 16
	Chiens.............	4 à 8
	Chat...............	0 50 à 1
Résine..........	Chien..............	0 25 à 0 50

ADMINISTRATION. — C'est généralement sous forme de *pilules* ou de *bols* qu'on administre le jalap. On l'unit au savon ou à de la graisse. On peut aussi le donner dans un peu d'eau-de-vie.

Bryone (*Bryona alba* L.).
Vigne blanche, couleuvrée.

La bryone, plante indigène de la famille des Cucurbitacées, fournit à la médecine *sa racine.*

COMPOSITION CHIMIQUE. — Elle contient les principes suivants : extractif amer et âcre (bryonine), résine, fécule, huile grasse, albumine, gomme, sels.

La *bryonine* et la *résine* sont les parties les plus actives de cette racine.

EFFETS ET USAGES. — La bryone fraîche est toujours plus active que celle qui est sèche.

Sur la peau elle détermine des effets rubéfiants ; elle est irritante pour tous les tissus. Introduite dans le tube digestif, la bryone présente des vertus complexes : elle est vomitive, drastique, diurétique, expectorante.

Le vomissement et la purgation se produisent facilement chez les carnassiers ; mais on n'est pas encore bien fixé sur sa valeur purgative chez les herbivores.

Jusqu'à présent les résultats obtenus sont contradictoires : les uns disent qu'à la dose de 90 grammes environ elle purge bien le bœuf, excite l'appétit et favorise l'engraissement ; d'autres n'ont pas pu obtenir la purgation en administrant même 1 kilogramme de racine à l'état frais et 250 grammes à l'état sec.

Les vétérinaires ne devront donc accorder à ce purgatif qu'une médiocre confiance, jusqu'au moment où par des travaux sérieux on ait déterminé exactement les effets et les doses.

A faible dose, on peut en faire usage pour exciter la digestion et pour tuer les vers et les œstres qui font maigrir quelquefois les jeunes poulains. On la conseille à la dose de 25 grammes à l'état frais.

Gomme-Gutte.

C'est une gomme résine fournie par des arbres de la famille des Guttifères qui croissent en Chine, aux îles Moluques et aux Indes. Elle est insoluble dans l'eau, mais elle s'émulsionne facilement dans ce liquide et lui communique une coloration jaune magnifique ; elle se dissout facilement dans l'alcool, l'éther, les essences, et donne des solutions d'un jaune doré ; enfin la potasse la dissout également, en exaltant sa couleur jusqu'au rouge intense.

COMPOSITION CHIMIQUE. — D'après Braconnot et Christisen, la gomme-gutte renferme : de la *résine* 80 p. 100, de la gomme 19,50 p. 100, de la fécule et de la cellulose 0,50 p. 100.

EFFETS PHYSIOLOGIQUES. — La gomme-gutte est un purgatif drastique des plus énergiques ; elle produit une irritation vive de l'estomac et de l'intestin, irritation qui engendre le *vomissement* et la *purgation* chez les carnassiers et les omnivores, et la purgation seule chez les herbivores. Elle active aussi la sécrétion urinaire et communique à l'urine une coloration jaune prononcée.

On n'est pas encore exactement fixé sur les doses purgatives chez les différents animaux. Les écrits des auteurs renferment des résultats contradictoires ; les uns sont partisans des doses fortes, d'autres ont obtenu de meilleurs résultats avec des doses faibles. L'incertitude dans laquelle on se trouve pour fixer les doses est facilement explicable par la composition variable de la gomme-gutte. Il est certain que toutes les variétés de gomme-gutte n'ont pas exactement la même composition chimique ; et dans la même variété, certains échantillons sont plus riches en principes actifs que d'autres. L'incertitude des doses dérive toujours de ce que le médicament employé n'est pas un principe fixe parfaitement pur au point de vue chimique.

Les doses suivantes indiquées par Hertwig ne sont que des moyennes :

Grands ruminants................	32 gr	à 48 gr.
Solipèdes......................	16	à 32
Petits ruminants et porc........	3	à 4
Carnivores	0 50	à 2

Pour éviter la superpurgation, on doit donner la gomme-gutte plutôt à doses faibles et les renouveler au besoin.

D'après M. Rey la poudre de gomme-gutte appliquée sur les solutions de continuité du garrot, de l'encolure et du dos, et sur toutes les plaies contuses, produit une action cicatrisante rapide.

On l'administre sous forme d'émulsion ou sous forme solide, en électuaire ou en bols.

Podophyllinum. Podophyllin.

On désigne sous ce nom un *extrait résineux* fourni par la racine de la plante appelée *Podophyllinum pel-*

tatum qui croît dans les forêts de l'Amérique du nord.

En Amérique on emploie cette racine comme purgatif et on la désigne sous le nom d'Ipécacuanha de la Caroline.

COMPOSITION CHIMIQUE. — D'après Lewis, cette racine purgative renferme deux *résines purgatives*, de la gomme, de l'amidon et des sels de chaux.

Les résines sont solubles dans l'alcool, mais insolubles dans l'eau.

EFFETS PHYSIOLOGIQUES. — Ce purgatif, connu depuis peu de temps en Europe, tient, au point de vue de son énergie, le milieu entre le jalap et l'huile de croton tiglium.

C'est donc un drastique puissant.

A faibles doses (5 grammes cheval, $0^{gr},05$ à $0^{gr},50$ chien) le podophyllinum peut être supporté longtemps, il détermine simplement de légères évacuations qui ne sont pas douloureuses ; cependant le chien et le chat peuvent être impressionnés par les premières doses administrées, et offrir des nausées et des vomissements. Les excréments prennent une coloration jaunâtre due à la matière biliaire et à la matière colorante de la résine. Le podophyllin semble activer notablement la sécrétion de la bile.

Les fortes doses déterminent toujours, chez nos différents animaux domestiques, une purgation intense accompagnée de coliques violentes, de nausées et de vomissements chez les carnivores et suivie d'un affaiblissement musculaire considérable. La purgation est le résultat de l'action irritante exercée par le podophyllinum sur le canal intestinal ; les évacuations sont rapides, abondantes et liquides. A la dose de 4 à 5 grammes le chien succombe. Ce médicament purge quelle que soit la voie d'administration que l'on choisit pour obtenir son absorption.

INDICATIONS. — Le podophyllin convient pour purger les petits animaux qui sont fortement constipés. Il.convient aussi comme *dérivatif intestinal* dans les maladies aiguës ou chroniques d'organes éloignés. On l'emploie comme purgatif en injection sous-cutanée, lorsqu'il est difficile de faire prendre un purgatif par la bouche.

	Porc......................	0^{gr},50 à 2 gr.
Doses..	Chien	0 10 à 2
	Chat.....	0 03 à 0 04

Ces doses peuvent être renouvelées plusieurs fois si la purgation ne se produit pas. On l'administre sous forme de pilules.

Pour les *injections sous-cutanées* on dissout 0^{gr},05 à 0^{gr},15 de poudre dans 5 grammes d'eau et quelques gouttes d'ammoniaque. On injecte à la fois 1 gramme de cette solution et on renouvelle plusieurs fois quand c'est nécessaire. La purgation se produit après 5 ou 8 heures. Ce purgatif mérite d'entrer dans la pratique vétérinaire.

Huile de croton tiglium.
Huile de Tilly.

Cette huile est extraite des graines fournies par le *Croton tiglium*, arbuste de la famille des Euphorbiacées, qui croît aux îles Moluques, à Ceylan et aux Indes.

PROPRIÉTÉS PHYSIQUES ET CHIMIQUES. — L'huile de croton tiglium est onctueuse, jaunâtre, d'une odeur nauséabonde et d'une saveur excessivement âcre. Très soluble dans l'alcool, l'éther, les essences, les corps gras, l'huile de croton ne peut se dissoudre dans l'eau, mais elle s'y émulsionne facilement par l'intermédiaire d'un jaune d'œuf, d'un mucilage, d'une gomme, etc. ; elle se saponifie aussi très facilement par l'action des solutions alcalines.

Elle renferme de l'*acide crotonique* qui est le principe actif, de la *résine*, des acides tels que l'*acide stéarique*, l'*acide oléique*, l'*acide palmitique*, etc.

EFFETS PHYSIOLOGIQUES. — Sur la peau l'huile de croton tiglium produit des effets irritants qui peuvent aller depuis la rubéfaction jusqu'à la vésication la plus profonde. Employée en petite quantité ou mélangée à une huile douce, à de l'axonge, cette huile irrite superficiellement la peau et fait naître, au bout de quelques heures, une éruption vésiculeuse plus ou moins abondante ; mais appliquée en nature et vigoureusement, elle attaque la peau profondément et provoque bientôt la formation d'un engorgement inflammatoire considérable accompagné de fièvre de réaction, de perte d'appétit, de tristesse ; enfin, après la chute de l'épiderme et des poils qui ne tarde pas à survenir, il reste une surface dénudée qui marche rapidement à la cicatrisation, mais qui le plus souvent ne se recouvre pas de poils.

Outre ces effets irritants locaux externes, l'huile de croton tiglium peut produire des effets purgatifs plus ou moins intenses par suite de son absorption et de son mélange avec le sang. Cette huile produit la purgation quelle que soit la voie d'absorption à laquelle on la confie ; elle purge non seulement lorsqu'elle arrive dans l'intestin, mais encore quand on l'injecte dans les veines, sous la peau, dans la trachée, etc.

L'huile de croton tiglium introduite dans l'estomac est le purgatif drastique le plus énergique. Elle provoque la purgation en irritant fortement la muqueuse intestinale. Son action purgative, même modérée, s'accompagne toujours, surtout chez les chevaux, de tristesse, de perte d'appétit, de coliques, de ténesme, d'une fièvre de réaction très vive. Les évacuations ne se montrent guère qu'après 24 ou 36 heures, mais elles sont presque toujours très abondantes, très fluides et durent en moyenne 1 ou 2 jours. Cette huile constitue un bon purgatif pour les animaux de l'espèce bovine, qui sont si difficilement purgés. Elle présente sur l'aloès l'avantage d'agir plus énergiquement, plus sûrement et dans un temps très court. Si la purgation a été modérée et régulière, les animaux reprennent promptement l'appétit et se relèvent rapidement de l'état de faiblesse dans lequel ils étaient tombés.

S'il y a superpurgation l'affaiblissement persiste aussi longtemps que la gastro-entérite provoquée par le médicament. L'huile de croton détermine aussi une *diurèse abondante*, due probablement aux principes résineux éliminés par les reins.

INDICATIONS THÉRAPEUTIQUES. — On emploie l'huile de croton à l'extérieur comme *irritant cutané*, *rubéfiant* ou *vésicant*, lorsqu'on veut agir vite et amener une *dérivation* ou une *révulsion* rapide et intense.

A l'intérieur on l'utilise comme *purgatif* énergique, lorsqu'on veut provoquer une évacuation abondante dans l'obstruction intestinale par des vers ou des aliments ou d'autres corps étrangers.

On ne l'emploie pas souvent comme dérivatif intestinal dans les hydropisies, les maladies aiguës, car il est trop affaiblissant et trop dangereux. On lui préfère en général l'aloès, le jalap.

		Centigr.	Gouttes.	
Doses purgatives..	Bœuf..............	40 à 80	10 à 15	Maxim. 20
	Cheval...........	30 à 60	15 à 30	— 40
	Petits ruminants..	10 à 20	8 à 10	— 12
	Porc.............		3 à 5	— 6
	Chien............	5 à 10	1 à 5	— 8

ADMINISTRATION. — Pour administrer cette huile, on l'émulsionne dans un jaune d'œuf, dans une solution gommeuse ou mucilagineuse, ou bien on la dissout dans une autre huile, soit l'huile de ricin, soit l'huile d'olive. Beaucoup de praticiens ajoutent 4 à 6 gouttes d'huile de croton aux bols ou aux pilules purgatives d'aloès pour augmenter leur énergie.

Quand on emploie l'huile de croton tiglium sur la peau à titre révulsif, on l'applique pure ou mélangée, soit à un corps gras ou essentiel, soit à l'alcool; dans tous les cas, il faut éviter de la toucher directement avec la main, à cause de ses propriétés irritantes ; on l'étendra donc avec un tampon d'étoupe très serré ou avec la main recouverte d'un gant de peau ou d'une vessie sèche.

Graines de croton tiglium.
Graines de Tilly.

Les graines réduites en poudre sont irritantes comme l'huile. A l'intérieur elles constituent un purgatif infidèle et rendent souvent les animaux très malades sans les purger beaucoup.

Il faut éviter d'en faire usage dans la pratique ; l'huile, d'ailleurs, peut toujours avantageusement les remplacer.

HUITIÈME CLASSE

ANTIPARASITAIRES.

On désigne sous le nom d'antiparasitaires les médicaments qui jouissent de la propriété de tuer les organismes qui vivent en parasites à l'intérieur ou à la surface du corps de nos animaux et de l'homme.

Ces médicaments se divisent naturellement en deux sous-classes : les antiectozoaires, et les antientozoaires. La première comprend les médicaments qui s'opposent à la multiplication des ectozoaires, c'est-à-dire des parasites qui vivent sur la peau ; la seconde comprend les médicaments qui tuent les entozoaires, c'est-à-dire les parasites internes.

Antiectozoaires.

Les parasites qui vivent sur la peau de nos animaux proviennent tous du monde extérieur ; ils se fixent sur le tégument pour y passer les uns leur vie entière, les autres une certaine phase de leur existence. En général ils se multiplient, sur place, avec une rapidité plus ou moins grande, et par leur présence déterminent un malaise et des désordres plus ou moins intenses.

Les principaux antiectozoaires sont : la *poudre insecticide*, *la benzine* et autres pyrogènes, le *styrax* et le *baume du Pérou*.

Poudre insecticide ou fleurs de pyrèthre.

Cette poudre provient des sommités fleuries de plusieurs espèces de *pyrèthres* qui croissent dans le Caucase et dans les montagnes de la Perse. Les principales espèces sont : le *Pyrethrum caucasicum*, le *Py. riseum*, le *Py. carneum*, le *Py. cinerariæfolium*.

Le principe actif de ces fleurs est constitué par un mélange de *plusieurs essences* qui sont d'une coloration jaunâtre et qui ont une odeur de camomille ; à ces essences est joint un acide rouge appelé *persicine*, qui agit aussi, et deux autres acides, la *persicéine* et la *persirétine* qui, d'après Rother, sont inactifs.

EFFETS. — Les essences constituent un poison violent pour tous les parasites de nature animale qui pullulent sur la peau des animaux, tels que poux, puces, mouches, insectes, etc. On répand la poudre sur le corps pour la faire arriver en contact avec les animalcules parasites. Pour rendre son action plus énergique et plus durable, on la fait pénétrer entre les poils qu'on peut même humecter préalablement afin de rendre la poudre plus adhérente. Les insectes sont d'abord narcotisés, puis ils meurent.

On peut aussi faire usage de la *teinture de pyrèthre* qu'on prépare en faisant macérer une partie de poudre dans 6 parties d'alcool et en filtrant après huit jours. L'infusion aqueuse à 1 p. 10 est également excellente.

Benzine et autres pyrogènes.

Les effets ont été décrits page 137 et suivantes.

Styrax.

Le styrax est un baume presque fluide extrait par compression de l'écorce d'un arbre du Levant, le *Liquidambar orientale*. Ce corps répand une odeur agréable et contient comme principe actif *une essence;* il est soluble dans l'alcool et se mélange bien avec l'huile.

ACTION PHYSIOLOGIQUE. — Employé en frictions sur la peau de l'homme et des animaux, le styrax n'exerce aucune action irritante ; sur les plaies il agit comme la térébenthine, cependant avec une moindre énergie. Ce baume tue avec rapidité tous les parasites cutanés. Il convient toutes les fois qu'il faut débarrasser les animaux d'hôtes incommodes ; surtout dans la gale des petits animaux comme le chien, le chat, les oiseaux de basse-cour ou les oiseaux en cage. Il tue non seulement les parasites adultes, mais encore les œufs. C'est un antigaleux usité avec beaucoup d'avantages chez l'homme. Il mérite d'être employé en médecine vétérinaire.

A cause de sa consistance semi-solide on ne peut faire pénétrer facilement les molécules médicamenteuses dans la peau ; pour le rendre plus liquide et plus facile à employer on le mélange avec 1, 2, 3 parties d'huile ou bien avec du savon vert et de l'alcool dans la proportion de 60 de styrax pour 10 d'alcool et 10 de savon vert. Avant de faire les frictions on lave et on frotte fortement les animaux avec de l'eau de savon ; on fait ordinairement deux applications à cinq ou six jours d'intervalle. C'est certainement le meilleur antiparasitaire qu'on puisse employer chez les petits animaux à cause de son efficacité et de son odeur agréable.

Baume du Pérou.

On désigne sous le nom de Baume du Pérou le suc épaissi qu'on retire de l'écorce de plusieurs arbres qui croissent dans le Pérou et l'Amérique centrale, principalement du *Myroxylon sansonatense* de la famille des Légumineuses.

Il doit également ses propriétés à une essence ; son

odeur est délicieuse, elle rappelle l'odeur de vanille. Il est insoluble dans l'eau, mais se mélange avec l'acool, les essences et les huiles.

ACTION ET INDICATIONS. — Les effets sont les mêmes que ceux du styrax, mais ils sont un peu moins intenses. Il est d'un prix plus élevé et par conséquent peut toujours être remplacé par le styrax en médecine vétérinaire.

Sulfure de potasse (*Foie de soufre. Polysulfure de potassium*).

Le sulfure de potasse est solide, amorphe, en plaques irrégulières d'une couleur jaune, rougeâtre ou jaune-verdâtre ; d'une odeur hépatique prononcée, d'une saveur fortement alcaline. Exposé à l'air, le sulfure de potasse absorbe l'humidité, se ramollit, exhale une forte odeur d'œufs pourris, s'oxyde et se transforme en hyposulfite alcalin. Il est très soluble dans l'eau. Sa solution un peu laiteuse et jaunâtre s'altère rapidement à l'air ; les acides minéraux en dégagent de l'hydrogène sulfuré et précipitent le soufre ; les solutions métalliques la décomposent en donnant naissance à un sulfure coloré et insoluble.

EFFETS PHYSIOLOGIQUES. — Sur la peau les solutions faibles de sulfure de potasse agissent comme excitantes, les solutions concentrées comme irritantes et même caustiques. Ces dernières déterminent une douleur cuisante, dissolvent l'épiderme et provoquent une inflammation. Sur les solutions de continuité et les muqueuses ces effets irritants sont encore plus prononcés.

Ingéré dans l'estomac, le sulfure de potasse est très irritant. A dose un peu forte il irrite vivement la muqueuse, détermine des vomissements chez les carnivores et les omnivores, et des coliques vives avec gastro-entérite chez les herbivores. En présence du suc gastrique acide, le sulfure de potassium laisse déposer du soufre et dégage de l'acide sulfhydrique. Ce gaz est rapidement absorbé, communique au sang une coloration noire ; rend la respiration plus difficile quand il est en grande quantité et peut même déterminer la mort par intoxication. Les sulfures alcalins sont aussi absorbés en nature ; ils rendent le sang plus fluide, diminuent le nombre et la force des battements du cœur, produisent une grande faiblesse musculaire, une dépression du système nerveux, puis des convulsions si la dose est mortelle et enfin la mort. L'acide sulfhydrique est exhalé par le poumon et la peau. Les sulfures alcalins sont oxydés dans le sang et se transforment en sulfates et sulfites qui sont éliminés par les urines.

Le sulfure de potasse constitue un poison pour tous les parasites ectozoaires.

Indications thérapeutiques. — L'action fortement irritante de ce médicament rend son emploi interne dangereux ; aussi dans la pratique y a-t-on rarement recours. Il peut cependant servir de contre-poison des sels métalliques, car il forme avec eux des sulfures insolubles et non irritants. A l'extérieur on utilise ses propriétés irritantes, dissolvantes, résolutives et fondantes. En solutions à 10 p. 100, il convient pour laver la peau qui est le siège d'une éruption sèche et douloureuse ; après un certain temps de contact on enlève le sulfure par un lavage au savon. Pour les éruptions humides il ne faut employer que des solutions de 1 à 2 p. 100 ; on l'unit souvent au savon ou à la glycérine. Chez le mouton, les lotions ou lavages avec les solutions de sulfure de potasse ne conviennent pas, car elles jaunissent la laine.

La pommade de sulfure de potasse à 1 p. 6 ou 8 constitue un résolutif excellent. On l'a employée avec succès contre les inflammations articulaires, les engorgements tendineux, les exostoses et autres tuméfactions.

Contre la gale des petits animaux on emploie souvent le sulfure de potasse sous forme de bains. Pour un chien, un bain contient 50 à 150 grammes de sulfure de potasse.

ADMINISTRATION. — Le sulfure de potasse est toujours donné en solutions faibles qu'on administre sous forme de breuvages ou qu'on mélange avec du son et des poudres végétales pour en faire des bols.

Doses thérapeutiques ..	Cheval	4^{gr}	à	8 gr.
	Bœuf	5	à	10
	Mouton, porc	0	50 à	2
	Chien	0	05 à 0	50

		Tube digestif.	Veines.
Doses toxiques	Cheval	60^{gr}	4 à 8 gr.
	Chien	10	7

Outre les substances ci-dessus dont la propriété essentielle est de tuer les parasites ectozoaires il y a encore une foule d'autres médicaments qui peuvent être employés comme antiectozoaires, soit seuls, soit mélangés à ceux ci-dessus. Ainsi le bichlorure de mercure, l'acide phénique, le goudron, le pétrole, etc. Comme ces médicaments jouissent encore d'autres propriétés plus importantes, nous les avons placés dans d'autres classes.

Antientozoaires.

On appelle ainsi les médicaments qui jouissent de la propriété de tuer ou de produire l'expulsion des parasites qui vivent et se développent dans l'intérieur du corps des animaux. On les appelle encore *vermifuges*, *vermicides* ou *anthelminthiques*.

Beaucoup de médicaments jouissent de la propriété d'expulser les vers contenus dans le tube digestif, mais il n'y a que dans un petit nombre que cette propriété est presque exclusive. Ce sont ces derniers que nous devons étudier dans ce chapitre.

Les principaux anthelminthiques sont : la mousse de Corse, le semen-contra, la fougère mâle, l'écorce de grenadier, le kousso, le kamala, l'huile empyreumatique.

Mousse de Corse.
Mousse de mer. Coralline de Corse.

On donne ce nom à un mélange d'algues, de polypiers, de coquillages, de graviers, etc., qu'on récolte sur les bords de la Méditerranée et particulièrement en Corse. Ce mélange exhale une odeur de mer prononcée et présente une saveur salée, amère et nauséeuse. D'après une analyse du Dr Bouvier, la mousse de Corse est composée de gélatine, de cellulose, de sels de potasse, de chaux et de magnésie, c'est-à-dire de ceux qu'on trouve dans les eaux de la mer ; en outre elle contient de l'iode et du brome.

EMPLOI. — La mousse de Corse est un vermifuge d'une mince efficacité ; elle n'a d'action manifeste que sur les strongles et les ascarides, elle ne tue pas le ténia. On l'emploie sous forme de breuvage après l'avoir traitée par décoction à la dose de 30 à 65 grammes pour les petits animaux. Pour les grands herbivores il en faudrait de trop grandes quantités et le remède deviendrait trop coûteux, aussi n'emploie-t-on sa décoction que pour servir de véhicule aux autres préparations vermifuges. L'usage du remède, pour qu'il soit efficace, doit être prolongé pendant quelques jours.

Semen-contra.

On appelle ainsi un mélange de fleurs de plusieurs

variétés d'armoises, qui croissent dans le Levant. On en connaît plusieurs variétés commerciales : le semen-contra d'Alep ou d'Alexandrie, fourni par l'*Artemisia judaïca* et l'*A. contra;* et celui de Barbarie provenant de l'*Artemisia ramosa.*

Ce dernier est inférieur à celui d'Alep. L'un et l'autre ont une odeur aromatique forte, rappelant celle de l'absinthe et une saveur chaude et amère.

COMPOSITION CHIMIQUE. — D'après les chimistes, le semen-contra contient : une essence, une résine, une matière amère, de la *cérine,* de l'albumine, des sels et de la *santonine* qui est le principe actif.

La santonine est cristallisée en prismes quadrilatères, inodore, insipide, presque insoluble dans l'eau, soluble dans l'éther et dans l'alcool. Elle neutralise les bases et tend à former des sels. Elle est très vermifuge.

EFFETS ET USAGES. — Le semen-contra constitue un excellent vermifuge pour les vers ronds, c'est-à-dire les nématoïdes. Il est employé chez l'homme depuis la plus haute antiquité. En vétérinaire, malgré son efficacité on ne peut guère l'employer que chez les petits animaux à cause de son prix élevé. On doit l'administrer à jeun ; 24 heures après on donne un purgatif. Il ne faut jamais faire prendre simultanément le vermifuge et le purgatif ; car pour que le vermifuge produise tout son effet, il faut qu'il soit environ 24 heures en contact avec les vers. Il ne tue les ténias que lorsqu'il est donné à dose toxique.

Les doses sont, chez les chiens, de 2 à 8 grammes suivant la taille.

Des doses plus élevées sont dangereuses, elles produisent le vomissement, des convulsions et une paralysie.

On administre la poudre de semen-contra dans un peu d'eau, ou, ce qui vaut mieux à cause de sa saveur amère, sous forme d'électuaire.

On fait aussi usage de la santonine comme dans l'espèce humaine; étant insipide, elle est d'une administration plus facile.

Les doses sont :

Santonine.... { Gros chiens.......... $0^{gr},05$ à $0^{gr},12$
{ Petits chiens et chats. 0 02 à 0 05

Ces doses doivent être renouvelées deux ou trois fois dans la journée.

Fougère mâle (all. *Wurmfarren, Johanniswurzel*).

La fougère mâle croît dans les lieux frais. Elle fournit à la médecine sa racine ou plutôt son rhizome, qui a une saveur douceâtre et une odeur nauséeuse. La poudre s'altère à la longue et perd ses propriétés vermifuges ; la racine entière se conserve mieux.

COMPOSITION CHIMIQUE. — On y trouve comme principes actifs un acide voisin de l'acide tannique, qu'on appelle acide *filixique*, une *essence* et une *résine ;* en outre il y a de l'amidon, du sucre, une huile grasse, une matière gélatiniforme et des sels.

EFFETS. — La racine de fougère mâle est le vermifuge indigène le plus anciennement connu ; elle agit surtout contre le *ténia*. Si ce médicament n'a pas toujours le pouvoir de tuer le ténia, il a au moins l'avantage de l'empoisonner momentanément, de le narcotiser, de le détacher de la muqueuse sur laquelle il est fixé et de favoriser ainsi son expulsion. En outre la racine de fougère n'agit jamais défavorablement sur le tube digestif, elle a au contraire des effets stomachiques et digestifs prononcés.

EMPLOI. — Comme la poudre de la racine de fougère mâle s'altère assez vite, il convient, pour obtenir des résultats sûrs, de ne jamais employer que la racine fraîchement pulvérisée et de l'administrer à doses élevées. Son prix élevé rend difficile l'emploi de ce médicament chez les grands herbivores. Les doses sont :

Grands herbivores............	100 à 200 gr.
Petits herbivores	30 à 50
Poudre.. { Porc......................	10 à 30
Chien...............	5 à 30
Volailles.................. .	1 à 3

Ces doses sont administrées le matin à jeun, on les renouvelle à midi et le soir ; on peut donner à manger aux animaux après leur avoir administré un purgatif pour déterminer l'expulsion des parasites. Il faut toujours laisser s'écouler au moins 6 heures entre l'administration du vermifuge et du purgatif. Si le lendemain le ténia n'est pas rendu, on recommence une nouvelle administration comme la veille.

On a reconnu dans la pratique que la poudre, surtout un peu vieille, tout en expulsant le ténia, laisse le scolex dans l'intestin ; aussi a-t-on aujourd'hui presque toujours recours à l'extrait éthéré de fougère mâle à cause de la bonne conservation de cette préparation et de son efficacité plus grande.

Porc et moutons.	5 gr	à 10 gr.
Doses de l'extrait éthéré. { Gros chiens.....	5	à 8
Petits chiens....	2	à 3
Chats	0 50	à 1 5

La poudre ainsi que l'extrait sont administrés sous forme d'électuaire, de bols ou de pilules. Quelques gouttes d'éther ou d'alcool additionnées semblent augmenter l'activité de la poudre.

De l'écorce de racine de grenadier (all. *Granatwürze-*
linde).

Le grenadier est un arbrisseau qui croît dans l'Europe méridionale et dans l'Afrique. — Il fournit à la médecine ses *fleurs* et ses *fruits* astringents et sa *racine* dont l'écorce est un ténifuge puissant.

COMPOSITION CHIMIQUE. — Cette écorce contient les principes suivants : beaucoup d'acide tannique et gallique, une *matière résineuse*, une matière cristallisée, la *punicine* et un principe volatil appelé *pelletiérine*, qui est très actif.

EFFETS. — La racine de grenadier constitue un excellent anthelminthique, surtout un bon *ténifuge*. Dans la médecine de l'homme cette substance a acquis une grande réputation; mais à cause de son prix élevé et de sa fréquente falsification la médecine vétérinaire ne l'a pas beaucoup employée. Cette racine offre l'inconvénient d'être un peu irritante pour le tube digestif et de produire souvent le vomissement chez les carnivores.

Doses : Poudre.. { Cheval............ 150 à 200 gr.
{ Chien............   30 à 50

Ces doses doivent être données deux ou trois fois dans la même journée, puis on administre un purgatif.

Depuis quelques années, on emploie de préférence la pelletiérine et l'isopelletiérine. Dujardin-Beaumetz conseille l'administration de 30 centigrammes d'un mélange de pelletiérine et d'isopelletiérine chez l'homme atteint du ver solitaire. Ce moyen a réussi trente-sept fois sur trente-neuf. Il réussirait certainement à cette même dose chez les carnivores tels que le chien et le chat.

La poudre s'administre sous forme d'électuaire ou de bols. On en fait aussi des breuvages par décoction.

On pourrait aussi faire usage de l'extrait aqueux qu'on donnerait chez le chien à la dose de 2 grammes.

Du kousso ou **cousso** (all. *Kossoblüthen*).

On donne le nom de kousso aux fleurs femelles d'un arbre de la famille des Rosacées, le *Brayera anthelminthica* (Kunth), qui croît en Abyssinie. Le kousso a l'aspect des fleurs de tilleul brisées, une couleur blonde ou rouge, une saveur d'abord fade, puis âcre et une odeur faible de fleur de sureau qui se développe surtout sous l'influence de l'eau chaude.

COMPOSITION CHIMIQUE. — Les chimistes ont trouvé dans le kousso les principes suivants : de la *kousséine* (Stromeyer), principe acide cristallisable, du tannin, de la résine, une essence, une matière grasse, du sucre, de la gomme et des sels. Le kousso est d'une conservation assez facile dans un vase bien bouché.

EFFETS. — Le kousso est un anthelminthique très énergique; non seulement il paralyse tous les nématoïdes, mais il les tue rapidement ainsi que les ténias. D'après Küchenmeister, il tue les vers plus rapidement que tous les autres vermifuges. Ce médicament détermine quelquefois, chez les animaux auxquels on l'administre, un peu d'agitation, de légères coliques accompagnées de borborygmes, mais généralement de très courte durée. Il provoque aussi quelquefois les efforts de vomissement.

	Moutons	15 à 30 gr.
Doses..	Agneaux	5 à 10
	Gros chiens	10 à 15
	Petits chiens............	3 à 5

On donne deux doses à une heure d'intervalle, et trois ou quatre heures après on administre un laxatif.

Le kousso présente son maximum d'effet lorsqu'il est donné en breuvage, après infusion dans de l'eau, du bouillon ou du lait. On pourrait aussi l'employer en électuaire ou en bol.

18.

Du kamala.

Le kamala est une matière résineuse fournie par les capsules ou fruits d'un arbre de la famille des Euphorbiacées, le *Rottlera tinctoria*, qui croît dans l'Inde, en Chine, aux îles Philippines, etc. Il forme une poudre rouge d'une odeur faible aromatique, rappelant un peu celle du cachou et d'une saveur presque nulle. Cette matière est insoluble dans l'eau, peu soluble dans l'alcool froid, mais soluble dans l'éther et l'esprit-de-vin bouillant.

Composition chimique. — D'après l'analyse du Dr Anderson, de Glascow, le kamala contient de la résine, de l'essence, une matière cristalline, la *rottlérine*, des matières colorantes et des sels. La rottlérine semble être le principe actif.

Effets. — Ce n'est qu'en 1866 que ce corps a été introduit dans la médecine vétérinaire. Il a des effets analogues à ceux du kousso. Cependant, outre la propriété vermifuge il produit aussi un effet évacuant. Il ne détermine jamais le vomissement. D'après Küchenmeister, le kamala tue tous les ténias après un contact de une à deux heures, tandis que la racine de fougère met trois à quatre heures, et le kousso une demi-heure pour les tuer.

Doses : Chien 2 à 10 grammes suivant la taille. On donne deux doses à une heure d'intervalle, et quelques heures après on administre un laxatif.

Pour augmenter les effets, on le fait macérer deux jours dans de l'eau-de-vie. On l'administre en suspension dans l'eau, en bols, en électuaire ou en breuvage.

Huile empyreumatique (all. *Stinkendes Thieröl*).

L'huile empyreumatique est un liquide oléagineux

résultant de la distillation en vase clos des matières organiques. Elle est plus dense que l'eau, d'une saveur âcre et amère et d'une extrême fétidité, d'une réaction alcaline, presque insoluble dans l'eau, mais très soluble dans l'alcool, l'éther, les essences, les huiles et tous les corps gras. Cette huile, distillée et rectifiée plusieurs fois, forme ce qu'on appelle l'*huile animale de Dippel*.

COMPOSITION CHIMIQUE. — Cette huile constitue un produit dont la composition est extrêmement complexe; on y trouve les principes suivants : *huile pyrogénée limpide, bitume, eau, acide acétique, ammoniaque et sels ammoniacaux, produits cyaniques, odoroïne, animine, ola - nine, ammoline*, etc.

EFFETS PHYSIOLOGIQUES. — Localement, l'huile empyreumatique est irritante; sur la peau ses effets dépassent rarement ceux des rubéfiants ; sur les muqueuses et les plaies, l'action irritante est un peu plus énergique.

A l'intérieur l'huile empyreumatique produit, suivant les doses, une excitation ou une irritation du tube digestif. Après l'absorption elle excite le système nerveux à la façon du camphre et des sels ammoniacaux et peut même produire l'empoisonnement.

A faible dose, c'est un léger excitant des fonctions digestives, un tonique de l'estomac et de l'intestin. Elle augmente l'appétit et améliore la digestion sur les animaux chez lesquels il y a atonie ou diarrhée atonique.

A forte dose, cette huile fait apparaître des phénomènes toxiques caractérisés par une forte excitation nerveuse, des tremblements, des contractions cloniques, de la faiblesse du train postérieur qui se transforme en paralysie. Si ces phénomènes se prolongent, la mort ne tarde pas à survenir.

Des doses moyennes produisent dans le tube digestif une excitation locale de la muqueuse, et agissent énergiquement sur les parasites, qui sont tués et expulsés.

C'est un des *vermifuges* les plus anciens et en même temps des plus sûrs. Comme cette huile est absorbée avec une très grande lenteur, elle reste longtemps en contact avec les parasites contenus dans le tube intestinal et produit sûrement leur mort. Cependant, à cause de l'odeur infecte de cette huile, on ne l'emploie plus guère aujourd'hui ; on lui substitue comme vermifuge l'émétique, l'arsenic et l'essence de térébenthine.

EMPLOI ET DOSES. — En thérapeutique, on n'utilise pas les effets rubéfiants que cette huile développe sur la peau. A l'intérieur, on l'emploie : 1° comme tonique digestif et nerveux ; 2° comme vermifuge.

		Toniques.	Vermifuges.
Doses	Cheval	5 à 10 gr.	20 à 30 gr.
	Bœuf	8 à 15	30 à 50
	Mouton	2 à 3	5 à 10
	Porc	1 à 3	4 à 8
Doses toxiques	Cheval		100 gr.
	Chien		12

Au lieu d'huile empyreumatique, on peut faire usage de l'*huile de Chabert*, qui n'est autre chose que le produit de la distillation d'un mélange d'huile empyreumatique une partie, et essence de térébenthine trois parties. Les vertus vermifuges de l'huile de Chabert sont très prononcées. Les doses vermifuges de cette huile sont :

Grands ruminants	30 à 65 gr.
Solipèdes	25 à 50
Petits ruminants et porcs	4 à 8
Carnivores	1 à 2

L'huile empyreumatique s'administre en bols ou en breuvages. Les bols conviennent pour tous les animaux à l'exception des ruminants ; chez ces derniers les infusions amères ou vermifuges, dans lesquelles on délaye l'huile empyreumatique et qu'on administre en breuvages, produisent de meilleurs résultats. Quand on l'emploie exclusivement comme vermifuge, il faut administrer d'emblée des doses fortes ; l'effet obtenu est plus sûr et plus rapide.

Les propriétés antiparasitaires de cette huile peuvent encore être utilisées dans les affections vermineuses des voies respiratoires. On l'emploie, dans ce cas, en fumigations qu'on fait en versant de l'huile noire sur un corps solide et en chauffant celui-ci sur un foyer.

NEUVIÈME CLASSE

On appelle désinfectants les médicaments qui s'opposent au développement des germes figurés qui produisent les fermentations et les maladies infectieuses souvent si meurtrières chez nos animaux domestiques. Les ferments figurés et les micro-organismes qui produisent les maladies infectieuses se reproduisent avec une rapidité telle que, dans l'espace de quelques heures, un seul individu peut en engendrer des milliers. C'est par suite de leur multiplication effrayante que ces organismes deviennent nuisibles, car ils vivent aux dépens des tissus animaux, les désorganisent ou les affament. Ces germes offrent en général une vitalité considérable ; ils peuvent, sous certaines de leurs formes, rester desséchés pendant des années, et néanmoins reprendre leur activité quand ils sont déposés ensuite dans un milieu convenable.

La thérapeutique a recherché les moyens pour détruire ces germes. On arrive à ce résultat par un grand nombre de moyens.

En se basant sur leur degré d'énergie, on peut les diviser en désinfectants légers, forts et très forts :

1° *Désinfectants légers*. — Le charbon, le sulfate de chaux, le goudron, la suie, les sulfates de fer, de zinc et de cuivre, le chlorure de magnésium, le permanganate de potasse, les huiles essentielles, le camphre, le thymol, le vinaigre, l'acide acétique, l'alcool.

2° *Désinfectants forts*. — Eau bouillante, vapeur, borate

de soude, alun, vinaigre de bois, iode, acide tannique, chlore, acide salicylique, acide benzoïque.

3° *Désinfectants très forts.* — Chaleur d'une flamme, brome, chlorure de zinc, beurre d'antimoine, bases alcalines caustiques, acides minéraux concentrés, acide borique, acide chromique, acide phénique, créosote et bichlorure de mercure.

Chlore.

Le chlore est un gaz qui a une grande affinité pour l'hydrogène, avec lequel il forme de l'acide chlorhydrique. L'eau, à la température de 10°, dissout 3 volumes de ce gaz. Sa puissante affinité pour l'hydrogène lui donne la faculté de décomposer la plupart des substances organiques, de détruire les matières colorantes, odorantes et infectieuses.

PRÉPARATION. — Pour obtenir le chlore à l'état gazeux et en grande quantité, on chauffe sur un réchaud **un** mélange de sel marin 1,5, de peroxyde de manganèse **1**, d'acide sulfurique du commerce 2, et d'eau ordinaire 2. Pour obtenir un faible dégagement on emploie du chlorure de chaux qu'on délaye dans un peu d'eau, et on y ajoute, de temps en temps, quelques gouttes de vinaigre.

EFFETS PHYSIOLOGIQUES. — Le chlore est irritant pour tous les tissus; sur la peau il peut produire des effets qui varient depuis la simple rougeur jusqu'à la vésication et même l'ulcération du derme, suivant les doses et le temps de l'application. Ces effets irritants, inflammatoires sont le résultat de la décomposition des tissus sous l'influence du chlore, qui leur enlève leur hydrogène pour former de l'acide chlorhydrique; cet acide, une fois formé, agit en coagulant l'albumine, et l'oxygène, mis en liberté, porte son action oxydante sur le reste de la matière organique. Par suite de cette action destructive, il se forme une légère eschare très mince. Sur les muqueuses, le chlore produit les mêmes effets que sur la peau. Inhalé avec l'air inspiré, le gaz chlore détermine de l'éternuement, de la toux, un spasme de la glotte qui entraîne la suffocation momentanée, puis une inflammation des bronches, du poumon, et enfin la mort.

Mélangé avec beaucoup d'air et de la vapeur d'eau, le chlore perd ses qualités irritantes et asphyxiantes, devient un simple stimulant pour les voies respiratoires, et peut aussi, en pénétrant dans le sang, devenir un agent modificateur général. L'absorption du chlore par les voies respiratoires est facile à constater : bientôt après son administration par ces voies, le sang devient plus foncé, plus fluide, et la viande prend partout l'odeur caractéristique de chlore, ce qui la rend inutilisable pour la consommation. Cette odeur de la viande persiste pendant deux à trois semaines, d'après Colin et d'autres.

Introduit dans les voies digestives sous forme de solutions, le chlore excite l'estomac et l'intestin, accélère la digestion et décolore les excréments. A dose trop forte ou après une administration trop prolongée, le chlore irrite aussi le tube digestif et peut même déterminer une gastro-entérite mortelle.

Après l'absorption d'une petite quantité de chlore, il se produit une légère excitation générale se traduisant par une sensibilité plus grande, par une accélération de la circulation et de la respiration. Si on continue l'usage, le sang se fluidifie, les animaux s'affaiblissent et tombent dans le marasme qui les amène à la mort. Cette propriété altérante du chlore peut être mise à profit pour favoriser la résorption d'engorgements morbides.

INDICATIONS THÉRAPEUTIQUES. — Le chlore peut être employé :

1° Comme *léger excitant* des voies respiratoires quand on fait respirer une petite quantité de gaz mélangé à beaucoup d'air. Sous cet état il est un stimulant de la muqueuse et un désinfectant léger. Il convient dans les catarrhes chroniques des voies respiratoires, la bronchite vermineuse, etc.

2° Comme *désinfectant* et *antiseptique* toutes les fois qu'il s'agit de détruire un ferment ou un virus. Il désorganise en effet la matière organique en s'emparant de l'hydrogène et tue les infiniment petits qui sont les agents des fermentations, de la putréfaction et des maladies infectieuses. Mais pour que ses effets désinfectants soient certains, il est nécessaire que le chlore agisse sous forme de vapeurs concentrées et pendant un temps assez long.

Pour désinfecter un local dans lequel ont séjourné des animaux atteints de maladies contagieuses il faut faire dégager d'abondantes vapeurs de chlore, après avoir hermétiquement fermé toutes les ouvertures. On n'ouvre que le lendemain pour établir une ventilation.

3° Comme *désodorant*, quand on veut rendre inodores des matières qui répandent une odeur infecte comme cela arrive quelquefois pour les matières fécales, les plaies gangreneuses, etc.

Eau chlorée.

L'eau chlorée ou solution aqueuse concentrée de chlore représente un liquide légèrement verdâtre à odeur de chlore. Elle contient environ 0,4 p. 100 de ce gaz. Exposée à la lumière, la solution s'altère assez vite par suite de la combinaison du chlore avec l'hydrogène de l'eau et la formation d'acide chlorhydrique. Il faut conserver ces solutions dans des flacons noirs bien bouchés.

L'eau de chlore a été employée beaucoup autrefois contre les maladies typhoïdes, les diarrhées infectes, le charbon, la morve, le farcin. Mais l'expérience a démontré que ces différentes maladies ne sont pas guéries par ce remède et sont rarement améliorées. Aussi a-t-on à peu près complètement abandonné l'emploi de l'eau chlorée à l'intérieur. Nous possédons d'ailleurs pour l'intérieur des désinfectants antiseptiques, antivirulents plus puissants que le chlore et d'une administration plus facile.

A l'*extérieur* l'eau chlorée rend de grands services comme excitant et désinfectant des plaies de mauvaise nature. Il peut remplacer avantageusement, au point de vue du prix et de l'efficacité, les acides phénique et borique. Il ne faut pas cependant trop compter sur son action antivirulente contre la rage, la morve, le charbon. Quand on veut détruire sur place un virus inoculé, il faut rejeter l'eau chlorée et avoir recours à des caustiques dont les effets sont infiniment plus sûrs.

On a conseillé l'emploi de l'eau chlorée comme contre-poison de la strychnine chez le chien ; ce moyen n'a pas encore reçu la confirmation de l'expérimentation et par conséquent ne doit pas être employé avec confiance.

L'eau chlorée a aussi joui d'une certaine réputation contre les ophthalmies, les conjonctivites, surtout de nature parasitaire. Ce médicament doit être conservé dans la pratique comme antiophthalmique.

Chlorure de chaux. Poudre de Tennant.

Le chlorure de chaux se présente sous forme d'une poudre blanche, d'une faible odeur de chlore et d'une saveur âcre, très soluble dans l'eau, déliquescente. Sa solution est rapidement décomposée par l'acide carbonique qui se combine avec la chaux ; il faut donc conserver ce sel solide ou dissous dans des vases exactement bouchés. Le chlorure de chaux est formé d'hypochlorite de chaux, de chlorure de calcium et d'un excès d'hydrate de chaux.

EMPLOI. — Le chlorure de chaux convient sur toutes les plaies de mauvaise nature, les clapiers qui sécrètent beaucoup de pus odorant. Il agit localement comme excitant, léger caustique, désinfectant et antiseptique. Il jouit à peu près des mêmes propriétés locales que l'acide phénique. Il est antivenimeux, et à ce titre peut convenir contre les morsures des vipères, des insectes venimeux. Il est également antivirulent, mais infiniment moins sûr qne les caustiques.

A l'intérieur on ne l'emploie guère, parce qu'il est irritant et qu'il produit facilement des perturbations dans la fonction digestive. Il n'a absolument aucune action curative sur les maladies virulentes générales, telles que le charbon, la morve, le farcin, etc. On pourrait en faire usage dans quelques cas de dyspepsies, de météorisme chronique.

On le donnerait aux doses suivantes :

Cheval	15 à 30 gr.
Bœuf	20 à 50
Mouton et porc	2 à 5
Chien	1 à 2

On l'administre surtout sous forme d'électuaire ou de bols. On n'emploie les breuvages faits avec une décoction ou une teinture aromatique et ce sel que dans les cas de météorisation.

Autres chlorures.

Le chlorure de soude (liqueur de Labarraque) et le chlorure de potasse (eau de Javel) jouissent sensiblement des mêmes propriétés que le chlorure de chaux.

Ces trois chlorures peuvent être substitués l'un à l'autre.

Brome.

Le brome est un liquide rouge foncé, très volatil, d'une odeur suffocante, d'une saveur caustique. Il est peu soluble dans l'eau, mais très soluble dans l'alcool, l'éther, les solutions légères de tannin et de bromure de potassium. Il est déplacé de ses combinaisons par le chlore. Il jouit d'ailleurs des mêmes propriétés chimiques que ce dernier corps.

EFFETS. — Sur la peau intacte, le brome employé en frictions colore d'abord la peau en jaune, puis l'enflamme et produit la vésication. Sur les solutions de continuité, il agit comme caustique, il décompose la surface des tissus en leur enlevant l'hydrogène pour former de l'acide bromhydrique. Il est fortement *antiseptique*, *antiputride* et *antivirulent*. Son affinité très grande pour l'hydrogène le rend très propre pour amener la désorganisation des germes figurés qui constituent la plupart des virus.

EMPLOI. — Le brome peut toujours remplacer l'iode à l'extérieur sur les plaies, les ulcères, les engorgements; il est d'ailleurs d'un prix beaucoup moins élevé. Il convient aussi en fumigations contre les maladies parasitaires des voies respiratoires telles que le croup, la diphthérie, etc. Pour faire ces fumigations on ne se sert pas du brome pur, qui donnerait des vapeurs trop concentrées, on fait un mélange de 1 à 2 parties de brome, 50 à 100 parties d'eau ou d'eau-de-vie et 1 à 2 de bromure de potassium. On verse un peu de ce mélange sur un linge ou sur une éponge et on fait respirer les vapeurs plusieurs fois par jour, chaque fois une demi-heure.

Dans l'armée allemande, on emploie beaucoup le

brome comme désinfectant des écuries. Pour cela on verse la solution bromée dans un vase plat avec du sable et on laisse évaporer lentement. Pour une écurie de deux ou trois chevaux, il faut environ 200 grammes de liquide bromé.

Sulfite et hyposulfite de soude.

Ces deux sels sont très solubles dans l'eau et donnent un dégagement d'acide sulfureux lorsqu'on les met en présence d'un acide.

EFFETS. — Ces deux sels sont *antiseptiques, désinfectants* quand ils rencontrent un milieu acide qui produit un dégagement d'acide sulfureux. L'acide sulfureux formé, étant très avide d'oxygène, désoxyde les matières organiques et empêche les germes de se développer. D'après Buchholtz, ces sels agissent sur les ferments figurés avec la même intensité que l'acide salicylique; leur action est cinq fois plus puissante que celle de l'acide sulfurique et seize fois plus forte que celle de l'acide phénique. Une partie de ces sels ajoutée à 350 parties de sang empêche ce dernier de se putréfier.

Dans l'estomac, ces sels sont décomposés et il y a dégagement d'acide sulfureux qui agit comme antifermentescible puissant.

L'acide sulfureux qui prend naissance dans l'estomac se transforme ensuite en acide sulfurique, puis en sulfate soit dans l'intestin, soit après son absorption et son mélange avec le sang. Il est toujours éliminé par les reins sous forme de sulfates.

EMPLOI THÉRAPEUTIQUE. — Ces sels n'ont aucune action curative possible sur les maladies infectieuses déjà établies, mais ils peuvent détruire les virus avant leur absorption soit sur les plaies, soit sur les matières où ils sont déposés. Cependant ils sont inutiles comme anti-

virulents, parce que nous disposons de moyens beaucoup plus sûrs.

On doit les employer à l'intérieur pour combattre des
maladies des voies digestives, telles que la gastrite et
l'entérite catarrhales, les dyspepsies, les coliques provenant de l'ingestion de fourrage de mauvaise qualité, les
météorisations chroniques, les diarrhées rebelles, l'entérite croupale et les empoisonnements par le foin moisi
ou altéré par des champignons.

Les doses sont :

```
Cheval..... ..........  25 à 100 gr.
Bœuf......... . .....  50 à 200
Mouton et porc........  15 à  30
Chien ..... ..........   1 à  10
```

Il ne faut pas les administrer avec des sels alcalins,
car ceux-ci diminuent l'acidité du suc gastrique et em-
pêcheraient le dégagement de l'acide sulfureux. On les
donne en électuaires, bols ou breuvages faits avec de
l'eau-de-vie et des teintures amères.

Comme désinfectants externes on les emploie en
solutions à 10 p. 100 pour laver les ulcères, les plaies,
pour faire des injections dans les fistules, dans l'utérus,
et pour désinfecter les instruments et les vêtements
après les autopsies ou les accouchements.

Permanganate de potasse.

Le permanganate de potasse se présente sous forme
de cristaux bruns, très solubles dans l'alcool, solubles
dans 16 parties d'eau. Ces solutions se décolorent lorsqu'on y ajoute des matières organiques en quantité
suffisante. C'est le réactif ordinairement employé pour
déceler les matières organiques dans les liquides. La
décoloration des solutions de permanganate de potasse
en présence des matières organiques est due à ce que

ces dernières désoxydent le permanganate et le décomposent.

Effets physiologiques. — Le permanganate de potasse en solution concentrée produit sur la peau une inflammation plus ou moins vive. Sur les tissus fins et les solutions de continuité, il agit comme caustique. Mis en présence de matières qui répandent une odeur infecte, il les rend bientôt inodores en les oxydant. C'est certainement le meilleur de tous les *désinfectants désodorants*, mais malheureusement son prix est assez élevé. Outre la propriété qu'il a de détruire les mauvaises odeurs, le permanganate de potasse est également un *antivirulent*, un *antimicrobien* assez énergique. Sous ce rapport, il est cependant dépassé par d'autres substances, telles que l'acide phénique, l'acide borique, etc.

A l'intérieur, il n'a jamais été utilisé à cause de ses propriétés irritantes.

Indications thérapeutiques. — Le permanganate de potasse est indiqué :

1° Contre les plaies de mauvaise nature, qui dégagent une odeur infecte ; contre les écoulements odorants du vagin, de l'urèthre, de l'oreille, etc.

2° Comme cicatrisant sur les plaies ordinaires.

3° Comme désinfectant des mains, des instruments après les opérations qui peuvent être suivies d'infection, comme après la délivrance artificielle, l'accouchement.

Doses. — On se sert des solutions de 1 à 2 p. 100 pour les plaies et les écoulements. On peut employer des solutions à 5 p. 100 lorsqu'il faut désinfecter un clapier, une carie, etc. Des solutions plus fortes sont caustiques. Les plaies traitées par les solutions de permanganate doivent rester libres et non recouvertes d'un pansement d'étoupes ou de coton, car ces matières organiques décomposant le permanganate lui enlèveront la plus grande partie de son activité.

Acide salicylique.

Cet acide aromatique se trouve combiné avec des bases, dans la spirée ulmaire (*Spirea ulmaria*) et dans plusieurs autres plantes. On peut le préparer aussi avec la salicine qui se trouve dans l'écorce des saules et des peupliers. On le fabrique dans l'industrie avec l'acide phénique, sur lequel on fait agir la soude caustique. Pur, il se présente sous forme d'aiguilles blanches cristallines, inodores. A 220° il se décompose en acide phénique et acide carbonique. Il est soluble dans l'eau froide dans la proportion de 1 pour 305 ; assez soluble dans l'eau chaude, dans l'alcool dans la proportion de 1 pour 4, dans l'éther, les solutions alcalines et la glycérine chaude dans la proportion de 1 pour 20, dans l'huile chaude dans celle de 1 pour 50.

EFFETS. — Sur la peau intacte l'acide salicylique, sous forme de poudre ou de solutions, ne produit pas d'effets appréciables. Sur les plaies et les solutions de continuité, cet acide exerce une action irritante qui peut aller jusqu'à une escharification superficielle, par suite de son action coagulante sur l'albumine. Sur les muqueuses, il agit encore plus énergiquement ; les solutions, même faibles, déterminent une légère couche blanche à la surface des muqueuses et engendrent une irritation assez vive.

L'effet le plus remarquable de l'acide salicylique, c'est son action *antifermentescible* et *antivirulente*. Cette propriété lui est communiquée par son affinité pour l'albumine qui, étant précipitée, n'offre plus un terrain favorable à la vie des germes inférieurs qui constituent les virus et les ferments. Les micrococques, les bactéries sont tués aussi rapidement par des solutions de cet acide à 1 pour 312 que par des solutions d'acide phénique à 1 p. 200. La viande plongée dans une solution à 1 p. 100 peut se conserver intacte une semaine entière; et, dans les solutions concentrées, elle se conserve de quatre à cinq semaines. Les fermentations alcoolique, lactique et ammoniacale sont empêchées par des solutions de 1 p. 1000.

Les effets antiseptiques diminuent d'intensité quand l'acide salicylique rencontre beaucoup de sels alcalins dans les tissus; c'est pourquoi après son absorption il est impuissant à tuer les germes putrides qui peuvent exister dans le sang ou les tissus animaux. En raison de la constitution chimique de leurs tissus, les herbivores peuvent supporter des doses beaucoup plus fortes proportionnellement que les carnassiers; les tissus de ces derniers sont en effet moins riches en sels alcalins que ceux des premiers.

Administré par les voies digestives, l'acide salicylique n'est pas longtemps supporté; il est d'ailleurs absorbé assez rapidement, se combine avec les alcalis du sang et est éliminé ensuite par les urines sous forme de salicylate de soude.

Après l'absorption de fortes doses d'acide salicylique, on a observé les modifications fonctionnelles suivantes : ralentissement des battements du cœur et du pouls; abaissement de la tension artérielle; ralentissement des mouvements respiratoires; une diminution des oxydations intra-organiques et par suite un abaissement de la température rectale. Ces effets généraux sont voisins de ceux de la quinine, et l'acide salicylique constitue un excellent *antifébrile*, un *antiphlogistique* puissant. Il est à remarquer que l'abaissement de température est beaucoup plus net sur les animaux fébricitants que sur les animaux sains; chez ces derniers on n'observe souvent qu'un abaissement insignifiant de la température : tandis que chez les malades on voit la colonne thermométrique baisser rapidement de 0,8 à 2,03.

L'élimination se fait plus vite chez les herbivores que chez les carnivores, et elle a lieu principalement par les urines, un peu par la salive et la sueur, mais nullement par le lait et l'intestin.

Chez le cheval l'élimination est à peu près complète vingt-quatre heures après l'administration. L'urine conserve ses caractères physiques normaux, et sa quantité n'est pas augmenté ; il y a simplement une petite diminution dans la quantité d'urée. On a trouvé quelquefois dans ces urines un peu d'acide salicylique libre, mais généralement on le trouve à l'état de salicylate de soude.

Indications thérapeutiques. — L'acide salicylique est impuissant contre les maladies infectieuses franchement établies, car après son absorption il a perdu à peu près complètement ses vertus antivirulentes et antiseptiques. Il ne produit que des effets incertains contre les douleurs rhumatismales et goutteuses.

C'est surtout comme *antifébrile* que ce médicament est à recommander. A ce titre, il réussit bien dans les cas de fièvres caractérisées par une élévation considérable de la température, une accélération des mouvements cardiaques et respiratoires, produits par des causes autres que le développement de germes dans le sang et les tissus. La fièvre qui résulte de la résorption de produits septiques formés sur des plaies est combattue efficacement par cet acide, parce qu'alors il n'y a pas pullulation de germes septiques dans le sang, mais simplement absorption des matières solubles toxiques fabriquées à la surface des plaies par les germes qui y siègent. L'acide salicylique absorbé ne détruit pas les germes, mais seulement la fièvre engendrée par eux.

A l'extérieur, on peut utiliser les vertus *antiseptiques*, *antiputrides* et *antivirulentes* sur les plaies, les
abcès, etc. Cependant, dans la plupart des cas, il y a
avantage à se servir de l'acide phénique qui agit aussi
énergiquement et qui est d'un prix moindre. Si l'on
veut faire usage de l'acide salicylique, on le mélange
en général avec l'acide borique pour en augmenter les
effets. Ce mélange comprend 1 p. 100 d'acide salicylique et 2 ou 3 p. 100 d'acide borique. Ce mélange convient pour toutes les plaies et est ajouté souvent aux
collyres, dont il augmente l'efficacité quand il y a
ophthalmie parasitaire. Il est employé aussi avec avantage pour tarir les sécrétions mucoso-purulentes des
voies génito-urinaires, surtout chez la femelle après la
non délivrance. On l'emploie alors sous forme d'injections dans les cavités qui sont le siège de sécrétions
morbides.

DOSES. — A l'intérieur, on n'emploie généralement
pas l'acide salicylique libre, on préfère le salicylate de
soude, qui a des effets généraux exactement semblables
et qui n'est pas irritant pour le tube digestif.

Cheval	50^{gr}	à 80 gr.
Bœuf............. .	60	à 100
Porc et mouton.....	5	à 15
Chien	0 30	à 3

Ces doses sont répétées plusieurs fois dans l'espace
de deux ou trois heures.

On l'emploie sous forme de pilules. La dose quoti-
dienne chez un cheval atteint généralement 150 grammes, et chez le chien de 4 à 8 grammes.

DOSES TOXIQUES. — Les grands herbivores peuvent
supporter des doses pouvant dépasser 250 grammes. Le
lapin meurt avec 1 gramme, le chien avec 0^{gr},20 par kilogramme de poids vif. La mort est précédée de convul-

sions générales, puis de la paralysie des muscles respirateurs.

Salicylate de soude.

Le salicylate de soude est un sel blanc, très soluble dans l'eau, à saveur douceâtre.

Il diffère de l'acide salicylique en ce qu'il n'est pas désinfectant, mais simplement *antifébrile* ou *antipyrétique*.

Il ne convient jamais pour les usages externes, mais doit être préféré à l'acide salicylique à l'intérieur parce qu'il est aussi actif et qu'il est dépourvu de propriétés irritantes. Mêmes doses.

Le *thymol* et l'*acide benzoïque* jouissent des mêmes propriétés antiseptiques que l'acide salicylique. On n'emploie pas ces médicaments à l'intérieur.

Acide borique.

L'acide borique est solide, en petites écailles nacrées, inodore, de saveur légèrement acide, soluble dans l'eau, dans la proportion de 1 p. 26, soluble aussi dans l'alcool.

EFFETS PHYSIOLOGIQUES ET USAGES — A l'intérieur l'acide borique donné à doses moyennes ne produit aucun effet appréciable sur les grandes fonctions ; il provoque quelquefois le vomissement. A fortes doses, il se montre irritant pour la muqueuse gastro-intestinale et peut déterminer une gastro-entérite mortelle.

D'après les expériences de M. Neumann, de l'institut vétérinaire de Dorpat, l'acide borique peut être supporté par le chien à la dose de 5 à 6 grammes; au-dessus de 10 grammes, il produit la mort. A la dose de 4 grammes, il n'a produit ni pleurésie ni péritonite, après son injection dans la plèvre ou le péritoine en solution à 3 p. 100; à la dose de 5 grammes, il a déterminé une péritonite. Un lapin est tué par 1 gramme employé en injection intra-veineuse ou intra-péritonéale. Le cheval résiste à la dose de 120 grammes, les volailles peuvent recevoir jusqu'à 1^{gr},5.

L'acide borique constitue surtout un bon *antiseptique* et un excellent *désinfectant*. A la dose de 1 à 2 p. 100, il empêche la putréfaction dans les liquides organiques, et une solution à 4 p. 100 conserve la viande fraîche pendant vingt-quatre jours. Il suffit de 1 à 2 parties d'acide borique pour conserver 1000 parties de lait.

Outre ses vertus antiseptiques, l'acide borique a des vertus *cicatrisantes* très développées. C'est un des meilleurs médicaments pour favoriser le bourgeonnement et produire une rapide cicatrisation sur toutes sortes de plaies. On fait usage des solutions à 2 ou 3 p. 100. Comme cicatrisant, il est préférable à l'acide phénique.

Les effets locaux de l'acide borique sont persistants, de sorte qu'on peut sans inconvénient laisser les pansements plus longtemps en place. On emploie souvent pour les pansements de la toile qu'on a fait plonger dans une solution bouillante de 3 parties d'acide borique, 2 parties d'acide phénique et 100 parties d'eau. On emploie aussi la pommade borique à 1 p. 5 ou la gomme borique formée de 1 partie d'acide borique pour 5 de gomme arabique.

Borate de soude.

Le borate de soude constitue également un *antiseptique* puissant. A l'intérieur, il est moins irritant que l'acide borique, mais ne montre pas d'effets physiologiques généraux utilisables en thérapeutique. On peut l'employer à l'extérieur comme *antiseptique cicatrisant*.

Tableaux indiquant l'action de certaines substances sur le virus du charbon symptomatique (Arloing, Cornevin, Thomas).

A. — Action de substances liquides ou en dissolution sur le virus *frais*.

NE DÉTRUISENT PAS LA VIRULENCE.	DÉTRUISENT LA VIRULENCE.
Alcool à 90°. — camphré (saturé). — phéniqué (à saturation et à 1/200). Glycérine. Ammoniaque. Acétate d'ammoniaque. Sulfate — Sulfhydrate — Carbonate — Benzine. Chlorure de sodium (dissolution saturée). Chaux vive et eau de chaux. Polysulfure de calcium (1/5). Sulfate de fer (1/5). — de quinine (1/10). Borate de soude (1/5). Hyposulfite de soude (1/2). Acide tannique (1/5). Iodoforme (dissolut. alcoolique saturée). Iodoforme en poudre. Silicate de potasse (1/200). Eau oxygénée. Chlorure de zinc. — de manganèse. Essence de térébenthine. Camphre monochloré Cazeneuve (solution alcoolique saturée).	Acide phénique (solut. aqueuse à 2/100). — salicylique (1/1000). — borique (1/5). — azotique (1/20). — sulfurique (dilué). — chlorhydrique (1/2). — oxalique à saturation. Alcool salicyliqué (id.). Soude. Potasse (1/5). Eau iodée. Salicylate de soude (1/5). Permanganate de potasse (1/20). Sulfate de cuivre (1/5). Nitrate d'argent (1/1000). Sublimé corrosif (1/1000). Camphre bichloré Cazeneuve (solution alcoolique saturée). Chloral (3/100). Acétate d'alumine (1/200). Acide picrique (solut. saturée). Naphthaline (solution alcoolique à 2/100). Acide benzoïque (2/100). Essence d'eucalyptus (1/800). — de thym (1/800).

B. — Action de gaz ou de substances
employées à l'état de vapeurs sur le virus *frais*.

NE DÉTRUISENT PAS LA VIRULENCE.	DÉTRUISENT LA VIRULENCE.
Ammoniaque. Acide sulfureux. Chloroforme. Hydrogène sulfuré. Ozone.	Brome. Chlore. Sulfure de carbone. Vapeurs d'essence de thym. — — d'eucalyptus.

C. — Action de substances liquides ou gazeuses
sur le virus *desséché*.

NE DÉTRUISENT PAS LA VIRULENCE.	DÉTRUISENT LA VIRULENCE.
Liquides ou solutions. Acide oxalique. Permanganate de potasse. Soude. *Gaz ou vapeurs.* Chlore. Sulfure de carbone. Vapeurs d'essence de thym. — — d'eucalyptus.	*Liquides ou solutions.* Acide phénique (2/100). — salicylique (1/1000). Nitrate d'argent (1/1000). Sulfate de cuivre (1/5). Acide chlorhydrique (1/2). — borique (1/5). Alcool salicylique (à saturation). Sublimé (1/5000). *Gaz ou vapeurs.* Brome.

*Tableaux indiquant l'action de certaines substances
sur le virus du rouget du porc* (Cornevin).

**A. — Action de gaz ou de substances
employées à l'état de vapeurs (48 heures de contact).**

NE DÉTRUISENT PAS LA VIRULENCE.	DÉTRUISENT LA VIRULENCE.
Vapeurs d'eucalyptol.	Acide sulfureux. Chlore. Sulfure de carbone. Hydrogène sulfuré. Chloroforme.

**B. — Action de substances liquides ou en dissolution saturée
(48 heures de contact avec égale quantité de virus).**

NE DÉTRUISENT PAS LA VIRULENCE.	DÉTRUISENT LA VIRULENCE.

Acide tartrique.
Azotate de potasse.
Acide borique.
   — tannique.
Arsenic.
Benzine.
Chlorure de sodium.
   — de manganèse.
   — de zinc.
Oxalate d'ammoniaque.
Alcool phéniqué.
Nicotine.
	Soude.
	Potasse.
	Acide oxalique.
	Iodure de potassium.
	Acide sulfurique.
	   — thymique.
	Sulfate de cuivre.
	Nitrate d'argent.
	Sulfate de fer.
	Acide salicylique.
	   — phénique.
	Perchlorure de fer.
	Essence de térébenthine.
	Borate de soude.
	Huile camphrée.
	   — phosphorée.
	Alcool.
	Glycérine.
	Ammoniaque.
	Acétate d'ammoniaque.
	Permanganate de potasse.
	Chloral.
	Sublimé corrosif.
	Jus de citron.
	Glycose.

DIXIÈME CLASSE

EXCITANTS.

Cette classe comprend tous les médicaments dont l'action physiologique principale consiste dans une excitation soit locale soit générale. Les excitants sont très nombreux; ils comprennent : les sels ammonicaux, les alcooliques, les plantes de la famille des labiées, les plantes de la famille des ombellifères, les épices, des plantes aromatiques amères.

A. SELS AMMONIACAUX.

Carbonate d'ammoniaque.

En médecine on emploie le sesquicarbonate d'ammoniaque. Ce sel se présente sous forme de cristaux en aiguilles ; il est incolore, d'une odeur ammoniacale vive, d'une saveur caustique, très volatil à la température ordinaire. A l'air il passe à l'état de bicarbonate plus fixe ; aussi doit-on le conserver dans des vases bien clos et tenus dans des lieux frais. Il est soluble dans deux fois son poids d'eau froide, il est moins soluble dans l'alcool. A la chaleur il se volatilise et se décompose en partie.

EFFETS PHYSIOLOGIQUES. — Les effets du carbonate d'ammoniaque sont de même nature que ceux produits par l'ammoniaque liquide, mais ils sont moins prononcés, moins énergiques, de sorte que ce corps convient mieux pour l'usage interne prolongé. Après l'absorption de fortes doses on observe, comme avec l'ammoniaque, des convulsions tétaniques, un ralentissement du pouls et une élévation de la tension artérielle. Ce sel a une action dissolvante énergique sur les cellules épithéliales. Des doses trop fortes peuvent amener l'irritation de la muqueuse digestive avec tous les symptômes d'une gastro-entérite. De faibles doses excitent l'appétit et favorisent la digestion.

Il agit comme dissolvant sur le sang et est éliminé par les reins, mais non par le poumon, ce qui fait penser qu'il forme dans le sang une combinaison fixe.

INDICATIONS THÉRAPEUTIQUES. — Il est indiqué pour réveiller le système nerveux déprimé par une maladie; pour exciter le tube digestif; pour favoriser l'écoulement muqueux lors de maladies des voies respiratoires. A l'extérieur comme *résolutif*.

DOSES. ADMINISTRATION. — On le donne sous forme de pilules ou d'électuaires ou encore mélangé avec le sel ordinaire et avec les aliments ou sous forme de solutions :

Doses thérapeutiques.......	Cheval.........	8^{gr}	à 15 gr.
	Bœuf.........	10	à 30
	Porc, mouton...	1	à 3
	Chien	0 20	à 1
Doses toxiques.	Cheval.........		80
	Chien		10

Chlorhydrate d'ammoniaque. — Sel ammoniac.
Muriate d'ammoniaque.

Ce sel absorbe facilement l'humidité de l'air, d'où la nécessité de le conserver dans des vases bien clos. Degré de solubilité dans l'eau froide 1 : 3; dans l'eau chaude 1 : 1; il est soluble aussi dans l'alcool. En se dissolvant il absorbe de la chaleur et abaisse la température du liquide. Il est facilement décomposé par les

acides forts et les oxydes solubles ; il faut donc éviter
de le mélanger avec ces corps.

EFFETS PHYSIOLOGIQUES. — A l'extérieur ce sel est à
peine irritant chez nos animaux. A l'intérieur il n'est
pas irritant à faible dose, mais il provoque une inflammation lorsqu'il est concentré ou donné à dose élevée.
Il boursoufle l'épithélium de la muqueuse avec laquelle
il est mis en contact, peut même le dissoudre et provoque
une abondante sécrétion de mucus. L'inflammation
qu'il produit dans l'estomac et l'intestin, lorsqu'il est
donné à forte dose, est souvent mortelle.

Après son absorption il agit par l'intermédiaire du
sang sur toutes les muqueuses, dont il augmente manifestement la sécrétion de mucus. Les cellules muqueuses s'exfolient, se dissolvent et se liquéfient plus facilement. C'est principalement dans les voies respiratoires
que l'hypersécrétion muqueuse est très prononcée. Le
mucus non seulement est plus abondant, mais il est
encore plus liquide, plus fluide, ce qui favorise son
élimination. On admet aussi que les cils vibratiles activent leurs mouvements sous l'influence de ce sel.

Si l'administration du chlorhydrate d'ammoniaque
se fait sans discontinuité pendant un certain temps, on
voit survenir une perte d'appétit et des signes d'une
irritation gastro-intestinale, le sang s'appauvrit et se
fluidifie, les muqueuses pâlissent, puis apparaît la
maigreur, une grande faiblesse et la mort. On a vu des
animaux périr après douze à quinze jours d'une administration persévérante de ce sel. Sous l'influence de
doses convenables, le sel ammoniac active la sécrétion
urinaire et provoque une expulsion d'urine double de
celle de l'état normal. Cette urine est toujours très
riche en urée, parce que l'ammoniaque forme de
l'urée par synthèse, avec les matières albuminoïdes de
la dénutrition.

Le jeu du cœur, le pouls et la température centrale et cutanée ne sont pas sensiblement modifiés par des doses ordinaires du médicament.

A l'autopsie d'animaux morts à la suite d'une dose toxique de ce sel on trouve le sang incoagulé, liquide et noir, les muqueuses sont toutes couvertes d'une couche épaisse de mucus, principalement les muqueuses respiratoire et urinaire.

Emploi thérapeutique. — Ce sel convient bien pour favoriser *la sécrétion muqueuse* quand il y a état catarrhal avec mucus trop consistant et adhérent. On en obtient d'excellents résultats dans la *période de sécrétion* de la pneumonie, de la bronchite, de la maladie du jeune âge chez le chien, etc. Il ne faut pas l'employer au début des inflammations des voies respiratoires, car il augmenterait l'irritation au moment où les muqueuses sont sèches. Il est surtout bien indiqué, d'après Vogel, quand à l'oscultation on entend des bruits de sifflement qui indiquent que le mucus est adhérent, épais et d'une élimination difficile.

A cause de l'action excitante qu'il exerce sur la muqueuse digestive on l'emploie avec succès contre les affections catarrhales de l'estomac et du duodénum, principalement dans l'indigestion chronique du feuillet.

On utilise l'effet altérant que produit le sel ammoniac après quelques jours d'administration, contre les engorgements, les tumeurs ganglionnaires, les hypertrophies des organes parenchymateux, etc. Comme ces états pathologiques sont toujours longs à guérir, il faut de temps en temps suspendre la médication ammoniacale. Dans la pratique on évite d'employer ce sel plus de cinq ou six jours consécutivement.

A l'extérieur, c'est un fondant indiqué contre les engorgements, les contusions, les écrasements. On l'emploie sous forme d'une solution aqueuse de 3 à 5 p. 100.

Hertwig recommande contre les tuméfactions rebelles la préparation suivante :

Pétrole......................	15
Teinture de cantharide.........	15
Sel ammoniac.................	80
Savon vert....................	120

Le sel ammoniac est encore utilisé pour préparer des mélanges réfrigérants qui remplacent la glace. Ils sont composés de :

5 Sel ammoniac. 8 Sulf. de soude. 5 Sel de nitre. 16 Eau.	ou { 7 Sel ammoniac. 11 Sulf. de soude. 22 Eau.	ou { 1 Sel ammoniac. 3 Sel de nitre. 6 Eau. 12 Vinaigre.

Doses toxiques	Chien (inj. sous-cutanée)......		6 gr.
	Chien (estomac)..............		8
	Mouton....................	25 à	30
	Cheval		500

Doses thérapeutiques (estomac).............	Cheval................	8	à 15 gr.
	Bœuf.........	10	à 20
	Mouton.	2	à 5
	Porc.................	1	à 4
	Chien	0.30 à	1.5
	Chat	0.10 à	0.30

Aux grands animaux on peut en faire prendre dans une journée de 30 à 40 grammes et aux petits de 3 à 5 gr. Il serait dangereux de continuer l'administration plus de cinq à six jours.

Acétate d'Ammoniaque. — Esprit de Mindérérus.

Préparé chimiquement, ce sel est blanc, en longues aiguilles déliquescentes, de saveur fraîche, piquante, et soluble en toute proportion dans l'eau et l'alcool. Les pharmaciens le préparent en solution contenant 15 p. 100 de sel. Cette préparation perd facilement son activité ; il est nécessaire de la conserver dans des flacons bouchés à l'émeri. Les acides, les bases alcalines et la plupart des sels métalliques la décomposent.

EFFETS PHYSIOLOGIQUES. — L'acétate d'ammoniaque n'est pas irritant pour les tissus, ce qui le rend précieux pour l'usage interne. Arrivé dans l'estomac et l'intestin, il se transforme en carbonate d'ammoniaque qui est rapidement absorbé. Mélangé au sang, il détermine une excitation légère, se traduisant par une petite accélération du pouls, une élévation de la tension artérielle, une diurèse très marquée, ainsi que par une transpiration cutanée très manifeste.

INDICATIONS. — Dans les affections des voies respiratoires et des autres muqueuses.

Grands herbivores.......	100 à 250 gr.	
Doses.. Petits ruminants et porcs	30 à 50	
Carnivores	3 à 10	

Ces doses peuvent être répétées plusieurs fois par jour.

B. ALCOOLIQUES.

Alcool ou esprit de vin.

L'alcool vinique est concentré ou dilué dans une grande quantité d'eau.

Nous avons à examiner ses effets sous ces deux états.

ALCOOL CONCENTRÉ. — C'est un liquide incolore, très volatil, soluble dans l'eau en toute proportion, également soluble dans l'éther, la glycérine ; il coagule l'albumine.

EFFETS PHYSIOLOGIQUES. — Versé sur la peau, l'alcool concentré, en s'évaporant rapidement, produit une vive sensation de froid qui est accompagnée d'un resserrement vasculaire, d'une pâleur plus ou moins prononcée et d'une diminution de la sensibilité. Si on empêche l'évaporation, l'alcool produit une irritation et une inflammation locale d'autant plus prononcées que l'alcool est plus concentré. Sur les plaies et les muqueuses

l'effet irritant est encore plus prononcé ; sur ces surfaces l'alcool produit une douleur brûlante très vive,
une escharification superficielle par suite de la soustraction d'eau aux tissus et de la précipitation de l'albumine et du mucus. Il dessèche fortement les surfaces
et les rend réfractaires à la putréfaction.

A l'intérieur l'alcool concentré constitue un poison
violent ; ainsi un cheval succombe avec 250 grammes
d'alcool pur. A l'autopsie on trouve une violente irritation du tube digestif et tous les signes d'une asphyxie.

ALCOOL ÉTENDU OU EAU-DE-VIE. — L'alcool étendu excite les tissus sans les irriter. Sur les plaies et les muqueuses il tarit les sécrétions et resserre un peu leur
surface à la manière des astringents.

A l'intérieur il est excitant pour l'estomac et l'intestin ; il réveille les contractions péristaltiques et
active considérablement la sécrétion des sucs digestifs.
Cependant cet effet favorable ne se produit qu'à faible
dose ; aussitôt que les doses sont suffisantes pour produire l'ivresse, la digestion est arrêtée ou considérablement ralentie. Si sur un chien à fistule gastrique on
injecte dans l'estomac une petite quantité d'alcool
dilué, on voit le suc gastrique couler en abondance ;
mais si on injecte de l'alcool fort ou une grande quantité d'alcool dilué, la sécrétion s'arrête.

Après l'absorption, une petite quantité d'alcool produit une excitation générale de l'organisme, les yeux
sont plus vifs, les oreilles se dressent et la tête est
portée haute, les mouvements sont plus faciles, plus
énergiques et les animaux montrent une plus grande
gaieté et plus de vigueur. Chez l'homme on observe, en
outre, que les fonctions cérébrales sont plus vives, l'intelligence plus ouverte et la parole plus facile. Les
principales fonctions sont activées, le cœur bat plus vite
et plus fort, la respiration est plus fréquente, la tem-

pérature de la peau augmente sans qu'il y ait augmentation de température rectale. Souvent aussi on observe une abondante diurèse. Ces phénomènes se dissipent assez vite quand de nouvelles doses d'alcool ne sont pas administrées.

A fortes doses, l'alcool produit d'abord les effets ci-dessus avec plus d'intensité ; mais bientôt succède la période de l'ivresse caractérisée par une faiblesse musculaire qui fait trébucher l'animal lorsqu'il marche et qui, en se prononçant de plus en plus, force l'animal à un décubitus complet ; ce décubitus n'est pas calme, car l'animal se livre à des mouvements désordonnés auxquels succède cependant un coma plus ou moins profond.

Le pouls et la respiration accélérés pendant la période d'excitation se ralentissent beaucoup pendant la période d'ivresse, la température rectale s'abaisse, tandis que la température de la peau augmente. Il semble que pendant l'ivresse le sang se porte surtout vers la peau, qui se couvre souvent de sueur. L'abaissement de la température rectale s'explique encore par la diminution des oxydations ; en effet il y a une diminution de l'exhalation de l'*acide carbonique* et de l'excrétion de l'*urée*. Pendant l'ivresse les animaux et l'homme ont beaucoup de tendance à se refroidir ; tout le monde sait qu'en hiver la mort par refroidissement n'est pas rare chez l'homme ivre. Pendant que l'alcool circule dans le sang, il subit des modifications. Il s'accumule d'abord dans divers organes parenchymateux, l'encéphale, le foie et les muscles, puis il est oxydé et transformé en aldéhyde, acide acétique, acide oxalique, acide carbonique et eau ; une petite quantité cependant échappe à l'oxydation et s'élimine en nature par le poumon, le rein et le lait. L'air expiré prend l'odeur d'alcool chez les personnes ivres.

INDICATIONS THÉRAPEUTIQUES. — A l'extérieur l'alcool plus ou moins concentré constitue un *excitant*, un *rubéfiant* utile pour produire la résolution d'engorgements chroniques, d'ecchymoses, de contusions, etc.

A l'intérieur il convient dans tous les cas où il faut accélérer la digestion ; dans les digestions difficiles, les coliques, les indigestions, l'arrêt de la rumination.

Il convient aussi à faible dose pour relever les forces dans la convalescence, dans l'anémie.

Enfin il est indiqué surtout comme *antifébrile* à forte dose. Dans les cas de fièvre, l'alcool constitue un aliment d'épargne de premier ordre. En s'oxydant il empêche la destruction des graisses et des matières albuminoïdes des tissus, et par conséquent il épargne l'organisme animal. On l'utilise aussi quelquefois pour produire la résolution musculaire dans les cas de spasmes du col pendant l'accouchement.

DOSES ET PRÉPARATIONS. — On ne doit donner l'alcool à l'intérieur qu'après l'avoir étendu de beaucoup d'eau. Ou bien on peut administrer des liquides alcooliques faibles, tels que de l'eau-de-vie faible, de la bière ou du vin.

Doses toxiques (Alcool pur)...............	Cheval........................	250 gr.
	Grands ruminants....... .	350 à 500
	Chien..	30 à 40
Doses thérapeutiques...	Cheval	50 à 150 gr.
	Bœuf....	100 à 300
	Mouton et porc.... .. .	30 à 60
	Chien, chat...	1 à 10

Il est prudent de ne pas donner ces doses en une seule fois ; il est préférable de les fractionner, car il y a des animaux qui sont beaucoup plus sensibles à l'alcool que d'autres.

Dans les cas de fièvre, lorsque la température rectale est très élevée, on doit toujours donner ces doses en une fois, car les animaux malades supportent des doses beaucoup plus fortes que les animaux sains.

Des matières aromatiques.

Les substances aromatiques sont presque toutes tirées du règne végétal et ont pour base une ou plusieurs essences, un principe résineux, de l'acide gallique et tannique, de l'huile grasse, du mucilage, etc. Le principe actif est surtout représenté par les essences qu'on peut, dans un grand nombre de cas, obtenir à l'état de pureté.

Comme en médecine vétérinaire les essences pures ne peuvent pas être employées couramment à cause de leur prix élevé, nous ferons surtout l'étude des substances aromatiques qui renferment ces essences.

C. PLANTES DE LA FAMILLE DES LABIÉES.

Ces plantes peuvent être divisées en trois groupes : 1° les labiées aromatiques ; 2° les labiées aromatiques-amères et 3° les labiées amères.

Les labiées aromatiques renferment surtout des essences sans principe amer, ce sont la menthe, la mélisse, le thym, le basilic, le romarin, la lavande, la sauge, l'origan, la cataire, la sarriette, le calament, etc.

Les labiées aromatiques-amères renferment, outre les essences, un principe amer en assez forte proportion ; les principales espèces sont : l'hysope (*Hysopus*), le lierre terrestre (*Glechoma hederacea*), le marrube blanc (*Marrubium vulgare*), le lycope d'Europe (*Lycopus Europæa*), la germandrée ivette (*Teucrium chamæpitis*).

Dans les labiées amères, les principes amers dominent ; ce sont : le bugle (*Ajuga*) ; la germandrée petit chêne (*Teucrium chamædrys*), le lamier blanc (*Lamium album*), la bétoine (*Betonica*), la ballote (*Ballota*), la prunelle ou brunelle (*Prunella*).

Effets physiologiques. — Les labiées excitent légèrement les tissus avec lesquels elles sont mises en contact; la rougeur augmente ainsi que la sensibilité; les sécrétions normales sont suractivées. Sur les plaies la suppuration est diminuée, les bourgeons deviennent rosés et fermes, et la cicatrisation se fait plus vite. A l'intérieur elles excitent d'abord la muqueuse buccale, activent la salivation, rendent la déglutition plus facile.

Dans l'estomac, elles déterminent une sensation de chaleur, activent la digestion en produisant une sécrétion de suc gastrique plus abondante et en augmentant les mouvements péristaltiques. Ces effets excitants se continuent dans l'intestin, où ces plantes agissent aussi comme *carminatives*, c'est-à-dire qu'elles déterminent l'expulsion des gaz.

Après l'absorption du principe essentiel, il se produit une excitation générale se traduisant par une légère accélération du pouls et une énergie plus grande des battements cardiaques, par une coloration plus rosée des muqueuses, et par une plus grande énergie des mouvements locomoteurs. Le mucus bronchique est sécrété en plus grande quantité.

Indications thérapeutiques. — Les préparations des labiées sont indiquées : 1° comme *résolutifs* locaux ; 2° comme *excitants* des plaies et *cicatrisants ;* 3° comme *stomachiques* et *excitants* du tube digestif dans tous les cas où il faut activer la digestion altérée par défaut de sécrétion, défaut de contraction ou par suite d'atonie ; 4° comme *expectorants* et *excitants généraux* dans les maladies catarrhales des voies respiratoires ou génito-urinaires.

PRÉPARATIONS :

1° Poudre.

2° Espèces aromatiques (feuilles sèches de sauge, de thym, de serpolet, d'hysope, de menthe aquatique, d'origan, d'absinthe ; parties égales. — Mélangez).

3° *Sachet aromatique*, sommités sèches de labiées torréfiées.

4° *Cataplasme aromatique.*

5° Infusion théiforme.

6° Vin aromatique........	Espèces aromatiques......	125 gr.
	Alcool à 85°.............	2 décil.
	Vin rouge..............	2 litr.

7° Essences pures.

8° Teinture aromatique ou vulnéraire..............	Espèces aromatiques.	32 gr.
	Alcool ordinaire.........	1 litre.

Essence de lavande.

Cette essence se trouve facilement dans le commerce ; elle est liquide, jaunâtre, d'une odeur aromatique, forte et assez agréable, d'une saveur chaude et amère comme le camphre, qu'elle renferme toujours en quantité notable.

EFFETS. — Sur la peau, l'essence de lavande a une action excitante assez marquée, elle provoque, cependant, difficilement une inflammation locale ; elle ne fait pas tomber les poils et ne tare pas les animaux. A l'intérieur elle excite la muqueuse digestive et accélère la digestion comme la plante elle-même.

INDICATIONS. — Elle convient pour résoudre des engorgements chroniques, des ecchymoses, etc. ; elle est *antiparasitaire* et est indiquée dans la gale ; elle est *excitante* et *cicatrisante* sur les plaies. Elle convient à l'intérieur pour favoriser la digestion dans les embarras gastriques et les indigestions.

ADMINISTRATION ET DOSES. — A l'intérieur, on la donne émulsionnée dans de la gomme ou du mucilage à la dose de 30 à 60 grammes pour les gros animaux, à celle de 8 à 12 grammes pour les petits ruminants et le porc ; et à celle de 4 à 8 grammes chez le chien.

D. PLANTES DE LA FAMILLE DES OMBELLIFÈRES.

Les ombellifères aromatiques renferment deux principes actifs, une essence et une résine amère. L'huile essentielle, très abondante, tient en dissolution le principe amer. Ces deux matières sont répandues dans toutes les parties de la plante, mais elles abondent davantage dans la racine et dans les semences.

Racines aromatiques.

1° De l'angélique (*Angelica archangelica* L.).
Cette plante bisannuelle à odeur suave croît dans toute l'Europe et fournit sa racine à la médecine.

Composition chimique. — La racine d'angélique contient une *huile volatile*, un principe résineux balsamique et des acides acétique, valérianique et angélicique.

Effets. — Localement, l'angélique est excitante et résolutive; dans le tube digestif, elle est stomachique et carminative. Après l'absorption, elle provoque une légère excitation générale, pousse le sang vers la peau, qui s'échauffe, et active les sécrétions.

Indications. — Convient dans les mêmes cas que les labiées.

	Grands herbivores	60 à 130 gr.
Doses...	Petits ruminants et porcs....	15 à 35
	Chiens	8 à 15

Les autres racines fournies par la famille des ombellifères sont celles :
1° De l'impératoire (*Imperatorium ostruthium* L.);
2° Du persil (*Apium petroselinum* L.);
3° De l'ache (*Apium graveolens* L.);
4° Du cerfeuil (*Scandis cerefolium* L.);
5° De la livèche (*Ligusticum levisticum* L.).

2° **Semences aromatiques.**

Les semences aromatiques de la famille des ombellifères sont : celles d'anis, de carvi, de coriandre, de
fenouil.

EFFETS ET EMPLOI. — Toutes ces semences possèdent
les mêmes propriétés que les labiées, mais à un plus
haut degré. Elles activent aussi toute la sécrétion lactée, surtout les semences d'anis, de carvi et de fenouil.

Doses..
Grands herbivores............	30 à 60 gr.
Petits ruminants.............	8 à 15
Chiens.................... .	4 à 8

On les emploie à l'extérieur et à l'intérieur dans les
mêmes cas que les labiées.

E. ÉPICES.

1° **Cannelles.**

On désigne sous ce nom l'écorce sèche et dépouillée
d'épiderme, de plusieurs arbres du genre *Laurus*, qui
croissent naturellement dans les Indes, en Chine, etc.

COMPOSITION CHIMIQUE. — D'après les chimistes, les
cannelles contiennent les principes suivants : une essence très facilement oxydable à l'air et qui se transforme facilement en acide cinnamique, des acides cinnamique et tannique, une matière colorante rouge, du
mucilage, de l'amidon, du ligneux.

EFFETS. — Localement la poudre de cannelle agit
comme un excitant légèrement astringent et antiseptique. A l'intérieur, elle excite la muqueuse digestive
sur toute son étendue, augmente sa tonicité et accélère
la digestion ; elle produit facilement la constipation, et

ce n'est qu'à forte dose qu'elle devient irritante pour l'intestin.

Après l'absorption des principes actifs, la cannelle excite toutes les fonctions, le cœur bat plus fort et plus fréquemment, la peau s'échauffe et se vascularise, l'utérus entre en contraction et les muscles, en général, ont leur tonicité augmentée.

INDICATIONS ET EMPLOI. — La cannelle convient très bien pour accélérer la digestion ou pour la réveiller dans les cas d'indigestion ou de relâchement du tube digestif.

On l'emploie aussi avantageusement pour augmenter la force de contraction de l'utérus, lorsque les douleurs sont trop faibles pendant l'accouchement.

Son action excitante sur les organes génitaux pourrait être utilisée pour augmenter la vigueur du mâle déstiné à la reproduction.

On l'administre sous forme de poudre mélangée avec du sucre, du lait et avec une infusion de thé ou de camomille, ou bien encore sous forme d'électuaire.

Doses...	Grands herbivores........ ..	30gr	à 65 gr.
	Petits ruminants et porcs..	8	à 15
	Chiens, chats	0 30	à 3

Poivres.

On connaît quatre espèces principales de poivre, qui sont : le *poivre noir*, le *poivre blanc*, le *poivre cubèbe*, et le *poivre long*.

Poivre noir (*Piper nigrum*).

C'est le poivre commun ou vulgaire. Au point de vue chimique, il contient de l'*essence de poivre* qui est isomérique avec l'essence de térébenthine, et qui lui communique son odeur; de la *pipérine* alcaloïde isomérique de la morphine, insoluble dans l'eau et dépourvue de saveur; de la *chavicine*, qui est dérivée de la pipérine, à odeur piquante et à saveur âcre; du pipérinate de potasse et une matière résineuse.

EFFETS PHYSIOLOGIQUES. — Localement, le poivre est excitant ou irritant, suivant la dose appliquée et suivant la nature des tissus. Sur une plaie, une solution de continuité, il peut provoquer une vive inflammation locale accompagnée d'une mortification plus ou moins étendue.

A l'intérieur, il excite vivement la muqueuse buccale et provoque la salivation; dans l'estomac et l'intestin, il augmente les contractions, produit une hypersécrétion de sucs digestifs et accélère considérablement la digestion. Des doses trop fortes peuvent amener une irritation gastro-intestinale. Après l'absorption, il détermine une légère excitation générale et surtout rend les organes génitaux plus sensibles et plus aptes à remplir leurs fonctions; c'est donc un *aphrodisiaque*.

INDICATIONS. — A l'extérieur, il est indiqué comme rubéfiant, soit seul, soit mélangé à la farine de moutarde. A l'intérieur, il convient pour exciter la digestion et pour augmenter le pouvoir digestif de certaines substances alimentaires de qualité inférieure. Comme aphrodisiaque, il est indiqué pour réveiller les facultés génésiques.

	Cheval	5gr	à 15 gr.
Doses...	Bœuf	10	à 25
	Mouton et porc	2	à 5
	Chien	0 30	à 0 50

On l'administre sous forme de bols, de pilules, d'électuaire, en grains entiers ou en infusions aqueuses ou vineuses

Les *autres espèces de poivres* possèdent sensiblement

les mêmes propriétés que le poivre noir. Le poivre cubèbe est moins irritant et porte son action surtout sur les organes génitaux, dont il tarit les écoulements morbides.

Noix muscade (*Myristica aromatica*).

Ce fruit fournit à la médecine deux produits, la noix *muscade* et le *macis*.

Ces deux produits doivent leurs propriétés à une *huile essentielle*. Ce sont des excitants énergiques comme les poivres, ils sont indiqués dans les mêmes cas.

Clou de girofle ou Girofle.

On appelle ainsi la fleur épanouie du *Cariophyllus aromaticus*, arbre cultivé aux îles Moluques, à Bourbon et à Cayenne.

COMPOSITION CHIMIQUE. — D'après Tromsdorff, les clous de girofle renferment les principes suivants : essence âcre et caustique, cariophylline cristallisée et inactive, tannin, extractif, gomme et ligneux.

EFFETS. — Les clous de girofle sont des excitants gastro-entériques énergiques ; ils produisent la salivation, la sécrétion du suc gastrique et des sucs intestinaux, et activent les contractions péristaltiques. Après l'absorption, le principe actif excite l'utérus et rend ses contractions plus énergiques.

Gingembre.

Le gingembre est le rhizome du *Zinziber officinale*, plante des Indes et de la Chine.

COMPOSITION CHIMIQUE. — Les principes du gingembre sont les suivants : essence d'un bleu verdâtre, résine et sous-résine, matière végéto-animale, osmazome, amidon, gomme, ligneux, acide acétique et acétate de potasse.

Le gingembre produit les mêmes effets physiologiques et thérapeutiques que les clous de girofle.

Anis étoilé ou Badiane.

C'est le fruit d'un arbre du genre *Illicium* qui croît en Chine et au Japon. Il exhale une odeur très agréable d'anis, et présente une saveur chaude, sucrée et aromatique. Ses principes actifs sont : une essence, une résine, un principe extractif, de l'acide benzoïque, du tannin, etc.

Effets. — C'est un *stimulant* gastro-intestinal, un *stomachique* et un *carminatif*, dont les indications sont les mêmes que celles des semences des Ombellifères. On l'emploie en infusion aqueuse ou vineuse.

F. EXCITANTS GÉNÉRAUX AMERS.

1° Camomille romaine (*Anthemis nobilis* L.).

Cette plante fournit ses fleurs qu'on emploie desséchées.

Composition chimique. — Une essence verte devenant incolore en vieillissant, et laissant déposer du camphre ; un principe extractif amer, du *tannin*.

Effets. — Les préparations de camomille sont *excitantes* localement sur tous les tissus. Dans le tube digestif, elles sont *stomachiques, antiventeuses* et *toniques*. Après l'absorption, elle excite légèrement toutes les fonctions et augmente la tonicité des tissus ; elle jouit, en outre, de vertus *antipériodiques, antiputrides* et *antispasmodiques*.

Indications. — Elle est recommandée localement

pour résoudre les engorgements indolents, surtout les engorgements testiculaires, les ecchymoses, les contusions ; pour exciter les plaies de mauvaise nature. A l'intérieur, elle est indiquée contre les *indigestions*, les digestions lentes, les douleurs intestinales, contre l'inappétence, la diarrhée, etc. ; contre les affections anémiques et le défaut de tonicité des organes.

Doses. — On fait des infusions avec 15 à 30 grammes par litre d'eau. Lorsqu'il y a des douleurs spasmodiques dans le ventre, on fait des infusions légères.

L'essence de camomille est donnée aux petits animaux à la dose de 1 à 3 gouttes avec de l'huile, du sucre, etc.

Succédanées de la camomille.

1° Camomille des champs (*Anthemis arvensis* L.) ;
2° Camomille puante ou maroute (*Anthemis cotula*) ;
3° Camomille des teinturiers (*Anthemis tinctoria* L.) ;
4° Matricaire camomille (*Matricaria chamomilla* L.) ;
5° Matricaire vulgaire (*Matricaria parthenium* L.) ;
6° Matricaire odorante (*Matricaria suaveolens* L.).

2° Grande absinthe (*Artemisia absinthium* L.).

Composition chimique. — D'après Braconnot, elle renferme : une *essence verte* (0,5 à 2 p. 100), principalement dans les feuilles, très active, une matière résinoïde et une matière très amère, de l'albumine, de la fécule, de la chlorophylle et quelques sels à base de potasse. La matière amère de l'absinthe a été séparée à l'état de pureté et nommée *absinthéine*.

Effets. — A l'extérieur l'absinthe agit comme *excitant, antiputride, antiparasitaire*. A l'intérieur, elle excite l'estomac et l'intestin, en augmente les sécrétions, la tonicité et les contractions. Elle tue les vers et constitue un excellent anthelminthique. Les animaux la prennent assez difficilement, à cause de sa grande amertume. Après l'absorption du principe actif, l'absinthe détermine une excitation générale et provoque la diurèse.

Le principe amer imprègne tous les tissus et leur communique une grande amertume. L'élimination se fait par les *reins* et par les *mamelles*.

L'essence d'absinthe, absorbée en grande quantité, détermine chez le chien une grande excitation du système nerveux, des convulsions épileptiformes, du trismus et du tétanos.

INDICATIONS. — L'absinthe est indiquée *comme excitante* et *antiputride* sur les plaies et les ulcères de mauvaise nature ; comme *antiparasitaire* contre les poux, les puces, les acares de la gale. A l'intérieur, son *effet excitant* favorable à la digestion la recommande contre les indigestions, l'atonie, la diarrhée, etc. ; son action antiparasitaire est utilisée pour provoquer l'expulsion des vers intestinaux.

Il faut ménager l'emploi de l'absinthe chez les animaux à l'engrais et chez les femelles dont on veut utiliser le lait ; car la viande et le lait prennent rapidement une saveur très amère.

DOSES. — On donne des doses d'un tiers ou de moitié plus fortes que celles de la camomille.

Succédanées de la grande absinthe.

1° Petite absinthe ou pontique (*Artemisia pontica* L.) ;
2° Absinthe maritime (*Artemisia maritima* L.) ;
3° Armoise vulgaire (*Artemisia vulgaris* L.) ;

3° **Arnique des montagnes** *(Arnica montana L.)*.

COMPOSITION CHIMIQUE. — Les chimistes ont découvert dans toutes les parties de l'arnica, un alcoloïde *l'arnicine*, une *essence*, du *tannin*, et différents principes résinoïdes encore mal déterminés.

EFFETS. — Sur la peau, l'arnica produit une légère irritation locale; sur les plaies et les muqueuses l'irritation est plus forte, quoique encore modérée.

A faible dose, elle agit sur le tube digestif comme un excitant digestif énergique; à dose forte, elle irrite la muqueuse stomacale et intestinale, provoque le vomissement chez les carnivores et une gastro-entérite chez les herbivores.

Après l'absorption, le principe actif de l'arnica excite le système nerveux, principalement la moelle épinière; il y a des tremblements, de la gêne de la respiration, des convulsions; puis succède une période de résolution des forces musculaires et d'abattement général.

INDICATIONS. — A l'extérieur l'*effet résolutif* de l'arnica est généralement très remarquable sur les contusions, les ecchymoses, les œdèmes, les engorgements de toutes sortes. L'action *excitante* a pour effet de modifier la surface des plaies de mauvaise nature.

A l'intérieur elle excite légèrement le tube digestif à faible dose. Elle est indiquée dans tous les cas où la fonction digestive est entravée par défaut de tonicité, de sécrétions ou de contractions.

Les effets physiologiques généraux ne peuvent pas encore recevoir d'applications contre les affections nerveuses ou autres, car ils sont encore trop peu connus. Il est vrai, on a employé cette substance contre toutes les névroses, mais d'une façon empirique et sans obtenir des résultats sérieux.

EMPLOI ET DOSES. — On emploie généralement la teinture d'arnica pour l'extérieur ; pour l'intérieur, on préfère l'infusion.

| Doses toxiques....... | Cheval. | Estomac........ 500 à 1000 gr. |
| | | En inject. intra-veineuse.. 30 |

Doses thérapeutiques.	Cheval et bœuf............. 30 à 70 gr.
	Petits ruminants et porc.... 8 à 15
	Carnivores .... 1 à 2

4° Pyrèthre (*Anthemis Pyrethrum*).

On emploie la racine.

COMPOSITION CHIMIQUE. — La racine de pyrèthre renferme une *essence*, du *tannin*, une résine molle qu'on a appelée *pyréthrine*, une huile grasse, de l'inuline, de la gomme, du ligneux et des sels.

EFFETS ET USAGES. — La pyrètre a surtout la propriété de provoquer la *salivation*, lorsqu'on l'applique sur la muqueuse buccale ; c'est un excellent *sialogogue*. Elle agit, d'ailleurs, comme excitant sur toute la longueur du tube digestif. Elle constitue un *antiparasitaire* assez énergique.

On l'emploie, sous forme de-nouet, pour provoquer la salivation dans les cas d'inappétence, d'engorgement des glandes, de la muqueuse buccale, de paralysie de la langue. M. Mégnin la recommande contre la gale du cheval sous forme d'une pommade au dixième.

5° Aunée (*Inula helenium* L.).

On emploie la racine.

COMPOSITION CHIMIQUE. — *Essence* concrète et camphrée, *résine* molle et âcre, *cire*, *extractif* amer et soluble, *inuline*, *gomme*, *ligneux*, *sels*, etc.

EFFETS. — Cette racine constitue un stimulant éner-

gique et un tonique puissant. Après l'absorption des
principes actifs, elle produit, outre une légère excitation générale, une augmentation de la diaphorèse, une
action expectorante et diurétique.

Elle est indiquée dans les cas d'atonie, de débilité du
tube digestif; dans l'anémie, l'hydrohémie, les affections catarrhales des voies respiratoires et des voies
génito-urinaires, les maladies cutanées.

	Grands herbivores............	30 à 100 gr.
Doses..	Petits ruminants et porc.....	8 à 15
	Carnivores...................	2 à 8

6° **Rhizome d'Acore vrai** (*Calamus aromaticus*).

COMPOSITION CHIMIQUE. — D'après Trommsdorff: *Essence*, *acorine* ou *résine visqueuse*, matière extractive,
acide benzoïque, inuline, gomme et ligneux.

EFFETS PHYSIOLOGIQUES. — La racine du *Calamus* est
un stomachique excellent, à la condition que le tube
digestif ne soit pas irrité. Elle est prise facilement par
tous les animaux et excite les fonctions stomacales et
intestinales. Elle peut remplacer avantageusement tous
les stomachiques exotiques. Elle est expectorante et a
sur la muqueuse bronchique une action excellente.
Elle convient surtout contre les dyspepsies, l'atonie du
tube digestif, le ballonnement et les gastro-entérites
chroniques. Elle convient aussi pour augmenter l'appétit chez des anémiques ou des animaux en convalescence.

EMPLOI ET DOSES. — On utilise cette racine principalement sous forme de poudre.

	Cheval...................	15	à 30 gr.
Doses.	Bœuf.................	25	à 50
	Mouton et porc.......	5	à 10
	Chien et chat.........	0.50	à 2

On l'administre sous forme de pilules, de bols ou d'électuaires. On l'unit souvent au sulfate de magnésie ou au chlorure de sodium, au sulfate d'ammoniaque, au bicarbonate de soude, à la quinine, au fer, au goudron, au sulfure d'antimoine, etc.

Baies de genièvre (*Juniperus communis*, L.).

Les baies de genièvre ont une odeur balsamique et agréable, leur saveur est sucrée d'abord et devient ensuite amère et résineuse.

COMPOSITION CHIMIQUE. — Une *essence* analogue à l'essence de térébenthine, une *résine* verte et cassante, de *la cire*, de l'*extractif*, du *sucre*, de *la gomme*, des sels de potasse et de chaux, des acides organiques (acide acétique, formique et malique).

EFFETS PHYSIOLOGIQUES. — Les baies de genièvre jouissent de trois propriétés bien évidentes : elles sont *stimulantes, toniques* et *diurétiques*. Leur prix étant peu élevé, elles peuvent remplacer avantageusement un grand nombre de substances qui jouissent de propriétés analogues. Elles produisent une diurèse très nette et communiquent à l'urine une odeur particulière caractéristique. Elles stimulent la digestion et relèvent la tonicité du tube digestif. Après absorption de leurs principes actifs, elles excitent les muqueuses et principalement la muqueuse respiratoire.

Elles sont aussi antiparasitaires ; c'est surtout l'essence qui jouit de cette propriété à un haut degré.

INDICATIONS THÉRAPEUTIQUES. — L'action tonifiante est utilisée pour combattre les affections atoniques du tube digestif, telles que l'inappétence, l'indigestion chronique, la diarrhée, les coliques dues aux spasmes de l'intestin, etc.

L'action stimulante générale et tonifiante est mise

avantageusement à profit pour combattre l'atonie générale, l'anémie, les maladies lymphatiques, les maladies des voies respiratoires. Enfin la diurèse provoquée par ces baies les recommande dans les cas d'hydropisies des séreuses et du tissu conjonctif des parties déclives, de péritonite et de pleurésie chronique avec épanchement.

On a employé avantageusement l'essence de baies de genièvre contre la gale folliculaire du chien.

Doses.	Cheval	20 à 50 gr.
	Bœuf	30 à 100
	Mouton	10 à 20
	Porc	5 à 10

ADMINISTRATION. — La plupart des animaux prennent ces baies assez facilement surtout quand on les mélange aux aliments. On les unit généralement au sulfate de soude, au chlorure de sodium, au sulfate d'ammoniaque, au fer, au cumin, à la gentiane, à l'essence de térébenthine, au soufre, au sulfure d'antimoine. Pour provoquer une diurèse plus abondante, on les donne sous forme d'infusions. On fait des fumigations en les projetant sur des charbons incandescents.

Café.

On donne ce nom au fruit du caféier, plante de la famille des rubiacées, qui croît surtout dans l'Afrique orientale. Le même nom s'applique à l'infusion qu'on prépare avec les grains de café torréfié.

Le café est devenu pour nous un véritable aliment. Sa consommation, déjà très grande, augmente tous les ans.

On ne prépare pas l'infusion de café avec les grains verts, mais bien avec les grains ayant subi l'action d'une chaleur intense qui fait brunir leur surface. L'infusion ainsi obtenue est aromatique et d'un goût infiniment plus agréable que celle qu'on obtiendrait avec les grains verts ; elle jouit aussi de propriétés physiologiques un peu différentes.

Le café vert a la composition chimique suivante :

Caféine	0.2 à 0.8 p. 100	
Légumine	15	—
Sucre et gomme	55	—
Huile grasse et essentielle	13	—
Sels minéraux (K, Na, Mg, Fe, Ph, Cl)	7	—
Acide cafétannique	5	—

La substance qui communique au café vert ses propriétes physiologiques, c'est la *caféine*. L'infusion de café torréfié doit ses propriétés non seulement à la *caféine*, mais encore à une *essence aromatique* qui se forme au moment de la torréfaction. Pendant cette dernière opération le café perd de son poids (de 1/8 à 1/4 (Aubert), et il s'appauvrit un peu en *caféine*. La richesse du café en caféine varie suivant les terrains ; les chiffres ci-dessus ne donnent qu'une moyenne.

L'infusion de café torréfié agit beaucoup plus énergiquement sur l'homme et les animaux que l'infusion de café vert. L'alcaloïde, la caféine, n'est donc pas le seul principe actif du café torréfié, il s'y ajoute un autre principe qui se forme sous l'influence de la torréfaction. Une infusion de café torréfié renfermant seulement $0^{gr},4$ de caféine agit aussi énergiquement que $1^{gr},5$ de caféine pure : si l'on injecte dans les veines d'un lapin une infusion de café torréfié qui renferme $0^{gr},04$ de caféine, l'animal meurt rapidement après avoir présenté des tremblements et des convulsions, tandis qu'une dissolution de $0^{gr},05$ de caféine pure injectée ne produit presque aucun effet. L'infusion de café agit énergiquement sur les mouvements de l'intestin, tandis que la caféine seule ne modifie pas sensiblement ces mouvements. Le marc de café est très pauvre en caféine, et cependant il agit encore énergiquement sur les animaux. Le principe aromatique produit par la torréfaction a été appelé *caféone* par Boutron.

C'est la caféone qui produit l'activité de l'intelligence, l'accélération du cœur, l'abaissement de la tension artérielle, l'accélération de la respiration, l'énergie des mouvements péristaltiques de l'intestin, l'expulsion d'une plus grande quantité d'urine. L'homme, à cause de l'usage continuel qu'il fait du café, jouit d'une grande tolérance. Les animaux sont relativement beaucoup plus sensibles à cette substance. Ce n'est pas, comme on le croyait pendant longtemps, un aliment d'épargne, car il détermine une excitation générale et une élimination plus forte d'azote.

EMPLOI ET INDICATIONS. — L'infusion de café est indiquée :

1° Quand il y a dépression nerveuse ;

2° Pour faire disparaître les effets des alcooliques ;

3° Pour les maladies chroniques des muqueuses des voies respiratoires, surtout les maladies catarrhales ;

4° Pour combattre la constipation ;

5° Contre l'indigestion ou pour faciliter la digestion quand elle est laborieuse.

DOSES. — Les doses ne sont pas nettement indiquées. Pour les grands herbivores la dose de 50 grammes dans un litre d'eau bouillante suffit généralement. On peut d'ailleurs augmenter considérablement les doses sans occasionner aucun empoisonnement.

Caféine.

La caféine est un alcaloïde qui donne son activité au café vert. Cette substance se présente à l'état de pureté sous la forme de cristaux blancs en aiguilles très fines. Elle est peu soluble dans l'eau froide et l'alcool, mais très soluble dans l'eau chaude. Avec certains acides elle forme des sels qui jouissent des mêmes propriétés physiologiques que l'alcaloïde pur.

Effets physiologiques. — La caféine et ses sels n'ont aucune action sensible sur la peau. Sur les muqueuses la caféine détermine une légère excitation qui active la circulation et les sécrétions. Dans la bouche on voit qu'elle détermine une hypérémie de la muqueuse et une sécrétion salivaire plus abondante. Il est probable qu'à doses convenables les mêmes effets se produisent dans l'estomac et l'intestin.

L'absorption de la caféine est très rapide dans le tube digestif, le tissu conjonctif sous-cutané et les bronches. On peut l'administrer par l'une ou l'autre de ces voies selon les exigences. Quand on veut l'administrer par les bronches, il faut injecter la solution avec lenteur dans la trachée dont on perfore les parois avec une seringue à canule fine. L'injection sous-cutanée se fait comme dans les conditions ordinaires, elle n'est jamais suivie d'aucun accident local. Après l'absorption la caféine n'est pas altérée, elle est éliminée en nature par l'*urine* et la bile (Binz, Aubert).

Les effets généraux se traduisent par des modifications dans presque toutes les fonctions.

Sensibilité et motilité. — Aussitôt que la caféine a pénétré en assez grande quantité dans le sang, on constate une augmentation de la sensibilité générale et des sensibilités spéciales. Les animaux sont agités, les moindres excitations provoquent des réactions. A dose forte, le pouvoir réflexe de la moelle est considérablement augmenté et il se produit des convulsions tétaniques comme avec la strychnine. Cet effet est surtout facile à constater sur la grenouille verte. On le produit aussi sur les mammifères en administrant des doses suffisantes, surtout lorsqu'on fait des injections intraveineuses. Le cheval qui reçoit 0^{gr},50 de caféine en injection sous-cutanée ou intraveineuse prend une attitude plus fière. Il relève la tête, dresse les oreilles et leur fait exécuter des mouvements dans différents sens; il mâche comme s'il avait des parcelles alimentaires dans la bouche; ses yeux deviennent vifs et brillants. Puis on constate une certaine raideur dans la démarche. Des contractions cloniques apparaissent dans certains muscles, surtout dans les masséters. Si on pique l'animal, il réagit vivement, ce qui prouve que la sensibilité est exagérée. En même temps les *naseaux* se dilatent et la physionomie prend une expression hérissée. Les effets sont les mêmes sur le chien. Des doses de 1 à 2 grammes en injections hypodermique ont produit chez des chiens de taille moyenne une surexcitation considérable, des mouvements continuels; les yeux étaient vifs et brillants. Avec ces doses les mouvements deviennent incertains au bout d'un certain temps et les animaux ont généralement des désirs vénériens évidents. Ils ont des érections, prennent une position caractéristique et se lèchent la verge. Cet excitation dure environ deux heures; elle est à son maximum trois quarts d'heure après l'injection.

Sécrétions. — Pendant la période d'excitation la muqueuse buccale est rouge et la salive coule en abondance par la commissure des lèvres. Les sécrétions des parties inférieures du tube digestif sont également augmentées, car on voit que l'animal rend des matières excrémentitielles liquides ou mélangées avec beaucoup de liquide. La peau rougit et ses sécrétions sont activées. Il y a aussi diurèse.

Circulation. — La caféine produit chez le chien une *accélération* du pouls et donne aux battements du cœur une énergie plus grande. Les effets sur le pouls et la tension varient avec les doses; des doses faibles et moyennes produisent une accélération du pouls et une élévation de la tension artérielle ; des doses fortes en injection intraveineuse produisent une accélération du pouls avec abaissement de la tension artérielle ; avec des doses très fortes, il y a ralentissement du pouls, arythmie et abaissement considérable de la tension artérielle et enfin mort.

Température. — La caféine a produit sur le chien (2 grammes) une élévation de la température rectale de 39°,7 à 40°,3. Avec des doses faibles l'élévation est peu considérable.

Muscles. — Les muscles se contractent avec plus d'énergie sous l'influence de la caféine. Les animaux ont des mouvements très vifs. Quand il y a véritable empoisonnement, les muscles perdent de leur excitabilité, ils deviennent plus raides et la courbe de la secousse s'allonge considérablement comme avec la vératrine.

L'intestin ne modifie pas ses contractions, d'après Nasse.

Nutrition. — La caféine augmente la dénutrition ; elle y détermine une plus forte élimination de matières quaternaires.

Indications. — La caféine remplit les mêmes indications que l'infusion de café torréfié.

Administration. Doses. — En injection hypodermique.

Cheval....................	0.50 à 1 gr.
Chien....................	0.05 à 0.10

La caféine et ses sels étant d'un prix élevé, ne peuvent pas être employés avantageusement en médecine vétérinaire. L'infusion de café produit d'ailleurs les mêmes résultats thérapeutiques.

Serpentaire de Virginie (*Aristolochia serpentaria*, L.). Vipérine de Virginie.

Cette plante croît dans l'Amérique du Nord, et notamment dans la province de Virginie, dans la Caroline. Elle fournit sa racine à la médecine.

COMPOSITION CHIMIQUE. — Essence, résine molle, extractif amer, extractif gommeux, albumine, amidon, sels.

EFFETS PHYSIOLOGIQUES. — Cette racine jouit sensiblement des mêmes propriétés que les baies de genièvre. Elle est *stimulante, tonique* et *diurétique*. On prétend aussi qu'elle est antivenimeuse, quoique cette action ne soit pas encore démontrée.

INDICATIONS. — Elle répond exactement aux mêmes indications que les baies de genièvre. En outre on la recommande contre les morsures des animaux venimeux. Dans la pratique, les baies de genièvre la remplacent avantageusement.

Cascarille (*Croton cascarilla*, L.). Quinquina aromatique.

Le mot cascarille vient du mot espagnol *cascarilla* qui signifie petite écorce. Cette écorce est fournie par un arbre qui croît dans l'Amérique méridionale.

COMPOSITION CHIMIQUE. — La cascarille renferme les principes suivants : *essence*, acide benzoïque, principe amer, ligneux, sels, etc.

EFFETS ET USAGES. — La cascarille agit sur l'organisme comme *excitante, tonique* et *antiputride*. Elle jouit en outre de la propriété d'activer considérablement la sécrétion du lait (Fellenberg), elle est donc galactopoiétique.

On l'emploie dans l'anémie, les maladies atoniques

des voies digestives, et pour tonifier l'économie en général lorsqu'il y a relâchement ou atonie. Son action galactogène peut aussi recevoir une application dans beaucoup de cas.

Raifort sauvage (*Cochlearia armorica*, L.). Cran ou Cranson de Bretagne.

Cette plante croît dans presque toute la France, mais surtout en Bretagne. Toutes les parties sont actives, mais on n'emploie guère que la *racine*.

COMPOSITION CHIMIQUE. — Cette racine contient les principes suivants : une essence sulfurée très âcre et analogue à celle de la moutarde noire ; une résine amère, de l'albumine, du sucre, de la gomme, du ligneux, des sels calcaires.

EFFETS PHYSIOLOGIQUES. — La pulpe fraîche de racine de raifort sauvage appliquée sur la peau, y détermine uue *rubéfaction* et un engorgement comme la moutarde noire. Dans le tube digestif, elle produit du ptyalisme, une vive excitation de l'estomac et peut même devenir irritante si son usage est trop prolongé ou si on élève les doses outre mesure. Après l'absorption, elle est stimulante, tonique et diurétique.

INDICATIONS. — Comme *stimulant* et *tonique*, le raifort convient dans les débilités du tube digestif, les affections vermineuses, les maladies atoniques et celles qui sont passées à l'état chronique ; *comme diurétique*, on le recommande contre les diverses espèces d'hydropisies ; comme *anticatarrhal*, le raifort est utile dans le catarrhe des bronches, du nez, les écoulements muqueux des voies génito-urinaires, l'albuminurie.

	Grands herbivores..........	150 à 250 gr.
Doses..	Petits ruminants et porc....	50 à 100
	Carnivores	10 à 25

ADMINISTRATION. — Après avoir réduit la racine en pulpe, on la mélange avec des matières farineuses et on en fait des bols ou des électuaires; on peut aussi en extraire le suc et l'administrer dans un véhicule approprié; enfin on peut traiter la racine par macération, avec l'eau, les liqueurs alcooliques, le vinaigre, et on l'administre ensuite en breuvage.

ONZIÈME CLASSE

ANESTHÉSIQUES LOCAUX.

Cocaïne.

La cocaïne est un alcaloïde que Niemann a isolé en 1859 de l'*Erythroxylon coca*, arbuste que l'on cultive dans diverses régions de l'Amérique du Sud.

Caractères. — La cocaïne est cristallisée sous forme de prismes à quatre ou six pans ; elle est incolore, inodore, à saveur amère, à réaction fortement alcaline, peu soluble dans l'eau, soluble dans l'alcool et mieux encore dans l'éther et le chloroforme. Cet alcaloïde se combine avec les acides et forme des sels très solubles dans l'eau et qui jouissent des mêmes effets biologiques que la cocaïne. Le chlorhydrate de cocaïne est le plus employé, il est soluble en toute proportion dans l'eau. La cocaïne se distingue des alcaloïdes mydriatiques en ce qu'elle ne prend pas de coloration violette lorsqu'on la traite par l'acide azotique chaud, puis par la potasse caustique alcoolique.

Effets physiologiques. — Les solutions plus ou moins concentrées de chlorhydrate de cocaïne détruisent la sensibilité locale si elles sont appliquées sur des surfaces fines, faciles à imbiber. Si on plonge la patte d'une grenouille dans une solution au centième de ce sel, on la rend insensible ; si l'on plonge la grenouille dans un bain de cocaïne, tout le tégument devient insensible. Mais sur la peau de l'homme et des animaux domestiques les applications sont absolument sans aucun effet, sans doute parce que le médicament ne traverse que difficilement l'épiderme et qu'il n'arrive pas au contact des extrémités nerveuses. En effet, si on amincit l'épiderme ou si on l'enlève à l'aide d'un vésicatoire, on obtient l'anesthésie cutanée. Quand on a obtenu la cloque du vésicatoire, il suffit d'y injecter quelques gouttes de chlorhydrate de cocaïne pour supprimer la douleur. L'épiderme enlevé, l'application de compresses ou de charpie imbibée de sel de cocaïne anesthésie la surface.

Cette action est très étroitement localisée au point d'application ; si la plaie est pansée avec un canevas imbibé, les lignes seules recouvertes par le canevas sont insensibilisées, les intervalles ne le sont pas.

L'action anesthésiante locale est surtout très manifeste sur la muqueuse oculaire. Elle a été découverte et bien étudiée par Karl Koller, médecin autrichien. L'instillation de la solution de chlorhydrate de cocaïne sous les paupières provoque chez tous les animaux et chez l'homme une anesthésie de la cornée et de la conjonctive. On peut gratter, piquer, irriter la cornée par un courant induit intense, la cautériser avec le crayon de nitrate d'argent, sans que l'animal fasse aucun mouvement. L'homme auquel on a fait une instillation dans un œil, non seulement n'éprouve aucune douleur, mais ne perçoit pas les attouchements, les piqûres, les cautérisations faites à la cornée ou à la conjonctive. Avec une solution de 5 p. 100, il suffit de deux à trois instillations de quatre à cinq gouttes pour obtenir en deux minutes l'insensibilité complète, insensibilité qui persiste environ un quart d'heure. Cette durée suffit pour le plus grand nombre des opérations des yeux, telles que extraction des corps étrangers de la cornée, cautérisation des ulcères, opération de la cataracte, etc. Le chlorhydrate de cocaïne exerce aussi une action anesthésiante sur les autres muqueuses, exemples, celle du larynx, du pharynx, des voies urinaires, etc. Après le badigeonnage ou la pulvérisation de préparations de cocaïne sur la muqueuse pharyngienne, les réflexes sont supprimés et l'introduction du laryngoscope est facilement tolérée.

D'après M. Grasset, professeur à la Faculté de médecine de Montpellier, l'introduction de préparations de cocaïne dans le tissu conjonctif sous-cutané donne l'anesthésie de la peau sus-jacente. Cette anesthésie cutanée se produit nettement avec 1 centigramme de chlorhydrate de cocaïne, elle dure environ quinze minutes, n'est pas accompagnée de phénomènes généraux et n'a que des suites locales insignifiantes. L'anesthésie locale produite par les sels de cocaïne est le résultat de l'action coagulante exercée sur le protoplasma des éléments nerveux terminaux et fibrillaires.

Les effets généraux que produit la cocaïne après son absorption ne sont nullement des effets anesthésiants ou analgésiants, comme on avait de la tendance à le supposer à un moment. M. Arloing a démontré que les effets de la cocaïne se rapprochent de ceux de la strychnine. C'est un anesthésique local et un convulsivant général.

Si l'on injecte sous la peau du lapin, ou du cobaye, ou du chien, une dose toxique de solution de chlorhydrate de cocaïne à 1 ou 2 p. 100, l'animal ne tarde pas à être pris de violentes convulsions ; il tombe sur le sol, la tête renversée sur le dos, les pattes antérieures étendues le long de la poitrine, ainsi que les postérieures, a des convulsions toniques et cloniques ; la mort survient ensuite rapidement. Quand les doses sont fortes sans être toxiques, on voit apparaître les signes d'une vive excitabilité réflexe qui se dissipe ensuite graduellement. A aucun instant de la période d'état des effets de la cocaïne on n'a pu constater une véritable diminution de la sensibilité de la peau ou des muqueuses superficielles, tandis qu'il suffisait de verser une goutte de la solution de cocaïne dans un œil pour obtenir aussitôt l'anesthésie localisée de la surface de cet organe. L'action de la cocaïne sur la circulation n'est pas encore nettement précisée ; cependant on a constaté avec les appareils enregistreurs un abaissement de la tension artérielle chez le chien et le lapin, une accélération du pouls chez le premier animal et un ralentissement chez le second, un affaiblissement graduel des battements du cœur.

Les tracés de la respiration accusent une accélération avec conservation du rythme et de la forme des courbes respiratoires ; seulement l'amplitude de celles-ci diminue pendant que leur nombre augmente. La respiration s'arrête vingt à vingt-cinq secondes avant le cœur. Au moment où l'agitation des membres, de la tête et des mâchoires apparaît, on voit la salive s'échapper abondamment de la bouche, un liquide spumeux s'écoule des narines, la pupille se dilate brusquement de façon à se confondre avec la circonférence de la cornée ; des convulsions analogues à celles de la strychnine apparaissent par accès.

Outre l'empoisonnement aigu que l'on obtient par une forte injection sous-cutanée ou intraveineuse, le chlorhydrate de cocaïne peut causer un empoisonnement lent, auquel les animaux succombent au bout de quatre, cinq ou six jours ; ces animaux passent ce temps dans un état de collapsus et d'hébétude très accusé. Dans ces conditions il y a analgésie, mais celle-ci ne dénonce pas une propriété particulière à la cocaïne, attendu qu'on la rencontre plus ou moins dans un grand nombre d'intoxication graves.

INDICATIONS THÉRAPEUTIQUES. — L'action anesthésiante

locale qu'exerce la cocaïne sur les muqueuses la rend précieuse dans un grand nombre de maladies siégeant sur ces muqueuses.

Dans la pathologie oculaire elle rend de grands services chez l'homme et les animaux. Une goutte ou deux de chlorhydrate de cocaïne en solution à 3 ou 5 p. 100 instillées dans l'œil suffisent pour l'insensibiliser complètement, pour abolir les réflexes des paupières et du corps clignotant. Elle permet de se livrer à toutes les explorations de l'œil et de pratiquer les opérations les plus délicates, telles que la cataracte, l'extraction de corps étrangers, sans occasionner aucune souffrance. En anesthésiant l'œil et en dilatant la pupille elle rend doublement facile l'examen opththalmoscopique du fond de l'œil. Dans les opththalmies très douloureuses elle calme la souffrance et rend possible chez les animaux la cautérisation de la conjonctive enflammée.

Les propriétés analgésiantes de la cocaïne ont été utilisées aussi dans le traitement des maladies du pharynx, du larynx, des fosses nasales, de l'oreille, du vagin, de l'urèthre.

On peut pratiquer, avec le secours de la cocaïne, des opérations diverses sur, le pharynx et le larynx, sans occasionner de douleurs aux patients et sans être gêné par les mouvements réflexes que détermine le contact des corps étrangers avec la muqueuse de l'arrière-gorge et du larynx. Elle permet aussi de cautériser des ulcères, des tumeurs siégeant sur ces diverses muqueuses, et cela sans douleur.

Elle a déjà été employée avec beaucoup de succès dans l'espèce humaine dans les cas de vaginite, de fissure à l'anus, d'uréthrite.

Les pommades cocaïnées seront appliquées avec avantage à l'obstétrique, on pourra enduire le col utérin, le vagin, surtout chez les petites femelles qui présentent de fréquents exemples de dystocie et supportent si mal les manipulations de l'accoucheur.

En injection sous-cutanée, le chlorhydrate de cocaïne a été employé comme moyen d'anesthésie locale, préparatoire d'opérations chirurgicales telles que : ouverture de phlegmons (sol. à 20 p. 100), extirpation de tumeurs.

Préparations et doses. — Solutions aqueuses de chlorhydrate de cocaïne : 2 à 3 p. 100 pour l'œil et le canal de l'urèthre, 4 à 10 p. 100 pour la muqueuse du nez et du vagin, 20 p. 100 pour la muqueuse du larynx.

Pommade pour enduire le col à 5 p. 100.

Dose toxique chez le chien : plus de un centigramme par kilogramme du poids de l'animal.

DEUXIÈME GROUPE

PREMIÈRE CLASSE

TONIQUES.

On appelle *toniques* les médicaments qui, après leur absorption, relèvent le mouvement d'assimilation et communiquent à tous les tissus une tonicité plus grande.

Tous les toniques n'agissent pas par le même mécanisme ; les uns se fixent dans les éléments anatomiques des tissus et en font partie intégrante ; d'autres ne font que traverser l'organisme et pendant leur court séjour modifient la vitalité des éléments du sang, des tissus et surtout du système nerveux. Les premiers sont pour ainsi dire de véritables aliments, car il font partie intégrante de l'organisme normal ; les seconds au contraire ne sont jamais assimilés aux tissus normaux, ils agissent simplement en modifiant d'une certaine manière la matière protoplasmique ainsi que le milieu organique dans lequel plongent les éléments anatomiques. En se basant sur cette différence d'action on peut diviser les *toniques* en deux groupes ; le premier comprenant les *toniques analeptiques*, c'est-à-dire les toniques qui sont de véritables aliments, et le deuxième comprenant les *toniques névrosthéniques*, c'est-à-dire les toniques qui ne font pas partie normale de l'organisme animal, mais qui excitent favorablement le système nerveux et la nutrition.

Les uns et les autres n'agissent que lentement et après un certain temps d'administration.

1° Toniques analeptiques.

Les toniques analeptiques sont les agents thérapeutiques dont le mode d'action caractéristique consiste à rendre au sang les principes organisables et réparateurs qui lui manquent.

Le sang normal renferme dans certaines proportions déterminées compatibles avec l'état de santé, la fibrine, l'albumine, la sérine, les matières grasses et hydrocarbonées, les sels, le fer, le manganèse. Quand ces proportions sont troublées par suite de la *diminution* d'une des substances, il y a altération de la nutrition des tissus qui ne trouvent plus dans le liquide sanguin les matières qui doivent les reconstituer; il en résulte un état maladif plus ou moins grave. Les toniques analeptiques, en apportant au sang le principe qui lui manque, rétablissent sa composition normale et par ce fait rétablissent la nutrition dans son état physiologique.

Il est rare qu'avec une alimentation convenable les matières protéiques, grasses et hydrocarbonées diminuent dans le sang au point d'altérer la nutrition générale. Mais cette altération survient souvent après une alimentation insuffisante ou de mauvaise qualité. Pour rétablir l'équilibre et par conséquent la santé et les forces, il suffit de rendre l'alimentation meilleure, de donner dans la ration une forte proportion de matières azotées et hydrocarbonées. Les aliments toniques analeptiques qui conviennent alors sont : le lait, la chair, le sang, les œufs, la farine, le son, les grains des céréales ou des légumineuses, etc.

Je n'étudierai pas les effets de ces substances, qui sont des aliments et non de véritables médicaments.

Le sang peut aussi perdre ses propriétés nutritives et stimulantes par suite d'une diminution de la quantité de fer; et alors il se produit un état particulier du sang et de l'organisme qu'on désigne sous le nom d'*anémie*. L'anémie peut se produire malgré une alimentation très substantielle, si les aliments ne contiennent pas une assez forte proportion de fer. On remédie à cet état d'anémie par les ferrugineux qu'on ajoute aux aliments. Nous devons en faire une étude complète.

Ferrugineux.

On appelle ainsi le fer métallique et ses différents composés.

Le fer joue un très grand rôle dans la nutrition; ce métal fait partie constituante de l'organisme animal, il se trouve fixé sur l'hémoglobine des hématies, et lui communique la propriété d'absorber l'oxygène dans les voies respiratoires et de le céder ensuite aux différents tissus de l'organisme. Le sang est d'autant plus propre à entretenir la nutrition et la vitalité des tissus qu'il est plus riche en globules rouges. Les globules rouges ne peuvent pas exister sans fer, et quand la proportion de métal diminue dans l'alimentation, les globules rouges diminuent de nombre dans le sang, la restauration des tissus se fait moins bien et il en résulte une faiblesse générale appelée anémie. La proportion de fer du sang est variable avec les espèces animales et plusieurs autres circonstances. Le sang des oiseaux est le plus riche en fer; vient ensuite celui des carnassiers et enfin celui des herbivores. Si on analyse complètement un cadavre, on trouve qu'un homme du poids de 70 kilos, contient 3^{gr},07 de fer; un cheval, 9 grammes environ. Ce fer qu'on trouve dans le sang et les tissus des animaux est emprunté aux aliments. Voici, d'après

Boussingault, la proportion de fer contenue dans les principales matières alimentaires : l'analyse a porté sur 100 grammes de chaque substance.

Bœuf............................	$0^{gr},0048$
Veau............................	0 0027
Poisson........................	0 0015 à 0,0012
Lait de vache.................	0 0018
Œuf de poule..................	0 0057
Pain blanc.....................	0 0048
Riz..............................	0 0015
Haricots.......................	0 0074
Lentilles.......................	0 0083
Pommes de terre..............	0 0016
Avoine.........................	0 0131
Feuilles vertes de choux.......	0 0039

Les liquides suivants contiennent pour 100 centimètres cubes :

Vin (Beaujolais).	$0^{gr},000109$
Vin blanc (Alsace).............	0 000076
Bière	0 000040

Boussingault a analysé toutes les sécrétions et tous les produits de déchet expulsés par l'organisme animal dans les vingt-quatre heures. Il a trouvé que le fer est éliminé dans les proportions suivantes chez les différentes espèces :

L'homme élimine dans 24 heures...	$0^{gr},05$ de fer.
Le chien........................	0 04
Le cheval.......................	0 20

Pour que le sang conserve sa constitution normale, et pour qu'il puisse servir constamment à entretenir la vie des organes, il faut que la quantité de fer éliminée soit remplacée par une quantité égale venant des aliments ingérés. Or, si on examine la quantité de fer contenue dans la ration journalière, on trouve qu'un soldat de l'armée française ingère tous les jours de $0^{m},0664$ à

$0^m,078$ de fer, un cheval de $1^{gr},10166$, à $1^{gr},5612$. La quantité de fer ingérée par les animaux recevant une ration ordinaire est donc en général plus que suffisante pour réparer les pertes en fer que l'organisme éprouve sous l'influence du mouvement de désassimilation. Il y a cependant des cas où les aliments sont tellement pauvres en fer qu'ils n'apportent à l'organisme qui les consomme, qu'une quantité insuffisante pour les besoins de la nutrition ; il est des cas aussi où le fer contenu dans les aliments s'y trouve sous une forme telle qu'il n'est pas absorbé dans le tube digestif ou qu'il n'est absorbé qu'en trop petite quantité. Dans ces deux cas le résultat final est le même, c'est-à-dire que le sang s'appauvrit en fer, ses globules rouges diminuent, la nutrition des tissus s'altère et l'anémie apparaît.

Dans toutes les maladies l'organisme s'appauvrit en fer, soit par suite d'une élimination plus forte, soit par suite d'une ingestion insuffisante. Les analyses suivantes faites sur le sang de l'homme sain et de l'homme malade le démontrent clairement :

Fer contenu dans 1000 grammes de sang.

Homme en bonne santé	0.56
Femme en bonne santé	0.51
Homme atteint de maladies inflammatoires	0.49
Femme atteinte — —	0.48
Pleurésie	0.461
Rhumatisme aigu (4 hommes)	0.452
Anémie (30 individus)	0.366
Chlorose	0.319

On voit aussi d'après ce tableau que le sang de l'homme est, à l'état normal, plus riche en fer que le sang de la femme. Il est fort probable qu'il en est de même chez les animaux si on compare le sang du mâle à celui de la femelle.

EFFETS PHYSIOLOGIQUES DES FERRUGINEUX. — Je ne décri-

rai pas ici les effets locaux produits par les différents
composés ferrugineux; ces effets sont ceux des astringents et ont été étudiés ailleurs. Je ne décrirai que les
effets engendrés après l'absorption.

ABSORPTION. — Les ferrugineux ne sont pas absorbés
par la peau intacte, mais ils sont légèrement absorbés
par les plaies quand ils sont solubles. En injection hypodermique les sels de fer très solubles, tels que le citrate
de fer, sont absorbables, mais les composés insolubles
ne sont nullement absorbés. Dans le tissu conjonctif les
sels de fer solubles se transforment en albuminates solubles et absorbables, et on peut retrouver le fer dans
les urines quelques heures plus tard. Les sels très
styptiques, par exemple, le perchlorure de fer, ne peuvent pas être absorbés par le tissu conjonctif, parce
qu'ils déterminent une destruction locale des tissus en
se combinant à leur substance.

Introduits dans la bouche, les sels de fer exercent une
action astringente énergique et produisent une saveur
métallique, qui est encore perceptible quand il y a
1 partie de sel pour 2000 parties d'eau. Dans la bouche
l'absorption est nulle, mais il y a souvent décomposition
partielle du sel ferrique sous l'influence de l'acide sulfhydrique contenu dans la salive, et alors il se forme
du sulfate de fer qui donne aux dents une coloration
noire.

Dans l'estomac tous les composés ferrugineux sont
rendus solubles, en totalité ou en partie. Le fer métallique entre en combinaison avec les acides du suc gastrique et il y a dégagement d'hydrogène gazeux qui
produit souvent un ballonnement nuisible. Presque
toutes les préparations ferrugineuses sont transformées,
dans l'estomac, en chlorure de fer qui reste en dissolution dans le liquide albumineux acide et qui est facilement absorbé.

Quand la préparation ferrugineuse est administrée à dose un peu forte, la totalité n'est pas rendue soluble et absorbable dans l'estomac ; une certaine quantité se précipite ou reste insoluble, arrive dans l'intestin, irrite la muqueuse et est expulsée ensuite avec les excréments. Il est donc utile, pour obtenir une absorption sûre sans amener aucun dérangement dans la digestion, de faire prendre les ferrugineux aux animaux à doses très faibles.

En traversant l'intestin, le fer se combine avec le soufre de l'acide sulfhydrique pour former du sulfure de fer insoluble qui se précipite sous forme d'une poudre noire ; et qui communique aux excréments une coloration foncée. Après son absorption le fer se fixe sur les hématies qui, en augmentant leur hémoglobine, acquièrent un pouvoir respiratoire plus considérable. Après quelques jours d'administration de fer, on voit que les globules rouges augmentent de *volume* et que leur *nombre* s'accroît notablement. Cette augmentation du nombre des globules rouges se remarque déjà sur les animaux sains, mais elle est surtout très remarquable sur les animaux anémiques, chez ceux où le nombre des hématies est au-dessous du chiffre normal. Chez ces derniers animaux on voit que sous l'influence du fer les muqueuses prennent une coloration rosée, la peau aussi se vascularise, le pouls et les battements cardiaques deviennent plus vigoureux, l'œil devient brillant et vif, la calorification augmente, les fonctions se régularisent et la nutrition générale s'améliore.

D'après les expériences faites dans notre laboratoire sur les animaux sains, on constate que le fer administré pendant quelque temps s'accumule dans le sang, augmente le nombre des globules rouges et en même temps la quantité d'oxygène contenue dans le sang artériel. Le sang étant plus oxygéné constitue un milieu plus favorable pour la respiration et la nutrition des éléments histologiques des tissus des organes. On comprend ainsi très bien pourquoi la vigueur augmente, pourquoi la calorification et la circulation se relèvent.

Le fer ne reste pas indéfiniment dans le sang et les tissus ; il est entraîné par le mouvement de désassimilation comme d'ailleurs tous les autres principes constituants de la matière organique et est ensuite éliminé.

L'élimination se fait par toutes les voies, car tous les produits de sécrétion renferment du fer, mais en proportions très différentes. Les principales voies d'élimination sont la bile et le gros intestin. D'après Rose, la bile de bœuf contient 0,16 p. 100 de fer, et d'après Meyer celle de chat, 0,0855 p. 100. Quand on administre du fer, on voit la quantité de ce métal augmenter dans la bile. L'intestin élimine aussi beaucoup de fer par sa muqueuse, car les matières fécales contiennent une quantité de fer bien supérieure à celle apportée à l'intestin par la bile. Dans l'urine on retrouve seize fois moins de fer que dans les fèces (Schmidt). On s'est demandé pourquoi le fer n'est éliminé qu'en très petite quantité par les urines. On admet que cela tient à la combinaison que forme le fer avec les matières albuminoïdes du sang qui, comme on le voit, ne sont pas expulsées par l'urine. D'après Cl. Bernard, le fer qu'on trouve dans l'urine est combiné à une matière organique qu'il croit être de la mucine.

Indications thérapeutiques. — D'après l'étude physiologique qui vient d'être faite, on doit considérer les ferrugineux comme d'excellents moyens pour combattre certaines anémies et certains vices de nutrition. Le fer convient surtout dans les cas suivants : dans toutes les maladies caractérisées par la pauvreté du sang, dans l'anémie, la chlorose, l'hydrohémie, la leucémie, etc. Pour bien réussir dans ces différents cas, il est nécessaire de donner en même temps une nourriture riche en azote, car le fer ne peut être utilisé par l'organisme que lorsqu'il peut se combiner avec des matières albuminoïdes. Il est évident que si la pauvreté du sang tient à une altération anatomique d'un ou de plusieurs organes, le fer ne pourra la guérir qu'après la disparition de ces lésions anatomiques. Aussi le fer ne doit-il pas être employé pendant le cours d'une maladie aiguë, mais seulement pendant la convalescence. Les ferrugineux ont en général le pouvoir de resserrer la muqueuse digestive, de tarir les sécrétions, ils sont donc indiqués aussi dans les cas d'atonie, de relâchement et de diarrhée.

Le fer et ses composés sont contre-indiqués dans toutes les maladies inflammatoires au début, dans la constipation, la pléthore.

Préparations ferrugineuses.

A faibles dans toutes les préparations ferrugineuses produisent les mêmes effets. En vétérinaire nous devons donc choisir les plus simples et les moins coûteuses. Les principales préparations ferrugineuses sont : le fer métallique, les oxydes de fer, le sulfure, le perchlorure, le carbonate, le citrate de fer, etc.

Fer métallique. Limaille (Mars).

1º *Limaille de fer.* — La limaille de fer est une poudre d'un gris cendré, inodore, insipide, s'oxydant rapidement à l'air et se dissolvant avec facilité dans la plupart des acides. Elle renferme toujours outre le fer, de petites quantités de soufre, de silicium, de manganèse, d'arsenic.

2º *Fer réduit.* — Le fer réduit s'obtient en désoxydant l'hydrate de peroxyde de fer au moyen de l'hydrogène ; il se présente sous forme d'une poudre noirâtre qui tache les doigts.

Doses et administration. — Le fer en limaille ou réduit est une des meilleures préparations ; employé comme tonique reconstituant général doit toujours être administré à très faible dose et pendant une période de temps assez longue. Les fortes doses ont l'inconvénient de fatiguer le tube digestif et elle n'agissent pas plus vite sur la nutrition que les doses faibles. Il convient de faire l'administration au moment des repas, parce que c'est seulement pendant la digestion que le suc gastrique est sécrété, or la présence du suc gastrique est une des premières conditions pour que le fer puisse être rendu absorbable. Il faut donc autant que possible mélanger le fer avec les aliments, avec le son, l'avoine ou sous forme de bol au d'électuaire ; c'est dans ces conditions qu'il produit son maximum d'effet. On peut aussi faire dissoudre les ferrugineux dans l'eau des boissons ou des breuvages, dans laquelle on verse quelques gouttes d'acide chlorhydrique pour favoriser la dissolution. On ne doit jamais employer simultanément le fer avec les substances alcalines qui neutraliseraient en partie l'acide du suc gastrique et le rendraient ainsi moins propre à opérer la dissolution du fer.

Les doses sont :

Cheval	3	à 5 gr.
Bœuf	5	à 10
Mouton et porc	0.50	à 1
Chien	0.10	à 0.20

Oxydes de fer.

Les oxydes de fer, au nombre de trois, sont : le *protoxyde*, le *sesquioxyde* et l'*oxyde intermédiaire* ou *oxyde noir*. Ces composés deviennent solubles dans l'estomac sous l'action du suc gastrique. Outre les effets toniques, le fer oxydé jouit aussi de la propriété de neutraliser l'acide arsénieux ; on peut donc l'employer comme contre-poison de cet acide ; c'est surtout le sesquioxyde, préparé depuis peu, que l'on doit administrer de préférence.

L'*eau rouillée* n'est autre chose qu'un mélange d'hydrate de peroxyde de fer et de carbonate de fer en suspension dans l'eau.

Sulfure de fer.

C'est une poudre d'un jaune brun qui se tranforme au contact de l'air humide en oxyde de fer et en soufre.

EFFETS ET EMPLOI. — Le sulfure de fer produit à la fois les effets du fer et ceux du soufre. Dans l'estomac et l'intestin, il donne naissance à de l'acide sulfhydrique en grande quantité et peut produire le dégoût. Cependant à faible dose, le dégagement d'acide sulfhydrique ne devient pas nuisible. Il convient pour les jeunes chevaux atteints de maladies lymphatiques.

Perchlorure de fer.

Pour l'étude de ce sel, voir page 99.

Carbonate de fer.

C'est un des composés de fer les plus employés à l'intérieur et des plus dignes de l'être ; il peut remplacer la plupart des autres avec avantage, à cause de sa facilité de dissolution et d'absorption. Il jouit d'une certaine réputation contre le pissement de sang. Quand on en fait un usage un peu prolongé, il provoque facilement la diarrhée, que l'on peut d'ailleurs éviter en l'associant à de la gentiane.

Chez le cheval et les grands ruminants on le donne à la dose de 16 à 90 grammes. On l'administre en bols ou en électuaires.

Sulfate de fer. Vitriol vert.

Voir page 97.

Autres sels de fer.

Le fer forme, avec les acides organiques, des sels qui sont en général très solubles et qui ne présentent que des propriétés astringentes légères. Ils conviennent donc très bien comme toniques, car ils sont absorbés facilement dans le tube digestif. Les principaux de ces sels sont : l'*acétate*, le *lactate*, le *citrate*, le *tannate* et les *tartrates* de fer.

Eaux minérales ferrugineuses.

Ces eaux, très communes en France, renferment le fer à l'état de bicarbonate et de sulfate de protoxyde de fer: on y trouve aussi divers sels alcalin, et terreux. Elles conviennent très bien *comme toniques*, et le vétérinaire ne doit pas négliger cette ressource précieuse lorsqu'elle existe dans la localité qu'il habite.

Sels de manganèse.

Les sels de manganèse jouissent sensiblement des mêmes propriétés que les sels de fer. Ils sont toniques et astringents. On ne les emploie généralement comme toniques que mélangés avec les composés du fer. Les principaux composés sont : le peroxyde, le carbonate, le sulfate et le chlorure.

Huile de foie de morue.

L'huile de foie de morue est jaune, brune ou noire selon son état de pureté ; elle a une odeur de poisson ; sa saveur est désagréable et laisse au fond de la gorge un arrière-goût détestable de poisson rance.

Composition. — Elle renferme des acides gras, de la glycérine, de la triméthylamine, de l'iode, du brome, du phosphore et quelques acides gras odorants.

Action physiologique. — L'huile de foie morue diffère des huiles et des autres graisses par sa facile digestibilité. Elle peut être administrée à dose forte et pendant longtemps, sans gêner la digestion et sans amener aucune fatigue stomacale ou intestinale. Cette huile doit sa facile digestibilité à la présence des acides gras libres qui favorisent son émulsion dans les sucs digestifs. Les expériences faites sur les animaux ont démontré que c'est, de toutes les graisses, celle qui est absorbée le plus rapidement.

Arrivée dans le sang, l'huile de foie de morue est oxydée rapidement, sinon en totalité, du moins dans certains de ses principes constituants ; elle donne naissance à de l'eau et de l'acide carbonique, et entretient la chaleur animale. Cette huile constitue un *thermogène* excellent en même temps qu'un aliment d'épargne de premier ordre. En effet cette huile en s'oxydant dans le sang, prévient l'oxydation des matières protéiques qui constituent la substance même des tissus ; ceux-ci étant conservés intacts, il y a économie ou épargne. Quand les matières grasses sont en trop petite quantité dans le sang, il y a d'abord résorption de la graisse interstitielle des organes, puis quand cette provision est épuisée, il se forme de la graisse aux dépens de la matière albuminoïde qui forme la substance de la trame organique, il y a dégénérescence graisseuse des organes parenchymateux. L'huile de foie de morue prévient cette dégénérescence des organes parce qu'elle fournit au sang tous les éléments combustibles nécessaires pour entretenir la chaleur animale.

Toute la puissance thérapeutique de l'huile de foie de morue réside dans sa facile digestibilité et dans la faculté qu'elle possède de préserver de l'oxydation les tissus des organes. Comme elle contient de l'iode, du brome et du phosphore, elle offre ces substances aux tissus pour les besoins de leur nutrition.

INDICATIONS THÉRAPEUTIQUES. — L'huile de foie de morue est un médicament alimentaire qui n'a pas une action spécifique sur les maladies; elle agit comme aliment hydrocarburé et convient dans toutes les maladies anciennes des voies respiratoires, la phthisie, les catarrhes, les hydropisies, la leucémie, la maladie du jeune âge, le rachitisme, les engorgements glandulaires. Elle n'agit pas directement sur le processus pathologique, mais en régularisant la nutrition, elle relève les forces de l'organisme qui réagit alors mieux contre la maladie.

A l'extérieur l'huile de foie de morue est vantée contre les maladies cutanées invétérées, l'eczéma sec, l'impétigo, le pityriasis, etc. Elle agit aussi favorablement sur les maladies inflammatoires de l'œil; mais elle est généralement insuffisante pour guérir complètement ces maladies.

DOSES ET EMPLOI. — Le meilleur moyen pour administrer l'huile de foie de morue aux petits animaux, consiste à la leur faire prendre par cuillerées, plusieurs fois par jour; ou à la mélanger à la soupe, au bouillon, à la viande ou à d'autres aliments que ces animaux appètent. Au bout de quelques administrations les animaux la prennent en général facilement. Aux grands herbivores on la donne ordinairement sous forme d'électuaire.

<table>
<tr><td rowspan="4">Doses ....</td><td>Cheval................</td><td>100 à 200 gr.</td></tr>
<tr><td>Bœuf.................</td><td>200 à 300</td></tr>
<tr><td>Mouton et porc.......</td><td>50 à 100</td></tr>
<tr><td>Chien et chat.........</td><td>2 à 15</td></tr>
</table>

Il ne faut pas donner des doses trop fortes, car il pourrait en résulter des pneumonies graisseuses par suite de sa trop grande abondance dans le sang.

Chlorure de sodium.

Ce sel a une réaction alcaline ; il est soluble dans trois parties d'eau et insoluble dans l'alcool.

EFFETS PHYSIOLOGIQUES. — En poudre ou en solution concentrée, ce sel détermine une irritation des tissus et produit de la douleur sur la peau, les muqueuses et les plaies. Il est antiseptique, prévient la décomposition des matières organiques, et, en excitant les plaies, hâte la cicatrisation.

Ce sel est contenu dans toutes les parties de l'organisme, il représente à lui seul la moitié des sels contenus dans le cadavre. Il s'accumule surtout dans les liquides organiques ; on n'en trouve que des traces dans les hématies, les fibres musculaires et les cellules.

Dans le sang et la lymphe, le chlorure de sodium joue un rôle physique très important ; il augmente les courants endosmotiques, attire dans les vaisseaux les liquides situés en dehors de leur cavité ; il agit, d'après Liebig, comme une pompe aspirante ; mais c'est une pompe aspirante qui diffère d'une pompe ordinaire en ce qu'elle n'a ni corps de pompe ni soupape. Les liquides de la digestion contenus dans la cavité intestinale sont absorbés, parce qu'ils sont attirés dans les vaisseaux par le chlorure de sodium contenu dans le sang et la lymphe.

En se basant sur ce rôle physique du chlorure de sodium, on peut aussi expliquer les échanges nutritifs qui se font entre les éléments anatomiques et les liquides nourriciers. Les éléments cellulaires et les fibres produisent dans leur intérieur des produits acides qui sortent de leur substance, parce qu'ils sont attirés par le liquide alcalin et salin qui sert de milieu à ces éléments. La cellule organique pouvant se débarrasser constamment de ses produits de dénutrition, il en résulte qu'elle est toujours en état de fonctionner. La saturation du milieu nutritif ne peut jamais se produire à cause de la circulation qui transporte constamment ces produits dans les glandes chargées d'effectuer leur élimination.

Toutes les analyses faites démontrent que le sang contient toujours sensiblement la même proportion de chlorure de sodium, quelle que soit la quantité que l'on ingère. Si la quantité ingérée devient trop considérable dans les aliments, il n'y a pas absorption de la quantité totale, parce qu'aussitôt que le chyle contenu dans l'intestin contient une plus forte proportion de ce sel que le sang, il tend à se produire un courant osmotique qui marche du sang vers la cavité intestinale (exosmose). Ce fait est incontestable, car tout le monde sait que le chlorure de sodium est purgatif à une certaine dose.

Outre ce rôle purement physique qui favorise les mouvements nutritifs, le chlorure de sodium a encore un rôle chimique. Quand on prive les animaux pendant longtemps de chlorure de sodium, on voit que le sang conserve cependant, à peu près, la même proportion de ce sel. Celui-ci est retenu dans le sang parce qu'il est combiné avec l'albumine. Il contribue indirectement à la nutrition parce qu'il sert à former l'acide chlorhydrique du suc gastrique, et les sels biliaires, qui opèrent la transformation des matières alimentaires. Si le manque de chlorure de sodium dans les aliments est trop persistant, on voit se produire des troubles dans la nutrition. Ainsi Forster a constaté que les animaux complètement privés de ce sel finissent par avoir du dégoût pour les aliments, qu'ils perdent l'appétit, qu'ils ont des vomissements et qu'ils contractent une paralysie générale qui est suivie de mort.

Les animaux herbivores qui ne trouvent pas une assez forte proportion de sel dans leurs aliments contractent l'habitude de lécher les murs, de manger de la terre, de rechercher les sources salées. Ces phénomènes ne s'observent pas sur les carnassiers.

Voici un tableau de Bunge qui indique pour les herbivores et les carnassiers les proportions de potasse, de soude et de chlore qu'un kilogramme d'animal reçoit dans sa nourriture :

	Potasse.	Soude.	Chlore.
1 kilogr. de herbivore reçoit :			
Nourri avec du trèfle................	0.357	0.022	0.043
— raves et paille d'avoine....	0.292	0.067	0.060
— herbe................	0.335	0.093	0.073
— vesce................	0.552	0.110	0.059
1 kilogr. de carnivore (chat) reçoit :			
Nourri avec du bœuf................	0.182	0.035	0.031
— des souris................	0.143	0.074	0.065

Kemmerich a nourri un chien pendant dix-sept jours avec des aliments dépourvus de chlorure de sodium, auxquels il a ajouté du chlorure de potassium, et il a trouvé que les sels alcalins du sang sont composés de 96,39 p. 100 de sels de sodium et seulement de 3,61 p. 100 de chlorure de potassium. Dans l'urine du même chien, il a trouvé au contraire 94,94 p. 100 de chlorure de potassium et seulement 5,06 p. 100 de sels de soude. Cette expérience prouve que dans ces conditions il y a économie de chlorure de sodium et qu'au contraire le chlorure de potassium est éliminé rapidement.

Boussingault, dans ses expériences sur l'influence du sel marin sur la nutrition, est arrivé aux conclusions suivantes. Le sel de cuisine qu'on ajoute aux aliments des herbivores n'a aucune influence sur la *production de la viande, de la graisse et du lait;* mais les animaux sont plus vigoureux, plus pétulants et ont le poil plus luisant. On voit donc que le sel de cuisine est utile, puisqu'il communique aux animaux une santé plus forte.

Le tableau suivant de Voit indique que le chlorure de sodium a pour effet d'augmenter l'élimination de l'azote par les urines, sous forme d'urée.

Sans ingestion d'eau.

	Gr.	Gr.	Gr.	Gr.
Quantité de sel ingéré..........	0	5	10	20
Quantité d'urine rendue.........	935	918	1042	1284
Urée......................	108.2	109.1	109.6	112.6

Avec ingestion d'eau.

	Gr.	Gr.	Gr.	Gr.
Quantité de sel ingéré..........	0	5	10	20
Urine rendue.................	828	898	987	1124
Urée......................	106	110	112	113

Ce tableau fait voir aussi que le sel de cuisine augmente la sécrétion urinaire.

ÉLIMINATION. — Le chlorure de sodium est expulsé avec tous les produits de sécrétion; on trouve ce sel dans l'urine, la sueur, le mucus, les larmes et les excréments. Dans les maladies inflammatoires l'élimination de chlorure de sodium diminue beaucoup. Il y a au contraire augmentation de l'élimination quand certaines maladies sont en voie de résolution, comme pendant la période de résorption de la sérosité épanchée, dans les cas de pleurésie, de péritonite, etc.

EFFETS SUR LA DIGESTION. — Le chlorure de sodium ingéré augmente la soif et excite la muqueuse digestive. La soif apparaît aussi, si on injecte préalablement de l'eau dans les veines. Les sécrétions digestives sont toutes activées et les liquides qu'elles fournissent agissent avec plus d'énergie sur les aliments.

Des doses fortes irritent la muqueuse digestive, produisent une gastro-entérite, des coliques, des vomissements, de la diarrhée, des convulsions, puis de la paralysie, et la mort.

Chez les animaux à sang froid l'empoisonnement par le chlorure de sodium est accompagné d'une opacité du cristallin qu'on attribue à la soustraction d'eau déterminée par le sel.

INDICATIONS THÉRAPEUTIQUES. — Le chlorure de sodium, étant un *aliment indispensable*, doit être donné avec les aliments pauvres en sels alcalins, surtout aux animaux herbivores.

Comme médicament il est indiqué contre l'hémoptisie, car quand il est introduit dans l'estomac, il détermine par action réflexe une vaso-constriction des vaisseaux du poumon.

C'est un contre-poison excellent du nitrate d'argent.

A dose purgative il constitue un anthelminthique léger.

A dose modérée, c'est un stimulant digestif très utile chez les grands animaux qui ont l'appétit dépravé; administré pendant quelque temps, il produit la diarrhée, hâte la résorption des produits épanchés dans les séreuses enflammées en favorisant la dissolution des fausses membranes et augmente la *diurèse*. Il est donc indiqué dans l'hydrothorax, la pleurésie, la péritonite, surtout quand ces maladies sont à leur déclin. C'est un assez bon vomitif chez les carnassiers. Les lavements activent les mouvements péristaltiques de l'intestin et hâtent les défécations.

Doses. — Les doses ordinaires sont :

$$\text{Doses.......} \begin{cases} \text{Cheval..............} & 30 \text{ à} & 60 \text{ gr.} \\ \text{Bœuf. ....} & 50 & 100 \\ \text{Mouton et chèvre.....} & 10 & 15 \\ \text{Porc................} & 5 & 15 \\ \text{Chien..............} & 4 & 8 \\ \text{Chat ....} & 1 & 3 \end{cases}$$

A l'extérieur on emploie les solutions de ce sel pour laver les plaies, pour faire des compresses, des lotions quand il y a contusion.

Pour un lavement on emploie 50 grammes de sel pour les grands herbivores et une cuillerée à café pour les petits animaux. Dans un bain pour un chien on peut dissoudre 1 kilogramme de ce sel.

Pour faire vomir les petits animaux, on leur fait prendre ce sel à la dose de une ou deux cuillerées à café. C'est plutôt un adjuvant des autres vomitifs; on a recours à ce moyen quand on n'a pas d'autres vomitifs à sa disposition. Quand on veut produire la purgation on doit de préférence administrer le sulfate de soude.

Chlorure de potassium.

Ce sel, très soluble dans l'eau, a la propriété d'abaisser considérablement la température du liquide pendant qu'il s'y dissout.

On ne l'emploie que comme réfrigérant.

2° Toniques névrosthéniques.

Ces toniques ne font pas partie intégrante des tissus, ils traversent l'organisme et agissent favorablement sur la nutrition et le système nerveux.

Quinquina.

On désigne sous le nom de *quinquina* une écorce exotique fournie par des arbres appartenant au genre Cinchona, de la famille des *Rubiacées* qui croissent spontanément dans les montagnes de l'Amérique méridionale, notamment au Pérou, en Bolivie, dans les grandes Cordillères, et qui sont actuellement cultivés dans l'Inde.

La poudre d'écorce de quinquina a été connue successivement sous différents noms. Les Européens l'appelaient d'abord la *poudre de la Comtesse*, parce qu'elle avait guéri la comtesse del Cinchon, vice-reine du Pérou, d'une fièvre opiniâtre. Plus tard elle reçut le nom de *poudre des jésuites* parce que ces religieux la distribuaient aux malades. Enfin le cardinal de Lugo en ayant introduit l'usage à Rome, le nouveau médicament y fut connu sous le nom de *poudre du cardinal*.

Pendant longtemps on fit usage du quinquina sans en connaître l'origine botanique; mais en 1740 environ, deux savants français, de la Condamine et Joseph de Jussieu, firent connaître les arbres qui fournissent la précieuse écorce et leur donnèrent le nom général de cinchona. Aujourd'hui l'histoire du quinquina est à peu près complètement éclairée.

Les diverses espèces de quinquina se divisent en trois groupes distincts, d'après la couleur de la poudre qu'elles fournissent quand elles sont pulvérisées: les quinquinas gris, les quinquinas jaunes et les quinquinas rouges.

Tous les vrais quinquinas contiennent sensiblement les mêmes principes, seulement dans des proportions différentes; les alcaloïdes surtout sont très inégalement distribués dans les diverses espèces : la cinchonine se trouve presque seule dans le quinquina gris, et la quinine dans le quinquina jaune, tandis que le quinquina rouge renferme ces deux alcaloïdes à peu près dans la même proportion. Voici les principes constituants du quinquina :

1° Alcaloïdes.
- Quinine.......
  - Écorce grise, 0.8 p. 100
  - — rouge, 1 —
  - — jaune, 2 à 3 —
- Cinchonine....
  - Gris, 1 à 2
  - Rouge, 0.4
  - Jaune, 0.4
- Cinchonidine, etc.

2° Bases alcalines....
- Aricine.
- Chaux.

3° Acides......
- Acide quinique.
- Rouge cinchonique soluble.
- Rouge cinchonique insoluble.

4° Matières colorantes.
- Matière colorante jaune.
- Matière grasse verte.

5° Principes neutres..
- Amidon.
- Gomme.
- Ligneux.
- Sels.

Avant de faire connaître les effets physiologiques et thérapeutiques de l'écorce de quinquina, nous allons faire l'étude des propriétés physiologiques de la quinine et de ses sels. C'est en effet cet alcaloïde qui communique au quinquina ses principales vertus thérapeutiques.

Quinine, $C^{30}H^{24}Az^2O^2$.

Cet alcaloïde, à l'état de pureté, se présente sous la forme de cristaux cubiques peu solubles dans l'eau froide (1/1960). En se combinant avec les acides, la quinine forme des sels dont la plupart sont solubles dans l'eau et à cause de cela sont préférés pour l'usage de la médecine. Les principaux sels employés sont : le sulfate et le chlorhydrate de quinine ; tous les deux sont parfaitement solubles dans l'eau et jouissent d'ailleurs exactement des mêmes propriétés physiologiques et curatives que la quinine. Pour l'usage médical on doit donner la préférence au chlorhydrate de quinine, qui est plus riche en quinine que le sulfate et dont les solutions s'altèrent moins vite. Il est d'ailleurs indiqué de préparer les solutions immédiatement avant de s'en servir, car quand on veut les conserver pendant longtemps, il s'y développe des moisissures qui les altèrent. Ce sont surtout les solutions de sulfate de quinine qui s'altèrent vite.

Les solutions des sels de quinine donnent, avec l'acide tannique, un précipité insoluble. Il ne faut donc jamais associer les matières tannantes avec la quinine et ses sels. Si on évitait de prendre cette précaution, on diminuerait beaucoup les effets de la quinine, on pourrait même les détruire quelquefois complètement.

EFFETS PHYSIOLOGIQUES. — La quinine et ses sels s'opposent aux *fermentations* et à la *putréfaction*. Une solution à 0,2 p. 100 empêche la putréfaction, les fermentations vinique, lactique et butyrique. Elle détruit avec énergie la vitalité des ferments figurés et de tous les micro-organismes. Elle n'a aucune action sur les ferments diastasiques, ainsi elle n'empêche pas la production d'acide cyanhydrique quand on met en présence l'émulsine et l'amygdaline ; elle ne s'oppose pas à la transformation de l'amidon en sucre, sous l'influence de la ptyaline.

Les sels de quinine sont relativement beaucoup plus toxiques pour les êtres inférieurs que pour les animaux mammifères.

Les effets locaux sur la peau sont à peu près nuls.

Sur les muqueuses et les tissus nus tous les sels de quinine agissent comme irritants assez énergiques. Ils ont une saveur amère quand ils sont introduits dans la bouche et provoquent la sécrétion salivaire par action réflexe. La saveur amère est encore perceptible dans des solutions à 1 p. 10000. Dans l'estomac les petites quantités de sels de quinine sont facilement supportées et ne s'opposent pas à la digestion ; mais des doses massives produisent souvent chez les carnassiers des nausées et des vomissements et chez les herbivores de la diarrhée. Ce sont là des effets dus à l'action irritante des sels de quinine. Si on fait des injections sous-cutanées, on voit souvent se développer une tuméfaction à chaque point d'injection. Les injections hypodermiques ne constituent donc pas un bon moyen d'administration pour la quinine et ses sels.

La muqueuse respiratoire jouit d'une tolérance assez grande pour qu'on puisse obtenir une absorption rapide sans accidents. Pour éviter complètement ces derniers, on injecte avec une très grande lenteur des solutions faibles dans la trachée, au moyen d'une seringue à canule à aiguille. Ce mode d'administration est à recommander ; il est préférable à l'absorption digestive et sous-cutanée, surtout lorsque l'estomac est irrité ou qu'il a éprouvé une altération quelconque. Par cette voie, l'absorption étant rapide, les effets généraux sont nets et prompts.

Quand le médicament est introduit dans l'estomac, l'absorption commence déjà dans ce viscère et elle se continue dans l'intestin, mais avec moins d'activité. Dans l'intestin on trouve des conditions qui tendent à s'opposer à l'absorption, car les acides de la bile et les alcalis des sucs intestinaux forment des composés peu solubles avec la quinine. Cependant, en général, quand on emploie de faibles doses, les excréments ne renferment plus de traces de quinine. Après administration par la voie digestive, les effets généraux se manifestent habituellement au bout de quinze à trente minutes ; l'élimination commence alors, car on peut constater la présence de la quinine dans les urines dès la première heure qui suit l'ingestion. Après quarante-huit heures, on n'en trouve plus que des traces dans l'urine, ce qui indique que l'élimination est à peu près complète. La quinine éliminée diffère en partie de la quinine ordinaire en ce que la première contient deux équivalents d'eau en plus.

Les effets généraux déterminés par ces sels varient beaucoup d'intensité et même de nature, selon la dose ingérée. Avec des doses faibles et moyennes on observe, d'après la plupart des auteurs, chez les animaux sains, une *accélération* du cœur et une *augmentation* de la pression artérielle. Avec des doses fortes on obtient au contraire un *ralentissement* du cœur et un *abaissement* de la tension artérielle.

D'après MM. Sée et Bochefontaine (C. R. de l'Institut, 1883), on peut constater deux périodes dans l'action : 1° la période initiale pendant laquelle il y a *accélération du pouls* et *élévation* de la tension artérielle ; 2° la période d'état se caractérisant par un *ralentissement du pouls* accompagné d'un abaissement de la tension artérielle.

Voici les symptômes qui apparaissent chez les animaux si on administre des doses très rapprochées. On doit distinguer deux périodes : une d'*excitation* et l'autre de *sédation*.

Pendant la première les animaux sont excités, s'agitent et se déplacent sans cesse ; un mouvement fébrile se déclare, car on remarque la fréquence dans le pouls et dans la respiration, la rougeur de la conjonctive, l'augmentation de la chaleur cutanée, etc. Cet état d'excitation dure environ deux heures, en moyenne.

Durant la période de sédation, le mouvement fébrile se ralentit sans que, du reste, la circulation et la respiration tombent au-dessous de leur rhythme normal ; l'agitation fait bientôt place à un calme complet, et l'on remarque même un peu de tristesse et de coma, car les animaux tiennent la tête abaissée vers le sol et semblent indifférents à ce qui se passe autour d'eux; les chevaux appuient le bout de la tête au fond de la mangeoire. La chaleur de la peau a notablement baissé, les pupilles sont dilatées et il ne tarde pas à se produire une diurèse. Enfin on remarque aussi des tremblements musculaires, qui se manifestent d'abord dans les régions antérieures, mais qui peuvent se généraliser.

Un fait sur lequel tous les observateurs semblent s'accorder, c'est que la quinine produit plus facilement un ralentissement du pouls chez les animaux fiévreux que chez les animaux sains.

Sous l'action des préparations quiniques il se produit en général un *abaissement notable de la température* rectale. Cet effet, peu prononcé sur les animaux sains, devient très net et très manifeste chez les animaux chez lesquels il y a hyperthermie morbide. Dans certaines maladies fébriles l'abaissement de température produit par la quinine peut atteindre jusqu'à 3°. C'est surtout dans les maladies générales, infectieuses, que cet abaissement est le plus prononcé. Cette diminution de la température est due à la diminution des oxydations. Il y a en effet une élimination moindre d'acide carbonique par le poumon et la peau ; en; même temps il y a diminution de l'absorption de l'oxygène. Sous l'action de la quinine les éléments anatomiques des tissus diminuent leur activité nutritive. Les hématies deviennent plus volumineux et retiennent l'oxygène avec une énergie plus grande; l'oxyhémoglobine devient une combinaison plus fixe, elle cède moins facilement son oxygène. On comprend ainsi facilement pourquoi il y a production d'une moindre quantité de chaleur et abaissement de la température animale.

23.

Non seulement il y a une moindre oxydation et une moindre production d'acide carbonique, mais il y a aussi une diminution générale de la nutrition, c'est-à-dire une élimination plus faible de principes azotés, soufrés et phosphorés. On a constaté que l'azote éliminé par l'urine diminue dans la proportion de 25 p. 100, les acides soufrés dans celle de 40 p. 100. La quinine a donc pour effet d'épargner l'organisme ; elle empêche sa destruction rapide en ralentissant la nutrition et en diminuant les oxydations. D'après Bock, un chien qui reçoit des doses non toxiques de quinine épargne à son organisme 57 grammes d'albumine par jour. A cause de cette diminution dans les destructions organiques, la quinine agit comme une substance d'épargne ; elle empêche l'organisme sain de produire toute l'activité dont il est capable et elle prévient la désagrégation rapide de l'organisme malade. Elle agit donc comme *débilitant* sur l'organisme sain et comme *fortifiant* sur l'organisme fiévreux ; elle modère l'activité de l'un et conserve l'énergie de l'autre.

La quinine produit aussi une action paralysante sur les globules blancs du sang ou leucocytes, dont les mouvements diminuent et même disparaissent. La diapédèse devient très difficile et la formation du pus est considérablement ralentie. On comprend d'après cela par quel mécanisme la quinine arrête les processus pyogéniques.

La quinine jouit aussi de la propriété de déterminer une diminution du volume de la rate. Cette diminution de volume est d'autant plus appréciable que la rate est plus hypertrophiée. Cette réduction de volume se produit encore après la section des nerfs de la rate, ce qui semble indiquer qu'elle agit directement sur les éléments propres de cet organe. On pense qu'elle agit surtout sur les éléments musculaires dont elle augmente la tonicité, car le tissu de la rate devient plus ferme, plus compacte.

Les préparations quiniques diminuent toutes les sécrétions, à l'exception de la sécrétion urinaire, qui est augmentée.

Des doses fortes de quinine produisent quelquefois l'*amaurose* et la *surdité*. Ces accidents ont été observés un grand nombre de fois chez l'homme après l'administration de fortes doses. Le sens du toucher peut aussi subir un affaiblissement.

APPLICATIONS THÉRAPEUTIQUES. — Les propriétés *anti-putrides*, *antifermentescibles* peuvent recevoir des applications nombreuses tant en médecine qu'en chirurgie.

La quinine n'est pas un antivirulent très énergique, surtout pour certains microbes pathogènes ; ainsi une solution de sulfate de quinine au $1/10^e$ ne détruit pas la virulence du virus du charbon symptomatique après un contact de quarante-huit heures (Arloing, Cornevin, Thomas).

Comme tonique elle convient dans toutes les maladies accompagnées d'une atonie, d'un relâchement du tube digestif.

Elle est indiquée dans toutes les maladies inflammatoires rapidement débilitantes ; en épargnant l'organisme, elle conserve les forces et augmente la résistance à la maladie.

Pour produire un *abaissement de température* rapide et prononcé il faut faire usage de fortes doses. Aussitôt que la température tend à remonter, on donne une nouvelle dose. On a obtenu des succès nombreux dans les pneumonies très aiguës, la fièvre pétéchiale, l'influenza ou fièvre typhoïde, la fièvre puerpérale, etc. Dans ces maladies la quinine produit un abaissement de température beaucoup plus rapide que l'acide salicylique. Lorsque les lésions organiques qui produi sent la fièvre sont très étendues comme dans la pleurésie, la péritonite, la quinine ne produit souvent qu'un abaissement insignifiant de la température.

On pourrait aussi utiliser la quinine comme médicament *abortif*. L'expérience et l'observation démontrent qu'on provoque l'avortement chez les femelles pleines quand on leur administre de la quinine ou de ses sels.

Posologie.

	Chlorhydrate de quinine.	
	Comme tonique.	Comme antipyrétique.
Cheval...............	2 à 5 gr.	10 à 15 gr.
Bœuf...............	3 6	10 15
Mouton............	0.5 1	2 3
Porc	0.2 0.5	1 3
Chien...	0.05 0.10	0.5 1.5
Chat...........	0.01	0.15

Les autres sels tels que le sulfate et l'azotate se donnent à peu près aux mêmes doses.

Administration. — En dissolution dans les liquides des breuvages ou des lavements ; en électuaire, en bols, en pilules.

Pour l'injection hypodermique on se sert de l'azotate de quinine en solution à 1/1 ou des autres sels solubles tels que le sulfate, le bisulfate, le chlorhydrate, le citrate, le valérianate, en solution plus ou moins concentrée.

Les injections intratrachéales pouvant surtout convenir ; on donne, d'après Lévy, chez le cheval des doses qui varient de 10 à 50 centigrammes dissous dans 5 à 10 grammes d'eau distillée.

Poudre de quinquina.

Localement l'écorce de quinquina agit comme un *astringent* léger. Elle a une action tonique plus prononcée que les sels de quinine ; cette action est surtout

nette sur le tube digestif quand cet appareil est relâché. Les animaux supportent bien l'écorce, même à
dose relativement forte. Cependant si la médication est
prolongée on produit une diminution de l'appétit et une
certaine gêne dans la digestion. La poudre régularise
la nutrition, augmente la tonicité des organes, diminue
les sécrétions, mais son action sédative sur le cœur et
la température est peu prononcée. On ne l'emploie
jamais comme antithermique et antifébrile. Elle exerce
une action fortifiante sur le système nerveux.

On emploie de préférence la poudre *sur les plaies*
comme absorbant, astringent et antiputride ; dans le
tube digestif, pour combattre le relâchement, l'atonie,
la diarrhée, et dans toutes les maladies inflammatoires
surtout à la période de la convalescence.

ADMINISTRATION. — On donne la poudre de quinquina
sous forme d'*électuaire* ou de *breuvage*.

Le breuvage se fait en faisant une décoction aqueuse
à laquelle on ajoute quelques gouttes d'acide chlorhydrique ou un liquide alcoolique.

	Cheval...........	10 à	20 gr.
Doses thérapeutiques.	Bœuf............	20	50
	Mouton et chèvre.	5	15
	Chien...........	2	8

Cinchonine et ses sels.

Cet alcaloïde domine dans le quinquina gris ; il n'est
contenu qu'en petite quantité dans le quinquina jaune.
Pure, la cinchonine est cristallisée en lames blanches
et translucides ; elle est insoluble dans l'eau froide et
l'éther ; elle est soluble dans l'alcool. La cinchonine
comme la quinine forme avec les acides des sels dé-
finis et cristallisés qui sont solubles dans l'eau et
l'alcool.

EFFETS PHYSIOLOGIQUES. — Ses effets physiologiques et thérapeutiques sont à peu près les mêmes que ceux de la quinine. Cependant ils sont en général moins sûrs et il faut des doses doubles.

Jusqu'à présent les sels de cinchonine ne sont pas entrés dans la pratique de la médecine vétérinaire.

Racine de Gentiane. (*Gentiana lutea*, L.)

La gentiane croît dans la plupart des contrées élevées de la France ; sa racine est employée de tout temps comme tonique.

COMPOSITION CHIMIQUE. — La racine de gentiane contient : un principe amer, la *gentiopicrine* ($C^{20}H^{30}O^{12}$), très soluble dans l'eau et l'alcool, se dédoublant par l'ébullition avec une solution acide en *gentiogénine* ($C^{14}H^{16}O^5$) et sucre ; du glycose, de la pectine, de l'acide gentianique ($C^{14}H^{10}O^5$), une faible proportion d'huile essentielle.

EFFETS PHYSIOLOGIQUES. — Dans la bouche, la racine de gentiane a une saveur amère très prononcée et provoque par action réflexe une sécrétion active de salive. Dans l'estomac et l'intestin elle excite légèrement la muqueuse, produit une légère hypérémie très favorable à la mise en jeu des fonctions digestives ; on voit en effet bientôt survenir une active sécrétion de suc gastrique et des différents sucs qui se déversent dans l'intestin en même temps que des contractions plus énergiques dans la musculeuse. Si le tube digestif est relâché, s'il y a atonie, on voit, sous l'influence de la gentiane, l'intestin reprendre sa tonicité et le relâchement disparaître. La digestion étant plus active, plus complète, les animaux montrent un plus grand appétit. La gentiane s'oppose avec une certaine énergie aux fermentations qui se développent quelquefois dans le

tube digestif, surtout dans l'estomac, et provoque assez
souvent l'expulsion de vers intestinaux.

Après l'absorption du principe actif de la gentiane,
tous les tissus deviennent plus fermes et acquièrent
une saveur amère. L'élimination s'effectue par toutes
les voies; le lait surtout prend une amertume caractéristique très prononcée.

INDICATIONS THÉRAPEUTIQUES. — La racine de gentiane
est indiquée dans l'atonie du tube digestif, dans l'inappétence sans lésions organiques, comme on le remarque
à la suite de certaines espèces de coliques, de certaines
maladies fébriles épuisantes, dans l'anémie; pour combattre la lycorexie, la suspension de la rumination, le
ballonnement intermittent, les digestions difficiles, etc.
C'est un médicament digestif surtout très utile chez
les ruminants.

CONTRE-INDICATIONS. — La gentiane ne doit jamais
être administrée dans les maladies fébriles aiguës,
quand la bouche est sèche et chaude, quand l'estomac
est irrité ou enflammé.

DOSES. — La gentiane est souvent un moyen héroïque
pour les affections digestives, mais on en abuse fréquemment dans la pratique en l'administrant à trop
fortes doses. Vogel a observé à la clinique de l'école
vétérinaire de Stuttgard que lorsque les doses dépassent 15 à 20 grammes chez le cheval et le bœuf, on obtient
souvent des effets opposés à ceux que l'on attend.
Buchheim et Engel ont constaté aussi que les amers à
fortes doses, au lieu de favoriser la digestion, la gênent
et même la suspendent. Souvent aussi elle suspend la
rumination à cause de sa saveur amère, qui répugne
aux animaux.

Les doses ordinaires sont :

	Poudre ou teinture.		Extrait.
Cheval	10 à	15 gr.	2 gr.
Grands ruminants.	15	30	—
Mouton et chèvre.	5	10	—
Chien.	1	3	0,30 à 0,50

Ces doses peuvent être administrées deux fois par jour.

ADMINISTRATION. — La poudre de gentiane est la préparation la moins favorable à la digestion. Il vaut mieux faire usage de la teinture ou de l'extrait de gentiane. Quand on fait usage de la poudre, il est utile de l'associer à des matières aromatiques ou salines pour en corriger la saveur. On la mélange au sel de cuisine, au fer, au quinquina, à l'anis, au fenouil ou, ce qui est encore préférable, à de l'eau-de-vie ou à du vin. Quand on emploie la gentiane pour combattre la fermentation acide de l'estomac, on doit l'associer à des sels alcalins qui absorbent l'excès d'acide.

La teinture de gentiane se fait à 1/5 et se donne à la même dose que la poudre.

Petite centaurée. (*Erythrea centaurium*, Pers.)

Cette plante indigène a peu d'odeur, mais une saveur très amère, produite par un principe peu connu au point de vue chimique.

Les propriétés physiologiques sont les mêmes que celles de la gentiane, on l'emploie dans les mêmes cas et aux mêmes doses.

Écorce de saule blanc. (*Salix alba*, L.)

Il y a plusieurs espèces de saules dont l'écorce est employée en médecine ; mais c'est l'écorce de saule blanc qui est la plus active et par conséquent celle qui est le plus souvent administrée.

COMPOSITION CHIMIQUE. — Cette écorce renferme : de la *salicine*, de la *corticine*, du *tannin*, un *extractif résineux*, une matière *colorante jaune*, une matière *grasse verte*, de l'*amidon*, de la *gomme* et des sels.

La *salicine* est le principe actif de cette écorce ; c'est un glycoside cristallisé en aiguilles blanches prismatiques ou en écailles d'aspect satiné, inodore et d'une saveur très amère. Elle est soluble dans l'eau et l'alcool et ne se dissout pas dans l'éther ni dans les essences. Elle ne neutralise pas les acides et prend une belle couleur rouge quand on la met en contact avec l'acide sulfurique concentré.

ACTION PHYSIOLOGIQUE. — Grâce à la présence dans cette écorce de la salicine et du tannin, elle constitue un médicament légèrement tonique et astringent. Elle empêche les fermentations, est antiseptique et vermifuge ; elle tient le milieu entre le quinquina et l'écorce de chêne et peut être supportée facilement pendant longtemps même par des estomacs délicats. Le principe actif absorbé donne au pouls une plus grande vigueur, et produit un léger abaissement de température.

INDICATIONS THÉRAPEUTIQUES. — L'écorce de saule convient très bien quand il faut relever les forces et la tonicité de l'organisme après une maladie grave. Ce médicament employé pendant la convalescence tonifie le tube digestif, augmente l'appétit et améliore rapidement la nutrition. On peut dans la plupart des cas l'employer à la place du quinquina. Cette écorce est indiquée contre la débilité du tube digestif, la diarrhée, les affections nerveuses, les fièvres muqueuses, l'hydropisie, l'hématurie, etc., et toutes les maladies où il y a tendance à la décomposition du sang.

Doses........ {	Cheval.............	10 à 12 gr.	
	Grands ruminants...	15	50
	Mouton et chèvre....	5	10
	Porc	3	8

Ces doses peuvent être renouvelées deux fois par jour.

On l'emploie sous forme de poudre ou de breuvage. Suivant la nature des maladies à combattre, on l'associe au sulfate de soude, aux baies de genièvre, aux amers aromatiques, à l'alcool, etc.

A l'extérieur on peut l'utiliser comme astringent au même titre que l'écorce de chêne ou le quinquina.

Houblon.

Le houblon fournit les fleurs femelles, chatons ou cônes, qu'on emploie pour aromatiser la bière et comme tonique en médecine. A la base des folioles qui composent les chatons il existe une poussière jaunâtre appelée *lupulin* et dont la composition est très complexe. On y trouve de la *lupuline*, de la résine, de l'essence, des corps gras, de la gomme, etc.

EFFETS ET EMPLOI. — Les cônes de houblon cultivé conviennent surtout dans les maladies atoniques du tube digestif, dans les maladies hydrohémiques, lymphatiques et cutanées.

On la donne à la dose de 30 à 65 grammes chez les grands herbivores, en décoction ou en infusion aqueuse ou vineuse.

Arsenicaux.

Les principaux arsenicaux sont l'acide arsénieux, l'acide arsénique, les sulfures, les iodures, les chlorures d'arsenic, les arsénites et les arséniates divers.

Tous ces composés sont toxiques et produisent des

effets généraux de même nature, effets qui ne diffèrent
les uns des autres que par leur intensité. Nous allons
donner une description complète de l'acide arsénieux
qui est le composé le plus répandu et le plus souvent
employé ; elle s'appliquera, sauf quelques détails, à
tous les autres composés.

Acide arsénieux.

Cet acide se présente sous forme d'une poudre blanche, inodore, d'une saveur fade d'abord, puis styptique et
nauséeuse, soluble dans 100 parties d'eau froide, dans
10 parties d'eau bouillante et plus soluble encore dans
l'alcool, le vinaigre, l'eau acidulée par l'acide chlorhydrique, les huiles grasses, la glycérine, les solutions
alcalines.

EFFETS PHYSIOLOGIQUES. — L'acide arsénieux est un
antiputride énergique dont l'efficacité est démontrée
dans la momification des cadavres et la conservation
des pièces anatomiques et zoologiques. Les fermentations dues à des germes figurés sont suspendues par
la présence de l'acide arsénieux, mais ce corps n'a
aucune action sur les ferments solubles, il ne s'oppose
pas complètement au développement des moisissures.

Sur la peau intacte l'acide arsénieux n'agit que très
lentement ; à la longue la surface est irritée et les
poils tombent ; après vingt-quatre heures la peau se
sèche, se racornit et se plisse autour du point attaqué ;
puis une eschare brune, épaisse, se forme et la peau
tombe. Dans le tissu conjonctif l'acide arsénieux produit un engorgement inflammatoire très volumineux,
la gangrène de la peau et des tissus touchés ; souvent
aussi ces phénomènes locaux sont accompagnés d'une
absorption dangereuse du poison. Hertwig dit qu'il
suffit de 4 grammes d'acide arsénieux appliqué sur les

plaies fraîches du cheval et du bœuf pour amener la mort ; 30 centigrammes produisent le même effet sur le mouton et 10 à 20 centigrammes sur le chien. La cautérisation produite par l'acide arsénieux se distingue de celle produite par les véritables caustiques : elle est lente, la douleur est très vive et prolongée, l'eschare est grise, très adhérente et d'une élimination lente, le gonflement inflammatoire est très intense.

Sur les muqueuses l'action irritante se développe avec une grande intensité quand on donne l'acide arsénieux en poudre ou en solutions concentrées. On remarque alors la perte de l'appétit, la sécheresse de la bouche, des vomissements chez les carnivores et les omnivores, des coliques chez les herbivores et une diarrhée infecte à odeur alliacée, parfois sanguinolente. Si les animaux meurent, on trouve, à l'autopsie, tous les signes d'une vive inflammation gastro-intestinale, des ecchymoses dans le cœur, et une dégénérescence graisseuse du foie, du cœur, des reins et des centres nerveux.

Administré à faibles doses, l'acide arsénieux exerce sur le tube digestif une excitation légère, favorable aux transformations digestives. Dans ces conditions ce corps peut être supporté pendant très longtemps chez tous les animaux ; il est absorbé lentement et produit des effets généraux très remarquables.

Son élimination de l'organisme par les différentes excrétions se fait vite ; ainsi cinq ou six heures après l'administration d'arsenic, on peut retrouver ce corps dans les urines et le lait ; après deux ou trois jours, l'élimination est complète. Sous l'influence de l'acide arsénieux, les herbivores et particulièrement les chevaux acquièrent de la vigueur et de l'embonpoint ; leur appétit augmente ; ils ont le pouls plus fort et les muqueuses plus colorées ; la peau est chaude et les poils prennent un brillant remarquable ; le regard est vif, les mouvements sont plus prompts et plus énergiques ; la respiration est plus facile, plus légère. Ces effets toniques favorables sont connus depuis bien longtemps. Les montagnards du Tyrol font un usage courant de l'acide arsénieux pour augmenter leur puissance respiratoire et leur force musculaire ; les jeunes gens en consomment souvent pour se donner plus d'embonpoint, pour rendre leurs formes plus arrondies et leur teint plus frais. Il y a des éleveurs qui donnent de l'acide arsénieux à leurs animaux quand ils les soumettent à l'engraissement. On a constaté aussi que les femelles qui reçoivent de l'acide arsénieux à petites doses engendrent des produits plus forts et plus vigoureux et dont les os sont plus durs. Comme l'arsenic s'élimine en partie par le lait, il en résulte que les petits à la mamelle reçoivent de l'arsenic avec le lait et on les voit augmenter rapidement de poids, acquérir des tissus fermes et des os très compactes. L'organisme qui consomme de petites quantités d'arsenic s'habitue bientôt à cette substance, et peut alors supporter des doses considérables sans éprouver le moindre malaise. Les hommes et les animaux arsenicophages ne sont pas impressionnés par des doses toxiques pour d'autres animaux non habitués à ce poison.

Sous l'influence de doses faibles d'arsenic, la *respiration se ralentit* et est plus *facile*, il y a aussi un *ralentissement du pouls*, un *abaissement* de température évalué de 0°,4 à 1°. On a admis que l'arsenic devait diminuer les oxydations et par conséquent agir comme un aliment d'épargne ; l'expérience a confirmé cette idée ; ainsi Schmidt et Stürzwage ont constaté une diminution de l'exhalation de l'acide carbonique pendant l'administration d'arsenic et une notable diminution de la quantité d'urée éliminée. Saïkowsky a vu le glycose disparaître dans le foie de lapins soumis au régime de l'arsenic et la piqûre du centre diabétique ne produire aucun effet sur la sécrétion glycogénique du foie.

L'empoisonnement chronique par l'arsenic produit une paralysie du système nerveux moteur et sensitif. On constate d'abord une diminution de la sensibilité, puis de la difficulté dans les mouvements; enfin l'abolition complète de ces deux fonctions.

ANTIDOTES. — Pour combattre les effets toxiques de l'arsenic, on peut avoir recours : au lait, au blanc d'œuf, à l'eau de chaux, aux vomitifs, aux purgatifs, à la magnésie calcinée, au protosulfure de fer hydraté, à l'hydrate de sesquioxyde de fer. Ce dernier corps semble être le meilleur contre-poison, car, d'après Orfila, il triomphe presque toujours de l'empoisonnement lorsqu'il est administré rapidement et qu'il est de préparation récente. Schroff, d'après de nombreuses expériences, admet que l'hydrate de magnésie est de beaucoup plus efficace que l'hydrate de sesquioxyde de fer.

INDICATIONS THÉRAPEUTIQUES. — L'acide arsénieux étant très bien toléré à faibles doses est indiqué chez tous les animaux :

1° Pour augmenter l'appétit, relever la nutrition altérée et tonifier le tube digestif. Il est donc indiqué quand il y a inappétence, appétit capricieux, atonie du tube digestif, état catarrhal chronique de l'intestin dû surtout à des helminthes, etc. L'acide arsénieux constitue un anthelminthique assez puissant ;

2° Pour combattre les maladies lymphatiques et l'anémie. C'est un des meilleurs moyens à opposer aux engorgements ganglionnaires, aux lymphangites chroniques, aux tumeurs malignes, au rachitisme, aux inflammations des séreuses articulaires et tendineuses, aux maladies osseuses, etc. ;

3° Pour soutenir les forces et la nutrition dans les maladies infectieuses telles que la fièvre typhoïde, la tuberculose, les fièvres infectieuses diverses, la maladie du jeune âge et toutes les maladies qui abattent rapidement les forces;

4° Pour diminuer l'excitabilité du système nerveux dans la chorée, l'épilepsie, l'éclampsie des femelles, la toux nerveuse, les névralgies du trijumeau et les maladies convulsives;

5° Pour faciliter la respiration chez les chevaux poussifs et tous les animaux qui ont une gêne de l'hématose. Dans la bronchite et la pneumonie chroniques l'arsenic est le moyen qui réussit le plus fréquemment;

6° Comme *antiparasitaire externe*, contre toutes les éruptions cutanées, administré à l'intérieur et à l'extérieur : psoriasis, prurigo, eczéma humide, gales diverses, éléphantiasis, crapaud, eaux aux jambes, etc. :

7° Comme *vermifuge* contre tous les helminthes. Cependant quand on veut simplement provoquer l'expulsion des parasites qui vivent dans le tube digestif, il vaut mieux en général avoir recours aux véritables anthelminthiques ;

8° Comme *caustique*, pour détruire les tumeurs malignes et indolentes. Nous possédons des caustiques plus énergiques et moins dangereux, aussi n'emploie-t-on que rarement l'acide arsénieux pour détruire les tissus morbides. Quand on veut en faire usage, il faut toujours prendre toutes les précautions pour éviter l'empoisonnement.

PRÉPARATIONS. — Les diverses formes sous lesquelles on fait usage de l'acide arsénieux sont les suivantes:

1° Acide arsénieux en poudre.

2° Poudre arsénicale de Rous-
selot......................
$\left\{\begin{array}{l}\text{Acide arsénieux..........} \quad 8\ \text{gr}\\ \text{Sang-dragon............} \quad 64\\ \text{Cinabre................} \quad 64\end{array}\right.$

Elle contient 1/17 d'arsenic.

3° Poudre arsenicale du frère Côme................... { Acide arsénieux......... 8 gr. / Sang-dragon............. 16 / Cinabre................. 64 / Cendre de savate brûlée... 8

Elle renferme 1/12 d'acide arsénieux. La poudre de savate peut être remplacée par un carbonate alcalin.

4° Poudre arsenicale du docteur Dubois................ { Acide arsénieux.......... 4 gr. / Cinabre................. 32 / Sang-dragon............. 64

La proportion d'arsenic est de 1/25.

5° Poudre arsenicale de Dupuytren............... { Acide arsénieux.......... 1 / Protochlorure de mercure. 10

6° Pommade arsenicale simple. { Acide arsénieux.......... 1 / Axonge................. 8

7° Huile arsenicale simple..... { Acide arsénieux.......... 1 / Huile grasse............ 8

8° Topique Terrat.. { Bichlorure de mercure...... } ãã.... 32 / Sulfure jaune d'arsenic...... { / Acide arsénieux........... } ã.... 16 / Poudre d'euphorbe......... { / Huile de laurier............... 132

9° Bain ferrico-arsenical (Tessier).... { Acide arsénieux... 1 kil. / Sulfate de fer...... 10 / Eau.............. 100 lit.

Faire bouillir jusqu'à dissolution complète de l'arsenic, ajouter le sulfate de fer en solution dans l'eau tiède.

10° Bain zinco-arsenical (Clément)... { Acide arsénieux... 1 kil. / Sulfate de zinc.... 5 / Eau............. 100 lit.

11° Bain alumino-arsenical (Mathieu). { Acide arsénieux... 1 kil. / Alun cristallisé.... 10 / Eau............. 100 lit.

12° Vinaigre arsenical (Viborg)..... . { Acide arsénieux... 32 gr. / Vinaigre.......... 2 lit. / Eau distillée...... 1

13º **Liqueur de Fowler**............. { Acide arsénieux... 1 gr.
{ Carbonate de potasse 1
{ Eau .... 100 lit.

Faire bouillir jusqu'à dissolution complète, ajouter l'eau évaporée.

ADMINISTRATION ET DOSES. — A l'intérieur l'acide arsénieux est toujours administré soit sous forme de poudre, soit sous forme de liqueur de Fowler. Les doses ne doivent pas être les mêmes sous ces deux formes ; car il est démontré que l'acide arsénieux est incomparablement plus actif en dissolution qu'en poudre. En poudre il faut environ 45 grammes d'acide arsénieux pour faire périr les chevaux, tandis qu'il suffit de 3 à 4 grammes quand cet acide est en dissolution. Cette différence d'activité est due uniquement à la différence dans la rapidité de l'absorption. Quand on commence la médication arsenicale, il faut toujours employer de très faibles doses et les élever ensuite graduellement à mesure qu'on constate une tolérance plus grande. Avant de cesser la médication, on diminue peu à peu les doses jusqu'à suppression complète.

Doses toxiques. — Poudre........ { Cheval........ 15 à 45 gr.
{ Bœuf .... 15 à 45
{ Mouton....... 5
{ Chien........ 0.10

Doses thérapeutiques.

Poudre.	Grands herbivores.....	1	à 5 gr.	
	Petits ruminants et porc	0.01	0.06	
	Chien et chat..........	0.003	0.005	
Liqueur de Fowler.	Grands herbivores.....	10	à 50	
	Petits ruminants et porc	0.10	0.60	
	Chien et chat..........	0.05	0.10	

Le bain Tessier, le bain Clément ou le bain Mathieu constituent un moyen infaillible pour faire disparaître la gale si rebelle du mouton : une ou deux immersions, quand la gale est ancienne, ou simplement quelques lotions quand elle est récente ou locale, suffisent habituellement pour la guérison. Il est important de ne jamais remplacer les sulfates métalliques astringents ci-dessus par des sulfates alcalins, par exemple le sulfate de soude, car on s'exposerait à avoir des empoisonnements. M. Beucler ayant traité cinquante moutons galeux par le bain de Tessier dans lequel le pharmacien avait remplacé le sulfate de fer par le sulfate de soude, il y eut empoisonnement mortel de presque tous les animaux. D'après les chimistes très autorisés que M. Bouley a consultés sur le point de savoir quelles sont les réactions qui se produisent, « une certaine quantité d'arsénite de fer ou de zinc insoluble l'un et l'autre se.formerait dans le bain, en sorte que l'association des sels astringents à l'arsenic n'aurait pas seulement pour résultat de prévenir l'absorption de l'agent toxique par la peau, en exerçant une action resserrante sur les pores et sur les vaisseaux de cette membrane, elle aurait cette autre conséquence de diminuer les chances de l'intoxication, en réduisant à une proportion moindre la quantité de l'agent toxique tenu en dissolution dans le bain. Quand on substitue le sulfate de soude ou de zinc, que se passe-t-il? Aucune réaction chimique n'a lieu entre le sel de soude et l'acide arsénieux, qui reste ainsi en puissance de toute son action, puisque toute la dose prescrite par la formule demeure en dissolution dans le bain. D'autre part la peau, au lieu d'être fermée à l'absorption, s'y trouve au contraire prédisposée par l'action de l'eau chaude qui nettoie sa surface et dilate ses vaisseaux. »

DEUXIÈME CLASSE

ALTÉRANTS.

On appelle médicament *altérants* et *fondants*, ceux qui ont la propriété de diminuer la force d'assimilation et d'augmenter le mouvement de désassimilation. Ils diminuent tous la plasticité des liquides organiques, la tonicité des tissus et l'activité du système nerveux. Ils engendrent dans l'organisme des effets exactement opposés à ceux produits par les toniques.

Division. — En envisageant les altérants au point de vue de leur nature chimique, on peut les diviser en : altérants alcalins, mercuriaux, arsenicaux, iodés, bromés et chlorés.

1° Altérants alcalins.

Les altérants alcalins comprennent tous les sels de potasse et de soude, et quelques composés de chaux.

Caractères généraux. — Les sels alcalins entrent normalement dans la constitution de l'organisme, dont la plupart des tissus et des liquides ont une réaction alcaline. Le sang et la lymphe doivent leur fluidité à la présence des sels alcalins ; car aussitôt que l'on fait disparaître leur réaction alcaline par l'addition d'acides, ces liquides se coagulent. La fluidité du sang augmente avec son degré d'alcalinité.

Liebig a démontré que les sels alcalins jouent un grand rôle dans la calorification. Ces sels favorisent les oxydations intra-organiques, facilitent les combustions et augmentent la quantité de chaleur dégagée. Il est facile

de démontrer l'influence des alcalis sur les oxydations:
l'alcool peut s'oxyder à la température ordinaire si on
le met en présence d'une substance alcaline ; la lactose
et la glycose dans les mêmes conditions s'oxydent; les
graisses ne sont saponifiées par l'ozone qu'en présence
des alcalis (Gorup-Besanez). Dans l'organisme animal
les sels alcalins sont unis aux matières albuminoïdes.
Pendant le mouvement de nutrition et de dénutrition
les matières albuminoïdes étant dédoublées, les sels
alcalins sont rendus libres et sont ensuite éliminés par
les reins. Il y a toujours proportionnalité entre l'élimination des matières azotées oxydées et celle des sels
alcalins par les urines.

Quand les aliments n'apportent pas une assez grande
quantité de sels alcalins pour remplacer ceux qui s'é-
liminent, on voit bientôt se produire une diminution
considérable de l'élimination de ces sels ; ils sont pour
ainsi dire retenus par le sang, qui les fait servir plusieurs fois à la nutrition en les combinant avec de
la matière albuminoïde aussitôt qu'ils sont devenus
libres par le dédoublement de la matière avec laquelle
ils formaient un composé.

Si on examine le rôle physiologique des sels alcalins,
on voit que les sels de soude ne jouent pas le même rôle
que les sels de potasse. On constate d'abord que le rapport entre la proportion de ces deux sels varie avec les
organes. Ainsi dans le sérum du sang, de la lymphe, dans
la bile, on ne trouve guère que des sels de soude; au
contraire, dans les matières solides, dans les tissus, les
hématies, on trouve une plus forte proportion de sels
de potasse. Cette distribution différente dans l'organisme indique déjà que ces deux sortes de composés
ne jouent pas le même rôle dans les phénomènes de la
vie. Les sels de potasse semblent faire partie intégrante
des éléments anatomiques des tissus; les sels de soude,

au contraire, semblent faire partie du milieu liquide dans lequel vivent ces éléments.

Les deux sortes de sels alcalins s'éliminent surtout par les urines. Dans les conditions normales, l'urine est toujours plus riche en sels de soude qu'en sels de potasse. Dans les cas de fièvre, les sels de potasse l'emportent sur les sels de soude ; quelquefois même ces derniers disparaissent complètement de l'urine. Pendant un état fébrile, la quantité de sels de potasse éliminée est trois à quatre fois plus considérable qu'à l'état normal. Ces différences indiquent que la fièvre est toujours accompagnée d'une destruction de la matière du tissu, c'est-à-dire des fibres musculaires, des cellules et des hématies.

Quand les sels de potasse s'accumulent dans le sang, soit parce qu'ils y affluent en trop grande abondance, soit parce qu'ils ne sont pas éliminés, ils ne tardent pas à produire des effets toxiques. D'après les expériences de Falck et de Hermann, les sels de potasse sont cinquante-trois fois plus toxiques que les sels de soude.

Les sels de potasse injectés dans les veines paralysent rapidement le cœur et tout le système musculaire. Les sels de soude aux mêmes doses n'ont, au contraire, aucune action appréciable sur les centres nerveux, les muscles, le cœur et la température ; ce n'est qu'avec des doses très fortes qu'on voit diminuer l'activité des organes, mais jamais il n'y a arrêt primitif du cœur. Un sel de potasse tue le chien à la dose de 1 à 2 grammes quand il est injecté dans les veines, et à celle de 8 grammes quand il est donné à l'intérieur. A la dose de 80 grammes les vaches avortent, et à celle de 100 grammes elles succombent. A ces doses les sels de soude ne produisent aucun effet. Les sels de potasse et de soude sont fournis aux animaux par les aliments.

Wolf, en analysant les différentes matières alimentaires, a trouvé que, dans la nourriture des carnassiers, il y a à peu près équivalence entre les sels de potasse et ceux de soude ; dans la nourriture des herbivores, il y a toujours une plus forte proportion de sels de potasse. Voici le tableau donné par Wolf, dans lequel on compare les quantités de soude et de potasse trouvées dans les aliments suivants :

Sang de bœuf...................	Pour 1 de Na.	Potasse 0.11
Albumine d'œuf de poule.........	—	— 0.65
Albumine du vitellus...........	—	— 1.04
Lait de vache..................	—	— 1.67
Sarrasin......................	—	— 2.48
Bœuf.........................	—	— 3.38
Foin de prairies..............	—	— 3.79
Avoine.......................	—	— 4.81
Froment......................	—	— 9.36
Trèfle.......................	—	— 10.42
Seigle.......................	--	— 12.18
Pommes de terre..............	—	— 15.16
Pois.........................	—	— 28.64

Les sels de potasse et de soude n'ont pas une influence égale sur la nutrition. Il ressort d'expériences très intéressantes, faites par Kemmérich, que les sels de potasse sont plus indispensables que les sels de soude. Il a nourri deux jeunes chiens en parfaite santé avec la même quantité de viande privée de ses sels par l'ébullition. Aux aliments du chien A il a ajouté des sels de potasse ; à ceux du chien B il a ajouté le même poids de sels de soude. Après vingt-six jours de ce régime les différences survenues chez les deux chiens étaient les suivantes : le chien A avait augmenté de poids de 2 085 grammes ; le chien B n'avait augmenté que de 810 grammes, il y avait donc une différence de 1 275 grammes en faveur du chien A. Celui-ci était vif, intelligent, vigoureux, bien musclé ; le chien B était, au contraire, dans un très mauvais état ; il était très faible, restait couché, ne pouvait presque plus marcher, ses yeux avaient perdu leur éclat et l'appétit avait diminué. Kemmérich, pour bien faire ressortir l'influence différente des sels de potasse et des sels de soude, continua l'expérience, mais en renversant les conditions, c'est-à-dire qu'il donna des sels de potasse au chien B et des sels de soude au chien A. Après un temps égal, le chien B avait augmenté de 1 850 grammes, tandis que le chien A n'avait augmenté que de 530 grammes, tous les autres résultats étaient également renversés.

Des nombreuses recherches faites par Kemmérich sur le rôle comparatif des sels de potasse et de soude, on peut conclure que les premiers servent surtout à la formation des éléments anatomiques des tissus, principalement du tissu musculaire, tandis que les seconds ne semblent avoir aucun rôle direct dans la genèse des tissus, mais qu'ils servent à la constitution du milieu nutritif dans lequel vivent les éléments figurés.

A faible dose les sels alcalins agissent sur l'organisme comme toniques, c'est-à-dire qu'ils favorisent l'assimilation et le fonctionnement général de l'organisme, comme il est dit à propos du chlorure de sodium. A doses fortes données pendant un certain temps, ils augmentent notablement l'alcalinité et la fluidité du sang, amènent la dissolution des globules rouges, activent les diverses sécrétions, surtout la sécrétion urinaire, augmentent les oxydations et la désassimilation, produisent l'amaigrissement et l'anémie. Ces effets altérants ont pour résultat d'activer la résorption interstitielle et celle des liquides épanchés dans les cavités séreuses.

Indications thérapeutiques. — A haute dose, les sels alcalins, en augmentant considérablement la sécrétion de l'urine, conviennent pour faire disparaître les hydropisies et les épanchements liquides quelconques. L'effet altérant les rend utiles, pour amener la résolution de tuméfactions chroniques et de formations pathologiques anciennes, comme les engorgements ganglionnaires et les fausses membranes des séreuses.

Carbonate de soude.

Le carbonate de soude est cristallisé en prismes rhomboïdaux qui s'effleurissent à l'air ; il est inodore, de saveur alcaline, soluble dans deux parties d'eau froide et dans une partie d'eau chaude.

PROPRIÉTÉS PHYSIOLOGIQUES. — Ce sel existe à l'état physiologique dans le sang, auquel il communique en grande partie son alcalinité. Il se transforme facilement en bicarbonate et sert à opérer le transport de l'acide carbonique qui est ensuite éliminé pendant la respiration.

Le carbonate de soude dissout la mucine et constitue par conséquent un anticatarrhal comme l'ammoniaque.

Sur la peau, les solutions concentrées dissolvent les matières grasses et épidermiques, et peuvent produire un érythème et même une corrosion plus ou moins profonde. Sur les muqueuses, l'action dissolvante s'exerce avec la même intensité ; aussi ne doit-on faire usage à l'intérieur que de solutions étendues.

Dans l'estomac le carbonate de soude est décomposé, il se forme du chlorure de sodium, et il y a dégagement d'acide carbonique. Avec des doses faibles, cette action neutralisante exercée sur le suc gastrique ne ralentit pas la digestion ; au contraire, l'acide carbonique libre, en excitant la muqueuse, produit une suractivité sécrétoire. Si des fermentations acides se produisent dans l'estomac malade, le carbonate de soude neutralise les acides engendrés et arrête les fermentations. Quand il y a sécrétion muqueuse trop abondante, le carbonate de soude, en fluidifiant le mucus, favorise son élimination et rend les muqueuses plus propres à l'absorption.

Ce sel exerce une action stimulante sur le rein, dont la sécrétion est activée ; l'urine des carnivores devient alcaline sous son influence. Il a aussi la propriété d'augmenter la sécrétion biliaire.

Indications thérapeutiques. — Ce sel est indiqué :

1° Comme le carbonate d'ammoniaque, pour diminuer la trop grande acidité du suc gastrique, lorsque cette acidité est nuisible à la digestion ;

2° Pour augmenter l'alcalinité du sang et hâter les résorptions interstitielles, ainsi que les résorptions des fausses membranes ou de liquides pathologiques. Sous ce rapport ce sel est plus actif que le chlorure de sodium, mais il est moins actif que le carbonate d'ammoniaque ;

3° Pour fluidifier le mucus dans les affections catarrhales chroniques ou à la fin des maladies catarrhales aiguës, pour favoriser l'élimination du mucus ;

4° Pour augmenter la sécrétion biliaire dans les affections du foie et dans les cas d'obstruction du canal cholédoque ;

5° Comme diurétique, quand on veut produire une déplétion du système sanguin et une résorption de liquides pathologiques, ou quand on veut produire la dissolution et l'expulsion d'un calcul siégeant dans les reins ou dans les urèthres ;

6° Pour changer la nature du lait qui s'altère dans les mamelles ;

7° Comme antidote des acides.

Emploi et doses. — On doit éviter les doses trop fortes ; il vaut mieux faire des administrations plus fréquentes avec des doses faibles.

Cheval	8	à 10 gr.
Bœuf	10	25
Mouton	5	8
Porc	2	5
Chien	0.20	2
Chat	0.05	0.20

On l'administre sous forme d'électuaire, de boissons ou de breuvages.

Bicarbonate de soude.

Le bicarbonate de soude ou sel de Vichy est moins soluble dans l'eau que le carbonate neutre ; sa solution s'altère par l'action de la chaleur et forme du sesqui-carbonate de soude.

EFFETS ET EMPLOI. — Ce sel agit comme le carbonate, mais avec moins d'énergie. Il n'irrite pas le tube diges-tif, même à forte dose, et est pour cela souvent préféré par les vétérinaires. Dans l'estomac il donne naissance à une grande quantité d'acide carbonique qui agit très favorablement sur les sécrétions et les contractions du viscère. Dans l'intestin il fluidifie les matières, dissout le mucus et détermine un léger effet laxatif. Ce sel a une action stimulante marquée sur la sécrétion biliaire et la sécrétion urinaire.

Il est indiqué dans les mêmes cas que le carbonate ; il convient surtout quand on veut faire un usage prolongé des alcalins sans irriter le tube digestif,

Sels de potasse.

Les sels de potasse qu'on trouve dans l'organisme animal sont fixés sur les éléments anatomiques des tissus ; ils font partie intégrante des hématies, des fibres musculaires, du tissu nerveux.

Les principaux sels de potasse sont : le carbonate de potasse, le chlorate de potasse, le nitrate de potasse.

Carbonate de potasse.

Le carbonate de potasse se dissout en toute proportion dans l'eau ; il est insoluble dans l'alcool concentré ; les acides le décomposent.

Effets physiologiques. — Les effets se rapprochent beaucoup de ceux du carbonate de soude. Cependant le sel de potasse a une saveur plus désagréable, est plus irritant pour la muqueuse digestive et est plus difficilement supporté. Par contre, à cause de sa diffusibilité plus grande, ce sel produit une *diurèse* plus marquée et exerce une action dissolvante plus énergique sur les urates.

Indications. — A l'extérieur, le carbonate de potasse convient pour nettoyer la peau dans les cas de gale, de dartres, de crevasses, d'eaux aux jambes, etc.

A l'intérieur, il doit être préféré aux sels de soude quand on veut provoquer une diurèse abondante et une résorption très active de liquides épanchés ou de certains produits pathologiques. Il ne convient pas quand le tube digestif est malade.

Doses toxiques. — Le chien meurt avec 8 grammes ; les gros herbivores avec 100 grammes.

Grands ruminants........	15	à 30 gr.
Doses médicamenteuses. { Solipèdes	8	16
Petits ruminants et porcs.,	2	6
Chiens	0.25	2

On l'administre sous forme de boissons ou de breuvages.

Les principales préparations de ce sel sont les suivantes :

1° Solution détersive...	Carbonate de potasse......	16 à 32 gr.
	Eau ordinaire............	1 litre.
2° Lessives de cendres.	Cendres de bois..........	1 poignée.
	Eau....................	1 litre.

On fait bouillir les cendres pendant quelques heures
et on filtre.

3° Pommade alcaline... { Carbonate de potasse...... 4 gr.
{ Axonge.................. 32

Chlorate de potasse.

Ce sel, sous forme de petites lames rhomboïdales,
est incolore, inodore, d'une saveur acerbe et légèrement
styptique, soluble dans 16 parties d'eau froide et dans
2 parties d'eau bouillante, insoluble dans l'alcool.

Effets physiologiques. — Ce sel en poudre ou en
solution n'exerce aucune action irritante sensible sur la
peau, les muqueuses et les solutions de continuité. Il est
assez facilement supporté par le tube digestif jusqu'à la
dose de 20 à 30 grammes chez le cheval. Ce sel est
absorbé rapidement par la muqueuse de l'estomac et
de l'intestin et produit une *diurèse* abondante. L'urine
prend une réaction acide, même chez les herbivores.
Il est éliminé rapidement en nature surtout par les
urines, et en petite quantité par la salive, les larmes,
le lait, la sueur, la bile. L'élimination est généralement
complète trente-six heures après l'administration.

A doses trop fortes, on constate un état fébrile marqué, il y a accélération du pouls et de la respiration,
rougeur des muqueuses, salivation, douleurs néphré-
tiques, tristesse, perte des forces, et on peut voir survenir un arrêt brusque du cœur. Les jeunes animaux sont
plus sensibles à l'action de ce sel que les adultes.

Indications. — Le chlorate de potasse convient surtout
contre les affections de la bouche et de la gorge telles
que la stomatite mercurielle, la stomatite couenneuse,
les aphthes, le muguet, l'angine couenneuse, le
croup, etc. On s'en sert aussi avantageusement pour
laver les plaies, dont il hâte la cicatrisation, et en injec-

tions sur les muqueuses pour modifier les écoulements et les tarir.

A l'intérieur, il agit favorablement sur les fausses membranes qui existent dans un conduit quelconque et facilite leur dissolution et leur expulsion. Il a donné d'excellents résultats à l'intérieur contre le cancroïde de la lèvre chez le chat et le cheval.

Doses médicamenteuses..	Cheval et bœuf.........	8	à 30 gr.
	Petits ruminants........	2.5	6
	Porcs.................	1	4
	Carnivores............	0.50	2

Doses toxiques..........	Cheval...............	150 gr.
	Chien.................	10 à 12 gr.

Nitrate de potasse.

Le sel de nitre est incolore, inodore, d'une saveur fraîche, piquante, avec arrière-goût amer, soluble dans 4 parties d'eau froide et une partie d'eau bouillante, presque insoluble dans l'alcool.

EFFETS PHYSIOLOGIQUES. — Appliqué sur la peau, les muqueuses et les plaies, le sel de nitre est plus ou moins irritant, suivant la délicatesse des tissus et la concentration du sel. D'après Orfila, il produit une inflammation intense quand il est déposé dans le tissu conjonctif sous-cutané.

Introduit dans les voies digestives en petite quantité et très étendu d'eau, le salpêtre n'exerce aucune action particulière sur la digestion; à doses moyennes, il irrite la muqueuse digestive et cause du dégoût; à doses fortes, il détermine une inflammation gastro-intestinale, une superpurgation et un affaiblissement très prononcé.

Quand ce sel est administré en petite quantité, il est absorbé rapidement par la muqueuse digestive et ne tarde pas à produire une expulsion copieuse d'urine.

L'action diurétique est de courte durée et, pour l'entretenir, il faut administrer des doses fréquemment renouvelées. Par un usage prolongé, on peut voir apparaître une *irritation* des voies urinaires et une *fluidification* du sang. Le nitrate de potasse exerce aussi une légère action dépressive sur la circulation et la respiration : le nombre des battements du cœur et des respirations diminue légèrement, le pouls est petit, mou, intermittent, le cœur bat avec moins d'énergie, la température cutanée s'abaisse et les muqueuses pâlissent.

A doses toxiques ce sel produit, outre l'irritation gastro-intestinale, des tremblements, des convulsions, des attaques tétaniques, la dilatation de la pupille, puis la paralysie des mouvements volontaires et du cœur.

A l'autopsie on trouve, chez les animaux qui ont succombé à l'empoisonnement par le sel de nitre, une irritation du tube digestif et des voies génito-urinaires ; le sang est *rouge*, mais incoagulé, le cœur et les autres parenchymes sont flasques.

INDICATIONS. — Les propriétés dépressives que ce sel exerce sur la circulation, la respiration et la calorification, ne peuvent pas être utilisées en pratique pour combattre les états fébriles, car à doses faibles la dépression produite est trop légère, et à fortes doses on développe des effets qui peuvent devenir dangereux.

Ce médicament est surtout indiqué comme *diurétique*, quand on veut favoriser les résorptions et amener la diminution des épanchements séreux ou de certains engorgements chroniques.

Il est toujours contre-indiqué, quand il y a inflammation du tube digestif ou de l'appareil génito-urinaire.

ANTIDOTES. — On combat les effets toxiques de ce sel avec les mucilagineux et les excitants diffusibles.

Doses thérapeutiques.	Cheval	8	à 15 gr.
	Bœuf............	10	25
	Mouton et porc...	2	8
	Chien...........	0.20	1

Doses toxiques........	Grands animaux..	200 gr.
	Mouton..........	25
	Chien	5

Sels de chaux. — Carbonate de chaux.

Le carbonate de chaux est peu soluble dans l'eau ordinaire, plus soluble dans l'eau chargée d'acide carbonique.

EFFETS PHYSIOLOGIQUES. — Ce sel, introduit dans le tube digestif, dégage de l'acide carbonique en présence de l'acide du suc gastrique, et forme des sels qui ne sont que faiblement absorbés. La plus grande partie du composé de chaux reste dans l'intestin, excite la muqueuse, la dessèche et entraîne la constipation.

Ce sel fait partie normale de l'organisme ; il existe dans les os et leur communique leur dureté caractéristique.

INDICATIONS. — Il est indiqué :

1° Comme antiacide quand il y a excès d'acide dans l'estomac et que, par suite, la digestion est gênée ;

2° Comme antidiarrhéique ;

3° Comme absorbant et dessiccatif sur les plaies ;

4° Comme élément réparateur des os quand ces organes ont perdu leur dureté par suite du défaut de sels de chaux dans les aliments.

Phosphate de chaux.

Les os des animaux contiennent environ 57 p. 100 de phosphate de chaux. Dans les conditions ordinaires, les aliments contiennent ce sel en proportion suffisante pour les besoins de la nutrition. Mais dans quelques cas pathologiques, l'organisme peut avoir besoin d'une grande quantité de phosphate calcique, et c'est alors qu'on doit l'administrer en nature. Il est indiqué surtout pour hâter la consolidation d'une fracture ou pour favoriser la formation des os du fœtus chez les femelles pleines; pour combattre la scrofule, le rachitisme.

Sels de magnésie.

On les a décrits à propos des purgatifs.

Sels de lithine.

Ces sels ont surtout la propriété de favoriser la dissolution des *calculs*. Aussi les emploie-t-on de préférence à tous les autres médicaments contre les maladies calculaires. On emploie surtout le carbonate de lithine aux mêmes doses que le carbonate de soude.

2° Altérants mercuriaux.

Les médicaments mercuriels sont les uns *solubles*, les autres *insolubles*. Les premiers sont irritants et caustiques pour les tissus qu'ils touchent; les seconds n'ont presque aucune action locale. Tous sont susceptibles d'être absorbés dans le tube digestif, et ils déterminent tous les mêmes effets généraux. Les sels solubles se combinent avec l'albumine pour former des composés solubles dans les liquides organiques; les composés insolubles deviennent d'abord solubles à la faveur des réactions chimiques qui se produisent dans l'estomac et l'intestin, et ensuite sont absorbés par le même mécanisme que les sels solubles. D'après Mialhe, tous les sels mercuriaux se transforment en bichlorure de mercure avant d'être absorbés. D'après Voit, tous les composés mercuriels se transforment dans le tube digestif en un *chlorure double de mercure et de sodium* qui se combinerait avec l'albumine pour former un composé soluble. Quoi qu'il en soit de l'état sous lequel les mercuriaux sont absorbés, ils produisent tous les mêmes effets après leur mélange avec le sang.

Lorsque les mercuriaux sont donnés à très faibles doses, les effets ne se montrent qu'après une administration soutenue pendant un certain temps. Comme l'élimination du mercure est extrêmement lente, il en résulte que, par une administration prolongée de très faibles doses, on produit toujours la saturation mercurielle de l'organisme. C'est au moment où le mercure est accumulé en assez forte proportion dans le sang et les organes, que l'on voit apparaître nettement les effets de ce métal.

On observe d'abord des modifications de la fonction digestive : l'exagération de la salivation est presque toujours le premier symptôme de la saturation mercurielle ; les animaux ont la bouche humectée par une salive claire, filante, qui est déglutie quand elle n'est encore que peu abondante, mais qui ne tarde pas à s'échapper par les commissures des lèvres et à tomber en longs filaments sur le sol. La salivation est accompagnée et même précédée de la rougeur et de l'injection de la muqueuse buccale et de la tuméfaction des gencives. On constate aussi une diminution de la sécrétion du lait et les sécrétions purulentes sont taries. Si à ce moment on suspend l'administration des mercuriaux, on voit la salivation diminuer d'abord, disparaître ensuite, et la muqueuse buccale reprendre graduellement ses caractères normaux. Si au contraire on insiste sur leur usage, la salivation ne fait qu'augmenter, la muqueuse buccale s'épaissit et s'ulcère, les gencives se ramollissent ; les amygdales, les ganglions de l'auge, les parotides, deviennent douloureux et gonflés, la bouche exhale une odeur très fétide, l'appétit est nul ou considérablement diminué, la déglutition des aliments est difficile, la partie intra-abdominale du tube digestif est le siège d'un catarrhe semblable au catarrhe buccal et on observe une diarrhée fétide qui se prononce de plus en plus et épuise rapidement l'animal.

En même temps que ces altérations du tube digestif se développent, on voit apparaître un amaigrissement et un affaiblissement progressifs ; une raideur des articulations due à la diminution de la sécrétion synoviale, des tremblements convulsifs de tout le corps (tremblement mercuriel) et enfin le marasme et la mort. Il faut encore signaler comme symptômes de l'*infection* ou *cachexie mercurielle* certaines autres altérations qui se produisent à un moment plus ou moins avancé de l'empoisonnement. La respiration est gênée, difficile et accompagnée souvent de toux ; les battements du cœur sont faibles et tumultueux, le pouls est petit et mou ; le sang devient pauvre en éléments solides, d'où résulte l'anémie progressive ; la peau offre souvent une éruption pustuleuse ; les femelles pleines avortent ; des œdèmes et des infiltrations se montrent à la tête, aux membres, au fanon, sous le ventre ; les narines donnent écoulement à un liquide mucoso-purulent ; les urines sont fétides et jaunes ; les plaies prennent une teinte plombée, puis noire et se dessèchent bientôt ; toutes les solutions de continuité saignent au moindre contact et ont beaucoup de tendance à la gangrène.

A l'autopsie, on trouve généralement les lésions suivantes : inflammation plus ou moins vive du tube digestif ; sang fluide et séreux ; épanchements **séreux** dans les plèvres et le péricarde ; inflammation du poumon quelquefois avec abcès ; chairs décolorées, organes glanduleux et parenchymateux ramollis, os fragiles.

Quand les mercuriaux sont donnés à doses fortes, les effets ci-dessus apparaissent très vite et se déroulent avec une grande intensité et une rapidité considérable. L'empoisonnement aigu ne diffère de l'empoisonnement chronique que par l'intensité et la rapide évolution des symptômes.

L'empoisonnement mercuriel ne se produit pas avec la même facilité chez tous les animaux ; on peut les placer, d'après leur susceptibilité, dans l'ordre suivant : oiseaux, chat, mouton, bœuf, chien, porc et solipèdes.

Antidotes. — On combat les effets des mercuriaux par le lait, le blanc d'œuf, le sulfure de fer hydraté, qui rendent insoluble la partie contenue encore dans le tube digestif. Les vomitifs et les purgatifs sont usités aussi pour les expulser. Quant aux moyens pour combattre l'infection, il n'y en a point qui soit spécifique ; on recommande le soufre, le quinquina, le chlorate de potasse, l'acide phénique.

Indications thérapeutiques. — A l'extérieur, les mercuriaux sont indiqués en frictions, pour opérer la *fonte* de certains engorgements indolents siégeant principalement sur les glandes, les articulations, les tendons et les os.

Ils sont tous *antiparasitaires* énergiques et conviennent pour détruire les poux, les acares de la gale, etc. Sur les tuméfactions aiguës, les préparations mercurielles ont une action analgésique puissante et en même temps un effet résolutif énergique. A l'intérieur, les mercuriaux sont relativement peu usités en médecine vétérinaire. Leur action altérante ne peut être avantageusement utilisée que dans les maladies caractérisées par une exsudation considérable, comme dans la métropéritonite, l'arthrite suraiguë, le rhumatisme articulaire, l'entérite couenneuse, etc. Dans ces maladies, ils empêchent la formation des fausses membranes ou provoquent la résorption des produits plastiques épanchés.

Mercure métallique.

Ce métal liquide s'oxyde légèrement au contact de l'air, et assez rapidement au contact des acides forts. Il émet des vapeurs, mais en faible quantité.

Il constitue la base de plusieurs préparations pharmaceutiques dont les principales sont :

1º Pommade mercurielle simple (onguent gris). { ♃ Mercure.. 1 / Axonge... 2

2º Pommade mercurielle double (ong. mercuriel). { ♃ Mercure.. } āā
— (ong. napolitain). { Axonge... }

3º Pommade mercurielle prussienne.......... { ♃ Mercure.. 12 / Suif...... 5 / Axonge... 16

Éteignez le mercure dans le suif fondu et ajoutez ensuite la graisse. Elle est plus consistante que les précédentes et convient mieux par les temps chauds.

Effets physiologiques. — Le mercure métallique est facilement absorbé sous forme de vapeurs par les voies respiratoires et détermine plus ou moins rapidement, suivant la quantité de vapeurs respirées, les phénomènes généraux que nous avons fait connaître plus haut.

Introduit sous forme liquide dans le tube digestif, le mercure métallique est inoffensif, il arrive rapidement dans les parties postérieures de l'intestin sans subir aucune altération et est éliminé en nature par le rectum avec les excréments. Les accidents mercuriels ne se montrent que lorsque le mercure demeure trop longtemps dans la cavité intestinale, par suite de l'existence d'un obstacle infranchissable. Alors il y a absorption des vapeurs mercurielles et des composés solubles qui se forment avec les liquides digestifs.

Pendant l'administration du mercure liquide, il y a à craindre l'introduction de ce métal dans les voies respiratoires ; on peut même dire que cet accident est presque inévitable, et j'ai vu plusieurs fois sur des chiens le mercure tomber dans la trachée et produire la mort.

Les différentes pommades mercurielles employées en frictions sur la peau déterminent, au point d'application, une légère rougeur, une élévation de la température, une légère intumescence et une diminution de la cohésion des tissus. Les préparations récemment préparées sont infiniment moins actives que celles qui ont vieilli ; cette différence tient à l'état d'oxydation plus ou moins avancée du mercure. L'absorption se fait assez facilement par la peau, et il n'est pas rare de voir apparaître des effets généraux, à la suite des frictions faites sur la peau. On n'est pas encore fixé sur la forme sous laquelle le mercure est absorbé par la peau ; quelques-uns croient qu'il pénètre à l'état métallique dans le tissu du derme, d'autres pensent qu'il se forme d'abord des oxydations et des composés solubles ; enfin il y en a qui admettent qu'il pénètre sous forme de vapeurs par les voies respiratoires. Les symptômes de l'empoisonnement sont exactement ceux décrits plus haut.

INDICATIONS. — Autrefois on conseillait l'emploi du mercure métallique pour désobstruer l'intestin dans les cas d'invagination, de volvulus ou de pelotes ; on pensait que par son poids il amenait la désobstruction. Ce moyen n'est nullement à recommander ; car outre que le plus souvent il est impuissant à faire disparaître l'obstacle, il présente l'inconvénient d'être très dangereux, à cause de l'introduction du métal dans les voies respiratoires pendant l'administration, et de la production des distensions intestinales qui sont souvent suivies de rupture de cet organe. Ce moyen doit être banni de la médecine.

Les pommades mercurielles sont *fondantes, réso-*

lulives et conviennent contre *toutes* les inflammations cutanées ou sous-cutanées, qu'elles soient aiguës ou chroniques. Elles calment la douleur en ramollissant les tissus et en leur permettant de se gonfler, et augmentent les résorptions locales. Pour obtenir des effets certains, il est nécessaire de les employer avec persévérance, et de les unir quelquefois à des irritants plus énergiques, par exemple au vésicatoire. Aussitôt qu'on remarque quelques effets généraux indiquant une absorption, il faut suspendre les frictions pour les recommencer après que tout danger a disparu. Il ne faut jamais perdre de vue la susceptibilité particulière de certaines espèces animales telles que les oiseaux, les chats, les chiens et les ruminants.

On faisait usage autrefois de la pommade mercurielle contre les inflammations de la conjonctive, de la cornée, de l'iris, etc. ; mais l'insufflation de poudre de calomel est toujours préférable.

Ses propriétés antiparasitaires énergiques sont utilisées pour détruire les poux, les trichodectes, etc. La pommade mercurielle convient contre la gale ; quelquefois cependant elle n'est pas assez énergique.

On ne doit jamais employer en frictions plus de 60 grammes de pommade mercurielle double chez le cheval, 30 grammes chez les grands ruminants, et 2 à 4 grammes chez le chien.

DOSES TOXIQUES. — Les expériences de M. H. Bouley ont fait voir qu'un *cheval* ne meurt qu'au bout du huitième jour à la suite de frictions cutanées, faites avec 120 grammes de pommade mercurielle double, dans les vingt-quatre heures.

M. Lafosse n'a pas constaté d'effets généraux chez le *bœuf* en faisant une friction sur le garrot avec 64 grammes de pommade ; il a observé des effets généraux assez graves avec 100 grammes.

La dose toxique pour les petits ruminants n'est pas déterminée ; mais on sait que ces animaux sont très susceptibles ; ainsi on a vu mourir des agneaux parce qu'on frottait les brebis qui les allaitaient avec de l'onguent gris.

Pour les autres animaux domestiques, les doses toxiques restent encore à déterminer.

Sulfures de mercure.

On connaît deux sulfures de mercure distingués par leur couleur différente.

1° *Sulfure noir ou protosulfure de mercure* (*Ethiops minéral*). Il est en poudre noire, inodore, insipide, insoluble dans l'eau, volatile et décomposable par la chaleur, qui le change en mercure et sulfure rouge.

2° *Sulfure rouge ou bisulfure de mercure* (*Cinabre, vermillon*). En masse il est d'un rouge violacé et on l'appelle cinabre ; réduit en poudre, il est d'un beau *rouge* et reçoit le nom de *vermillon*. Il est inodore, insipide, insoluble, volatil.

EFFETS ET USAGES. — Ces deux sulfures sont moins irritants localement que la pommade mercurielle. A l'intérieur ils sont rendus difficilement solubles, déterminent la diarrhée, mais ne produisent que rarement des accidents généraux.

On doit se servir de ce sulfure de préférence chez les ruminants soit à l'extérieur, soit à l'intérieur, à cause de leur toxicité peu prononcée.

On en fait des pommades pour l'extérieur, et à l'intérieur on les donne en électuaires ou en bols.

Protochlorure de mercure.

Voir page 287.

Bichlorure de mercure.

Voir page 169.

Deutoxyde de mercure. — Oxyde rouge. — Précipité rouge.

Cet oxyde est solide, en paillettes micacées, de teinte rouge quand elles sont entières et d'une couleur jaune lorsqu'elles sont réduites en poudre, inodore, d'une saveur âcre et légèrement soluble dans l'eau.

EFFETS. — Appliqué sur la peau intacte, l'oxyde rouge de mercure l'irrite légèrement ; sur les plaies et les muqueuses il est plus irritant et même légèrement caustique. Il a une grande affinité pour l'albumine des tissus, dont il coagule la surface.

A l'intérieur, cet oxyde est irritant et rapidement toxique.

EMPLOI. — A l'extérieur on utilise la propriété coagulante et légèrement caustique du précipité rouge pour modifier les plaies de mauvaise nature, et activer leur bourgeonnement. Lorsque les plaies ou les ulcères ont des bords indurés, l'oxyde de mercure produit un effet fondant sur le tissu induré. Il est antiparasitaire, antipsorique et donne de bons résultats sur les dartres ulcérées, les eaux aux jambes, l'herpès lichénoïde. Ses légers effets irritants en font un médicament précieux contre les maladies des paupières, de la conjonctive, des voies lacrymales, de la cornée.

Les principales préparations que l'on emploie sont :

1º La poudre.

2º La pommade de Lyon... { ℞ Oxyde rouge de mercure.. 1 gr.
Onguent rosat............ 16

3° La pommade du Régent.
- ♃ Oxyde rouge de mercure.. 4 gr.
- Acétate neutre de plomb.. 4
- Camphre................. 0.30
- Beurre frais ou axonge.... 72

4° La pommade de Desault.
- Oxyde de mercure..
- Oxyde de zinc......
- Sucre de Saturne.... } ãã 4
- Alun calciné........
- Bichlorure de mercure.... 0.60
- Axonge................. 32

3° Altérants iodés.

Dans cette catégorie sont compris l'iode, l'iodoforme, l'iodure de potassium, les iodures de mercure, l'iodure de plomb et quelques autres composés moins importants.

Iode.

Ce métalloïde, très voisin du chlore et du brome, se présente sous forme de paillettes rhomboïdales d'un gris d'acier, fragiles, grasses au toucher, tachant la peau en jaune et présentant beaucoup d'éclat métallique. Son odeur est caractéristique, sa saveur est âcre. Exposé à l'air, il se volatilise lentement, d'où la nécessité de le conserver dans des vases bien clos. L'eau en dissout 1 pour 7,000 ; on peut augmenter le pouvoir dissolvant de l'eau, en y ajoutant de l'iodure de potassium ; ainsi une solution aqueuse d'iodure de potassium à 4 p. 100 peut dissoudre 3 p. 100 d'iode ; l'alcool en dissout 1 pour 10 ; l'éther, le chloroforme et le sulfure de carbone en dissolvent de fortes proportions; les solutions de tannin, les essences, les corps gras, peuvent aussi dissoudre l'iode.

EFFETS PHYSIOLOGIQUES. — Appliqué sur la peau intacte, l'iode produit instantanément une coloration jaune qui disparaît rapidement si l'application n'est pas réitérée ;

dans le cas contraire, la tache devient permanente, le derme est d'abord excité, puis irrité, et enfin il s'enflamme. Sur les muqueuses et les tissus dénudés l'action irritante est plus énergique et peut aller jusqu'à la production d'une eschare.

A l'intérieur l'iode, même à faibles doses, n'est pas longtemps supporté ; il supprime bientôt l'appétit, provoque une gastro-entérite et une maigreur considérable. Il résulte de cette action irritante sur le tube digestif qu'on ne doit pas administrer l'iode à l'intérieur.

Dans l'estomac l'iode se combine avec l'hydrogène et l'oxygène pour former de l'acide iodique et de l'acide iodhydrique, acides qui réagissent ensuite sur les sels alcalins de l'intestin et forment de l'iodure de sodium. On ne trouve jamais l'iode libre dans le liquide intestinal ou dans le sang. Après une administration un peu prolongée de très faibles doses d'iode par le tube digestif, on constate une *congestion marquée* de toutes les muqueuses et de la peau ; cette dernière membrane s'échauffe, se couvre facilement de sueurs, et quelquefois présente des éruptions pustuleuses ; les muqueuses sécrètent en plus grande quantité, il peut même se produire un certain état catarrhal, principalement sur la muqueuse digestive et respiratoire (salivation, laryngite). Il diminue la sécrétion urinaire. Outre ces effets sur les membranes tégumentaires, on constate un amaigrissement rapide, une atrophie des glandes, la résorption de certains produits morbides, la fluidité du sang et la coloration jaune des liquides épanchés dans les cavités séreuses.

D'après les expériences de Rossbach, les injections intra-veineuses d'iode à faible dose ne produisent ni amaigrissement général ni aucun effet nuisible sur le système nerveux, même quand on les continue pendant longtemps. Il serait donc utile dans la pratique d'employer cette dernière méthode d'administration quand on veut obtenir des effets physiologiques purs, et par conséquent des effets thérapeutiques certains.

L'iode jouit aussi de propriétés *antiseptiques* énergiques, mais ce n'est pas un *antivirulent* sûr.

Les doses toxiques d'iode produisent une irritation vive de la muqueuse gastro-intestinale accompagnée d'ulcérations, d'éruptions pustuleuses, de salivation, de vomissement, de coliques vives, de diarrhée et d'une fièvre intense.

INDICATIONS THÉRAPEUTIQUES. — L'emploi de l'iode est indiqué à l'extérieur : 1° sur les engorgements cutanés ou sous-cutanés, quand ils ne sont plus à l'état aigu ; 2° sur les plaies de mauvaise nature et les abcès très purulents ; 3° comme cicatrisant sur les plaies ordinaires ; 4° contre les affections cutanées rebelles en pulvérisation ; 5° en injections pour provoquer une inflammation substitutive et adhésive, dans l'hydropisie des synoviales tendineuses et les bourses muqueuses, l'hydrocèle ; 6° en fumigations pour détruire les parasites qui se développent dans les voies respiratoires.

A l'intérieur l'iode est indiqué dans les cas d'hypertrophie glandulaire ou d'engorgements glandulaires, contre l'obésité chez les chiens de salon.

PRÉPARATIONS ET EMPLOI. — L'iode s'administre à l'intérieur en bols ou en breuvages, on en fait quelquefois des fumigations pour les voies respiratoires.

Pour l'extérieur l'iode entre dans plusieurs préparations, qui sont :

1° Teinture d'iode...	{ Iode	1
	{ Alcool ordinaire	3
2° Pommade d'iode..	{ Iode	1
	{ Axonge	16
3° Iodure d'amidon..	{ Iode	1
	{ Amidon	30

Pour faire des injections dans les cavités synoviales ou séreuses on emploie les liquides suivants :

Solution de Lugol...	Iode..................	1
	Iodure de potassium..	1
	Eau ou glycérine......	30

Solution de Guibourt.	Iode..................	1
	Iodure de potassium...	1
	Alcool................	10
	Eau..................	30

Autre solution......	Teinture d'iode........ } $\widetilde{aa}$	
	Eau.................. }	
	Iodure de potassium, q. s. pour dissoudre le précipité.	

DOSES.

Doses toxiques d'iode......	Chien, 8 gr. dans l'estomac, quelques grammes dans les veines.
	Grands animaux, 30 gr. dans l'estomac, 8 gr. dans les veines.

Doses médicamenteuses. (Estomac).	Grands herbivores......	4	à 8 gr.
	Petits ruminants et porcs	0.50	2
	Carnivores............	0.10	0.35

Si on emploie la teinture, il faudra employer des doses trois fois plus fortes.

Iodoforme CHI^3.

L'iodoforme a la même constitution chimique que le chloroforme, seulement le chlore est remplacé par l'iode. Il est en cristaux hexagonaux, jaunes ; il répand à l'air une odeur de soufre, et se volatilise rapidement par la chaleur sans laisser aucun résidu. Il est insoluble dans l'eau, soluble dans 80 parties d'alcool, dans 20 parties d'éther, et très soluble dans les huiles et les essences.

EFFETS PHYSIOLOGIQUES. — L'iodoforme n'est nullement irritant pour les tissus ; il détermine au contraire une *anesthésie* locale assez prononcée ; il est facilement supporté par l'estomac. On retrouve l'iode dans les urines quelques heures après l'administration de ce sel. Les effets généraux sont les mêmes que ceux de l'iode, c'est-à-dire qu'après son absorption, il produit un amaigrissement, une fluidité plus grande du sang et une hypersécrétion sur les muqueuses. A doses toxiques il produit la paralysie et la mort. C'est un antiseptique énergique.

INDICATIONS. — A l'intérieur il répond à toutes les indications de l'iode.

A l'extérieur on l'emploie avantageusement en chirurgie comme *antiseptique* et *cicatrisant*. Il enlève la douleur sur les plaies et les maintient propres et sans suppuration. Il réussit bien dans le traitement du crapaud.

On l'emploie sous forme de poudre, ou dissous dans l'alcool ou les graisses.

Iodure de potassium.

Ce sel, autrefois appelé hydriodate de potasse, est en cristaux cubiques d'un blanc opaque et laiteux, d'une légère odeur d'iode, d'une saveur âcre et alcaline.

A l'air il s'altère ; une partie de l'iode est déplacée par l'oxygène, ce qui lui communique une teinte jaunâtre. Il est très soluble dans l'eau, qui en dissout son poids ; il est peu soluble dans l'alcool. La solution aqueuse d'iodure de potassium peut dissoudre une certaine proportion d'iode. L'iodure de potassium est décomposé par l'eau chlorée, les hypochlorites alcalins, les acides minéraux.

EFFETS PHYSIOLOGIQUES. — Localement l'iodure de potassium n'est que peu irritant. Il est très rare de voir apparaître une inflammation notable sur la peau, sur les muqueuses, et sur les tissus dénudés, aux points d'application de ce sel.

Dans l'estomac l'iodure de potassium ne produit pas d'irritation et il peut être supporté longtemps par les animaux. On ne sait pas encore exactement quelles sont les modifications qu'il éprouve dans la cavité digestive; on pense qu'au contact du suc gastrique, il y a formation d'iodure de sodium et de chlorure de potassium. Pelikan a observé que dans l'estomac il n'y a jamais d'iode libre après l'administration d'iodure de potassium.

L'absorption de ce sel est rapide, car quelques minutes après l'administration on retrouve l'iode dans les urines excrétées. Il est probable que l'iodure de potassium ou de sodium se décompose partiellement dans le sang et qu'il y a de l'iode mis en liberté. En effet, Liebreich et Issersohn ont observé qu'après l'injection hypodermique d'iodure de potassium on voit d'abord apparaître l'iode dans les urines sans potassium; ce n'est que plus tard que le potassium est éliminé, et son élimination continue encore quand celle de l'iode est déjà terminée depuis un certain temps. Pendant que l'iodure de potassium circule dans le sang, il exerce une *action atrophiante* sur les ganglions lymphatiques, les corps thyroïdes et les mamelles. Ces organes glandulaires diminuent surtout beaucoup de volume quand ils sont hypertrophiés. D'autres organes encore diminuent de volume, mais d'une manière peu marquée; ce sont la rate, les testicules, la prostate, l'ovaire, l'utérus. L'iodure de potassium ne produit pas un amaigrissement général aussi prononcé que l'iode, sans doute parce qu'il n'a pas d'action irritante sur la muqueuse stomacale. Le sel favorise l'élimination du mercure et du plomb fixés dans les tissus, et il augmente la résorption des produits pathologiques.

L'élimination de l'iodure de potassium se fait par la

salive, les urines, le lait; elle est complète vingt-quatre heurs après l'administration.

Par un usage prolongé certaines muqueuses s'enflamment et sécrètent abondamment, telles sont surtout la conjonctive, la pituitaire, la muqueuse buccale, la muqueuse pharyngienne et la muqueuse bronchique.

INDICATIONS THÉRAPEUTIQUES. — L'iodure de potassium est surtout indiqué pour produire la diminution de volume d'organes glandulaires hypertrophiés, pour activer la résorption d'exsudats morbides, pour amener la fonte de certains engorgements et pour dissiper une obésité trop prononcée.

1° L'iodure de potassium est un remède héroïque contre le goître quand celui-ci est dû à une hyperplasie du corps thyroïde; il réussit moins bien quand le goître résulte de kystes thyroïdiens.

2° Il produit de bons résultats contre les engorgements lymphatiques chroniques ou aigus. On l'emploie à l'intérieur ou en frictions à l'extérieur.

3° Il hâte la résorption des liquides et des fausses membranes qui existent dans les cavités séreuses enflammées, comme l'arachnoïde, la plèvre, le péritoine, le péricarde.

4° Il convient pour faire maigrir les animaux trop bien nourris; mais le meilleur moyen que l'on peut employer, c'est de les faire jeûner et de leur administrer des sels purgatifs.

5° Il a été vanté contre les maladies nerveuses, telles que l'épilepsie, la chorée et contre les maladies cutanées rebelles, mais il ne donne pas constamment de bons résultats.

6° Il a donné de bons résultats contre les taches de la cornée et les granulations de la conjonctive.

DOSES :

Doses toxiques	Chien	....	4 gr.
	Cheval	....	Plus de 100 gr.

Certains auteurs disent avoir obtenu des effets toxiques avec des doses plus faibles et même des hémorrhagies intestinales; mais ces résultats extraordinaires ne peuvent être attribués qu'à l'impureté de l'iodure de potassium employé.

Doses thérapeutiques......	Cheval...............	5	à 15 gr.
	Bœuf................	10	20
	Porc et mouton	1	5
	Chien...............	0.30	2

Comme il y a une grande différence dans la susceptibilité des animaux pour l'iodure de potassium, il est toujours utile de commencer avec les doses faibles, et d'interrompre de temps en temps l'administration pendant un jour ou deux.

EMPLOI. — L'administration de l'iodure de potassium se fait toujours en solutions. A l'extérieur, on l'emploie constamment sous forme de pommades.

Voici les principales formules :

1°	Iodure de potassium	1
	Axonge....................	4

2°	Iodure de potassium	2
	Iode........	1
	Axonge....................	8

3°	Iode......................	1
	Iodure de potassium..........	5
	Glycérine	20

4°	Iode......................	1
	Savon vert.................	10
	Alcool....................	5

5°	Iode......................	1
	Graisse...................	5
	Pommade mercurielle	25

Pour les injections intra-trachéales M. Lévy recommande la formule suivante :

Iode	2 gr.
Iodure de potassium.............	10
Eau distillée...................	100

DOSES. — On commence par injecter 2 grammes de cette solution dilués dans 3 grammes d'eau distillée, on augmente ensuite graduellement de 2 grammes la dose de la solution, tous les deux ou trois jours, en diminuant en même temps la quantité d'eau de dilution jusqu'à ce qu'on ait atteint 20 grammes de solution pure. Quand on observe de la fièvre, il suffit de suspendre les injections pendant deux ou trois jours et tout rentre dans l'ordre.

Toutes les pommades sont employées en frictions sur les parties engorgées. En même temps, on administre l'iodure de potassium à l'intérieur surtout lorsqu'il s'agit d'amener la fonte de glandes ou de ganglions lymphatiques.

Protoiodure de mercure.

Ce sel, d'un jaune verdâtre, n'est pas employé à l'intérieur. A l'extérieur, on en fait des pommades que l'on emploie en frictions, mais, en général, elles ne sont pas assez actives.

Biiodure de mercure.

Le biiodure est en poudre rouge-coquelicot magnifique, inodore, insipide, insoluble dans l'eau, soluble dans l'alcool bouillant ainsi que dans les chlorures et les iodures alcalins.

EFFETS ET USAGES. — La pommade de biiodure de mercure produit d'abord la vésication, puis l'engorgement de la peau et des parties sous-jacentes, la chute de l'épiderme et des poils. Dans le tube digestif les effets irritants sont les mêmes, aussi ne l'emploie-t-on jamais à l'intérieur.

A l'extérieur la pommade de biiodure de mercure est indiquée en frictions pour résoudre les engorgements glandulaires et les tumeurs indolentes, les diverses espèces de dilatations synoviales tendineuses, les engorgements tendineux, les tumeurs osseuses. Cette pommade réussit souvent où le feu et les vésicants ont échoué. Pour éviter les tares qui pourraient résulter de ces frictions, il est nécessaire de les interrompre de temps en temps pour laisser calmer l'irritation locale.

Préparations :

Pommade de protoiodure de mercure.	Protoiodure de mercure.	1
	Axonge.	8
Pommade de biiodure de mercure. . . .	Deutoiodure de mercure.	1
	Axonge.	8

Selon l'exigence des cas, on augmente ou on diminue la proportion de sel mercuriel. Pour augmenter les vertus fondantes de ces pommades on y ajoute de l'iodure de potassium.

Iodure de plomb.

Ce sel, d'un jaune citron, est presque insoluble dans l'eau, mais très soluble dans les solutions d'iodures alcalins.

EFFETS ET USAGES. — Ce sel de plomb n'est pas utilisé pour l'intérieur. A l'extérieur, il est irritant, mais moins que l'iodure de mercure et jouit des mêmes propriétés résolutives. On se sert de la pommade d'iodure de plomb au 1/8 ; on augmente son activité en y ajoutant de l'iodure de potassium.

Bromures.

Dans ce groupe nous avons à étudier le brome et le bromure de potassium. L'étude du brome a été faite page 328.

Bromure de potassium.

Le bromure de potassium est solide, en cristaux cubiques, incolore, inodore, de saveur âcre et alcaline, décrépitant au feu, très soluble dans l'eau et peu soluble dans l'alcool. Le chlore met le brome en liberté et il se forme du chlorure de potassium.

Effets physiológiques. — Les effets locaux du bromure de potassium sont à peu près nuls. Dans le tube digestif le bromure peut être supporté par tous les animaux, il n'est pas irritant pour la muqueuse à moins qu'il soit en solutions très concentrées. En injections hypodermiques, il produit souvent une tuméfaction locale douloureuse. Dans l'estomac le bromure de potassium subit une décomposition en présence du suc gastrique, il se forme du bromure de sodium et du chlorure de potassium. A faibles doses le bromure ne produit aucun changement apparent dans les fonctions. A doses moyennes, 3 grammes chez le chien, et 30 grammes chez le cheval, il développe des effets marqués.

Il porte son action sur le système nerveux encéphalique dont les fonctions sont déprimées; il y a de l'hébétude, de la tendance à l'assoupissement, de la faiblesse musculaire, une anesthésie plus ou moins prononcée de la peau, de la titubation, etc. En outre, on observe une impuissance complète, une diminution considérable des battements du cœur qui sont en même temps plus faibles; le pouls est ralenti, intermittent et petit, les températures rectale et cutanée sont diminuées; il y a aussi diurèse et même, après un usage trop prolongé, il se produit de l'hématurie.

Ce sel est éliminé par toutes les voies d'excrétions; on le trouve dans l'urine, dans le lait, dans la sueur. Pendant son élimination par les glandes cutanées, il est probablement décomposé en partie, du brome devient libre et agit comme irritant snr la peau ; on a observé en effet, après l'administration de bromure chez le chien et le chat, la production d'un impétigo exanthémateux.

INDICATIONS THÉRAPEUTIQUES. — Autrefois on employait le bromure contre la morve, le farcin, le rachitisme, etc. ; mais depuis qu'on connaît mieux ses effets physiologiques on sait qu'il ne peut avoir aucun effet curatif sur ces maladies. Ce sel est indiqué dans les maladies nerveuses caractérisées par de l'hypéresthésie, du délire et une agitation continuelle :

1° Dans l'épilepsie le bromure a produit de nombreux cas de guérison chez l'homme, on l'a aussi employé avec succès sur les animaux, principalement sur les chiens ;

2° Dans le tétanos ce médicament n'a pas réussi sur le cheval ; il y a quelques résultats favorables sur le chien. Vogel, de Stuttgard, l'a essayé sur neuf chevaux tétaniques à la dose de 100 à 200 grammes par jour sans enrayer la maladie ;

3° Le bromure, en diminuant la sensibilité des organes génitaux, calme les ardeurs génésiques ; c'est l'anti-aphrodisiaque le plus sûr.

ADMINISTRATION. — En solution dans le tube digestif, dans la trachée et dans le tissu conjonctif.

Doses pour le tube digestif..	Cheval...............	20	à 50 gr.
	Bœuf...............	30	80
	Porc, mouton	5	15
	Chien...............	0.50	6
	Chat	0.20	0.50
Doses pour la trachée et le tissu conjonctif...........	0.50 à 2 gr. chez le cheval, dans 5 à 10 gr. d'eau.		

Ces doses peuvent être administrées plusieurs fois dans la journée. Chez le cheval, on peut arriver à administrer 250 grammes par jour, et chez le chien de 10 à 20 grammes.

TROISIÈME CLASSE

ANESTHÉSIQUES.

On appelle anesthésiques (αν privatif; αἴσθησις, sensibilité) les substances qui suppriment la sensibilité, la faculté d'éprouver de la douleur, qui amènent ainsi la résolution des muscles et par suite l'immobilité de l'homme et des animaux qu'elles plongent dans une sorte de sommeil.

La chirurgie trouve dans les anesthésiques un moyen d'épargner de la douleur aux patients et de les immobiliser.

Historique. — L'usage des anesthésiques est très nouveau en chirurgie et en physiologie expérimentale. Cependant de tout temps les chirurgiens s'étaient préoccupés de supprimer la douleur; et dès la plus haute antiquité on avait essayé divers moyens pour atteindre ce but. Les Assyriens comprimaient le cou chez les enfants qu'on voulait circoncire. En 1784, un chirurgien anglais anesthésia les membres en comprimant leurs nerfs. En 1837, Liégeard pratiquait une compression circulaire du membre tout entier pour en obtenir l'anesthésie. Les Chinois frottaient, il y a 2,000 ans, la partie à anesthésier avec une plante de la famille des urticées. Chez les Grecs et les Romains on employait la pierre de Memphis (carbonate de chaux) broyée dans du vinaigre pour obtenir l'insensibilité du membre à opérer. L'opium a aussi servi aux chirurgiens pour insensibiliser les malades. En 1799 Davy, en respirant du protoxyde d'azote, constata que ce gaz a la propriété de détruire la sensibilité. En 1842, un médecin d'Athènes employa le premier l'éther pour supprimer la douleur ; mais ses observations, n'ayant pas reçu une grande publicité, passèrent inaperçues des médecins. La connaissance définitive des propriétés anesthésiques de l'éther nous vient d'Amérique. Pendant l'hiver de 1841 à 1842, un médecin et chimiste américain, nommé Jackson, en respirant du chlore, éprouva une vive irritation des voies respiratoires. Pour arrêter les effets du chlore, Jackson respira de l'éther et de l'ammoniaque, il espérait que la réaction de l'hydrogène de l'éther sur le chlore donnerait naissance à de l'acide chlorhydrique, lequel s'unirait immédiatement à l'ammoniaque, pour produire du chlorhydrate d'ammoniaque complètement inoffensif. Jackson éprouva du soulagement, il répéta la même inhalation, et bientôt les phénomènes de l'anesthésie se produisirent d'une manière complète. Jackson conseilla alors à un dentiste de Boston, nommé Morton, de soumettre ses clients à des inhalations d'éther pour opérer leurs dents sans douleur.

Morton le fit en effet, et en 1846 il obtint des résultats très satisfaisants. On essaya ensuite ce moyen dans les hôpitaux de l'Amérique pour les grandes opérations, et cela avec un grand succès.

L'anesthésie était définitivement conquise à la pratique chirurgicale. Cette découverte se répandit en Europe avec la plus grande rapidité ; et dans tous les hôpitaux l'éther fit merveille. On se mit alors à la recherche d'autres substances anesthésiques. En 1847 Flourens essaya le chloroforme sur les animaux et obtint avec cette nouvelle substance des effets anesthésiques encore plus rapides et plus énergiques que ceux de l'éther. Simpson, chirurgien d'Édimbourg, ayant eu connaissance des expériences de Flourens, employa le premier le chloroforme chez l'homme, et cela avec un plein succès. L'emploi chirurgical du chloroforme se répandit rapidement, et cette nouvelle découverte excita une sensation presque aussi vive que celle de l'éther. Depuis on a découvert un grand nombre d'autres substances anesthésiques ; les principales sont : les éthers chlorhydrique, acétique, chlorique, le sesquichlorure de carbone, la benzine, l'aldéhyde, le bisulfure de carbone, le chloral, etc.

L'anesthésie chirurgicale immédiatement après sa découverte a été appliquée par les vétérinaires à tous les animaux. Mais on ne tarda pas à remarquer que la chair des animaux anesthésiés par l'éther ou le chloroforme conserve toujours un goût insupportable qui empêche d'utiliser la viande pour la boucherie, si l'animal vient à mourir pendant l'opération. On a donc renoncé très vite d'une façon absolue à l'anesthésie du bœuf et du mouton. Aujourd'hui on continue à anesthésier le chien, le chat, le cheval et l'âne parce qu'on n'utilise pas les cadavres de ces animaux pour la consommation. Cependant l'hippophagie est entrée dans nos mœurs, et nous sommes forcés de restreindre beaucoup l'emploi de l'éther et du chloroforme dans la chirurgie du cheval et de l'âne.

Propriétés générales des anesthésiques.

L'action des anesthésiques est très générale ; ils agissent non seulement sur les animaux, mais aussi sur les plantes. On voit que les anesthésiques arrêtent les mouvements chez la sensitive ainsi que ceux des anthères de certaines fleurs (épine-vinette), ils abolissent les mouvements des cils vibratiles et des êtres unicellulaires.

Tous les éléments anatomiques vivants sont atteints

par l'action des anesthésiques, mais à des degrés divers; quelques-uns perdent très vite leur vitalité, d'autres résistent plus longtemps.

CONDITIONS DE L'ANESTHÉSIE. — L'action anesthésique ne se manifeste dans un élément anatomique que lorsque la substance anesthésique arrive en contact avec cet élément. Les cils vibratiles perdent leurs mouvements seulement au moment où l'anesthésique est arrivé au contact des cellules à cils vibratiles; les mouvements des feuilles de la sensitive s'arrêtent seulement quand l'anesthésique a touché les éléments anatomiques qui produisent ces mouvements; un animal ne devient insensible que lorsque l'anesthésique est arrivé en contact avec les cellules des centres nerveux. Chez les animaux la substance anesthésique ne peut arriver en contact des cellules sensitives que par l'intermédiaire du sang artériel; il faudra donc toujours, pour obtenir l'anesthésie, faire pénétrer l'éther, le chloroforme ou le chloral dans le sang artériel qui les transporte jusqu'à l'élément sensitif.

ADMINISTRATION DES ANESTHÉSIQUES. — L'administration doit avoir pour but de faire arriver les molécules anesthésiques dans le sang artériel chargé de les transporter au contact des éléments sensitifs. L'éther et le chloroforme, étant très volatils, arrivent facilement dans le sang artériel si on le fait absorber par les voies respiratoires; il n'en est pas de même si l'absorption se fait par d'autres voies; le chloral étant peu volatil arrive dans le sang artériel par toutes les voies d'absorption, et par conséquent peut toujours produire l'anesthésie. Si les anesthésiques volatils sont administrés par une autre voie que la voie pulmonaire, ils arrivent d'abord dans le sang veineux qui les transporte dans le cœur droit, puis dans le poumon où les vapeurs se dégagent et se déversent au dehors avec l'air expiré; le sang artériel qui sort du poumon ne contient plus de molécules anesthésiques ou n'en contient qu'un trop petit nombre pour agir efficacement sur les centres nerveux. Le poumon est une soupape de sûreté qui laisse échapper au dehors les vapeurs et les gaz du sang qui le traverse. Le sang veineux en entrant dans le poumon peut être chargé de vapeurs anesthésiques, et en sortant de cet organe il en est dépourvu ou n'en contient plus que des quantités insignifiantes.

ANESTHÉSIE DES SOLIPÈDES. — Voici comment on procède pour anesthésier le cheval : On prend deux petites éponges qu'on imbibe d'*éther* et qu'on introduit dans les naseaux de l'animal, mais en ayant soin de ne pas intercepter le passage de l'air. Le *chloroforme* ayant une action caustique sur la muqueuse des narines ne peut pas être introduit directement dans les naseaux au moyen d'une éponge; si on emploie ce dernier corps, il faut placer les éponges en avant des naseaux, de manière à ce que l'air inspiré entraîne des vapeurs de chloroforme dans le poumon. Pour avoir une anesthésie plus rapide on couvre la tête de l'animal avec un linge, pour que l'atmosphère respirée soit fortement chargée de vapeurs de chloroforme.

L'éther et le chloroforme sont des liquides très volatils, même à la température ordinaire. Les vapeurs pénètrent dans le poumon avec le courant d'air inspiré; elles arrivent ainsi en contact avec le sang qui les dissout et les conduit au point de l'organisme où se produit l'action anesthésique.

ANESTHÉSIE DES CARNIVORES. — Quand on veut anesthésier les autres animaux domestiques que le cheval, il ne suffit pas d'introduire des éponges imbibées d'éther dans les narines, car ces animaux ont la propriété de respirer aussi par la bouche; il faut donc que l'air qui pénètre par cette dernière voie soit aussi chargée de vapeurs anesthésiques. Pour obtenir une anesthésie rapide et complète, il faut placer le museau tout entier dans un appareil sous forme de muselière, dans lequel on place l'éther ou le chloroforme. L'air en traversant cet appareil se charge de vapeurs, et les transporte à la fois par la voie buccale et la voie des narines. Au lieu de faire usage d'un appareil spécial dans lequel on place le museau, on peut tout simplement entourer le museau d'un linge dans lequel on laisse une petite ouverture pour l'entrée de l'air et placer de petites éponges en avant des narines et de la bouche, afin que l'air inspiré les traverse.

ANESTHÉSIE DU CHAT ET DU LAPIN. — Ces animaux étant très sensibles à l'action des anesthésiques meurent rapidement quand l'administration de l'anesthésique est un peu trop rapide. On peut employer le même procédé que pour les carnassiers, mais il est trop dangereux. Il vaut mieux agir de la manière suivante :

On place les animaux sous une cloche facile à clore, de manière à former une atmosphère confinée ; on y met en même temps de petites éponges, ou même des morceaux de papier imbibés de chloroforme. Quand on voit l'animal tomber, on enlève la cloche et l'insensibilité persiste assez longtemps pour qu'on puisse faire une opération chirurgicale.

ANESTHÉSIE DES OISEAUX. — Les oiseaux sont les animaux chez lesquels l'anesthésie est la plus rapide et la plus dangereuse. Il suffit de petites quantités de chloroforme ou d'éther pour les anesthésier et même les tuer. Il faut donc faire respirer les vapeurs anesthésiques qui se dégagent d'une petite éponge avec beaucoup de précautions.

EFFETS PHYSIOLOGIQUES DES ANESTHÉSIQUES. — Pendant les premiers moments de l'inhalation de vapeurs anesthésiques, les animaux manifestent de l'agitation, ils gémissent et ont des soubresauts assez violents. Cette première période de l'action des anesthésiques est appelée la *période d'agitation ou d'excitation*. Elle ne dure pas longtemps quand l'anesthésique est bien administré ; le calme apparaît après 5 ou 10 minutes. On voit alors les animaux tomber dans un état d'immobilité complète, la résolution des muscles se produit et les membres cèdent à toutes les impulsions. C'est là la deuxième période ou *période d'anesthésie confirmée*. Si, à ce moment, on cesse l'administration, l'animal reprend graduellement ses mouvements et sa sensibilité après un temps plus ou moins long. Si au contraire on continue l'inhalation, l'insensibilité et l'immobilité persistent ; les fonctions organiques s'exécutent encore pendant un certain temps, puis s'affaiblissent insensiblement, la respiration se ralentit considérablement et est de plus en plus petite, le cœur bat avec une énergie qui va constamment en décroissant, le pouls devient petit, imperceptible ; et enfin le cœur s'arrête, la respiration se suspend et l'animal meurt dans un calme absolu. La mort par intoxication arrive d'autant plus vite que la quantité d'anesthésique inhalée est plus considérable. En modérant l'entrée des vapeurs anesthésiques dans les voies respiratoires, on peut maintenir l'animal immobile et insensible pendant un temps fort long sans anéantir ses fonctions organiques, et on le voit revenir à l'état normal après la cessation de l'inhalation. Pour maintenir un animal à l'état anesthésique, il faut fournir à l'absorption autant de vapeurs anesthésiques que l'élimination en expulse hors de l'organisme. Si l'absorption dépasse l'élimination il y a empoisonnement progressif ; si au contraire l'absorption est inférieure à l'élimination, le réveil survient après un certain temps. Si, après avoir produit .

l'anesthésie confirmée, on supprime les vapeurs anesthésiques, l'animal reprend sa sensibilité et ses mouvements après dix à quinze minutes ; si au moment du réveil on recommence les inhalations, l'animal ne tarde pas, après quelques respirations, à retomber dans une insensibilité complète. Dans la pratique, on peut ainsi maintenir un animal anesthésié un temps suffisant pour permettre les opérations les plus longues.

Les anesthésiques ne détruisent pas la sensibilité en même temps dans tous les points du corps. Les animaux perdent d'abord leurs facultés intellectuelles ; puis la sensibilité disparaît d'abord dans les points les plus éloignés des centres nerveux (membres) ; elle est conservée en dernier lieu dans les points rapprochés des centres nerveux comme à la face. C'est la conjonctive qui perd la dernière la sensibilité. Quand la conjonctive est devenue insensible, l'anesthésie est poussée très loin, il faut alors suspendre les inhalations si on ne veut pas voir l'animal succomber par intoxication.

Le retour de la sensibilité se fait d'une manière inverse à sa disparition ; on voit apparaître successivement les fonctions cérébrales, puis la sensibilité de la conjonctive, puis celle de la face et du tronc, puis enfin celle des membres. Quand le chirurgien opère sur la face, l'anesthésie doit être poussée plus loin que s'il opère sur les membres.

La période d'excitation que produisent les anesthésiques au début de leur action est due : 1° à l'action irritante qu'exercent les vapeurs anesthésiques sur les muqueuses des lèvres et des fosses nasales où aboutissent des fibres nerveuses sensitives nombreuses et délicates ; 2° à l'action excitante exercée par les molécules anesthésiques au moment de leur contact avec les éléments sensitifs des centres nerveux. En effet, on constate que si on fait respirer les vapeurs d'éther et de chloroforme par une ouverture pratiquée à la trachée et en évitant soigneusement de les faire arriver en contact avec les narines, on n'obtient plus qu'une agitation faible et de courte durée. Cette faible agitation se produit encore si on injecte directement les anesthésiques dans le sang comme cela se pratique souvent pour le chloral.

Pendant la période d'anesthésie confirmée on observe encore un *rétrécissement pupillaire* assez prononcé, une déviation interne des globes oculaires qui sont couverts en partie par le corps clignotant et un abaissement constant de la température rectale due à la déperdition d'une plus grande quantité de chaleur par la peau et surtout à la diminution des oxydations intra-organiques. Quand l'anesthésie est poussée à l'extrême, la pupille se dilate ; c'est un signe qui indique qu'il y a empoisonnement et que l'animal meurt.

ACCIDENTS QUI SURVIENNENT PENDANT L'ANESTHÉSIE. — Deux sortes d'accidents peuvent se présenter : 1° l'arrêt brusque du cœur ou de la respiration pendant la période d'excitation ; 2° l'empoisonnement par suite de l'absorption d'une trop forte dose d'anesthésique.

La syncope cardiaque ou respiratoire du début est le résultat d'une excitation trop vive produite par les agents anesthésiques sur les voies respiratoires, excitation qui engendre par action réflexe l'arrêt du cœur ou de la respiration. Pour éviter l'arrêt du cœur, il faut rendre les nerfs modérateurs du cœur moins excitables ; on arrive à ce résultat par une injection préalable d'un sel d'atropine à la dose d'un 1/2 à 1 milligramme chez le chien. J'ai pu m'assurer, après l'injection hypodermique de cette dose de sulfate d'atropine sur des chiens de moyenne taille, que les pneumogastriques perdent la propriété d'arrêter les mouvements du cœur quand on les excite.

On évite l'action d'arrêt respiratoire et cardiaque en narcotisant préalablement les animaux avec une injection hypodermique d'un sel de morphine. Cette substance diminue l'excitabilité des animaux, rend l'anesthésie plus prompte et moins dangereuse (voy. MORPHINE).

On évite l'empoisonnement pendant l'anesthésie confirmée en surveillant constamment les grandes fonctions et la sensibilité de la conjonctive et de la cornée. Quand les battements du cœur s'affaiblissent au point de donner naissance à un pouls artériel imperceptible, on suspend l'administration. Il faut aussi cesser l'inhalation quand la respiration tend à se suspendre. Il faut toujours avoir l'œil sur la poitrine et le doigt sur l'artère pendant la durée de l'anesthésie et arrêter celle-ci aussitôt qu'on constate un affaiblissement inquiétant de l'une ou de l'autre fonction. Quand pendant l'intoxication anesthésique la respiration s'arrête, mais que le cœur continue à battre, on peut sauver les animaux en supprimant immédiatement l'administration anesthésique et en pratiquant la respiration artificielle en faisant exécuter au thorax des mouvements alternatifs de resserrement et de dilatation par des pressions méthodiques. Après un certain temps de respiration artificielle, la respiration naturelle se rétablit, alors l'animal est sauvé. J'ai pu plusieurs fois sauver des animaux que l'on croyait absolument morts en pratiquant la respiration artificielle pendant cinq, dix, vingt minutes, selon les cas.

Quand le cœur arrête ses battements, l'animal meurt presque toujours. Cependant on réussit quelquefois à lui faire reprendre ses battements par la respiration artificielle et la projection de douche froide sur la tête et le museau ou par l'application d'électrodes, l'un dans la bouche, l'autre dans l'anus.

ACTION INTIME DES ANESTHÉSIQUES. — Les anesthésiques agissent évidemment sur le système nerveux. Mais comme dans le système nerveux il y a des éléments divers, des nerfs moteurs, sensitifs, des cellules de divers ordres, on peut se demander sur lequel de ces éléments ils agissent. Les belles recherches de Cl. Bernard établissent que les anesthésiques atteignent les centres nerveux, c'est-à-dire les éléments cellulaires qui constituent l'origine des nerfs sensitifs. Les nerfs sensitifs ne peuvent subir l'action anesthésique qu'à leur naissance dans la moelle ou à l'encéphale.

En quoi consiste l'action des anesthésiques? Quelques auteurs pensent que le sommeil anesthésique est le résultat de l'action des agents anesthésiques sur les vaisseaux des centres nerveux. Pour les uns il y a *congestion* des centres nerveux, pour d'autres il y a *anémie*. Ces deux actions peuvent exister simultanément chez le même sujet suivant la période de l'anesthésie ; ainsi, avec le chloroforme, Cl. Bernard a toujours vu la congestion se produire pendant la période d'excitation et l'anémie dans la période d'anesthésie confirmée. Ces effets vasculaires ne sont d'ailleurs pas exactement les mêmes avec tous les anesthésiques. Ainsi l'éther produira facilement l'anémie, tandis que le chloral produira la congestion. Ce n'est donc pas dans les modifications vasculaires qu'il faut chercher le mode d'action des anesthésiques. Cl. Bernard a remarqué que les anesthésiques produisent sur les éléments anatomiques, sur les cellules et les fibres vivantes, une demi-coagulation du protoplasma qui devient plus granuleux et trouble. Ce fait a été confirmé depuis par beaucoup d'autres, et on sait aujourd'hui que cette demi-coagulation est due à la perte d'eau éprouvée par les éléments anatomiques sous l'influence des anesthésiques. Les anesthésiques portent en réalité leur action sur tous les tissus; ils atteignent chaque élément à son heure suivant sa susceptibilité. La plante n'a pas de système nerveux et cependant le chloroforme et l'éther viennent agir tout aussi fatalement sur elle, et arrêter l'activité commune à tous ses éléments anatomiques.

INDICATION DES ANESTHÉSIQUES. — L'anesthésie est indiquée : 1° quand on veut éviter la douleur aux patients pendant une opération grave; 2° quand il faut obtenir une immobilité complète dans les opérations délicates; 3° quand on veut éviter les accidents qui pourraient résulter d'une agitation trop forte des sujets, tels que rupture musculaire, écrasement des vertèbres ou pour mettre l'opérateur à l'abri des coups de pieds; 4° dans les accouchements laborieux pour faciliter les manœuvres; 5° dans le tétanos ou d'autres maladies convulsives.

Nous devons faire l'étude détaillée des trois substances anesthésiques, à savoir : l'éther, le chloroforme et le chloral.

Éther sulfurique.

C'est un liquide limpide, très mobile, incolore, d'une odeur suave, très volatil, bouillant à 36°; soluble dans 10 parties d'eau, très soluble dans l'alcool. L'éther sulfurique constitue un excellent dissolvant pour le brome, l'iode, le soufre, le phosphore, le bichlorure de mercure, les corps gras, les essences, les résines, le camphre.

EFFETS PHYSIOLOGIQUES. — La grande volatilité de l'éther communique à ce corps, la propriété de déterminer un froid plus ou moins intense lorsqu'on le verse ou qu'on le pulvérise sur la peau. Le froid occasionné par l'éther est surtout intense lorsqu'on le pulvérise sous forme de vapeurs; dans ces conditions on voit d'abord se produire une excitation locale ; celle-ci disparaît ensuite, la région s'anémie, se refroidit de plus en plus et enfin s'anesthésie. Sur les plaies les pulvérisations occasionneront d'abord une douleur vive, mais bientôt l'anesthésie survient et on constate que les plaies pâlissent. On peut, en insistant sur les pulvérisations, produire la mortification des tissus par congélation. Après la cessation des applications, une réaction plus ou moins intense survient.

Administré à l'intérieur, l'éther excite d'abord la muqueuse buccale, provoque une forte salivation. Parvenu dans l'estomac, il se vaporise immédiatement, car il est à une température supérieure à son point d'ébullition. Ses vapeurs distendent l'estomac, produisent des borborygmes bruyants dans l'intestin et des expulsions gazeuses fréquentes par l'anus. Cl. Bernard a constaté que, chez les lapins, l'éther, en se réduisant en vapeur, peut distendre l'estomac au point d'en déterminer la rupture.

A forte dose il provoque de forts vomissements chez les animaux. M. Tabourin a observé des nausées chez le cheval après l'administration de 500 grammes d'éther.

L'éther à dose modérée détermine une excitation vive dans toute l'étendue du tube digestif et une sécrétion abondante des sucs qui s'y déversent. On trouve la muqueuse gastro-intestinale rouge et lubréfiée par d'abondantes sécrétions ; le pancréas devient rouge et turgescent comme pendant la digestion, et sa fonction secrétoire est également mise en activité. L'éther augmente l'activité de l'absorption dans le tube digestif ; ainsi la strycnnine ou la nicotine administrées en même temps que l'éther causent plus rapidement la mort des animaux que quand ces poisons sont donnés seuls.

L'absorption de l'éther par les voies digestives est

rapide; mais, comme après son mélange avec le sang, l'éther est transporté dans le poumon, il s'échappe en grande partie par l'air respiré, et le sang artériel reste privé d'éther ou ne se charge que de très faibles quantités de ce corps. Aussi est-il très difficile d'obtenir l'anesthésie par l'absorption digestive.

Quand on veut produire l'anesthésie, il faut toujours faire respirer l'éther avec l'air en suivant les indications ci-dessus.

L'anesthésie par l'inhalation d'éther se produit dans 5 ou 6 minutes chez le chat, dans 8 ou 15 minutes chez le chien et les autres animaux. La durée de la période d'excitation varie avec la quantité d'éther inhalée et la susceptibilité des sujets. La sensibilité persiste dans la zone de distribution du nerf trijumeau quand elle a déjà disparu partout ailleurs; la cornée transparente conserve la dernière sa sensibilité; celle-ci disparaît sur la conjonctive du globe oculaire et des paupières, avant de disparaître sur la cornée. C'est donc la cornée que l'on devra explorer pour s'assurer du degré d'anesthésie; quand cette membrane n'est plus excitable, il faut arrêter les inhalations, car on est près de l'empoisonnement complet de l'animal.

Pendant que l'éther circule dans le sang, il active singulièrement la sécrétion du sucre dans le foie. C'est surtout après l'injection de l'éther dans l'estomac ou l'intestin que la sécrétion glycogénique est activée au point de rendre les animaux diabétiques.

Pendant l'anesthésie par l'éther les animaux ont souvent des rêves érotiques, on les voit entrer en érection, exécuter des mouvements non équivoques et pousser des hennissements ou des cris caractéristiques.

Quand l'inhalation a introduit dans le sang artériel une trop forte dose d'éther, on voit, après disparition, complète de la sensibilité, survenir l'arrêt de la respiration, puis après l'arrêt du cœur. L'éther arrête toujours la respiration avant le cœur. Il faudra donc, dans l'anesthésie par l'éther, surtout surveiller la respiration, et suspendre les inhalations aussitôt que cette fonction menace de s'éteindre. Quand, malgré toutes les précautions, il y a arrêt respiratoire, il faut pratiquer la respiration artificielle jusqu'au retour de la respiration naturelle.

L'éther n'a pas la même action sur la circulation artérielle à tous les moments de l'anesthésie. Au début, c'est-à-dire pendant la période d'excitation, l'éther élève la *pression veineuse* et la *pression artérielle*. Ce premier effet est dû à la constriction brusque des petits vaisseaux dont le sang est déversé dans les gros troncs. Après ce premier effet, qui est passager, on voit les deux *pressions* baisser, puis la pression veineuse remonter graduellement, tandis que pendant le même temps la pression artérielle s'abaisse. Cet écartement angulaire des deux courbes représentant les tensions artérielle et veineuse est dû à une dilatation graduelle des petits vaisseaux pendant l'anesthésie confirmée. Le sang traversant facilement les petits vaisseaux se répand plus facilement dans les veines; la pression doit donc augmenter dans ces vaisseaux, tandis qu'elle doit diminuer dans les artères.

L'éther produit toujours une accélération du cœur et un abaissement de la température rectale proportionnel à la durée de l'anesthésie et surtout à son degré. Cette diminution de la température est due surtout à la diminution des oxydations, comme le prouvent les analyses des gaz de la respiration et des gaz du sang faites par M. Arloing.

L'injection hypodermique d'éther n'est pas suivie d'anesthésie. Immédiatement après l'injection, l'animal est agité, il a des ébrouements ou des éternuements fréquents, il secoue la tête, remue les mâchoires comme s'il mâchait, il a des bâillements; on entend des borborygmes fréquents dans l'abdomen; la bouche est humectée de salive; la respiration s'accélère considérablement ainsi que le pouls; la température rectale s'élève, et quelquefois l'animal manifeste une ardeur génésique non équivoque.

J'ai observé quelquefois, immédiatement après l'injection un abaissement de la température rectale de 1/10 de degré, suivi ensuite d'une élévation beaucoup plus considérable.

Les effets d'excitation disparaissent en général après 15 à 20 minutes. Toutes les fonctions reviennent graduellement à leur état normal sans que l'animal ait présenté le moindre signe d'anesthésie.

L'éther introduit sous la peau se transforme en vapeurs qui se répandent dans le tissu conjonctif et produisent une tuméfaction crépitante qui persiste encore quand tous les effets de l'éther ont disparu. Je n'ai jamais vu survenir aucun accident local consécutivement à ces injections hypodermiques d'éther sulfurique.

INDICATIONS THÉRAPEUTIQUES. — A *l'extérieur*, l'éther employé en pulvérisations convient pour produire l'anesthésie locale par réfrigération rapide (Richardson).

A l'intérieur il est indiqué pour exciter la digestion, activer les sécrétions et augmenter les mouvements péristaltiques dans les cas d'indigestion, de météorisation, de coliques dues à des calculs biliaires.

En inhalations, c'est l'anesthésique le plus inoffensif pour les animaux adultes. Il ne convient pas aussi bien pour anesthésier les jeunes animaux, car il produit des arrêts respiratoires dangereux. Chez ces derniers il faut préférer le chloroforme. L'anesthésie par l'éther doit être préférée chez les sujets emphysémateux

atteints d'affections chroniques du poumon, dont la
conséquence est une dilatation du cœur droit et de ses
orifices, chez ceux qui ont des anévrysmes. L'éther ne
convient pas quand on veut opérer sur les testicules du
mâle, parce qu'il détermine des contractions du cré-
master quelquefois difficiles à vaincre.

Les injections hypodermiques d'éther sont indiquées
quand on veut exciter les fonctions respiratoire et circulatoire chez les animaux fortement déprimés par la
maladie ou dans les empoisonnements par certains
alcaloïdes.

Doses. — Estomac	Cheval	15 gr. à 30 gr.
	Bœuf	20 à 50
	Mouton	5 à 10
	Chien	0.50 à 4
Inhalations (anesthésie)	Grands herbivores	80 à 150 gr.
	Chien	10 à 20
Injections hypodermiques	Grands herbivores	10 à 30 cc.
	Chien	1 à 2

NOTA. — L'anesthésie par le rectum, dont on a beaucoup parlé il y a quelque temps, ne peut pas être utilisée
dans la pratique, à cause de son irrégularité et des
dangers qu'elle peut offrir. Les essais que j'ai faits
sur les chiens et les lapins, m'ont démontré que l'administration de *vapeurs* d'éther par le rectum ne produit pas l'anesthésie, et qu'elle occasionne quelquefois
des distensions et même des ruptures intestinales.

Chloroforme. $CHCl^3$.

Le chloroforme est un liquide très limpide, incolore,
d'une odeur de pomme reinette, d'une saveur fraîche,
sucrée, peu soluble dans l'eau, très soluble dans l'alcool et l'éther, bouillant à 61° centigrades et ayant une
réaction neutre.

EFFETS PHYSIOLOGIQUES. — Localement le chloroforme est irritant. Sur la peau, les plaies et les muqueuses il produit la vésication, l'inflammation et même la mortification, quand on empêche son évaporation.

A l'intérieur il est moins bien supporté que l'éther, il irrite l'estomac, détermine des coliques, des nausées, des vomissements.

Les inhalations de vapeurs de chloroforme produisent d'abord une excitation générale très énergique pendant laquelle l'animal crie, se débat avec violence. Après cette période d'excitation, qui est due principalement à l'action irritante qu'excercent les vapeurs de chloroforme sur la muqueuse nasale et buccale et qui dure 3, 5 à 10 minutes, survient une perte de l'intelligence, des mouvements et de la sensibilité, avec conservation des fonctions végétatives ; c'est la *période d'anesthésie confirmée*. Enfin si l'anesthésie continue, on voit s'éteindre successivement *la circulation* et la *respiration ;* enfin la mort survient.

Pendant l'excitation initiale, la pupille est dilatée ; elle est contractée pendant la période d'anesthésie, et elle se dilate à l'approche de la mort.

La sensibilité se conserve en dernier lieu dans la conjonctive, qui recouvre la sclérotique et les paupières ; tandis qu'avec l'éther, elle est plus longtemps conservée dans la cornée.

Le chloroforme communique aux battements du cœur une énergie plus grande ; les courbes prises dans le cœur sont plus élevées et plus brèves pendant la période anesthésique ordinaire ; ce n'est qu'à l'approche de l'empoisonnement complet que les battements de cœur s'affaiblissent. Administré avec précaution, le chloroforme produit souvent au début une légère action vaso-dilatatrice et une vive excitation cardiaque. La première, fugace, est bientôt remplacée par une action vaso-constrictive accompagnée de systoles cardiaques plus énergiques.

Le chloroforme expose le moins aux hémorrhagies en nappes.

Les injections sous-cutanées de chloroforme sont suivies d'une inflammation locale douloureuse qui se dissipe généralement sans laisser de traces.

INDICATIONS THÉRAPEUTIQUES. — Le chloroforme n'est pas employé dans le tube digestif, à cause de son action irritante sur la muqueuse. A l'extérieur on n'utilise pas ses propriétés irritantes, parce qu'on a d'autres substances qui agissent mieux. On s'en sert en inhalations pour produire l'anesthésie ; celle-ci est rapide et plus durable qu'avec l'éther, mais elle est quelquefois plus dangereuse.

Pour éviter les syncopes cardiaques et les syncopes respiratoires, il est toujours bon d'avoir recours à l'anesthésie mixte, en employant simultanément les injections hypodermiques d'un sel de morphine ou d'un sel d'atropine. C'est surtout avec le chloroforme que ces agents sont utiles, car ils préviennent les accidents.

L'anesthésie par le chloroforme doit être préférée sur les malades qui ont une insuffisance mitrale ou une insuffisance aortique et toutes les fois qu'on veut éviter, pendant les opérations, les hémorrhagies en nappe.

L'anesthésie chloroformique est usitée depuis longtemps dans la médecine humaine pendant les accouchements difficiles. On pourrait en faire un usage semblable chez nos femelles domestiques quand les contractions utérines trop énergiques gênent les manœuvres de l'accouchement. On n'a jamais constaté une influence fâcheuse sur le fœtus malgré le passage des anesthésiques dans l'organisme du jeune sujet à travers le placenta. Les injections hypodermiques de chloroforme peuvent engendrer une inflammation substitutive ou dérivative utile dans certaines névralgies ; cependant dans la plupart des cas, les injections hypodermiques de morphine donnent de meilleurs résultats.

Doses anesthésiques en inhalations.
Cheval.........	40 à	80 gr.
Bœuf..........	50 à	100
Mouton et porc.	10 à	20
Chien..........	5 à	15

Le chat étant très sensible au chloroforme, meurt presque toujours pendant l'anesthésie.

Chloral. Aldhéyde trichlorée. $C^3H\,Cl^3O$.

Le chloral a été découvert en 1832 par Liebig. Il se présente sous deux états : 1° anhydre, c'est un liquide incolore, d'aspect oléagineux, d'une saveur âcre et brûlante, d'une odeur vive et pénétrante ; 2° hydraté, il est solide, formé de petites masses blanches, d'aspect saccharoïde. Sous ces deux états, il est soluble à la fois dans l'alcool, l'eau et l'éther, le chloroforme, la benzine, les huiles essentielles, il se volatilise à 95°. En présence des bases alcalines ou de leurs carbonates, il se transforme en chloroforme et *formiate alcalin*.

$$C^2HCl^3O \;+\; KHO \;=\; CHKO \;+\; CHCl^3.$$
$$\text{Chloral.} \qquad \text{Potasse.} \qquad \text{Formiate.} \qquad \text{Chloroforme.}$$

La solution aqueuse doit être neutre et ne doit pas se troubler par le nitrate d'argent.

Effets physiologiques. — Sur la peau intacte, le chloral produit des effets analogues à ceux du chloroforme ; sur les muqueuses, les solutions de continuité et dans le tissu cellulaire sous-cutané, il est fort irritant et presque caustique. Dans le tube digestif il est irritant quand les solutions sont concentrées ; mais si elles sont au 1/10, elles sont supportées par tous les animaux, surtout si on y ajoute du mucilage ou de la gomme. Son absorption se fait rapidement par la muqueuse gastrique et intestinale. Arrivé dans le sang, le chloral se décompose en partie et l'élimination se fait par les reins sous forme de chloral (Mlle Tomascewich) et sous forme d'acide urochloralique (Musculus et Mering). Après son absorption, il ne tarde pas à produire un sommeil profond qui ressemble beaucoup au sommeil physiologique; et, au moment du réveil, les animaux reprennent immédiatement leur état normal et la liberté de leurs mouvements. La pupille est très resserrée et insensible pendant l'anesthésie; elle se dilate quand l'anesthésie est poussée trop loin. Quand le sommeil chloralique est léger, les animaux conservent les réflexes et ils ressentent, quand on les excite, une douleur vague qu'ils manifestent par des cris; mais si le sommeil est profond, les réflexes disparaissent et la sensibilité est complètement abolie. Comme avec les autres anesthésiques, elle disparaît en dernier lieu dans la conjonctive de la cornée.

Le chloral, au début, accélère un peu la respiration, mais la ralentit ensuite pendant l'anesthésie, et même l'éteint si l'absorption devient trop intense.

Le cœur se contracte avec plus d'énergie au début; puis les battements s'affaiblissent pendant l'anesthésie, et les contractions systoliques sont moins brusques (Arloing). Au début il y a ralentissement passager du cœur; de trente, le nombre tombe à vingt-huit par seconde chez le cheval; plus tard il y a accélération et on voit le nombre des battements du cœur s'élever à quarante-huit. S'il y a des intermittences avant l'administration, elles disparaissent sous l'influence du chloral.

Le chloral *diminue toujours* la tension artérielle; il *augmente* la vitesse du cours du sang. Il resserre légèrement les petits vaisseaux au début de son action, mais les dilate ensuite et produit la congestion des parenchymes, des muqueuses et de la peau.

Les plaies saignent toujours abondamment pendant l'anesthésie chloralique.

Le chloral produit aussi un *abaissement* de température qui peut être très prononcé (2 à 3°). Il est dû, comme avec les autres anesthésiques, à la diminution des combustions intra-organiques, comme le prouvent les analyses des gaz de la respiration, et celles des gaz du sang (Arloing) ; le rayonnement plus considérable par la peau vient encore s'ajouter à cette première cause.

Il provoque aussi fréquemment l'*hématurie* sur les animaux anémiques et sur ceux qui sont à jeun. Cette hématurie n'est pas dangereuse, elle se dissipe rapidement après le réveil.

THÉORIE DE L'ACTION DU CHLORAL. — Liebreich, en 1869, a trouvé les propriétés anesthésiques du chloral, en partant de cette idée théorique, que le chloral doit se décomposer dans l'organisme en chloroforme et formiate alcalin, en présence des alcalis du sang. Cet auteur, après avoir constaté expérimentalement l'action anesthésique, a admis que le chloroforme se dégage constamment pendant que le chloral circule, et que l'anesthésie est produite non pas directement par le chloral, mais par le chloroforme produit. Cette théorie a été admise par beaucoup de physiologistes et de cliniciens ; mais elle a été attaquée par d'autres. Ces derniers, parmi lesquels il faut citer Demarquay, Labbé et Goujon, pensèrent que le chloral conserve son individualité propre et qu'il agit comme chloral sur les éléments nerveux. Aujourd'hui cette dernière théorie est à peu près complètement abandonnée, car de nombreux expérimentateurs ont démontré, par des procédés différents, que le chloral se décompose réellement dans le sang en chloroforme et en formiate alcalin. Il faut surtout citer les travaux de Richardson, de Personne, de Horand et Peuch, de Byasson et Follet, d'Arloing. Ces auteurs sont tous arrivés à démontrer la transformation du chloral en chloroforme et formiate alcalins dans le sang.

EMPLOI CLINIQUE DU CHLORAL. — Le chloral est utilisé comme *anesthésique général ;* sous ce rapport il ne le cède à aucun autre, surtout quand on l'emploie en injection intra-veineuse. L'anesthésie survient après une à deux minutes, quand on injecte lentement une solution aqueuse d'hydrate de chloral dans les veines d'un animal ; généralement la période d'excitation est faible ou nulle, l'anesthésie dure longtemps, et le réveil n'est pas suivi de faiblesse. C'est le meilleur anesthésique que l'on puisse employer en médecine vétérinaire tant à cause de la rapidité de son action, que du peu de dangers qu'il présente quand il est manié avec précaution.

Quand on veut obtenir une bonne anesthésie par e chloral employé en injection intra-veineuse, il faut faire usage d'une solution fraîche à 1/5 et l'injecter avec une très grande lenteur, et en s'arrêtant de temps en temps pendant quelques instants ; on surveille attentivement la sensibilité, le pouls et la respiration. Les premiers signes que l'anesthésie va se produire consistent dans des borborygmes intenses dans l'intestin ; quand on entend ces borborygmes, il faut redoubler d'attention et agir lentement. On voit alors la sensibilité disparaître sur les membres et le tronc, puis en dernier lieu sur la conjonctive. En même temps un relâchement musculaire se produit.

Les accidents à craindre sont l'arrêt du cœur par suite d'une injection trop vive, et l'arrêt de la respiration quand on dépasse la dose anesthésique.

On évite le premier accident par la lenteur de l'injection, et le second en surveillant soigneusement l'établissemeut de l'anesthésie. Aussitôt que celle-ci est arrivée au degré convenable, on doit suspendre les injections, pour les recommencer quand le réveil tend à se produire. Le chloral a le seul inconvénient d'augmenter les hémorrhagies en nappe sur les plaies.

On peut aussi anesthésier les animaux en administrant le chloral par les voies digestives. Dans ce cas l'absorption étant assez lente, il faut préparer les animaux au moins une heure avant l'opération. Il est rare qu'on puisse obtenir une anesthésie parfaite par les voies digestives, mais on obtient un émoussement de la sensibilité favorable à l'action plus prompte des anesthésiques volatils. Si on injecte du chlorhydrate de morphine sous la peau en même temps qu'on administre le chloral à l'intérieur, on obtient une insensibilité plus grande.

Injections intra-trachéales. — MM. Cadéac et Mallet ont fait des recherches sur l'emploi du chloral par la voie trachéale. Ils ont associé cet anesthésique au chlorhydrate de morphine. Sur le cheval 35 grammes de chloral, et $0^{gr},50$ de chlorhydrate de morphine produisent un sommeil cinq à six minutes après l'injection. L'insensibilité et la résolution musculaire sont absolues ; l'anesthésie est parfaite. Les piqûres les plus énergiques ne parviennent pas à déterminer un mouvement ; la peau peut être traversée par le scalpel dans les régions les plus sensibles sans provoquer de réaction. Trente minutes après l'injection, l'animal se réveille. Deux heures après, l'animal se tient debout, mais il offre une démarche hyénoïde ; après trois heures il prend son repas comme de coutume. Ces auteurs ont obtenu des résultats aussi nets chez le chien.

L'anesthésie par les voies trachéales est donc rapide et complète avec le chloral et la morphine ; mais malheureusement elle est suivie d'accidents graves. En effet, l'action irritante du chloral se manifeste parfois avec une gravité extrême, comme MM. Cadéac et Mallet l'ont constaté par l'autopsie de leurs sujets d'expérience. Un cheval ayant reçu 25 grammes de chloral dans 100 grammes d'eau fut sacrifié deux jours après. Il avait les poumons hépatisés au niveau de leur échancrure dans une étendue d'environ 15 centimètres, et quelques foyers gangréneux, dont le volume variait entre celui d'un pois et celui d'une noisette, étaient disposés autour des bronches dans la même région. Sur divers chevaux ils ont trouvé de nombreux foyers hémorrhagiques, des abcès gros comme une noix ou un œuf de poule dans la partie moyenne et inférieure du poumon. Des lésions semblables existaient sur les chiens, et de plus des fausses membranes jaunâtres et fibrineuses dans la trachée et les bronches.

Voici quelques-unes des conclusions de ces auteurs :

1° L'injection intra-trachéale de chloral et d'un sel de morphine, est le procédé d'anesthésie le plus dangereux, et ne peut par conséquent entrer dans la pratique, malgré la simplicité de son manuel opératoire.

2° Administrés par la bouche, le chloral et la morphine mélangés anesthésient le chien, mais n'insensibilisent le cheval qu'imparfaitement.

3° Donnés sous forme de lavements, ces deux agents mélangés n'anesthésient ni le cheval ni le chien.

4° Les doses étant les mêmes, les effets sont sensiblement plus accusés lorsque la morphine est injectée sous la peau, quelle que soit la voie d'administration du chloral.

5° On obtient une anesthésie parfaite en combinant l'injection sous-cutanée de morphine avec l'administration d'un lavement de chloral.

6° Il est avantageux de laisser un intervalle de quelques minutes entre l'injection sous-cutanée de morphine et le lavement de chloral.

7° L'innocuité des lavements et la facilité de leur administration nous font préférer la voie rectale à toute autre, les animaux déjà sous l'influence de la morphine ne rejetant pas les lavements, comme on pourrait le craindre.

Le chloral est encore indiqué comme *antispasmodique* ou *anticonvulsivant*, dans les maladies nerveuses accompagnées d'agitation, de convulsions (epilepsie, tétanos). Il est alors surtout administré dans le tube digestif.

Il constitue le meilleur *antidote* de la strychnine. Pour réussir il faut injecter rapidement une dose anesthésique de chloral dans les veines de l'animal strychniné. Les crises convulsives cessent complètement, mais reparaissent aussitôt que l'animal se réveille ; une nouvelle injection les fait encore disparaître, et à un nouveau réveil les crises sont moins intenses et ne mettent souvent plus la vie de l'animal en danger. Le chloral empêche l'action toxique de la strychnine. Si les animaux empoisonnés par cet alcaloïde sont maintenus un temps suffisant sous l'influence de l'anesthésique, l'élimination de la strychnine se fait, et au moment du réveil l'animal n'est plus empoisonné.

J'ai constaté dans mes expériences l'efficacité de ce moyen pour enrayer l'action de la strychnine.

ADMINISTRATION. — Pour l'injection intra-veineuse on fait usage de la solution au 1/5.

A l'intérieur et en injections intra-trachéales, il faut faire des solutions étendues au 1/10 au 1/15 et ajouter de la gomme ou du mucilage. Les doses internes *calmantes* sont :

Bœuf et cheval..........	50	à 100 gr.
Porc	2	à 5

```
Chien.................... 0.50 à    2
Chat....................  0.50 à    1
```

Pour les lavements on fait usage des solutions mucilagineuses au chloral à 1 pour 10. On compte généralement 30 à 40 grammes par seringue. Dans le tétanos on administre trois ou quatre lavements par jour.

Les doses internes *anesthésiques* sont :

```
Chien.................... 4 gr. en moyenne.
Porc....................  10 gr.
Cheval.................   100 à 150 gr.
```

```
                        ⎧ Petits chiens.........  8 à  12 gr.
                        ⎪ Gros chiens..........  10 à  16
Doses toxiques.....     ⎨ Chat.................   4 à   8
                        ⎪ Porc.................  20
                        ⎩ Cheval...............  200 à 300
```

QUATRIÈME CLASSE

HYPNOTIQUES ET CALMANTS

Opium.

C'est le suc concret qui s'écoule des incisions pratiquées à la surface des têtes du pavot somnifère. C'est
surtout dans les pays orientaux qu'on prépare l'opium ;
il est l'objet d'un important commerce avec les contrées occidentales.

Dans le commerce de la droguerie, on reconnaît
surtout quatre variétés d'opium qu'on appelle, d'après
leur provenance, opium de *Smyrne, de Constantinople,
d'Égypte, et opium indigène* ou *affium*.

COMPOSITION CHIMIQUE. — Ces diverses espèces d'opium
ont toutes dans leur composition chimique les mêmes
principes, mais dans des proportions différentes ; ainsi
l'opium de Smyrne renferme de 6 à 10 p. 100 de morphine, l'opium de Constantinople 4 à 6 p. 100 ; l'opium
d'Égygte 2 à 3 p. 100, et l'opium indigène 10 p. 100 de
cet alcaloïde. Les autres principes actifs varient dans
des proportions semblables à celles que je viens de faire
connaître pour la morphine. Voici, d'après les chimistes,
la composition qualitative de l'opium :

Alcaloïdes.............. {
Morphine.
Codéine.
Narcéine.
Narcotine.
Thébaïne.
Papavérine.

Acides................ { Méconique. / Acétique. / Sulfurique. / Acides indéterminés.

Principes hydrocarbonés. { Résine. / Huile. / Essence. / Caoutchouc.

Principes neutres....... { Mucilage. / Gomme. / Cellulose.

Principes minéraux..... { Sulfate de potasse. / Sulfate de chaux.

L'opium doit ses effets physiologiques et thérapeutiques aux alcaloïdes qu'il contient. Or comme tous ces alcaloïdes produisent des effets différents, et que leur proportion centésimale varie dans de grandes limites suivant la provenance de l'opium, son état de conservation, la manière dont il a été récolté et le terrain sur lequel le pavot a poussé, on ne peut jamais prévoir exactement les effets, quand on n'a pas fait préalablement quelques essais avec la variété d'opium dont on dispose. Tel opium montrera surtout les effets de la morphine; tel autre produira surtout les effets de la thébaïne ou de la narcotine. En prescrivant l'opium, on ne sait jamais exactement la nature de l'effet que l'on va obtenir; il est infiniment préférable de se servir des alcaloïdes purs ou de leurs sels. Ceux-ci peuvent être dosés exactement et on peut mathématiquement graduer leurs effets.

C'est surtout à la morphine que l'opium doit ses propriétés physiologiques et thérapeutiques; c'est donc surtout de cette substance que nous ferons l'étude.

Morphine et ses sels.

La morphine est un alcaloïde cristallisé en prismes

rhomboïdaux blancs. Elle est soluble dans 100 parties d'eau froide, dans 100 parties d'eau chaude, dans 30 parties d'alcool bouillant ; très solubles dans les dissolutions alcalines et les acides étendus, elle est insoluble dans l'éther et le chloroforme.

La morphine forme des sels dont les principaux sont : l'acétate, le chlorhydrate et le sulfate de morphine.

L'acétate de morphine est le plus altérable et le moins employé en médecine. Le chlorhydrate est soluble dans 20 parties et le sulfate dans 1 partie d'eau froide. Ces deux sels sont assez stables ; ils sont généralement employés dans la pratique. Les sels de morphine produisent les mêmes effets physiologiques et thérapeutiques que la morphine, ils possèdent en outre l'avantage d'être très solubles dans l'eau ; c'est pourquoi on doit toujours leur donner la préférence.

EFFETS PHYSIOLOGIQUES. — Sur la peau intacte la morphine et ses sels ne déterminent aucun effet appréciable. Ce n'est que quand l'application est de longue durée et consiste en frictions, que les sels de morphine engourdissent légèrement la sensibilité locale. Sur le derme dénudé, sur la surface des plaies, ils produisent une douleur très vive comparable à celle que provoque un fer rouge, mais cette hyperesthésie disparaît rapidement et fait bientôt place à une anesthésie locale plus ou moins complète.

Dans le tube digestif les préparations morphiniques excitent d'abord localement les sécrétions. On voit d'abord de la salivation ; mais bientôt survient un effet inverse, c'est-à-dire la sécheresse de la bouche, une difficulté de la déglutition et un happement de la langue au palais. Dans l'estomac, les mêmes effets se produisent ; après une légère excitation locale survient un arrêt de la digestion, comme le démontrent les expériences de Cl. Bernard. Ce physiologiste a injecté une dissolution de chlorhydrate de morphine dans le jabot de plusieurs pigeons qui venaient de faire un repas copieux de grains. Chez les oiseaux qui n'avaient pas reçu de sel de morphine, le jabot s'était vidé au bout de quelques heures, tandis que chez ceux qui avaient reçu la morphine, le jabot restait plein et dur pendant plusieurs jours. Le sel de morphine avait donc arrêté la digestion.

On sait que chez les carnassiers la morphine, administrée après le repas, provoque souvent le *vomissement* par suite du séjour des aliments non digérés dans l'estomac, dont la muqueuse s'irrite à leur contact.

Les sels de morphine, injectés dans le tissu conjonctif sous-cutané, produisent d'abord de la douleur, qui disparaît bientôt et qui est remplacée par une diminution de la sensibilité dans la région qui avoisine le point d'injection.

Si l'injection se fait sur le trajet d'un nerf sensitif, on constate que toutes les parties dans lesquelles se distribuent les branches de ce nerf sont beaucoup moins sensibles; il y a production d'une anesthésie locale, ou plutôt d'une sorte d'engourdissement dans la zone de distribution du nerf.

Après l'absorption de la morphine ou de ses sels on voit survenir de nombreuses modifications fonctionnelles.

Le chien, après un peu d'agitation, tombe bientôt dans une *stupeur* qui le laisse absolument immobile; il perd la connaissance du lieu où il est; il ne reconnaît plus son maître. Cependant la sensibilité persiste, car si nous pinçons l'animal, il crie. Les facultés intellectuelles sont complètement engourdies, mais la sensibilité n'est pas abolie; elle est seulement émoussée. La morphine se porte d'une manière élective sur les éléments des centres nerveux, et peut-être aussi sur les éléments sensitifs périphériques. Les phénomènes intellectuels sont les premiers atteints et les derniers à reparaître. Pendant le sommeil morphinique l'animal est particulièrement sensible aux bruits; ainsi le bruit qu'on produit en frappant sur une table ou sur le sol, suffit pour réveiller momentanément l'animal, qui fuit dans une direction quelconque et retombe bientôt dans son sommeil; un nouveau bruit le réveille encore et le fait fuir. Souvent l'animal a des rêves, des hallucinations qu'il manifeste par des cris et des aboiements spéciaux.

Le sommeil morphinique est aussi accompagné d'une *rougeur* ou *vascularisation* cutanée et muqueuse très prononcée, qui coïncide avec une stase ou un ralentissement de la circulation capillaire. Lorsqu'on coupe l'oreille d'un cochon d'Inde morphiné, elle ne saigne pas, et cependant elle est fortement rouge. D'après mes propres observations sur le chien et le cheval, la morphine produit d'abord une congestion des muqueuses avec hypersécrétion, puis une anémie des muqueuses avec sécheresse. Les pupilles sont contractées et les deux yeux sont en strabisme interne pendant l'action de la morphine. Si l'on réveille le chien ou si on le pince, la pupille se dilate aussitôt, les yeux se redressent et le strabisme cesse ; en même temps le cœur bat plus vite. Cette expérience nous apprend que les actions réflexes sur le cœur et sur la pupille persistent malgré la narcotisation ; elle nous apprend aussi que la contraction de la pupille, qu'on attribue à l'action de l'opium ou de la morphine, n'est en réalité que l'effet du sommeil et du strabisme interne, et non celui de la morphine elle-même.

La température rectale s'élève dans les premiers moments de l'action de la morphine, puis s'abaisse proportionnellement à la dose et à la durée du sommeil. La température de la peau augmente notablement pendant l'action de la morphine ; elle ne s'abaisse qu'à l'approche de la mort, lorsque la dose administrée est toxique.

La morphine modifie la circulation artérielle. Avec des doses faibles, il y a ralentissement, du pouls ; énergie plus grande des pulsations. Avec des doses fortes, on constate un ralentissement du pouls de courte durée, puis une accélération consécutive considérable. L'influence sur la tension artérielle n'est pas exactement la même après l'injection intra-veineuse et hypodermique. Après cette dernière la tension artérielle s'élève pendant la période d'agitation et s'abaisse pendant la période de calme. Après l'injection intra-veineuse il y a immédiatement abaissement notable de la tension artérielle.

Sous l'action de la morphine, la respiration se ralentit en général et devient irrégulière. J'ai cependant observé sur une ânesse une très forte accélération de la respiration après l'injection hypodermique de $1^{gr},75$ de chlorhydrate de morphine.

La morphine agit très énergiquement sur les sécrétions. Elle augmente la sécrétion sudorale, et il n'est pas rare, après son administration, de voir couler la sueur en abondance sur les solipèdes. Sur le chien on n'observe jamais de sudation véritable, mais la suractivité fonctionnelle est démontrée par sa vascularisation et sa haute température. Chez l'homme on a observé souvent un prurit intense sur la peau pendant l'action de la morphine ; on attribue cet effet à son élimination par cette voie. Toutes les autres sécrétions sont diminuées au moment de l'action de la morphine. La salive coule abondamment au début, puis la sécrétion se tarit totalement ; il en est de même de toutes les glandes qui déversent leurs produits dans le tube digestif. C'est à l'abolition des sécrétions qu'il faut attribuer les indigestions, les vomissements qui se produisent après l'absoption de morphine chez les animaux qui viennent de prendre leur repas. L'urine est aussi sécrétée en moins grande quantité et il y a dysurie.

L'élimination de la morphine se fait par l'urine et par par la sueur. On décèle la présence de l'alcaloïde dans ces liquides en y ajoutant de l'ammoniaque, puis de l'acide iodique qui donne une coloration rouge. L'élimination commence quelques heures après l'administration et dure plusieurs jours. Quand l'élimination est assez avancée, on voit survenir *le réveil* qui est tout à fait caractéristique. Les animaux, en se réveillant, ont constamment le même aspect : ils sont effarés, les yeux sont hagards, le train postérieur est surbaissé et à demi paralysé, ce qui leur donne une démarche tout à fait analogue celle d'une hyène. Quand on appelle les chiens qui se trouvent dans cet état, ils se sauvent comme effrayés ; ils ne reconnaissent pas leur maître et cherchent à se cacher dans des endroits obscurs. Ces troubles intellectuels des animaux ne durent pas moins de douze heures.

L'organisme peut s'habituer à l'usage de la morphine lorsque l'administration de cette substance est continuée pendant longtemps. Il y a des mangeurs d'opium dans l'espèce humaine qui consomment plusieurs drachmes d'opium par jour (une drachme contient environ de $0^{gr},4$ à $0^{gr},6$ de de morphine). On cite des personnes qui s'injectent tous les jours plus de 1 gramme de morphine sous la peau. On s'habitue à la morphine comme on s'habitue à l'alcool, et on arrive à en faire un abus pour se procurer des rêves agréables, comme cela a lieu surtout dans les pays orientaux.

Dans l'empoisonnement par la morphine, la respiration s'arrête bien avant le cœur. Certains animaux sont peu sensibles à l'action de la morphine. Le lapin supporte des doses beaucoup plus fortes que le chien. Les pigeons semblent jouir d'une espèce d'immunité vis-à-vis de la morphine ; pour produire la mort de ces oiseaux, il faut leur injecter des doses considérable sous la peau (environ $0^{gr},10$).

INDICATIONS THÉRAPEUTIQUES. — La morphine et ses sels sont indiqués ;

1° Pour faire cesser les douleurs locales dans les cas de névralgie, de rhumatisme, de contusion, etc. ;

2° Pour diminuer les douleurs qui accompagnent certaines maladies inflammatoires, telles que la pneumonie, la pleurésie, la bronchite, etc. ;

3° Pour diminuer le pouvoir réflexe dans les cas de spasme intestinal occasionnant des coliques intenses ;

4° Pour tarir les hypersécrétions intestinales dans les diarrhées rebelles ;

5° Pour diminuer les convulsions dans le tétanos. Ce moyen calme les animaux, mais ne les guérit que rarement ;

6° Pour aider l'action des anesthésiques et la rendre plus prompte, plus durable et plus inoffensive.

DOSES ET EMPLOI. — En injections hypodermiques, intra-veineuses et en ingestions ou lavements, on emploie des solutions aqueuses des sels de morphine.

Doses thérapeutiques.	Cheval	$0^{gr},10$ à 1 gr.
Injection intra-veineuse.	Chien	0 01 à $0^{gr},05$
Injections sous-cutanées.	Cheval	$0^{gr},50$ à $1^{gr},50$
	Chien	0 02 à 0 05

Dans l'estomac les doses sont un peu plus fortes.

A l'extérieur on emploie la morphine sous forme d'huile de morphine pour en faire des frictions. Voici une préparation dont la formule est donnée par Vogel :

Morphine .... 0^{gr},35
Chloroforme................. 1   50
Extrait d'aconit............. 1   50
Huile...................... 30

Quoique l'emploi de l'opium se restreigne de plus en plus, il faut néanmoins en faire connaître les doses.

En injections intra-veineuses. (Cheval et bœuf..... 2^{gr} à 4 gr.
(Thérapeutiques).   (Chien .... 0 50 à 1

Les doses sont un peu plus élevés pour l'injection sous-cutanée et beaucoup plus fortes quand elles sont ingérées dans l'estomac.

Estomac............. { Bœuf...... 6^{gr} à 12 gr.
{ Cheval..... 4   à 8
(Chien...... 0.25 à 0.50

On fait aussi usage de la teinture d'opium dont dix parties correspondent à une partie d'opium.

Le laudanum de Sydenham est à base de l'opium, il a les mêmes usages que la morphine.

Laudanum. — Doses thérapeutiques. { Cheval..... 8^{gr} à 16 gr.
{ Bœuf....... 12   à 24
(Chien ...... 0 50 à 1

Codéine.

La codéine est soluble dans l'eau, l'alcool et l'éther. Elle forme avec les acides des sels également solubles.

Cet alcaloïde, après son absorption, engendre aussi le sommeil et la diminution de la sensibilité ; mais ces effets sont toujours moins intenses qu'avec la morphine. 5 centigrammes de chlorhydrate de codéine injectés sous la peau, peuvent également suffire pour endormir un chien de taille moyenne. Quelle que soit d'ailleurs la dose, on ne parvient jamais à endormir les chiens aussi profondément par la codéine que par la morphine.

L'animal peut toujours être réveillé facilement, soit par
le pincement des extrémités, soit par le bruit qui se fait
autour de lui. La codéine émousse beaucoup moins la
sensibilité que la morphine ; mais c'est surtout au réveil, que les effets de la codéine se distinguent de ceux
de la morphine. Les animaux qui ont reçu de la codéine
se réveillent sans effarement, sans paralysie du train
postérieur et avec leur humeur naturelle ; ils ne présentent pas ces troubles intellectuels qui succèdent à
l'emploi de la morphine.

INDICATIONS THÉRAPEUTIQUES. — La codéine et ses sels
peuvent être utilisés dans les mêmes cas que la morphine. On la donne à peu près aux mêmes doses et on
l'administre par les mêmes voies.

Narcéine.

La narcéine est très peu soluble dans l'eau, insoluble
dans l'éther, soluble dans l'alcool et dans une solution
légère de potasse.

La narcéine présente entre tous les alcaloïdes de
l'opium l'action somnifère la plus pure, la plus dégagée
de toute autre action physiologique. Elle ne diminue pas
la sécrétion urinaire, n'arrête pas les sécrétions digestives et n'entrave pas la digestion.

Narcotine. Thébaïne. Papavérine.

Ces trois alcaloïdes sont presque insolubles dans l'eau,
mais ils sont solubles dans l'alcool et l'éther. La thébaïne
est soluble dans une solution légère de potasse. Ils
jouissent de propriétés physiologiques entièrement
opposées à celles des trois premiers. Au lieu d'être so-
porifiques, ils sont convulsivants et toxiques. On n'en a
fait aucune application en médecine vétérinaire.

Acide cyanhydrique.

L'acide cyanhydrique ou prussique est le poison le plus violent que l'on connaisse. Il s'obtient à l'*état anhydre* ou à l'état de *solutions aqueuses* plus ou moins concentrées. Pur, il est liquide, incolore, d'une odeur d'amandes amères, très volatil, bouillant à 26° centigrades, soluble en toute proportion dans l'eau, l'alcool et l'éther. Il se décompose facilement au contact de l'air et de la lumière, surtout quand il est en solutions; aussi doit-on le conserver dans des flacons colorés, pleins et bien bouchés. Il est décomposé par les alcalis, les acides minéraux et les sels métalliques; on ne doit donc pas l'associer à ces corps.

En médecine, on ne peut utiliser que l'acide cyanhydrique étendu d'une grande quantité d'eau; généralement on fait usage de solutions à 1/100° ou 2/100°. Comme ces solutions sont d'une conservation difficile, il est toujours avantageux de les préparer au moment de l'administration. On peut se servir du procédé suivant indiqué par Tabourin :

<pre>
                  ⎧ Cyanure de potassium cristallisé.   3 gr.
Prenez :   ⎨ Eau distillée.................... 32
                  ⎪ Alcool ordinaire................ 16
                  ⎩ Acide tartrique dissous......... q. s.
</pre>

On fait dissoudre le sel pur dans le mélange d'eau et d'alcool dans un flacon pouvant se boucher exactement; on ajoute l'acide par gouttes et très doucement; on agite, après chaque versée, le flacon bien bouché et on continue jusqu'à ce que le cyanure de potassium soit entièrement décomposé, ce qu'on reconnaît à la cessation de tout dégagement de gaz et de tout précipité.

Trois grammes de sel pur donnent environ *un gramme* d'acide anhydre. En mesurant le volume final on peut déterminer exactement le titre de la solution, qui est généralement à 2 p. 100.

L'acide cyanhydrique peut aussi prendre naissance dans certaines parties végétales lorsqu'on les met en contact avec l'eau. Il se forme alors aux dépens de l'amygdaline et de l'émulsine. Ces deux substances préexistent dans les feuilles de laurier-cerise (*Lauro-cerasus*, L.), les fleurs et les feuilles du pêcher (*Amygdalus persica*, L.), les amandes amères (*Amygdalus communis amara*, L.); elles réagissent l'une sur l'autre en présence de l'eau et à une douce température. Sous l'influence de l'eau, l'amygdaline, en présence de l'émulsine, s'hydrate et donne naissance à de l'acide cyanhydrique, du sucre, de l'essence d'amandes amères, d'après la réaction suivante :

$$C^{20}H^{27}AzO^{11} + 4HO = HCy + 2(C^{6}H^{12}O^{6}) + C^{7}H^{6}O + 2O$$

| Amygdaline. | Acide cyanh. | Sucre. | Essence d'amandes. |

L'acide cyanhydrique forme, avec certains métaux, des *cyanures*. Le plus actif et le plus employé en médecine est le cyanure de potassium.

EFFETS PHYSIOLOGIQUES. 1° *Acide anhydre*. — Sur la peau, cet acide agit comme un irritant énergique : il détruit rapidement la sensibilité locale, puis il passe à l'absorption et détermine des effets généraux. Sur les muqueuses et les plaies, il produit un effet coagulant immédiat; il les colore en blanc, puis il est absorbé rapidement et manifeste ses effets généraux avec une intensité extraordinaire. Une goutte, déposée sur la conjonctive, la muqueuse buccale ou la pituitaire, produit immédiatement une tache blanche au point de contact, une disparition de la sensibilité, puis les effets généraux apparaissent. Quand l'animal n'est pas empoisonné mortellement, on voit bientôt la surface muqueuse devenir rouge foncé, la cornée transparente cependant reste blanche, mais le reste de la conjonctive s'injecte, s'hypérémie fortement, tout en restant insensible.

L'effet toxique est plus intense sur les mammifères que sur les oiseaux, plus chez ceux-ci que chez les animaux à sang froid. Quelques auteurs prétendent que le hérisson est réfractaire à l'action de l'acide cyanhydrique; mais Preyer a démontré expérimentalement que cet animal est empoisonné comme les autres. L'effet toxique est souvent tellement rapide chez les mammifères que quelques auteurs ont avoué qu'il est le résultat d'une action locale sur les nerfs. Cependant des observations précises démontrent que les effets ne sont pas instantanés, il s'écoule généralement une demi-minute entre le moment de l'application d'une goutte sur la conjonctive et l'apparition des effets toxiques. L'action est plus rapide quand on l'administre par inhalation ou par injection intra-veineuse. La section des nerfs qui se rendent dans la région où l'on dépose le poison, n'empêche pas l'empoisonnement. La ligature des vaisseaux de la patte d'une grenouille prévient l'empoisonnement si le poison est déposé sur cette patte. D'ailleurs il est toujours possible, après l'empoisonnement, de trouver l'acide cyanhydrique dans le sang, ce qui exclut complètement l'empoisonnement par action locale.

Les phénomènes toxiques se succèdent dans l'ordre suivant : la respiration est d'abord accélérée, dyspnéique, puis elle se ralentit et enfin s'arrête; il y a chute sur le sol; les muqueuses prennent une teinte rouge violacée; le cœur se ralentit graduellement jusqu'à arrêt complet; en même temps il y a des contractions tétaniques, de l'opisthotonos; les yeux font saillie hors de l'orbite; il y a exophthalmie, puis survient la mort. Quand la dose est insuffisante pour tuer, on voit les désordres précédents se dissiper rapidement et l'animal revenir à l'état normal.

MM. Trousseau et Pidoux ont placé un morceau de coton imbibé de six gouttes d'acide prussique pur sous les naseaux de deux chevaux ; ceux-ci sont tombés comme morts après dix secondes et pendant une heure ils ont présenté les phénomènes nerveux les plus graves, tels que : convulsions, spasmes, vertiges, paralysie, stupeur, etc.

M. Tabourin ayant injecté de l'acide cyanhydrique pur ou étendu d'une petite quantité d'eau dans les veines de plusieurs chevaux, a vu ces animaux être pris, aussitôt après l'injection, d'une grande gêne de la respiration : les côtes se tordaient avec force, les flancs battaient tumultueusement, les naseaux étaient largement ouverts, les yeux devenaient fixes, les muqueuses se coloraient vivement en rouge, et souvent les animaux tombaient subitement sur le côté comme une masse inerte, avant qu'on ait eu le temps de fermer l'ouverture de la veine avec une épingle. Une goutte injectée dans les veines d'un chien le tue instantanément (Magendie).

2° *Acide cyanhydrique dilué.* — Étendu d'eau, l'acide cyanhydrique ne produit qu'une irritation locale insignifiante ; par contre, la sensibilité diminue rapidement et peut même disparaître complètement ; en même temps les réflexes disparaissent. Cet effet anesthésique s'observe surtout très bien sur l'œil et les muqueuses fines. Sur la peau intacte, une solution à 2 p. 100 produit, au point d'application, une anesthésie plus ou moins prononcée qui peut durer trois ou quatre jours. En trempant dans une solution étendue, une patte de grenouille dont les vaisseaux sont liés, on détruit dans cette patte à la fois la sensibilité et les réflexes.

Administré par la voie digestive, l'acide cyanhydrique étendu produit de la salivation, puis des vomissements chez les carnivores et de la diarrhée chez les herbivores.

Les effets généraux sont de même nature que ceux que nous venons de décrire pour l'acide anhydre, mais ils sont moins rapides, moins violents et partant moins dangereux. Après l'administration d'une dose moyenne, on observe une accélération et une gêne de la respiration, une accélération des battements du cœur, un pouls vite, plein et mou, une teinte rouge violacée des muqueuses, une diminution générale de la sensibilité, des tremblements et une difficulté de la station. Ces effets physiologiques sont complètement dissipés après une demi-heure s'ils ont été légers; ils persistent plus longtemps quand ils sont forts, produisent un abaissement de la température rectale et laissent les animaux ivres et étourdis pendant plusieurs heures.

Des doses fortes tuent un peu moins rapidement que l'acide anhydre.

ÉLIMINATION. — Ce poison est éliminé en partie par le poumon, et il communique à l'air expiré son odeur caractéristique; il est aussi transformé en partie en formiate d'ammoniaque dans le sang.

MODE D'ACTION. — Les physiologistes se sont, depuis longtemps, demandé par quel mécanisme l'acide cyanhydrique produit ses terribles effets.

Les travaux faits en Allemagne surtout, démontrent : 1° que l'acide cyanhydrique se combine avec l'hémoglobine du sang et le rend impropre à l'absorption de l'oxygène (Hoppe-Seyler, Preyer, Schönbein, Güthgens); 2° qu'il agit aussi directement sur les éléments nerveux centraux. Au début de l'empoisonnement le sang des veines est plus rouge, et à la fin il est plus noir. Ce sang donne une hémoglobine cristallisée dans laquelle il y a de l'acide cyanhydrique et qui ne cède pas son oxygène comme l'hémoglobine ordinaire. Cet effet sur le sang n'est pas le seul, car les grenouilles qui résistent longtemps à l'asphyxie ordinaire, meurent vite sous l'influence de l'acide cyanhydrique. Il faut donc admettre une action asphyxiante sur le sang et une action directe sur les éléments nerveux centraux.

AUTOPSIE. — Les animaux qui ont succombé à l'action de l'acide cyanhydrique présentent une congestion des centres nerveux et du poumon; le sang est fluide, noir et huileux; les cavités du cœur et les méninges renferment des bulles gazeuses; toutes les parties du cadavre exhalent une odeur d'amandes amères très marquée et se conservent longtemps sans se putréfier.

INDICATIONS THÉRAPEUTIQUES. — L'acide anhydre n'est évidemment pas employé en médecine, à cause des dangers auxquels il expose le médecin et le malade.

L'acide étendu en solutions à 2 p. 100 n'est employé utilement qu'à l'extérieur. A l'intérieur on fait usage de solutions à 1 ou 2 p. 1000. Elles sont indiquées pour calmer l'hyperexcitabilité des animaux dans certaines maladies nerveuses. A l'extérieur, cet acide est employé pour diminuer la sensibilité, la douleur qui siège dans une région superficielle ; il soulage rapidement la douleur et le prurit qui accompagne les dartres, les crevasses, les eaux aux jambes, les engorgements des mamelles et les différentes maladies cutanées. Cependant, comme nous avons d'autres calmants aussi actifs et moins dangereux, on peut généralement se passer de l'acide cyanhydrique en médecine vétérinaire.

ANTIDOTES. — Quand le poison a été introduit dans le tube digestif, il faut chercher à le neutraliser par le sexquioxyde de fer, qui formerait du bleu de Prusse.

Chez les carnassiers on provoque le vomissement par l'injection hypodermique de chlorhydrate d'apomorphine (0^{gr},01 chez le chien).

Pour combattre les effets de l'acide déjà absorbé, on

a préconisé l'ammoniaque liquide et le chlore employés en solutions convenables.

Les larges saignées peuvent aussi être utiles; car le sang retiré de l'organisme soustrait une certaine quantité du poison.

Mais les antidotes les plus efficaces sont les anesthésiques. En effet Cl. Bernard et Thénard ont fait des expériences consistant à injecter dans le tissu cellulaire chez des lapins soumis à l'influence de l'éther, des quantités d'acide prussique anhydre très supérieures aux doses qui les tuent rapidement à l'état normal; et cependant ces animaux ne ressentaient aucun effet toxique tant qu'ils étaient insensibles; mais l'empoisonnement se produisait aussitôt lorsqu'ils se réveillaient et que l'action anesthésique ne modifiait plus les propriétés normales des éléments du système nerveux. Ces expériences tendent à faire admettre que si on maintient l'animal assez longtemps sous l'influence anesthésique pour que l'élimination de l'acide cyanhydrique puisse se faire, l'empoisonnement ne se produit plus à leur réveil.

On peut aussi associer aux anesthésiques l'action de l'atropine pour prévenir l'arrêt du cœur et de la respiration.

			Gouttes.
Doses toxiques. Solution 2 p. 100.	{ Cheval. 20 gr.	Acide { Cheval.	6 à 10
	{ Chien.. 2	anhydre. { Chien..	1 à 2
Doses thérapeutiques. Solution 2 p. 100.	{ Cheval......	2 à 3 gr.	
	{ Bœuf........	2 à 3	
	{ Chien........	2 gouttes.	

Avec un médicament aussi actif, il faut toujours commencer par de très petites doses afin de connaître la susceptibilité des sujets, et les augmenter ensuite progressivement; on peut même rapprocher les doses sans beaucoup de crainte, parce que cet acide étant très rapidement éliminé, ses effets sont très fugaces et ne sauraient s'accumuler dans l'organisme.

Les solutions à 2 p. 100 doivent être étendues dans beaucoup d'eau au moment de l'administration.

ADMINISTRATION. — L'administration peut se faire par la voie antérieure du tube digestif sous forme de breuvages; par le rectum sous forme de lavements; en injection hypodermique et intra-veineuse, intra-trachéale et en inhalation.

Les injections hypodermiques sont particulièrement à recommander; les effets sont prompts, et les accidents locaux ne sont pas à craindre avec des solutions à 2 pour 1000; cette méthode d'administration offre encore le grand avantage de permettre d'éprouver facilement et rapidement la susceptibilité des sujets par des injections répétées de faibles doses.

L'eau d'amandes amères et l'eau de laurier-cerise, qu'on obtient par la distillation des amandes amères et des feuilles de laurier-cerise, contiennent l'acide cyanhydrique dans la proportion de 1 p. 100. Pour l'usage interne on doit les employer de préférence aux solutions d'acide cyanhydrique, surtout chez les petits animaux, aux doses de 10 à 30 gouttes, qu'on peut renouveler plusieurs fois dans la journée.

Cyanure de potassium.

Ce sel pur est en cristaux blancs exhalant une odeur d'amandes amères, il a une saveur alcaline, âcre et amère. Exposé à l'air, il en attire l'humidité et l'acide carbonique, se change en carbonate de potasse en laissant dégager des vapeurs prussiques. Il est très soluble dans l'eau et l'alcool étendu, mais peu soluble dans l'alcool absolu. Les solutions sont très altérables à l'air, elles ne doivent être préparées qu'au moment où l'on veut s'en servir.

EFFETS PHYSIOLOGIQUES. — Le cyanure de potassium produit les mêmes effets que l'acide cyanhydrique, à l'intensité près. Ce corps se décompose dans l'organisme et produit un dégagement d'acide cyanhydrique. C'est un calmant, un anesthésique local sur la peau et les muqueuses. Après l'absorption il agit sur la respiration, le pouls et le système nerveux à la manière de l'acide cyanhydrique, mais avec une intensité bien moindre.

INDICATIONS. — Il est indiqué dans les mêmes cas que l'acide cyanhydrique et doit lui être préféré parce qu'il est plus facile à obtenir et à conserver.

Doses toxiques (estomac).......
- Cheval............. 4 à 8^{gr}
- Chien............. 0.20 à 0.50
- Homme.......... 0.10 à 0.25

Doses thérapeutiques (estomac).
- Grands animaux... 0.30 à 1
- Chien............. 0.03 à 0.10
- Chat .... 0.01 à 0.03

PRÉPARATIONS. — Pour l'intérieur des solutions à 1. p. 500.

Pour les injections hypodermiques des solutions à 1 p. 200.

Pour l'usage externe solutions à 1 p. 100, en pommade à 1 p. 20.

ADMINISTRATION. — A l'extérieur on l'emploie en lotions, en applications, en frictions avec la pommade. Il faut surveiller l'emploi externe pour éviter les empoisonnements par suite de l'absorption du sel.

Pour le faire absorber on peut l'administrer dans l'estomac en breuvages, en électuaires ; dans le rectum, en lavements ; dans le tissu conjonctif sous-cutané, la trachée et l'intérieur des veines en injections titrées.

Les injections hypodermiques constituent le meilleur procédé d'administration de ce médicament.

Tabac et nicotine.

Le tabac est une plante de la famille des solanées, dont les feuilles servent, après avoir subi différentes manipulations industrielles, à des usages courants bien connus.

Les feuilles sont les seules parties employées. Les graines ne contiennent aucun alcaloïde. Elles ont la composition suivante, d'après MM. Posselt et Reimann : pour 100 de feuilles fraîches, nicotine 0,06, nicotianine 0,01, extractif, gomme, chlorophylle, albumine végétale, gluten, amidon, acide malique, citrate et malate chaux.

Tabac sec, tabac de la Havane 2 p. 100 de nicotine; autres tabacs 0,10 à 5,5 p. 100 de nicotine.

Les feuilles, en brûlant, laissent 24 p. 100 de cendres.

La nicotine constitue le principe actif des feuilles de tabac. Son étude nous donnera des notions exactes sur les propriétés physiologiques et les indications thérapeutiques de la plante.

Nicotine $C^{10}H^{14}Az^2$.

Dans le tabac la nicotine n'est pas libre, elle est combinée avec les acides malique et citrique. Pure, c'est un liquide oléagineux, incolore, mais se colorant et s'épaississant à l'air, d'une forte odeur vireuse, d'une saveur âcre et brûlante, d'une densité de 1,048; bouillant à 250°; soluble à la fois dans l'eau, l'alcool, l'éther, les essences et les corps gras; elle est très alcaline et neutralise parfaitement les acides. L'acide sulfurique la colore en rouge, l'acide chlorhydrique en violet et l'acide azotique en jaune orangé.

EFFETS PHYSIOLOGIQUES. — La nicotine est un poison

très violent pour tous les êtres organisés. Quelques gouttes suffisent pour tuer les animaux et l'homme. Une petite quantité incorporée aux matières organiques les préserve de la putréfaction. Aussi les cadavres des animaux empoisonnés par la nicotine ne se décomposent que lentement, parce que cet alcaloïde s'oppose à la fermentation putride, c'est-à-dire à la multiplication des germes organisés de la putréfaction.

Sur la peau des animaux, la nicotine et le jus de tabac développent des effets irritants locaux très marqués et peuvent produire l'empoisonnement. Les effets toxiques se développent surtout rapidement quand la nicotine pure est appliquée sur les muqueuses ; ainsi il suffit d'une goutte déposée sur la conjonctive d'un cobaye pour voir celui-ci mourir avant une minute. Introduite dans le tube digestif, la nicotine pure tue rapidement les animaux. Quand la quantité est trop faible pour amener la mort, on voit survenir des vomissements chez les carnassiers et une diarrhée sanguinolente, tenace chez les grands herbivores. Ces effets sont dus à l'action irritante locale, mais ils se produisent aussi quand la nicotine est absorbée par une autre voie.

Après l'absorption, la nicotine à faible dose produit une salivation abondante, mais la digestion n'est pas pour cela plus facile et plus rapide. Généralement même l'appétit est diminué, la digestion est plus lente et la nutrition est altérée chez les fumeurs endurcis. Mais par contre, on constate que la nicotine augmente l'excitabilité nerveuse et donne une grande activité aux contractions musculaires. A dose un peu plus forte, elle ralentit les battements du cœur, accélère la respiration, produit la pâleur de la peau et des muqueuses, et des contractions énergiques dans l'estomac, l'intestin et l'utérus.

Sous l'influence de la nicotine à forte dose, la respiration devient plus laborieuse, les mouvements des côtes sont plus étendus et plus fréquents, on dirait que l'animal est fortement essoufflé. A cette suractivité de la mécanique respiratoire succède un arrêt complet de la respiration quand la dose a été assez forte. Cet arrêt respiratoire peut être *passager ;* alors on voit au bout d'une à deux minutes environ la respiration reparaître ; ou il peut être *définitif,* alors les battements du cœur continuent encore pendant quelques minutes, puis s'éteignent insensiblement, et la mort survient. Le cœur ralentit ses battements avec des doses très faibles et les accélère avec des doses fortes. La tension artérielle subit pendant l'action de la nicotine des modifications variables avec la dose ; à faible dose la tension artérielle s'élève un peu, à dose plus forte elle s'élève d'abord, puis tombe ensuite au-dessous de la normale et arrive à zéro si la dose est toxique. On observe aussi toujours pendant l'action de la nicotine un resserrement *pupillaire* manifeste ; jamais cet alcoloïde ne produit la mydriase. Quand les effets deviennent intenses, le corps clignotant se met au-devant du globe oculaire et en recouvre les deux tiers inférieurs. Les faibles doses de nicotine produisent un effet *diurétique* très marqué.

Effets toxiques. — Une dose toxique déposée sur une muqueuse, une plaie, engendre les symptômes suivants : agitation vive, inquiétude anxieuse, essoufflement considérable, mouvements respiratoires étendus et fréquents, chute sur le sol, agitation des membres, puis convulsions tétaniques dans tous les muscles du tronc et des membres ; d'abord une congestion de la muqueuse buccale, puis pâleur extrême de cette muqueuse, resserrement de la pupille, projection de la deuxième paupière au-devant du globe oculaire, accélération considérable du cœur, ralentissement et arrêt de la respiration, puis la mort.

LÉSIONS. — Congestion et inflammation des organes du tube digestif, de l'estomac, de l'intestin, surtout quand on administre du tabac ou de la nicotine à l'intérieur; taches ecchymotiques dans le poumon et sur les valvules auriculo-ventriculaires du cœur gauche, vive congestion des sinus et des centres encéphaliques.

ATIDOTES. — Vomitifs, saignées, boissons excitantes et astringentes, café, thé, etc.

MODE D'ACTION. — L'effet de la nicotine sur la respiration et la circulation ne se produit pas quand on pratique préalablement la section des deux pneumogastriques. Cette expérience, déjà exécutée par Cl. Bernard, démontre que la nicotine modifie ces deux fonctions en agissant sur les fibres sensitives du pneumogastrique qui se distribuent dans le poumon et le cœur. Car si la nicotine agissait sur les centres bulbo-médullaires, les modifications devraient encore apparaître après la section des deux pneumogastriques.

L'effet vaso-constricteur qui est la cause de l'élévation de la tension artérielle est dû à une excitation centrale des vaso-constricteurs. En effet, si on détruit le centre vaso-moteur principal qui est bulbaire, on n'obtient plus d'élévation de la tension artérielle. Les vaisseaux de l'intestin se resserrent énergiquement quand on injecte la nicotine dans la carotide après avoir lié l'aorte; or dans ce cas la nicotine ne peut agir que sur les centres des nerfs vasculaires de l'intestin. Cette action excitatrice centrale est la principale, mais elle n'est pas la seule : la nicotine a encore évidemment une action directe sur les vaisseaux; en effet quand on injecte une petite quantité de nicotine dans une artère intestinale, on voit les artérioles qui lui font suite se resserrer énergiquement. L'effet vaso-constricteur est donc le résultat d'une action double à la fois *centrale* et *périphérique.*

Les convulsions tétaniques qui apparaissent dans l'empoisonnement par la nicotine sont le résultat d'une excitation portant sur les centres moteurs bulbo-médullaires. Quand, en effet, on coupe les nerfs moteurs qui se rendent dans un membre, celui-ci ne participe pas aux convulsions, il n'y a dans ces muscles que de légères contractions fibrillaires. Les convulsions sont donc d'origine centrale. Les légères contractions fibrillaires qui se produisent dans les muscles, dont les nerfs moteurs sont coupés, sont dues à l'excitation périphérique des nerfs moteurs ; en effet, après la curarisation, ces contractions ne se produisent plus sous l'influence de la nicotine.

Le ralentissement du cœur qui succède à l'administration de faibles doses de nicotine est dû à l'excitation intra-cardiaque des terminaisons ganglionnaires des fibres d'arrêt des pneumogastriques ; ce ralentissement se produit en effet malgré la section de ces deux nerfs. L'accélération du cœur produite par une forte dose est due à la paralysie intra-cardiaque des fibres modératrices ; en effet, l'excitation électrique du bout périphériphérique des pneumogastriques ne ralentit plus le cœur dont les mouvements sont accélérés par la nicotine.

Le resserrement pupillaire doit être attribué à la paralysie des fibres du sympathique qui innervent les fibres rayonnées. Ce qui démontre qu'il en est bien ainsi, c'est que l'excitation du bout céphalique du sympathique ne produit pas la mydriase pendant l'action de la nicotine.

L'hypersécrétion salivaire déterminée par la nicotine dérive de l'excitation de l'élément glandulaire, et non d'une vascularisation plus grande. Heidenhain a observé que pendant l'action de la nicotine, l'excitation de la corde du tympan produit une sécrétion salivaire très abondante, mais sans aucune dilatation vasculaire dans la glande ; il semble donc que la nicotine excite les fibres sécrétoires et paralyse les fibres vaso-dilatatrices intra-glandulaires.

Les mouvements de contraction observés dans l'intestin, l'estomac et l'utérus résultent d'une action de la nicotine sur les extrémités terminales des nerfs moteurs de ces organes. Ces contractions ne se produisent pas quand on empêche le sang d'arriver dans l'intestin.

Indications thérapeutiques. — Le tabac et son alcaloïde la nicotine sont indiqués : 1° *comme antiparasitaires externes*, quand la peau ne présente pas d'érosion ou de plaies. Le jus de tabac des manufactures, le jus de tabac mâché, le jus provenant de la macération du tabac avec du vinaigre, conviennent très bien contre les poux, les puces et les acares des différentes gales. Il faut toujours réduire les lotions de tabac à de petites surfaces, et empêcher les animaux de se lécher, pour ne pas s'exposer aux accidents d'empoisonnement. On emploie les infusions aqueuses de tabac à 5 pour 100, auxquelles on peut ajouter un peu d'alcool pour en augmenter l'activité.

2° Comme *diurétiques*, dans les hydropisies provenant d'une altération de la circulation cardiaque ou artérielle. L'effet diurétique que produit la nicotine n'est pas dû à l'action de la nicotine, sur le rein, mais est la conséquence de l'élévation de la tension artérielle. Ludwig et ses élèves ont démontré que l'augmentation de la tension artérielle a en général pour effet de produire une sécrétion urinaire plus abondante.

3° Comme excitants des sécrétions et des contractions gastro-intestinales dans certaines constipations, ou lorsqu'il existe un obstacle au cours des matières dans l'intestin, comme des pelotes, des bézoards, etc. Cependant il n'y a pas souvent avantage à en faire usage dans la pratique, car on possède beaucoup d'autres substances plus énergiques sous ce rapport, et beaucoup moins dangereuses.

		Tabac en poudre.	Nicotine.
Doses toxiques (estomac).	Cheval	300 gr.	5 à 6 gouttes.
	Bœuf	500	
	Mouton et chèvre	30 à 60	
	Chien	4 à 8	1 à 3 gouttes.
En injection hypodermique.	Cheval	30	
	Bœuf	40	
	Chien	0.80	1 à 2 gouttes.

		Tabac en poudre.	
Doses thérapeutiques (estomac).	Cheval	15	à 30 gr.
	Bœuf	30	à 50
	Petits ruminants.	5	à 10
	Porcs	2	à 4
	Carnivores	0.50	à 2

ADMINISTRATION. — On ne fait jamais usage de la nicotine pure; on pourrait employer les solutions très étendues, mais elles peuvent être remplacées avantageusement par le tabac.

Pour les lavements on emploie les infusions de tabac de 1 à 2 pour 100.

Autrefois on a conseillé l'injection dans le rectum de fumée de tabac, mais ce procédé ne présente aucun avantage sur les lavements simples du liquide de l'infusion.

Le tabac se donne en pilules, électuaires, infusions. On peut aussi mélanger les feuilles de tabac avec le fourrage pour le cheval et le mouton, mais les autres animaux la refusent. On pourrait aussi se servir du jus de tabac en breuvage ou en injection hypodermique, mais en commençant par des doses très faibles. A l'extérieur on utilise le tabac en poudre, ou les jus obtenus par différents procédés : jus de manufacture ou celui obtenu par macération ou broiement du tabac dans la bouche, etc.

Dans aucun cas il ne faut employer les infusions sous forme de *bains* généraux, à cause des dangers d'empoisonnement.

Voici une préparation de jus de tabac indiquée par Ostertag, pour l'usage externe :

Feuilles de tabac........................	2ᵏ,5
Sel de cuisine.....................	5
Cendre de bois..................	10
Eau................................	130 lit.

On fait bouillir ce mélange pendant trois heures et on exprime le jus.

Grande ciguë (*Conium maculatum*, L. *All. Schierling*).

La ciguë est une plante indigène de la famille des ombellifères, dont toutes les parties exhalent une odeur spéciale très désagréable, comparable à celle de l'urine des chats, et présentent une saveur âcre et nauséeuse. Les diverses parties de la ciguë sont actives, mais on ne fait guère usage en médecine que des *feuilles* et des *graines*.

COMPOSITION CHIMIQUE. — La ciguë a une composition très complexe, encore incomplètement connue. En 1827, Gieseke y a découvert un alcaloïde, qui a été isolé à l'état de pureté par Geiger en 1831, et auquel on a donné le nom de *coniine* ou de *cicutine*. Depuis, Wertheim y a trouvé un second alcaloïde, la *conhydrine*. Outre ces alcaloïdes, on y a trouvé une essence, une huile grasse dans les graines, de l'amidon, de la chlorophylle, de l'albumine végétale, de la cellulose et des sels alcalins.

Elle doit ses effets aux alcaloïdes et surtout à la cicutine, qui est contenue dans les graines dans la proportion de 1 pour 100.

CICUTINE. — Cet alcaloïde se présente sous la forme

d'un liquide huileux, jaunâtre, d'une odeur très fétide de ciguë, d'une saveur très âcre, plus légère que l'eau, se dissolvant peu dans ce liquide, mais bien soluble dans l'alcool et l'éther. Elle bout à 170° et s'altère rapidement à l'air en se changeant en ammoniaque. Elle forme des sels avec les acides.

Effets physiologiques. — Les préparations de ciguë ou de conicine appliquées sur les tissus dénudés et les muqueuses, ne sont pas irritantes; elles diminuent au contraire la sensibilité et calment la douleur. Dans le tube digestif ces préparations provoquent le vomissement chez les carnivores et les omnivores, du ptyalisme, de la météorisation et des coliques chez les herbivores.

Le principe actif absorbé agit très énergiquement chez l'homme et les carnivores ; il agit plus modérément chez les herbivores. Il paraît que les chèvres peuvent consommer de grandes quantités de feuilles de ciguë fraîche sans éprouver aucun accident.

A faible dose, la ciguë administrée pendant longtemps diminue l'appétit, ralentit la nutrition, augmente le mouvement de désassimilation et de résorption, rend les animaux anémiques et cachectiques. Si on arrête à temps l'administration, l'organisme revient insensiblement à son état normal, mais si on en continue l'usage en augmentant la dose, on produit le marasme, la paralysie et la mort.

Quand les animaux reçoivent d'emblée une forte dose de ciguë, on voit apparaître les phénomènes suivants : salivation, nausées, vomissements, ballonnement du ventre, agitation anxieuse, accélération du pouls, accélération et difficulté de la respiration, mydriase, oxophthalmie, grincements de dents, bâillements fréquents, puis mouvements spasmodiques des mâchoires, tremblements et convulsions successivement dans les muscles des membres postérieurs, puis des membres antérieurs, du cou, de la colonne vertébrale ; difficulté extrême de la locomotion, chute sur le sol, paralysie et flaccidité des membres postérieurs d'abord, puis des antérieurs ; diminution de la sensibilité, difficulté de plus en plus grande de la respiration, qui devient labiale chez le chien ; petitesse extrême du pouls, qui bat très vite, abaissement de la température rectale ; puis arrêt de la respiration et du cœur, relâchement des sphincters et mort.

D'après ce tableau symptomatologique de l'empoisonnement par la ciguë, on voit que la cicutine agit sur les mouvements volontaires, la respiration, le pouls et la sensibilité générale. La diminution de la sensibilité générale ne survient qu'à un degré déjà avancé de l'empoisonnement ; les troubles locomoteurs se montrent au contraire dès le début.

La gêne des mouvements produite par la cicutine, doit être attribuée à l'action paralysante exercée par cet alcaloïde sur les extrémités terminales des nerfs moteurs. L'excitation appliquée sur les nerfs moteurs, ne produit en effet aucune contraction dans les muscles, tandis que ceux-ci se contractent encore énergiquement quand on excite directement leur substance. La cicutine est donc un poison des nerfs moteurs comme le curare. La difficulté de la respiration est due simplement à la paralysie progressive des nerfs moteurs des muscles respirateurs. L'accélation du cœur est due à la paralysie intra-cardiaque des fibres modératrices du pneumogastrique.

Élimination. — Ce poison s'élimine surtout par les urines (Zalewski).

Lésions. — A l'autopsie des animaux morts empoisonnés par la ciguë, on trouve souvent une irritation et une congestion très vive du tube digestif et du foie ; o trouve aussi quelquefois des ecchymoses dans le poumon sous la plèvre ; le cœur est rempli d'un sang noir, les centres nerveux sont congestionnés.

ANTIDOTES. — Les meilleurs antidotes sont les vomitifs et les solutions tannantes administrés immédiatement. Quand l'absorption du principe actif est complète, rien ne peut enrayer la marche de l'empoisonnement.

INDICATIONS THÉRAPEUTIQUES. — La ciguë, à cause de l'inconstance dans l'intensité de son action suivant son état de conservation, n'est plus guère employée en médecine ; cependant on pourrait l'utiliser surtout pour l'usage externe : 1° comme *calmant analgésique* local, dans certaines inflammations douloureuses superficielles et dans certaines maladies cutanées prurigineuses; 2° comme *fondant*, pour faire résoudre certains engorgements squirrheux des testicules et des mamelles.

A l'intérieur on ne l'utilise que lorsqu'on veut favoriser la résolution de tuméfactions que les applications locales sont insuffisantes à faire disparaître.

		Ciguë fraîche.	Ciguë sèche.	Extrait.
Doses toxiques; tube digestif.	Cheval...	Environ 2 kil.	200 gr.	»
	Bœuf....	id	250	»
	Mouton..	Dose inconnue, mais certainement très élevée.		»
	Chien....	»	10 gr.	0.50 à 0.60

En injections intra-veineuses il suffit d'une infusion de 2 grammes de ciguë sèche ou de 4 grammes d'extrait pour produire des effets très prononcés chez le cheval.

Pour injections trachéales (doses thérapeutiques)..	Extrait.........	1 à 3 gr.	Cheval.
	Teinture......	0.50 à 2	id.
	Cicutine.......	1 à 10 gouttes.	id.

Doses thérapeutiques (estomac)........		Poudre de feuilles sèches.	
	Grands ruminants........	30	à 100 gr.
	Solipèdes................	30	à 90
	Petits ruminants.........	15	à 30
	Porcs....................	4	à 8
	Chiens...................	2	à 4
	Chats	0.25 à	1

D'après Tabourin, *la ciguë fraîche* doit être donnée à doses quatre fois plus fortes que la poudre; le suc brut à doses trois fois plus élevées, l'extrait à doses égales, les graines à doses moitié moindres.

ADMINISTRATION. — Les préparations peuvent s'administrer par la voie digestive, la voie hypodermique, la voie respiratoire et la voie intra-veineuse; les voies hypodermique, digestive et respiratoire sont surtout à recommander.

PRÉPARATIONS DE CIGUË. — 1° Feuilles et poudre sèches.

Les feuilles doivent être séchées rapidement et à la plus basse température possible, à cause de la volatilité du principe actif. La poudre doit être conservée soigneusement dans un vase sec.

2° *Extrait.* — On l'obtient en faisant évaporer lentement au bain-marie ou au soleil l'infusion de feuilles sèches.

3° Teinture de ciguë..	℞ Feuilles sèches de ciguë..........	1
	Alcool ordinaire.................	5

Épuisez.

4° Huile de ciguë.....	℞ Feuilles sèches ou poudre de ciguë.	1
	Huile grasse.....................	2

Faites macérer.

5° Pommade de ciguë.	Extrait de ciguë...................	1
	Axonge...........................	4

Incorporez à froid.

6° Cérat de ciguë..... { ♃ Extrait de ciguë.................. 1
Cérat simple,.................... 1

Curare.

Le curare est une substance toxique, que préparent les tribus sauvages qui habitent certaines régions équatoriales de l'Amérique du Sud. Il nous arrive sous forme d'une masse amorphe brunâtre, contenue dans de petits vases en argile ou dans des coques de certains fruits.

D'après les renseignements donnés par les voyageurs, le curare contient l'extrait de plusieurs plantes différentes, parmi lesquelles se trouvent toujours des lianes de la famille des strychnées. Il n'entre pas dans le curare de venin de crapaud, ni de fourmis, ni de serpents, comme on l'a prétendu.

Le curare a pour principe actif la *curarine*, qui a été extraite en 1865 par Preyer. Elle est vingt fois plus active que le curare. 1 milligramme tue un lapin, tandis qu'il faut 20 milligrammes de curare pour produire le même effet.

La *curarine*, dont la formule est $C^{10}H^{15}A^3$, est cristallisable, déliquescente. Elle peut former des sels cristallisables avec les acides minéraux.

Effets physiologiques. — Le curare n'a aucune action locale sur les tissus. Il produit des effets généraux très intenses quand il a été absorbé.

Le curare détermine un affaiblissement progressif de tous les mouvements, soit volontaires, soit réflexes des muscles de la vie animale. L'affaiblissement débute sur les muscles des membres, puis arrive sur les muscles du tronc et de la tête, et enfin sur ceux de la respiration. L'animal ne peut plus se tenir debout, il ne peut plus faire agir ses mâchoires; il est paralysé complètement des mouvements volontaires. Les mouvements respiratoires continuent encore quand la paralysie s'est emparée de tous les autres muscles striés ; puis ils s'affaiblissent et ne tardent pas à cesser complètement. La mort arrive alors par asphyxie, le cœur continue encore à battre pendant plusieurs minutes, puis il s'arrête quand l'asphyxie est complète. Pour empêcher la mort d'un animal paralysé par le curare il faut pratiquer la respiration artificielle pendant un temps suffisant pour permettre l'élimination du poison par les excrétions.

L'animal paralysé du mouvement, conserve sa sensibilité intacte ; il se trouve dans cette situation extrêmement pénible d'être impressionné par toutes les excitations qui viennent du dehors, sans pouvoir s'y soustraire. Son intelligence est intacte, mais la volonté n'a plus aucune action sur les différents muscles qu'elle a normalement à son service.

Cl. Bernard a démontré que le curare produit la paralysie motrice en annihilant les propriétés des plaques motrices nerveuses terminales. Pendant la paralysie, l'excitation des nerfs moteurs reste sans effet sur le muscle, tandis que l'excitation directe du muscle produit une contraction. Ce n'est donc pas le muscle qui est paralysé, mais bien le nerf. Il est facile de démontrer la persistance de la sensibilité pendant la curarisation : il suffit d'empêcher le sang d'arriver dans les membres postérieurs de la grenouille, en liant les vaisseaux, et de déposer le poison sous la peau du tronc. Quand les mouvements sont complètement paralysés dans le train antérieur, on pique l'animal dans les régions paralysées, et on voit qu'il exécute aussitôt des mouvements de fuite avec les membres postérieurs dans lesquels le poison n'a pas pénétré. Cette expérience prouve en même temps que l'action paralysante est périphérique et non centrale.

Si après la cessation de la respiration naturelle on

pratique la respiration artificielle pour prolonger la vie des animaux, on voit que le curare atteint aussi les nerfs qui se distribuent dans les muscles de la vie organique. Les pneumogastriques perdent la propriété d'arrêter les mouvements du cœur; les nerfs splanchniques perdent celle de provoquer des mouvements dans l'intestin; les nerfs vaso-moteurs perdent aussi leur action sur les vaisseaux. En outre on constate un *refroidissement* progressif de l'organisme et on voit apparaître le *diabète*, c'est-à-dire l'élimination du sucre par les urines.

Le curare paralyse donc graduellement tous les nerfs moteurs de l'organisme. Ceux de la vie animale sont les premiers et les plus fortement atteints, ceux de la vie organique sont atteints plus lentement et plus faiblement.

Voies d'absorption. — Le curare peut être ingéré à doses considérables sans provoquer aucun effet.

La voie digestive semble donc réfractaire à l'absorption de la curarine. Cependant l'absorption se fait, mais elle est très lente, surtout quand les animaux sont en pleine digestion.

On peut empoisonner un chien à jeun, en lui administrant de grandes quantités de curare, tandis qu'il devient impossible de produire des effets quand l'animal est en digestion. On peut toujours l'empoisonner quand on enlève les reins pour empêcher l'élimination du poison.

Le tube digestif n'est donc pas absolument impropre à l'absorption du curare, mais l'absorption est en général tellement lente que l'élimination du poison empêche son accumulation dans le sang.

L'élimination se fait surtout par les urines, dans lesquelles on peut retrouver la curarine parfaitement intacte et propre à empoisonner d'autres animaux.

Le tissu conjonctif, la voie trachéale et les séreuses,

sont d'excellentes voies d'absorption ; il suffit de très faibles doses de curare pour produire des effets intenses en l'administrant par ces voies.

En *injections hypodermiques*, il suffit de 2 à 3 grammes de curare pour tuer un cheval, de $0^{gr},20$ pour tuer un chien de $0^{gr},005$ à $0^{gr},02$ pour tuer un lapin.

INDICATIONS THÉRAPEUTIQUES. — Ce poison n'a encore reçu aucune application thérapeutique. Il n'existe aucune maladie dans laquelle le curare soit rationnellement indiqué. On l'a quelquefois employé contre le tétanos, contre l'empoisonnement strychnique, mais sans aucun bon résultat. Ces échecs s'expliquent facilement ; on sait en effet que le tétanos est dû à une modification des centres nerveux plutôt qu'à une modification des extrémités motrices des nerfs, et que la strychnine agit sur les centres médullaires, et non pas sur les nerfs moteurs.

Camphre.

Le camphre est une essence concrète qui s'écoule des incisions que l'on pratique dans le tronc de certains lauriers de la Chine et du Japon. On peut aussi l'obtenir en chauffant avec de l'eau des racines, des tiges, des rameaux des camphriers, dans de grands vases recouverts d'un chapiteau de terre garni intérieurement de paille de riz. Le camphre se volatilise et se sublime sous la forme de grains irréguliers gris jaunâtres, qu'on rassemble dans des tonneaux. On a ainsi le camphre brut, qu'on raffine en Europe.

Le camphre est très volatil ; il est insoluble dans l'eau, soluble dans l'alcool, l'éther, les huiles et le chloroforme. Il s'émulsionne facilement avec l'eau fortement mucilagineuse.

EFFETS PHYSIOLOGIQUES. — Le camphre constitue un

poison violent pour les êtres inférieurs ; c'est un *antiseptique* et un *désinfectant* puissant. Appliqué en solution sur une partie extérieure du corps, le camphre produit une réfrigération assez marquée avec anesthésie locale, à cause de sa grande volatilité. En frictions il excite la peau, l'échauffe, la congestionne et peut même produire une véritable inflammation, mais peu durable. Déposé dans l'œil, il occasionne une douleur vive et une congestion de la conjonctive. Sur la muqueuse buccale, il produit une rougeur, une saveur brûlante, de la salivation, une sécrétion abondante de mucus. Il communique à l'émail des dents une fragilité extraordinaire. Dégluti, il détermine sur la muqueuse du pharynx, de l'œsophage et de l'estomac une sensation de chaleur, de picotement et de douleur. Il augmente la soif, et produit souvent le vomissement chez les carnivores, le météorisme et des coliques chez les herbivores. Plus le camphre est divisé par un véhicule, et moins il est irritant pour le tube digestif. Quand il est administré en grumeaux, il enflamme et ulcère la muqueuse stomacale.

L'absorption du camphre est très rapide ; il est transporté par le sang dans toutes les parties du corps, et il s'élimine par la peau et le poumon. Pendant son séjour dans l'organisme, une partie s'oxyde. On ne le trouve pas dans l'urine, mais on décèle des traces dans le lait.

Les faibles doses de camphre (5 grammes chez le cheval, et 0^{gr},20 chez le chien) déterminent une excitation des centre nerveux. Les animaux sont plus vifs, ils portent la tête plus haut et les yeux sont brillants. Avec les fortes doses (100 grammes chez le cheval, 5 grammes chez le chien), les animaux sont fortement surexcités, ils deviennent comme furieux. Le pouls est très accéléré, il se produit des tremblements, des convulsions cloniques ayant quelque analogie avec les convulsions épileptiformes.

Puis enfin l'excitabilité nerveuse diminue jusqu'à abolition complète de la sensibilité et du mouvement. La température rectale subit toujours un abaissement notable. Il y a aussi annihilation des fonctions génératrices. Le camphre est *sédatif* à faible dose, *excitant* à dose un peu plus forte, et *convulsivant* à fortes doses.

Les cadavres des animaux morts à la suite de l'absorption de camphre dégagent une odeur caractéristique ; la muqueuse digestive est vivement enflammée, l'encéphale et la moelle épinière sont congestionnés et gorgés d'un sang noir incoagulé. Les uretères et la vessie ont leur muqueuse ecchymosée.

ANTIDOTES. — Pour s'opposer à la marche de l'empoisonnement, on emploie les vomitifs, les boissons émollientes, le café noir, des potions vineuses et de l'éther étendu d'eau.

INDICATIONS. — Les propriétés *antiseptiques* et *antiparasitaires* indiquent l'emploi du camphre sur tous les tissus où il tend à se produire une fermentation putride et pour détruire la vermine, qui vit sur la peau et celle qui ronge le linge. Son action *irritante locale*, puis *anesthésiante*, le fait employer contre les accidents locaux superficiels tels que heurts, chocs, distensions peu graves, engorgements douloureux des testicules, des mamelles, et piqûre des abeilles. Il est indiqué en poudre sur les plaies pour exciter leur surface et empêcher la sécrétion purulente.

Les effets généraux rendent son emploi très rationnel dans les fièvres putrides ; les empoisonnements qui affaiblissent le système nerveux central et qui annihilent ses fonctions. Il est employé avec beaucoup d'avantage à l'intérieur pour diminuer l'excitabilité des organes génitaux.

ADMINISTRATION. — Le camphre doit s'administrer

par la voie digestive après qu'on l'a très divisé par l'adjonction d'un véhicule approprié.

Les principales préparations sont : la poudre, la dissolution aqueuse, l'eau éthérée camphrée, l'eau-de-vie camphrée, le vinaigre camphré, l'huile camphrée et la pommade camphrée.

Doses thérapeutiques.
Solipèdes	5	à 15 gr.
Grands ruminants	8	à 24
Petits ruminants	2	à 8
Porc	1	à 4
Chiens	0.50	à 2
Chats	0.10	à 0.50

Racine de Valériane (*Valeriana officinalis*, L. *All. Baldrianwurzel*).

La valériane est une plante à tige fistuleuse, haute d'un mètre environ, à feuilles opposées, pétiolées ailées, composées de folioles lancéolées, de la famille des valérianées. La racine est la seule partie employée en médecine. Elle a une odeur faible quand elle est fraîche, mais devenant très prononcée, fétide comme l'urine de chat, quand elle est sèche; sa saveur est amère et âcre. L'odeur de cette racine est très recherchée par les chats.

La récolte doit se faire au printemps avant la poussée; on doit de préférence rechercher la racine qui croît dans des lieux élevés et secs. On ne doit pas la conserver plus d'un an, car elle perd promptement ses propriétés.

COMPOSITION CHIMIQUE. — On trouve dans cette racine une *essence* (essence de valériane) 1 p. 100 ; un acide, l'*acide valérianique;* de la fécule, du tannin etc.

L'essence et l'acide valérianique constituent les principes actifs.

EFFETS PHYSOLOGIQUES — Localement la valériane est légèrement astringente et tonique.

Dans le tube digestif, elle agit comme un léger stimulant, un stomachique et un vermifuge non équivoque.

Après l'absorption des principes actifs, la valériane fortifie le système nerveux, le calme quand il est surexité et l'excite quand il est déprimé. Les hyperesthésies et les convulsions cloniques disparaissent par l'action de la racine de valériane.

INDICATIONS THÉRAPEUTIQUES. — Elle est utile dans les maladies nerveuses, l'épilepsie, les convulsions épileptiformes, la chorée, le tétanos. Si elle ne guérit pas toujours ces maladies, elle a du moins l'avantage de diminuer leur gravité et de soulager le malade. Elle est indiquée aussi pour calmer les hyperesthésies des organes génitaux et urinaires, et pour faire cesser les spasmes intestinaux.

PRÉPARATIONS. — On l'emploie en *poudre*, en *infusion*, en *teinture*, en *huile*.

La poudre est la meilleure préparation. L'infusion produit le dégagement de l'essence volatile et est peu active. La teinture convient pour les petits animaux.

Doses. — Poudre.		Poudre.		Teinture éthérée.
Cheval	15	à 30		»
Bœuf	30	à 80		»
Mouton et porc.	5	à 10		»
Chien	0.50	à 3		10 à 30 gouttes.

Ces doses peuvent être répétées deux ou trois fois par jour.

Assa fœtida (*All. Stinkasant, Teufelsdreck*).

L'assa fœtida est une gomme résine fétide venant de l'Orient et fournie par la racine d'une plante ombellifère, le ferula assa fœtida de Linné, qui croît dans les provinces montagneuses de la Perse.

Dans le commerce, l'assa fœtida se présente sous la forme de masses amorphes plus ou moins brunâtres, assez consistantes, formées d'une matière gommeuse et de larmes, d'abord blanchâtres, puis rougeâtres quand elles ont subi le contact de l'air ; l'odeur en est vive, fétide, alliacée ; la saveur est amère, âcre et repoussante.

Cette gomme est très soluble dans l'eau, l'alcool, l'éther, le vinaigre et le lait.

COMPOSITION CHIMIQUE. — D'après Pelletier, la composition de l'Assa fœtida est la suivante :

Résine rougissant à l'air...........	65
Gomme soluble et insoluble.......	31.10
Essence soufrée et azotée.........	3.60
Malate de chaux..................	0.30
	100.00

EFFETS PHYSIOLOGIQUES — Appliqué sur les tissus fins ou dénudés, l'assa fœtida agit comme léger excitant local. Dans le tube digestif il excite les sécrétions, produit une sensation de chaleur dans l'estomac, relève l'appétit, accélère la digestion et dissipe les flatuosités intestinales. A fortes doses, 250 grammes et plus, chez les solipèdes, il détermine des effets évacuants et purgatifs (Tabourin).

L'absorption des principes actifs se fait rapidement. On constate, après l'ingestion de doses un peu élevées, une légère accélération de la respiration et de la circulation, une augmentation des diverses sécrétions, surtout de la sécrétion de l'urine.

Cette légère stimulation disparaît bientôt et se trouve remplacée par un état apathique accompagné de somnolence et d'une légère obtusion des sens. L'élimination est rapide, elle se fait par la plupart des sécrétions, qui prennent son odeur caractéristique.

INDICATIONS THÉRAPEUTIQUES. — L'assa fœtida est indiqué :

1° Pour exciter l'appétit, augmenter la tonicité du tube digestif, faciliter la digestion ;

2° Pour calmer les douleurs intestinales, les coliques qui résultent d'un spasme de la musculeuse des voies digestives et de la vessie ;

3° Pour fortifier le système nerveux général et diminuer son excitabilité dans l'épilepsie, la chorée etc. ;

4° Pour soutenir les forces et relever la nutrition chez les animaux atteints de maladies infectieuses, telles que la maladie du jeune âge chez les chiens, la cachexie aqueuse des moutons, les bronchites et pneumonies chroniques, etc.

PRÉPARATIONS. — Cette substance répugne à la plupart des animaux à cause de son odeur désagréable. Aux ruminants on la donne en breuvages mucilagineux ou gommeux ; aux chiens avec du lait, et aux chevaux en pilules ou bols. Pour les lavements on fait dissoudre l'assa fœtida dans du vinaigre, ou dans un liquide alcoolique.

La teinture est une bonne préparation.

DOSES. — Les animaux peuvent supporter des doses fortes ; mais il vaut mieux faire usage de doses faibles, et les renouveler plus souvent :

Les doses habituelles sont :

Cheval	15	à 30 gr.
Bœuf	20	à 50
Mouton et porc	2	à 5
Chien	0.05	à 1.50

Ces doses sont faibles ; elles peuvent être données plusieurs fois par jour.

Pour les lavements on fait usage des doses suivantes :

                Grands herbivores.......... 10 gr. par lavement.
                Petits ruminants et porc... 4   —
                Chien....................... 1 à 2   —

La teinture s'emploie aux mêmes doses que] la poudre.

CINQUIÈME CLASSE

HYPERESTHÉSIQUES.

Ésérine.

On donne le nom d'*ésérine* ou de *physostigmine* à l'alcaloïde retiré de la fève de Calabar, fruit du physostigma venenosum. Cette plante croît dans les terrains marécageux de la région de l'Afrique appelée Calabar.

Cet alcaloïde est solide, cristallisé en lamelles, peu soluble dans l'eau, plus soluble dans l'eau acidulée, très soluble dans l'alcool, l'éther et le chloroforme.

En se combinant avec les acides, l'ésérine forme des sels solubles dans l'eau ; les plus employés sont le sulfate, le salycilate d'ésérine. Les solutions aqueuses se colorent en rouge foncé et s'altèrent assez rapidement.

EFFETS PHYSIOLOGIQUES. — Sur la peau, les solutions de continuité et les muqueuses, l'ésérine ne produit aucun effet local. Une goutte d'une solution instillée dans l'œil d'un animal ou de l'homme détermine le resserrement de la pupille ou la *myose*. Chez le cheval, l'effet myotique se produit dans 25 ou 35 minutes et dans 10 à 15 minutes chez les carnassiers. Le resserrement pupillaire est localisé à l'œil sur lequel l'instillation est pratiquée, il réduit la pupille à un point quelquefois à peine perceptible et dure un temps variable suivant les espèces animales, en moyenne de 3 à 48 heures. Cet effet myotique se produit nettement chez tous les animaux mammifères, mais il est à peine perceptible sur les oiseaux, les grenouilles et les poissons.

Quand la myose est produite, on peut la faire disparaître par des instillations d'atropine. L'atropine fait disparaître la myose produite par l'ésérine, et l'ésérine fait disparaître la mydriase produite par l'atropine. En employant alternativement les deux alcaloïdes, on peut provoquer dans l'iris des mouvements alternatifs de resserrement et de dilatation.

1° EXPÉRIENCE. — A 1 heure 35, une instillation de 1 à 2 gouttes de solution au 1/100, est faite dans l'œil droit d'un chat. A 1 heure 45 (10 minutes après) myose déjà très nette sur l'œil droit. A 1 heure 50 (15 minutes) myose encore plus forte. A 2 heures (25 minutes), l'effet myotique est à son maximum; la pupille du côté droit a presque complètement disparu, les deux bords de la fente pupillaire ne laissent entre eux qu'une ligne noire très mince. La pupille a conservé une certaine mobilité sous l'influence d'intensités lumineuses différentes et de l'accommodation; on la voit exécuter de petits mouvements de dilatation suivis de mouvements de resserrement plus prononcé quand l'animal déplace sa ligne visuelle ou quand on fait arriver sur l'œil des intensités lumineuses différentes. L'œil du côté gauche a sa pupille plus dilatée qu'avant l'instillation faite à droite. A 5 heures (après 3 heures 25), la myose a disparu à peu près complètement. Sa durée a donc été de 3 heures 30 minutes.

2° EXPÉRIENCE. — A 1 heure 45, instillation d'une goutte de la solution au 1/100 sur l'œil droit d'un lapin. A 2 heures (après 15 minutes), légère myose du côté instillé. A 2 heures 10 (après 25 minutes) myose très forte du côté droit; la pupille est réduite à un point. Légère dilatation de la pupille du côté opposé.

A 5 heures, diminution du degré de la myose. Le lendemain matin, il n'y a plus de myose à droite, les deux pupilles sont dans leur état normal.

3° EXPÉRIENCE. — A 8 heures 45, on fait une instillation de 3 gouttes de la solution d'ésérine au 1/100 dans l'œil droit d'un cheval. A 9 heures, aucune modification des pupilles.

A 9 heures 20 (après 35 minutes), une très légère myose à droite. A 9 heures 50 (après 1 heure 5) myose très forte du côté droit. A 2 heures 46 (après 6 heures) cette myose persiste avec le même degré d'intensité. La myose a persisté le lendemain toute la journée en diminuant insensiblement; elle n'a disparu complètement que le surlendemain dans la journée. Elle a donc duré, en tout, au moins 48 heures.

4° EXPÉRIENCE. — A 2 heures 30, instillation dans l'œil droit d'un mouton de 2 gouttes de la solution au 1/100. A 2 heures 45 (après 15 minutes), aucune modification des pupilles. A 3 heures (après 30 minutes), léger rétrécissement de la pupille droite. A 3 heures 20 (après 50 minutes), myose intense du côté droit. La myose avait disparu le lendemain matin. Elle n'a donc pas persisté plus de 18 heures.

5° EXPÉRIENCE. — A 2 heures 33, on pratique une instillation de 2 gouttes d'une solution d'ésérine au 1/100 dans l'œil droit d'un coq. A 2 heures 40 (après 7 minutes), rien. A 2 heures 55 (après 22 minutes), légère myose à droite. A 3 heures 20, légère myose à droite. Le rétrécissement pupillaire a complètement disparu le lendemain matin.

6° EXPÉRIENCE. — Sur une grenouille, on fait une instillation à droite d'une solution au 1/100 à 2 heures 23. L'animal a été observé jusqu'à 3 heures 23, sans qu'on ait constaté aucune modification des pupilles.

7° EXPÉRIENCE. — A 9 heures 12, instillation de 2 gouttes d'une solution à 1/100 dans l'œil droit d'une chienne. A 9 heures 25 (après 13 minutes), rien. A 9 heures 35 (après 23 minutes), rien. A 9 heures 45 (après 32 minutes), myose très nette du côté droit. La myose n'a complètement disparu qu'après 36 à 48 heures.

Après son absorption, l'ésérine produit des modifications fonctionnelles très nettes. Elle active les sécrétions salivaire, intestinale et cutanée. Tous les animaux (chat, chien, cheval) auxquels j'ai administré cet alcaloïde ont salivé beaucoup, mais moins cependant qu'avec la pilocarpine ; ils ont expulsé des excréments mélangés de beaucoup de liquide dont la réaction était fortement alcaline ; quelquefois même, l'anus laissait s'écouler une assez grande quantité de liquide sans aucun effort de la part de l'animal. Le cheval a présenté de la sueur sur différents points du corps avec des doses fortes.

L'hypersécrétion salivaire est due à l'action directe de l'ésérine sur les éléments glandulaires. Quand on a paralysé les nerfs glandulaires avec l'atropine, on peut encore provoquer la salivation avec l'ésérine (Heidenhain).

Elle atteint aussi la *sensibilité* et la *locomotion*. Les animaux deviennent tous plus *excitables*, plus sensibles et offrent des altérations des mouvements. Le chat a des contractions saccadées dans son peaucier de la région dorsale ; le chien présente des contractions musculaires commençant dans les membres postérieurs ; le cheval a des tremblements musculaires qui s'établissent d'abord dans la région rotulienne et olécranienne. Ces contractions, d'abord localisées aux régions indiquées, s'étendent ensuite sur tous les muscles, et les animaux sont fortement agités et secoués dans tout le corps.

Quand ces convulsions sont légères, l'animal peut encore se tenir debout ; mais quand elles sont très intenses, il tombe sur le sol et devient incapable d'exécuter des mouvements de locomotion. La faiblesse débute dans le train postérieur et gagne ensuite les membres antérieurs. Pendant que l'animal est couché, ses membres ainsi que ses mâchoires sont fortement agités par

des convulsions cloniques et des tremblements continuels. Ces convulsions n'ont pas toujours la même intensité, elles sont continues, mais présentent des moments
d'exacerbation correspondant à des crises.

Si les doses sont toxiques, on voit ces convulsions
diminuer peu à peu d'intensité et faire place à une paralysie ; la respiration devient difficile, elle se ralentit,
puis s'arrête complètement, tandis que le cœur continue
encore ses battements pendant quelques minutes.

Les convulsions et les tremblements musculaires engendrés par l'ésérine sont d'origine centrale. En effet,
quand on coupe les nerfs moteurs d'un membre, on
voit que ce membre ne participe pas aux convulsions.
L'ésérine agit donc à la manière de la strychnine en
augmentant le pouvoir excito-réflexe de la moelle. A la
dernière période de l'empoisonnement, les centres réflexes médullaires sont paralysés, alors la paralysie
complète se produit dans les muscles respiratoires.
Quand cette fonction est arrêtée, on peut prolonger la
vie de l'animal ou même le sauver en entretenant la
respiration artificiellement.

L'ésérine produit aussi des contractions très énergiques dans les muscles de la vie organique, principalement dans l'intestin, la vessie et la matrice.

L'expulsion fréquente de matières excrémentitielles
est un indice certain de la contraction énergique du gros
intestin. On peut encore s'en assurer en ouvrant le
ventre d'un animal qui a reçu de l'ésérine, on voit alors
les intestins être animés de mouvements très vifs. A
l'autopsie d'animaux morts par l'ésérine, on trouve toujours le gros intestin pâle, resserré et dur ; la vessie est
vide, revenue fortement sur elle-même ; la matrice est
également dans un état de contraction manifeste ; les
muscles et les nerfs moteurs sont encore excitables un
certain temps après la mort. Bauer a même pu consta-

ter la diminution du volume de la rate par suite de la contraction des fibres lisses qui entrent dans sa structure. L'ésérine agit énergiquement sur la respiration et le cœur. La respiration n'est presque pas influencée par des doses très faibles ; mais aussitôt que les doses s'élèvent, elle s'accélère, puis se ralentit, devient plus difficile, plus pénible et bruyante. Le cœur, peu influencé par des doses très faibles, se ralentit considérablement avec des doses plus fortes. Sur un chien qui avant l'injection avait 100 battements à la minute, j'ai vu le nombre tomber à 40 pendant l'action de l'ésérine.

Les battements du cœur diminuent de fréquence, mais ils augmentent d'*énergie* comme avec la digitaline. A très faible dose on a observé chez le chien et le chat une légère *diminution* de la tension artérielle. A doses plus fortes il y a toujours *élévation* notable de cette tension.

Quand les deux nerfs pneumogastriques sont coupés sur un animal, l'ésérine produit encore le ralentissement et l'arrêt de la respiration, mais il n'y a plus d'accélération initiale ; elle produit aussi le ralentissement du cœur et l'élévation de la tension artérielle. L'accélération respiratoire primitive est donc due à l'action de l'ésérine sur le poumon, tandis que le ralentissement consécutif est le résultat d'une action paralysante sur le centre respiratoire. Le ralentissement du cœur et du pouls doit être attribué à l'action périphérique, intra-cardiaque, et non à l'action sur le centre modérateur du bulbe. L'ésérine rétablit l'excitabilité des fibres cardiaques et des nerfs pneumogastriques quand elle a été abolie par l'atropine. Pendant l'action de l'ésérine, la plus légère excitation portée sur les pneumogastriques suffit pour arrêter les battements du cœur ; elle augmente donc l'excitabilité de ces nerfs.

L'élévation de la tension artérielle est attribuée à la

constriction de petits vaisseaux par suite de l'excitation du centre vaso-moteur et de la forte contraction intestinale.

Un fait assez remarquable, c'est que l'ésérine ne produit pas la myose quand elle a été absorbée par une autre voie que la conjonctive. J'ai toujours constaté sur les mammifères que pendant l'action de la physostigmine la pupille était plutôt dilatée que resserrée.

D'après l'étude qui vient d'être faite, on voit que l'ésérine agit sur beaúcoup de points comme antagoniste de l'atropine et qu'elle a sur plusieurs fonctions beaucoup d'analogie avec la pilocarpine.

L'atropine tarit les sécrétions, diminue l'excitabilité réflexe, paralyse l'estomac, l'intestin et la vessie, accélère le cœur par paralysie intra-cardiaque des fibres modératrices, dilate la pupille après l'instillation et après l'absorption.

L'ésérine augmente les sécrétions, augmente l'excitabilité réflexe, tétanise l'estomac et l'intestin, principalement le gros intestin, la vessie et la matrice, ralentit le cœur par excitation intra-cardiaque des fibres modératrices, resserre la pupille après instillation, mais pas après absorption.

L'hypersécrétion salivaire, intestinale, biliaire et sudoripare est beaucoup plus active avec la pilocarpine qu'avec l'ésérine ; celle-ci anémie l'intestin et le tétanise ; la pilocarpine exalte ses mouvements péristaltiques sans le tétaniser, et le congestionne plutôt qu'elle ne l'anémie. L'ésérine produit des convulsions et des tremblements qui n'apparaissent pas avec la pilocarpine. Celle-ci est moins myotique que l'ésérine.

Indications thérapeutiques. — L'ésérine est indiquée : 1° comme *myotique* toutes les fois que le resserrement pupillaire peut être utile à la guérison d'une maladie de l'œil. Les instillations d'ésérine combinées avec celles d'atropine conviennent pour empêcher les adhérences de l'iris avec les parties voisines enflammées. L'ésérine diminue la tension intra-oculaire et convient dans toutes les inflammation du globe et surtout de la cornée ;

2° Comme *anémiant* intestinal dans les congestions de l'intestin. Beaucoup de praticiens ont obtenu de très beaux résultats par l'emploi de cet alcaloïde dans les congestions intestinales ;

3° Comme *tonique* du tube digestif, principalement du gros intestin dans les cas d'atonie ;

4° Comme *hypersécrétoire* dans les cas de constipation opiniâtre ;

5° Comme *excitant des contractions* intestinales dans les cas de paralysie de l'intestin, ou quand il faut provoquer l'expulsion de pelotes, de calculs ou d'autres corps étrangers qui pourraient obstruer la lumière du gros intestin.

ADMINISTRATION. — L'ésérine et ses sels doivent toujours s'employer en injection hypodermique. Ce mode d'administration convient très bien pour cette substance. Je n'ai jamais vu se produire aucun accident local après les injections sous-cutanées de sulfate d'ésérine à 1 p. 50 ou 1 p. 100.

Les instillations se font avec des solutions à 1/100, à 1/200, à 1/300.

DOSES :

Doses toxiques (inj. hypodermique)......	Chien de 5 kil.........	$0^{gr},005$
	Chien de 10 à 20 kil...	0 006
	Chat.................	0 005
	Cheval...............	0 15
Doses thérapeutiques (inj. hypodermique).	Chien ..... $0^{gr},001$ à	0 002
	Chat.................	0 001
	Cheval .... $0^{gr},05$ à	0 10

Fève de Calabar.

C'est le fruit de la plante que les habitants du Calabar

appellent *éséré* et que les botanistes désignent sous le nom de physostigma venenosum.

Dans la région de l'Afrique appelée Calabar la fève sert comme instrument d'épreuve judiciaire. Quand un homme est accusé de quelque délit, il doit pour se justifier subir devant le peuple assemblé, l'épreuve de la fève. Celle-ci se prend sous forme de poudre ou d'infusion. Les prêtres, tout à fait puissants en ce pays, règlent la dose, qui varie d'une partie de fève à vingt-cinq fèves. Cette latitude leur permet de modifier à l'avance le résultat de l'épreuve selon leurs vues particulières ou les intérêts de leur vengeance.

La fève doit son activité à son alcaloïde, l'ésérine ou physostigmine, dont l'étude vient d'être faite.

Tous les effets et toutes les indications de l'ésérine peuvent être appliqués à la fève de Calabar. Elle ne diffère de l'ésérine que par les doses plus fortes qu'il faut pour produire les mêmes effets.

Doses :

Extrait. — Doses thérapeutiques.
Cheval,......	1 gr. à 3 gr.
Chien........	0gr,005 à 0gr,02

L'extrait alcoolique dont les doses viennent d'être indiquées est de seize à vingt-quatre fois plus actif que la poudre de fève.

Strychnine.

La strychnine est un alcaloïde cristallisé en cristaux prismatiques inaltérables à l'air, incolore, inodore, d'une saveur très amère, très peu soluble dans l'eau, dans l'éther et les corps gras, soluble dans l'alcool ordinaire et dans les essences. Elle neutralise les acides et forme des sels cristallisables très solubles, très amers et très toxiques. Les plus usités sont le chlorhydrate, le sulfate et le nitrate de strychnine. Elle est extraite de la noix vomique.

Effets physiologiques. — Sur la peau intacte la strychnine et ses sels ne produisent aucun effet local, mais peuvent passer à l'absorption, si le contact en est prolongé, et produire des effets généraux plus ou moins intenses. Sur la muqueuse buccale cet alcaloïde développe une grande amertume qui est encore appréciable avec des solutions à 1/48,000° ; elle fait couler la salive. Dans l'estomac à faible dose elle excite légèrement la muqueuse, augmente l'appétit et accélère la digestion. Si l'usage en est trop prolongé et surtout si les doses sont fortes, la strychnine produit des douleurs gastriques, de l'inappétence, de la constipation et des digestions laborieuses. Ces effets nuisibles sont dus à l'arrêt des sécrétions, à l'anémie de la muqueuse gastro-intestinale dont les petits vaisseaux sont fortement resserrés et aux contractions péristaltiques énergiques de la musculeuse.

La strychnine déposée sur les plaies, la conjonctive, ou injectée dans le tissu conjonctif sous-cutané, produit une douleur assez vive mais de courte durée ; les surfaces l'absorbent rapidement et on voit apparaître les effets généraux. Une goutte d'une solution de chlorhydrate de strychnine au 1/100° déposée sur la conjonctive d'un lapin, provoque au bout de quelques minutes une hyperexcitabilité réflexe caractéristique et des secousses tétaniques au moindre attouchement. En insistant un peu sur l'application, on pourrait facilement produire l'empoisonnement complet. Lorsqu'on l'injecte dans le tissu conjonctif, la strychnine développe ses effets généraux avec une plus grande rapidité encore ; jamais d'ailleurs il ne survient aucun accident local au point d'injection.

Les composés strychniques constituent des poisons

violents pour tous les animaux et même pour les microorganismes qui produisent les fermentations et les putréfactions.

Des matières organiques imprégnées d'un sel de strychnine résistent à la décomposition putride et à toute fermentation. Cependant il faut dire que ce poison, si violent pour les animaux, n'exerce aucune action toxique sur certaines moisissures. Celles-ci se développent souvent dans les solutions d'un sel de strychnine.

La strychnine absorbée par une voie quelconque, est transportée dans toutes les parties du corps par l'intermédiaire du sang, qui la cède rapidement aux centres nerveux et aux organes parenchymateux. Ainsi si on analyse le cadavre d'un animal mort empoisonné par la strychnine, on trouve surtout cet alcaloïde dans la substance grise de l'encéphale et de la moelle épinière, dans le foie, la rate ; on ne trouve plus que des traces dans le sang. La strychnine ne reste pas fixée dans l'organisme, elle est éliminée par les urines et par la salive ; mais cette élimination est lente, elle n'est guère complète qu'après trois jours. Si on administre à un animal des petites doses de strychnine souvent répétées, on peut constater que l'intensité des effets croît comme le nombre des doses ; c'est ainsi que la dixième dose peut produire l'empoisonnement tandis que la première a été sans effets appréciables. Cet accroissement de l'intensité des effets avec le nombre des doses s'explique facilement par l'élimination assez lente de cet alcaloïde. Puisqu'il faut trois jours à une dose pour s'éliminer complètement, il est évident que si dans cet intervalle on fait de nouvelles administrations, il se produit une accumulation de strychnine et par conséquent il se produit aussi une accumulation d'effets. La susceptibilité de l'organisme ne va pas en augmentant à mesure qu'on prolonge l'emploi de la strychnine, comme le croient quelques auteurs, mais la quantité de strychnine, en s'y accumulant, agit comme une dose unique représentant la somme des doses fractionnées accumulées. Les effets augmentent d'intensité non pas parce que l'organisme est plus sensible à la strychnime, mais parce qu'une plus grande quantité de cet alcaloïde agit sur lui. Dans la pratique on ne doit pas trop rapprocher les doses ; il faut les espacer de telle façon que la quantité de strychnine qui circule dans l'organisme reste à peu près la même ; il faut que les doses successivement administrées viennent se substituer à celles qui sont éliminées. On peut ainsi maintenir l'organisme sous l'action constante des effets strychniques sans provoquer aucun accident d'empoisonnement.

A dose très faible la strychnine augmente notablement la sensibilité générale et les sensibilités spéciales. Les animaux réagissent avec plus d'énergie sous l'influence des excitations diverses des organes des sens ; les excitations de la peau, les sons, la lumière vive les impressionnent plus énergiquement, ce qu'on remarque par leurs mouvements, qui sont plus prompts, plus énergiques, par l'œil qui est plus brillant, plus vif, par la tête qui est portée plus haute et dont les oreilles sont plus mobiles. Chez l'homme, on remarque que le goût et l'odorat ont plus de finesse ; il est probable qu'il en est de même chez les animaux.

A doses un peu plus fortes l'*hyperesthésie* augmente encore d'intensité, et on voit alors les moindres excitations déterminer des réactions vives de la part des animaux ; il suffit souvent de frapper légèrement vers la région dorso-lombaire pour déterminer une douleur vive et des mouvements désordonnés, de frapper un coup de pied sur le sol, de claquer des mains pour effrayer l'animal, de faire tomber une vive lumière sur l'animal pour provoquer une grande agitation. Pendant que cette augmentation de la sensibilité se manifeste, il y a aussi des modifications de la locomotion. On voit des tremblements apparaître d'abord dans les membres postérieurs, puis dans les membres antérieurs, enfin sur les muscles du tronc et de la face. En même temps la marche devient plus raide, et les mouvements des membres plus brusques. Si la dose administrée est faible, ces phénomènes sont à peine apparents et se dissipent sans laisser aucune fatigue ; mais si les doses sont plus fortes, alors la raideur des membres augmente, la flexion des rayons se fait avec plus de brusquerie et est saccadée, elle devient ensuite plus difficile dans les quatre membres ; l'encolure est tendue et la tête portée au vent ; l'épine dorso-lombaire est voûtée en contre-haut. Si à ce moment on excite les animaux, on voit se produire des convulsions tétaniques qui surviennent par accès ; les membres raides, tendus, sont engagés sous le tronc et ressemblent à quatre colonnes inflexibles, le tronc et l'encolure sont raides, la tête est portée en avant, la queue est dirigée horizontalement en arrière et l'animal prend exactement la physionomie qui caractéristique le tétanos. De temps en temps la tension des muscles diminue, puis les convulsions reviennent par accès. On peut d'ailleurs à volonté produire des accès tétaniques en excitant l'animal par un procédé quelconque. L'hyperexcitabilité réflexe est tellement augmentée qu'il suffit souvent d'un bruit faible, d'un attouchement dans la région dorso-lombaire, quelquefois d'un petit courant d'air pour engendrer des attaques tétaniques et pour que l'animal saute en avant et en haut comme un ressort qui se débande. Ces accès convulsifs, après avoir augmenté d'intensité et de fréquence, s'éloignent ensuite et perdent de leur intensité, puis enfin s'éteignent complètement après vingt-quatre à trente-six heures, et l'animal revient complètement à son état normal. Quand l'animal qui reçoit de la strychnine offre une paralysie motrice dans un certain nombre de muscles, on voit que les convulsions tétaniques commencent dans ces muscles et s'y développent avec une intensité plus forte qu'ailleurs.

Si la dose administrée est toxique, les phénomènes décrits précédemment sont considérablement exagérés et les accès tétaniques se produisent avec une intensité effrayante et à des intervalles très rapprochés. Bientôt la station devient impossible, l'animal tombe sur le côté, étend ses membres, les antérieurs en avant, les postérieures en arrière, la queue est relevée fortement, la colonne vertébrale décrit une concavité tournée en haut, l'encolure est tendue et la tête est portée en arrière vers la partie postérieure du cou (opisthotonos). Pendant que cette tétanisation générale se produit, la respiration s'arrête, tous les muscles respirateurs sont fortement contractés, la poitrine reste fixée en inspiration ; l'hématose devient alors difficile, l'asphyxie arrive, et l'animal meurt dans un accès. Ces accès intenses se succèdent à des intervalles d'autant plus rapprochés et avec une intensité d'autant plus grande que la dose est plus considérable, à moins que la mort n'arrive immédiatement. La raideur des membres est telle pendant les accès qu'il devient impossible de fléchir les rayons osseux les uns sur les autres ; on peut soulever l'animal, s'il est d'une petite taille, tout d'une pièce en le tenant par un membre : on croirait que l'animal est à l'extrémité d'une barre rigide ou qu'il est en rigidité cadavérique. A mesure que les accès se multiplient, l'animal s'affaiblit et il ne tarde pas à succomber. La respiration s'arrête toujours avant le cœur ; celui-ci continue encore à battre longtemps après que la respiration s'est arrêtée. On croirait que les animaux meurent par asphyxie ; cependant ce n'est là qu'une apparence ; en effet si on fait absorber une petite quantité de strychnine à une grenouille, on voit que celle-ci succombe rapidement, et cependant on sait parfaitement que la grenouille peut vivre longtemps sans respirer. La mort chez les mammifères a donc plusieurs causes, l'asphyxie et l'épuisement nerveux produit par ces accès intenses et réitérés. Déjà avant la mort les muscles prennent une réaction acide ; aussi le cadavre entre-t-il rapidement en rigidité cadavérique.

La strychnine a aussi une action marquée sur la circulation artérielle et capillaire ; sous son influence les petits vaisseaux se resserrent, la peau, les muqueuses et les organes parenchymateux pâlissent et reçoivent moins de sang, la tension artérielle *s'élève* et le cœur se contracte avec une énergie plus grande. De faibles doses ralentissent les battements du cœur, des doses fortes les accélèrent. Quand les doses administrées sont suffisantes pour provoquer des accès tétaniques, la température rectale s'élève quelquefois de plusieurs degrés, on la voit atteindre 44° chez le chien. L'action sur la pupille est variable suivant la dose et la période d'action. Les faibles doses resserrent la pupille ; les fortes doses la rétrécissent d'abord, puis la dilatent quand les accès sont mortels.

Mécanisme de son action. — La strychnine porte son action sur la substance grise des centres encéphalo-rachidiens ; elle augmente l'excitabilité réflexe de ces centres. Ce qui prouve que les convulsions sont d'origine centrale, c'est qu'on peut empêcher un membre de participer aux convulsions tétaniques en coupant les nerfs moteurs. Si on empêche le sang d'arriver dans un membre par la ligature de ses vaisseaux, on voit que les convulsions strychniques se produisent aussi bien dans ce membre que dans les autres parties du corps irriguées par le courrant sanguin. C'est surtout sur la moelle que porte l'action excitante; en effet, en enlevant le cerveau à une grenouille, on voit que si on lui injecte un peu de strychnine sous la peau, les convulsions tétaniques se produisent comme sur une grenouille qui a son cerveau. Un lapin dont la mœlle est coupée en arrière du bulbe, qui reçoit de la strychnine, éprouve seulement des convulsions dans les membres et le tronc, mais pas dans la tête. Si on coupe toutes les racines rachidiennes sensitives à un animal, on voit que la strychnine ne produit plus de convulsions tétaniques; mais si on laisse seulement une ou deux racines intactes le tétanos se produit. Cette expérience démontre que la strychnine augmente le pouvoir excito-réflexe des centres médullo-bulbaires et que l'excitation sensitive la plus légère produit dans ces centres un ébranlement tel, qu'ils entrent tous en activité, pour exciter les nerfs moteurs de tous les muscles.

Le ralentissement du cœur avec des faibles doses est attribué à l'excitation du centre modérateur bulbaire et l'accélération avec des doses fortes est due à la paralysie de ce centre.

L'élévation de la tension artérielle, observée pendant l'action de la strychnine, n'est pas due aux convulsions; car on peut empêcher les convulsions avec les anesthésiques et le curare et on voit néanmoins l'augmentation de la pression artérielle se produire sous l'influence de la strychnine. Il semble qu'il y a surtout excitation du centre vaso-constricteur bulbaire; en effet la destruction de ce centre empêche en général cette élévation de la tension.

Antidotes. — Si les vomitifs et les médicaments tannants n'ont pas empêché l'absorption d'une dose toxique de strychnine, il faut avoir recours aux anesthésiques et principalement au *chloral* qu'on emploie en injection intra-veineuse. Oré, de Bordeaux, après de nombreuses expériences comparatives, est arrivé aux conclusions suivantes : 1° Le chloral est l'antagoniste de la strychnine quand il est employé en injections intra-veineuses. La dose de 0^{gr},01 de strychnine administrée par voie hypodermique tue toujours un chien de 10 kilogrammes. La mort n'arrive pas si on a le soin d'anesthésier l'animal aussitôt que les effets se montrent, par des injections intra-veineuses de chloral. Pendant l'anesthésie, il n'y a pas de convulsions tétaniques, la respiration se fait régulièrement, mais les accès convulsifs reparaissent au moment du réveil. Pour rendre ces crises du réveil moins dangereuses, il suffit de maintenir l'animal longtemps sous l'action anesthésique ; la strychnine, s'éliminant insensiblement, ne se trouve plus dans l'organisme en quantité suffisante pour tuer au moment du réveil. Oré a sauvé des chiens qui avaient reçu une dose toxique de strychnine par huit injections intra-veineuses successives de chloral. Moi-même, dans les démonstrations expérimentales, j'ai pu, par trois ou quatre injections de chloral, prolonger la vie d'un chien pendant trois heures après qu'il eut reçu une dose de strychnine rapidement toxique, pour un autre chien du même poids, servant de terme de comparaison. Il est certain que si j'avais insisté sur l'emploi de l'anesthésique j'aurais sauvé l'animal.

INDICATIONS THÉRAPEUTIQUES. — La strychnine est indiquée :

1° Comme tonique général et surtout comme tonique du tube digestif. Elle convient dans certaines inappétences causées par un état catarrhal du canal intestinal, dans certaines diarrhées rebelles. Elle fait disparaître assez rapidement les hypersécrétions intestinales et les relâchements atoniques de la musculeuse du tube digestif.

2° Comme excitant nerveux dans les paralysies qui ne sont pas produites par des désordres matériels considérables. Elle réussit bien quand ces paralysies sont rhumatismales ou succèdent à un refroidissement et qu'il n'y a pour ainsi dire que des désordres fonctionnels soit dans les cordons nerveux, soit dans la moelle.

Les paraplégies, les paralysies du pénis, de la vessie, des sphincters, sont toujours améliorées par la strychnine quand elles succèdent à un épuisement nerveux simple ou à une congestion; mais elles résistent à la strychnine quand elles ont pour cause une congestion trop violente accompagnée d'hémorrhagies capillaires ou une tumeur qui comprime la moelle.

3° Comme excitant respirateur dans les cas de pousse, de bronchite chronique. On remarque qu'à très faible dose la strychnine régularise la respiration, rend l'hématose plus facile et fait disparaître le soubresaut caractéristique de la pousse.

La strychnine est toujours contre-indiquée dans les paralysies qui succèdent à une compression des centres nerveux par une tumeur quelconque, dans les méningites, dans les cas d'hémorrhagies ou d'infiltration séreuse des centres nerveux, dans les cas de rupture ou d'ébranlement de la substance nerveuse succédant à un choc.

ADMINISTRATION. — On doit toujours se servir des *sels de strychnine* à cause de leur parfaite solubilité dans l'eau. Pour déterminer très exactement la dose administrée, ces sels sont employés sous forme de solutions titrées à 1/50, à 1/100, etc.

On peut aussi servir des pilules contenant des doses parfaitement connues de strychnine. On ne doit faire usage de ces dernières que lorsque les injections hypodermiques des solutions ne peuvent pas être employées. Ces solutions sont absorbées par toutes les voies; mais la voie hypodermique est la plus sûre. Les accidents locaux sont nuls, l'absorption est rapide, les effets sont prompts et peuvent être gradués à volonté. La voie hypodermique est celle que l'on doit toujours préférer pour les sels de strychnine; les autres voies offrent toutes des inconvénients plus ou moins graves; l'injection intra-trachéale est plus difficile à réaliser et peut exposer à une inflammation bronchique ou pulmonaire; les voies stomacale et rectale sont peu sûres à cause de l'irrégularité de l'absorption; les applications cutanées ne laissent passer à l'absorption qu'une quantité trop faible de strychnine et exposent à des pertes énormes de médicaments et quelquefois à des empoisonnements.

DOSES DES SELS DE STRYCHNINE :

	Pour 1 kilogr. de poids vif.	Strychnine. Milligr.
Doses toxiques	Homme	0, 40
	Lapin	0, 60
	Chat	0, 75
	Chien	0, 75
	Coq	2
Doses thérapeutiques (pour un sujet)....	Cheval........ 0ᵍʳ,05 à 0ᵍʳ,15	
	Bœuf........ 0 05 à 0 30	
	Porc .... 0 002 à 0 005	
	Chien .... 0 001 à 0 003	
Doses toxiques	Cheval ...... 0 20 à 0 30	
	Bœuf .... 0 20 à 0 40	
	Porc........ 0 01 à 0 05	
	Chien .... 0 005 à 0 02	

Brucine.

La brucine, retirée de la noix vomique comme la strychnine, est un alcaloïde cristallisé, inodore, incolore, d'une saveur âcre et très amère, peu soluble dans l'eau, très soluble dans l'alcool. Elle se combine avec les acides pour former des sels parfaitement solubles dans l'eau.

EFFETS PHYSIOLOGIQUES. — La brucine agit sur l'organisme à la manière de la strychnine, mais avec une activité qui est 38 fois moindre.

Elle pourrait répondre aux mêmes indications que la strychnine, mais il n'y a aucun avantage à l'employer de préférence à ce dernier alcaloïde.

Igasurine.

Cet alcaloïde retiré de la noix vomique par Desnoix, est solide, cristallisé en aiguilles soyeuses, très amer, soluble dans 200 parties d'eau bouillante, très soluble dans l'alcool, insoluble dans l'éther. Elle se combine avec les acides et forme des sels très solubles dans l'eau.

EFFETS PHYSIOLOGIQUES. — L'igasurine agit comme la strychnine et avec une intensité presque égale. Il suffit de 5 milligrammes pour empoisonner un chat d'après Desnoix et Soubeyran.

Il n'y a aucun avantage à l'employer dans la pratique de préférence à la strychnine.

Noix vomique (all. *Krähenaugen*).

On donne le nom de noix vomique à la graine du fruit d'un arbre exotique appelé *vomiquier* chez nous (*Strychnos Nux vomica, L.*) et *Coniram* dans l'Inde où il croît spontanément. Cet arbre, d'une élévation et d'une grosseur médiocres, porte un fruit du volume d'une orange ; ce fruit rempli d'une pulpe acide et non vénéneuse contient, en outre, de 14 à 15 graines aplaties qu'on nomme improprement *noix vomiques*. Ces graines ont exactement la forme d'un bouton d'habit; l'une de leurs faces est convexe, l'autre est concave et porte au milieu une espèce d'ombilic; leur surface est grisâtre, douce au toucher et recouverte d'une espèce de duvet ayant l'aspect de celui du velours. Leur substance est dure, coriace, comme cornée et légèrement translucide ; elle ne présente pas d'odeur sensible, mais quand on la goûte, elle développe une saveur un peu âcre et une amertume très intense. Le poids moyen de chaque graine est d'environ 1^{gr},50.

COMPOSITION CHIMIQUE. — La noix vomique contient les principes suivants :

1° Principes alcalins........	Strychnine. Brucine. Igasurine.
2° Principe acide..........	Acide igasurique ou strychnique.
3° Principes hydrocarbonés.	Huile concrète. Cire.
4° Matières colorantes.....	Matière colorante jaune.
5° Matières neutres........	Amidon. Bassorine. Ligneux.

La noix vomique doit son activité aux trois alcaloïdes qu'elle contient et principalement à la strychnine. Cet alcaloïde est contenu dans la noix vomique dans la proportion de 0.2 à 0.5 p. 100 en moyenne. On a reconnu dans la pratique que la richesse de la noix vomique en strychnine est très variable, et qu'à dose égale elle ne produit pas toujours les mêmes effets; tantôt ces effets sont presque nuls, tantôt ils sont mortels. Il importe donc d'abandonner l'usage de la noix vomique et de ses préparations pour n'employer que la strychnine et ses sels.

INDICATIONS. — Les effets physiologiques de la noix vomique étant la somme des effets des trois alcaloïdes qui entrent dans sa composition, il en résulte que les indications thérapeutiques des préparations de la noix sont celles que nous avons indiquées à propos de la strychnine.

PRÉPARATIONS. — 1° *Poudre.*

On obtient cette poudre en râpant les graines avec une râpe à sucre ou une lime à bois, ou mieux en les faisant ramollir à la vapeur d'eau, les écrasant dans un mortier, et les desséchant ensuite dans une étuve ou au soleil.

2° *Extrait alcoolique*.......... | Noix vomique râpée......... 1
                                   | Alcool à 85° C............. 32

On traite la poudre par deux macérations successives chacune de huit jours, on exprime, on évapore jusqu'à consistance d'extrait. On obtient le dixième du poids de la noix vomique employée.

3° *Teinture de noix vomique*... { Noix vomique pulvérisée.... 1
                                  { Alcool à 85°............... 5

DOSES :

POUDRE. — Comme la proportion des alcaloïdes est très variable suivant la provenance de la noix vomique, il en résulte qu'il n'est pas possible d'indiquer des doses parfaitement exactes ; les chiffres suivants n'indiqueront qu'une moyenne.

	Cheval........	20	à 30 gr.
	Bœuf.........	20	à 35
Doses toxiques.......	Porc	4	à 6
	Chien	0,50	à 1
	Chat..........	0,10	à 0,50
	Cheval........	2	à 10
	Bœuf.........	5	à 20
Doses thérapeutiques.	Mouton et porc	1	à 3
	Chien	0,05	à 0,25
	Chat	0,01	à 0,05

EXTRAIT. — La composition de l'extrait est instable,

comme celle de la poudre, et il n'est pas possible de donner des chiffres représentant exactement les doses.

En général, l'extrait est dix fois plus actif que la poudre, les doses doivent donc être dix fois moindres.

Teinture. — La teinture ne s'emploie que rarement à l'intérieur ; on l'utilise surtout en frictions sur les régions paralysées. Si on voulait l'utiliser à l'intérieur, il faudrait en donner des doses égales à celles de la poudre.

Dans la pratique, il y a tout avantage à abandonner complètement les préparations diverses faites avec la poudre de noix vomique. Le médecin soucieux de sa réputation et pénétré des données scientifiques, ne fera jamais usage que des sels de strychnine, dont le dosage est si facile, et dont les effets peuvent être gradués à volonté par les injections hypodermiques de solutions titrées.

Aconitine.

L'aconitine est un alcaloïde extrait des feuilles et des racines de l'aconit napel (*Aconitum Napellus*, L). Cette substance se présente sous forme solide, amorphe ou cristallisée suivant son mode de préparation, peu soluble dans l'eau et l'éther, très soluble dans l'alcool et le chloroforme. Elle se combine avec les acides, et forme des sels solubles dans l'eau.

Effets physiologiques. — Localement l'aconitine est irritante, puis anesthésiante. Sur la peau la pommade d'aconitine employée en frictions produit d'abord une sensation de picotement, de brulûre, puis une diminution de sensibilité. Sur l'œil les applications d'aconitine déterminent une vive douleur et une dilatation de la pupille. Introduit dans la bouche, cet alcaloïde produit une sensation d'amertume très prononcée, puis une sensation de brulûre aux lèvres, à la langue, au palais et enfin une abolition de la faculté gustative. La muqueuse rougit fortement et se couvre quelquefois de petites vésicules. La déglutition devient souvent difficile.

Dans l'estomac et l'intestin, l'aconitine irrite la muqueuse, détermine des nausées, des coliques, des vomissements chez les carnivores. Les mouvements péristaltiques s'exagèrent, les sécrétions sont activées et il y a souvent rejet de matières diarrhéiques abondantes par l'anus, en même temps qu'il y a vomissement.

Introduite dans le tissu conjonctif ou déposée sur une plaie, l'aconitine produit une douleur vive et assez persistante, mais elle ne donne jamais lieu à des accidents inflammatoires locaux importants.

Après son absorption, cet alcaloïde modifie la plupart des fonctions.

Le pouls, d'abord un peu accéléré, se ralentit bientôt considérablement, et il devient plus mou. Les pulsations sont d'abord irrégulières, intermittentes, puis elles se régularisent complètement, à mesure que les effets se prononcent.

Les battements du cœur sont moins énergiques, et les pulsations cardiaques moins faciles à percevoir. La tension artérielle s'abaisse notablement par suite du ralentissement des battements du cœur, et de la dilatation vasculaire périphérique.

Avec des doses faibles d'aconitine, la peau et les muqueuses rougissent et sécrètent activement; la bouche se remplit de salive, l'œil est humecté par des larmes, et les narines laissent écouler des gouttes d'un liquide clair comme de l'eau. L'urine est sécrétée en plus grande quantité; il y a *diurèse* très marquée.

La respiration est encore plus énergiquement modifiée que la circulation.

A faible dose, les mouvements respiratoires diminuent

de fréquence, mais leur amplitude augmente. Généralement l'inspiration et l'expiration tout en étant amples sont brèves et brusques. A chaque mouvement, les côtes se soulèvent énergiquement, et la quantité d'air introduite dans le poumon est augmentée. Le rhythme respiratoire est peu modifié avec des doses très faibles ; il y a pourtant bientôt une légère tendance aux arrêts respiratoires passagers. Avec des doses un peu plus élevées, le rhythme respiratoire se modifie considérablement. On voit que deux ou trois respirations se succèdent régulièrement, puis, qu'il y a une pause plus ou moins longue qui est suivie d'une nouvelle série de respirations régulières. La pause respiratoire se fait toujours en *expiration*, c'est-à-dire que la poitrine, arrivée à un maximum de reserrement, reste à peu près immobile pendant quelques secondes avant de subir une nouvelle dilatation.

Il semble que l'aconitine excite l'activité du centre expiratoire ou diminue l'activité du centre inspiratoire. Le ralentissement de la respiration produit est attribué par la plupart des auteurs à une action directe sur le centre respiratoire.

L'aconitine produit toujours un *abaissement* de la température rectale avec augmentation de la température cutanée. Sur le chien, j'ai vu la température prise dans le rectum, tomber de 38°,2 à 37°,4, après l'injection intra-trachéale de 0,005 d'aconitine ; sur le cheval, de 37°,4 à 37°,1 après plusieurs injections intra-veineuses de faibles doses.

Sous l'influence de l'aconitine la sensibilité devient d'abord plus vive, surtout dans la zone de distribution du nerf trijumeau où il se produit des fourmillements, des picotements. Cette hyperesthésie de la face et de la muqueuse buccale est traduite chez les animaux par des mouvements de la langue et des mâchoires ; sou-

vent aussi ils se grattent le museau et les commissures
des lèvres avec leurs pattes. La motilité, peu influencée
par des doses très faibles, l'est beaucoup par des doses
plus fortes; les animaux présentent des tremblements
musculaires, des contractions fibrillaires successivement
dans les muscles olécrâniens, les muscles du grasset,
puis dans tout le corps.

L'élimination de l'aconitine se fait principalement par
les reins; ces glandes sont excitées par le passage de
l'aconitine et sécrètent activement. Quand l'administration se prolonge, surtout lorsque les doses sont fortes,
il y a d'abord *diurèse*, mais celle-ci cesse bientôt par
suite de l'inflammation des glandes; il y a alors
anurie.

Quand les doses administrées sont toxiques, on constate une exagération de tous les phénomènes décrits
plus haut et l'apparition d'un certain nombre de troubles
nouveaux. Voici les effets qu'on observe chez le chien.
Si l'injection se fait sous la peau d'une cuisse, l'anima.
accuse immédiatement une vive douleur au point d'injection, il maintient le membre relevé et ne l'appuie
que légèrement sur le sol; quelquefois il le tient constamment soulevé. Après quelques moments, l'animal
est inquiet, il est agité, se déplace fréquemment, sa
pupille est dilatée; les muqueuses rougissent, se congestionnent, il ouvre la gueule, et avec ses pattes antérieures cherche à se gratter le palais comme pour se
débarrasser d'un corps étranger qui serait arrêté dans
le pharynx; il relève fortement la queue; il salive peu,
rend les urines généralement en grande quantité; la respiration est accélérée; les mouvements deviennent ensuite incertains, et l'appui se fait sur le membre où l'on
a fait l'injection; on voit quelquefois l'animal se
précipiter en avant et se gratter ensuite fortement la
gueule avec ses pattes; des vomissements se produi-

sent ensuite à plusieurs reprises, ils sont difficiles, douloureux ; l'animal pousse des cris plaintifs, et rend des excréments diarrhéiques abondants. Les vomissements douloureux continuent, les pupilles sont fortement dilatées ; le cœur, d'abord très ralenti, s'accélère ensuite ; puis il y a arrhythmie entre les oreillettes et les ventricules. La respiration est très laborieuse et lente, les mouvements des côtes sont très étendus ; puis survient la paralysie motrice, un affaiblissement de la sensibilité générale et des sens. Enfin la respiration s'arrête complètement, le cœur continue encore à battre pendant quelques instants et la mort arrive. L'intelligence est conservée intacte jusqu'à la dernière période de l'empoisonnement.

Sur les solipèdes, on observe des mouvements des mâchoires, de la salivation, des contractions fibrillaires des muscles olécrâniens, de la croupe, puis de tout le corps ; des douleurs intestinales accusées par des piétinements, des coups de pied sous le ventre, et en arrière avec les membres postérieurs, des contractions intenses et douloureuses des muscles de la région cervicale inférieure, de l'hyoïde et de l'abdomen, une augmentation de la sensibilité, une expulsion répétée de crottin ; d'abord une congestion des muqueuses puis une grande pâleur ; une diminution du volume des artères ; quelques petits cris au moment de la contraction des muscles de l'encolure et de l'abdomen, des nausées, de la raideur musculaire dans les membres postérieurs, une démarche vacillante, une respiration laborieuse, et enfin la paralysie motrice, respiratoire et sensitive.

Les lésions qu'on trouve à l'autopsie consistent dans des ecchymoses sur la plèvre et le poumon, sur l'endocarde du cœur gauche, principalement vers les points d'insertion des cordages et dans les auricules. La vessie est resserrée et vide, le cœur dur, principalement le ventricule gauche.

Les animaux à sang chaud meurent toujours par suite de l'arrêt de la respiration qui amène l'asphyxie. Chez les animaux à sang froid la mort n'arrive pas par asphyxie, mais est le résultat de la paralysie complète de la motricité, de la sensibilité et du cœur. Sur ces derniers animaux les nerfs moteurs deviennent inexcitables, mais le muscle conserve son excitabilité, quoiqu'elle soit affaiblie considérablement.

INDICATIONS THÉRAPEUTIQUES. — L'aconitine constitue un médicament très précieux comme *antipyrétique* et *antifébrile*, au début de toutes les maladies inflammatoires, internes surtout, de celles de l'appareil respiratoire. L'aconitine en abaissant la tension artérielle remplace complètement la saignée ; en échauffant la peau et en la congestionnant elle favorise la sudation, la respiration et la transpiration cutanées ; en abaissant la température rectale elle s'oppose directement à la fièvre ; en activant la sécrétion urinaire elle hâte l'expulsion des produits de déchets, et des produits pathologiques résorbés ; en ralentissant la respiration et le cœur, elle s'oppose à l'asphyxie et aux hémorrhagies parenchymateuses qui surviennent quand les battements du cœur sont trop précipités et que la respiration est trop accélérée. Ce médicament est donc bien indiqué dans la congestion des centres nerveux, les pneumonies, les bronchites, les pleurésies. Il ne convient pas quand les reins sont enflammés, parce qu'en s'éliminant par ces glandes, il les irrite.

ADMINISTRATION. — L'aconitine s'emploie en solutions titrées ou en pilules.

Les solutions titrées doivent toujours être préférées à toutes les autres préparations. L'absorption peut se faire par toutes les voies, mais celles-ci n'offrent pas toutes les mêmes avantages. Les voies qui sont surtout à recommander sont : le tissu conjonctif sous-cutané, la trachée et l'intérieur des veines. Les injections hypodermiques me semblent suffire à tous les besoins ; elles sont faciles à pratiquer, ne produisent aucun accident et l'absorption se fait rapidement. Les injections intra-trachéales peuvent aussi rendre des services, mais sont en général plus dangereuses que les injections hypodermiques. Les injections intra-veineuses peuvent être utilisés par les vétérinaires habiles. Les solutions d'aconitine se font au 1/500 ou au 1/1000, on peut, quand il y a avantage, se servir de solutions plus fortes au 1/200 ou au 1/100.

L'aconitine étant peu soluble dans l'eau, on ajoute une ou deux gouttes d'acide azotique et la dissolution se fait bien. On pourrait directement faire dissoudre l'azotate d'aconitine qui est très soluble dans l'eau.

DOSES :

Injections hypodermiques.

1° Toxiques........	Cheval......	0gr,030	à	0gr,050
	Chien.......	0 005	à	0 010
2° Thérapeutiques..	Cheval......	0 005	à	0 010
	Chien.......	0 0005	à	0 001

Aconit (*Aconitum Napellus*).

L'aconit est une plante de la famille des scrofulariées qui fournit à la médecine ses feuilles et ses racines. La racine est plus active que les feuilles.

L'activité de l'aconit doit être attribuée à l'*aconitine* et à un principe *âcre,* qui n'a pas encore été isolé et qui existe en quantité suffisante dans la plante pour déterminer une inflammation dans une grande étendue du tube digestif.

EFFETS ET USAGES. — Les effets physiologiques et thérapeutiques sont sensiblement les mêmes que ceux de l'aconitine. On emploie les diverses préparations de la plante dans les mêmes cas que l'aconitine. Dans la pratique il faudrait abandonner toutes les préparations dont la teneur en aconitine n'est pas parfaitement connue. Pour être toujours sûr d'éviter les accidents il vaut mieux s'adresser aux solutions titrées d'aconitine qui seules donnent une sécurité complète.

L'aconit a souvent déterminé des empoisonnements chez le cheval, le bœuf, le mouton et autres animaux qui ont mangé cette plante.

Les contre-poisons sont inconnus ; il faut avoir recours aux mucilagineux et aux huiles purgatives, pour atténuer les effets irritants locaux sur le tube digestif et pour empêcher l'absorption.

PRÉPARATIONS. — Les diverses préparations de feuilles ou de racines d'aconit sont : 1° la poudre ; 2° l'extrait aqueux ou alcoolique ; 3° la teinture ; 4° l'huile d'aconit ; 5° la décoction.

Celles qu'on doit employer, quand on ne peut pas se procurer de l'aconitine, sont l'extrait et la teinture.

DOSES :

Extrait.

				Racine.
Doses toxiques.......	Cheval........ 15	à 20 gr.	400 à 450 gr.
	Chien......... 1	à 2	»
Doses thérapeutiques.	Cheval........ 2	à 5	
	Bœuf......... 3	à 6	
	Mouton et porc 0,30	à 0,80	
	Chien......... 0,05	à 0,30	

Teinture.

Doses thérapeutiques.	Chien.........	5 à 15 gouttes par dose.
	Cheval........	5 à 10 gr. (injection hypo-dermique ou intra-tra-chéale).

SIXIÈME CLASSE

TONIQUES VASCULO-CARDIAQUES.

Cette classe ne comprend guère que la digitale et la digitaline.

Digitale pourprée (*Digitalis purpurea*, L.).

On connaît plusieurs espèces de digitales. La plus employée en médecine est la digitale pourprée, encore appelée gant de Notre-Dame.

Cette plante, de la famille des scrofulariées, a ses fleurs, d'un rose vif ou d'un rose pâle, disposées en une longue grappe terminale. Ses feuilles sessiles sont alternes et décurrentes. Le limbe, couvert d'un duvet mou et pâle, est découpé en crénelures mousses, séparées les unes des autres par des sinus aigus.

Elle croît dans presque toute l'Europe et dans les îles du nord de l'Afrique ; elle habite les bois et les collines, dans les terrains secs, incultes et siliceux. On la cultive aussi comme ornementale dans les jardins.

Les feuilles sont les seules parties employées en médecine vétérinaire. Elles doivent être recueillies pendant la deuxième période de végétation de la plante, au moment où elle va fleurir. C'est alors que les feuilles sont le plus riches en principes actifs. Sèches elles ont un parfum assez agréable rappelant celui du thé et de certaines pâtisseries.

COMPOSITION CHIMIQUE. — L'analyse des feuilles de digitale a permis d'isoler, dans ces derniers temps, les principes suivants : 1° la *digitaline*, glycoside isolé pour la première fois par Homolle et Quévenne à l'état amorphe et plus tard par Nativelle à l'état cristallisé ; 2° la *digitonine*, produit analogue à la saponine, soluble dans l'eau, insoluble dans l'alcool absolu et froid, la benzine, l'éther, le chloroforme, et dont la *digitorésine*, la *digitonéine*, la *digitogénine* et la *paradigitogénine* sont des dérivés ; 3° la *digitaléine*, amorphe, insoluble dans l'eau froide, soluble dans l'alcool pur ou additionné de chloroforme et dans l'acide acétique, donnant en se décomposant de la *digitalirésine; 4°* la *digitoxine*, substance cristallisée, étrangère à la constitution des glycosides, donnant en se décomposant, de la *toxirésine*, très soluble dans l'éther.

Les feuilles de digitale doivent leurs principales propriétés physiologiques et thérapeutiques à la *digitaline*. Les autres principes, quoique moins actifs, viennent cependant ajouter leurs effets à la digitaline. L'étude de ce glycoside ne suffit donc pas pour nous renseigner sur tous les effets de la digitale. Aussi, pour être plus complet, allons-nous d'abord décrire les effets des feuilles de digitale, puis ceux de la digitaline pure.

Feuilles de digitale.

Administrée à très faible dose, la digitale ne modifie pas sensiblement les fonctions digestives ; mais à dose suffisante pour impressionner vivement l'économie, on voit survenir des troubles digestifs, des coliques, des vomissements, rarement de la purgation. Après l'absorption des principes actifs, la digitale, d'après certains auteurs, augmente la quantité d'urine sécrétée, c'est-à-dire produit la diurèse ; d'après d'autres, elle ne produit pas la diurèse à l'état de santé, mais seulement dans quelques cas pathologiques. Traube et Hirtz, qui ont constamment jaugé les urines de leurs malades, affirment que dans les conditions ordinaires, la digitale n'est pas diurétique, mais qu'elle produit la diurèse quand il y a hydropisie surtout par trouble cardiaque. Elle n'est diurétique que dans certains états pathologiques, dans ceux où la circulation générale est entravée. Cependant à haute dose il semble d'après MM. Bouley et Reynal et les toxicologistes que la digitale produit une évacuation abondante des urines même chez les animaux sains.

La digitale exerce une action remarquable sur la circulation. Tous les auteurs ont signalé le ralentissement du cœur. Quelques-uns disent que le ralentissement est primitif; d'autres pensent qu'il est précédé d'une accélération primitive. D'après Hirtz, le ralentissement du pouls se manifeste chez l'homme de dix à vingt-quatre heures après l'administration de la digitale; il ne se produit que quand les nausées et quelques phénomènes nerveux annoncent l'imprégnation digitalique. Cet observateur a constaté que, une fois le ralentissement produit, il continue et augmente pendant un à trois jours, même après que le médicament est suspendu, et qu'il peut même, dans cette condition, être encore constaté au bout de huit jours. Avec cette lenteur du pouls coïncide une élévation très marquée de la pression artérielle. Après le ralentissement du pouls on observe avec des doses toxiques une *accélération secondaire*, puis un *ralentissement secondaire* qui précède la mort. Pendant ces deux dernières périodes la tension artérielle s'abaisse et arrive à zéro au moment de la mort.

La digitale à faibles doses non seulement ralentit le cœur, mais lui donne une énergie de contraction plus grande. C'est un tonique cardiaque, ou comme a dit Bouillaud : *le quinquina du cœur.*

La digitale, d'après les expériences de presque tous les auteurs, est un *antithermique* assez énergique. Son influence sur la température dans l'état physiologique est faible, mais elle est très nette dans l'état pathologique.

La digitale exerce une action affaiblissante, paralysante sur le système musculaire de la locomotion. Des expériences de laboratoire démontrent que la digitale diminue l'excitabilité des muscles, et l'observation clinique montre que les sujets traités par la digitale sont faibles et se fatiguent sous l'influence du moindre exercice. L'expérimentation et l'observation sont d'accord pour attribuer à la digitale une action stimulatrice des plus marquées sur les contractions utérines.

Tous les auteurs admettent qu'à faible dose la digitale diminue le mouvement de dénutrition ; il y a diminution de l'acide carbonique éliminé par le poumon et la peau.

Si la digitale est administrée à dose toxique au cheval, on observe les symptômes importants six à huit heures après l'administration : tristesse, perte d'appétit, excitation générale, coliques, douleurs intestinales, accélération considérable du pouls et de la respiration, dilatation de la pupille, battements du cœur très forts et accompagnés de bruits spéciaux, tels que le *tintement métallique*, le *frémissement vibratoire* et le *bruit de souffle*, émission d'urine. Après douze à seize heures, abattement considérable, pouls ralenti, irrégulier, intermittent et faible, choc du cœur toujours fort, irrégulier, respiration irrégulière, entrecoupée, peau froide surtout aux extrémités, abaissement de la température rectale, puis mort généralement dans un calme complet. Chez le chien une dose toxique produit après son administration, des vomissements, de l'agitation, des gémissements plaintifs, une diminution du nombre des pulsations d'abord, puis ensuite une augmentation de ce nombre, faiblesse, décubitus prolongé sur le ventre, diarrhée, puis mort ou retour graduel, mais lent, à l'état normal.

Lésions. — Les principales lésions sont les suivantes : congestion et inflammation de l'intestin, ecchymoses sous-muqueuses et sous-séreuses, poumons enflammés, taches ecchymotiques nombreuses sous la plèvre, mousse sanguinolente dans les bronches, sang noir et incoagulable, ecchymoses au-dessous du péricarde et dans l'endocarde, valvules épaissies, tissu musculaire du cœur plus foncé et parsemé d'ecchymoses ; congestion des centres nerveux.

Antidotes. — Il n'y a aucun contre-poison de la digitale. Il faut combattre l'irritation gastro-intestinale par des mucilagineux et injecter de faibles doses d'atropine sous la peau pour combattre l'arrhythmie du cœur et l'arrêt de ses battements.

Les indications thérapeutiques, les doses et l'administration seront étudiées avec la digitaline.

Digitaline.

Ce glycoside se trouve dans la pharmacie, soit à l'état *amorphe*, soit à l'état *cristallisé*. La digitaline cristallisée de Nativelle étant d'un prix excessif n'a jamais pu être employée sur les animaux domestiques. On trouve aujourd'hui dans le commerce des digitalines allemandes qui sont vendues à des prix relativement peu élevés. Ces digitalines sont fournies dans des flacons de 1 gramme qui portent sur l'étiquette : « Digitaline pure cristallisée ». Ces digitalines allemandes ne sont réellement pas cristallisées, ne présentent pas les réactions chimiques et ne produisent pas les effets physiologiques de la véritable digitaline. Il est donc important de s'assurer de la provenance de la digitaline dite cristallisée. Nous avons en France des digitalines amorphes excellentes; elles sont d'un prix modéré et leurs effets sont sûrs. Celle de Homolle et Quévenne est la plus connue.

M. Lafont indique une réaction chimique qui permet de distinguer nettement les digitalines pures de celles qui proviennent d'Allemagne. On humecte la poudre avec un mélange à parties égales d'alcool et d'acide sulfurique, puis on chauffe jusqu'à ce que la poudre ait pris une belle couleur jaune; on ajoute une goutte d'une solution étendue de perchlorure de fer et on obtient une belle coloration bleue. Cette réaction ne se produit pas avec la digitaline allemande.

La digitaline amorphe a été bien étudiée sur les animaux et sur l'homme. Ce sont ses effets que nous allons décrire.

La digitaline amorphe est assez soluble dans l'eau distillée, pour permettre de faire des solutions au 1/100. En y ajoutant un peu d'alcool la dissolution se fait encore mieux. Les solutions, dont on veut faire usage doivent toujours être de préparation récente; les vieilles solutions sont souvent altérées par le développement de microorganismes qui en tombant au fond du liquide forment des flocons blancs.

Effets physiologiques. — Localement, la digitaline est *irritante*. Appliquée sur la peau sous forme de pommade ou d'une préparation qui reste adhérente, elle produit une inflammation du derme; celui-ci devient douloureux, il se tuméfie, rougit, s'échauffe et sécrète une exsudation séreuse. L'intensité de l'inflammation provoquée est en rapport avec la concentration de la préparation et avec la finesse de la peau. Lorsque la peau est dépourvue de son épiderme et que la digitaline est appliquée directement sur le derme, l'inflamtion locale est plus rapide et plus intense.

Introduite dans la bouche, la digitaline produit uné saveur amère, fait rougir la muqueuse buccale et détermine de la salivation. Dans l'estomac, elle irrite rapidement la muqueuse, provoque des douleurs, des nausées, des vomissements et de la diarrhée. Si les doses sont faibles et si la digitaline est donnée sous forme de solution, les effets d'irritation gastro-intestinale sont nuls ou insignifiants. Sur la conjonctive, la digitaline produit une cuisson très vive et une congestion intense. Les solutions aqueuses au 1/1000 injectées lentement dans la trachée des animaux ne déterminent pas de toux ; mais des solutions plus concentrées produisent facilement de la toux et une congestion pulmonaire aux points où l'absorption s'effectue dans le poumon. Le cheval et l'âne supportent beaucoup mieux ces injections que le chien. La digitaline injectée sous la peau dans le tissu conjonctif détermine une douleur vive et produit un phlegmon plus ou moins volumineux. Chez le chien, ce phlegmon se résorbe lentement ; chez le cheval et l'âne il s'abcède souvent et fournit un pus de bonne nature ; souvent aussi il laisse un noyau induré qui ne disparaît qu'après plusieurs mois. L'inflammation locale qui suit l'injection hypodermique de digitaline chez le cheval et l'âne retarde l'absorption et provoque un état fébrile plus ou moins prononcé. Lorsqu'on porte la solution de digitaline dans le tissu musculaire, on observe à peu près les mêmes effets que lorsque le médicament est déposé dans le tissu conjonctif sous-cutané.

Quand la digitaline est absorbée, elle produit diverses modifications fonctionnelles dont les plus importantes sont celles de la circulation.

A très faible dose, elle détermine, chez tous les animaux, un *ralentissement* du cœur, une *diminution du nombre* de ses battements. Ce ralentissement, quelquefois très prononcé, chez le chien et le mouton, l'est beaucoup moins chez l'âne et moins encore chez le cheval. On voit à l'état de santé le nombre des battements du cœur diminuer de 10 à 15 par minute chez le chien, de 3 à 5 chez les solipèdes. Ce ralentissement dure un temps variable, mais cependant assez long : de six à douze heures. A mesure que les effets de la digitaline se dissipent, on voit le nombre des pulsations revenir insensiblement à l'état normal, sans qu'il y ait accélération consécutive. Quelquefois on observe, après l'administration, une légère *accélération primitive* du cœur qui précède le *ralentissement*, c'est lorsque la digitaline irrite localement les tissus au point d'absorption et détermine par action réflexe une certaine excitation. Quand l'absorption se fait sans irritation, le ralentissement est toujours primitif avec de faibles doses. Chez les solipèdes il arrive souvent qu'après l'injection hypodermique de digitaline en solution il y a accélération continue du cœur sans ralentissement ni primitif ni consécutif. Cet effet accélérateur est dû, dans ce cas, à la fièvre de réaction que détermine le développement d'un phlegmon au point d'injection. Chez le chien le ralentissement des battements du cœur se produit très nettement après les injections hypodermiques ou intramusculaires.

A dose moyenne, la digitale produit successivement deux modifications inverses sur le nombre des battements du cœur. Après l'absorption sans irritation locale, elle agit d'abord en ralentissant le cœur. Ce ralentissement a une durée inversement proportionnelle à la dose employée. Après un certain temps ce ralentissement disparaît et fait place à l'*accélération* du cœur, dont l'intensité est directement proportionnelle à la dose.

Les fortes doses produisent d'abord un certain ralentissement du cœur, mais très passager, puis elles déterminent une accélération très forte et très durable.

Avec des doses très fortes il n'y a pour ainsi dire pas de ralentissement initial ; il y a immédiatement accélération qui dure très longtemps et qui est suivie, si l'animal doit mourir, d'un ralentissement avec arrhythmie.

Avec *faibles doses :* ralentissement des battements du cœur, puis retour insensible à l'état normal.

Avec *doses moyennes :* ralentissement du cœur ; puis accélération et enfin retour à l'état normal.

Avec *fortes doses :* ralentissement très passager ; accélération de longue durée, puis retour très lent à l'état normal.

Avec *doses très fortes :* accélération immédiate très forte ; ralentissement et arrhythmie précédant la mort.

La digitaline, en même temps qu'elle modifie le nombre des battements du cœur, agit aussi en augmentant l'*énergie* du muscle cardiaque. A chaque systole les contractions auriculaires et ventriculaires sont plus énergiques et les ondées sanguines déplacées sont plus volumineuses. Dans mes expériences cardiographiques, j'ai toujours constaté que, pendant l'action de la digitaline, les courbes indiquent une augmentation de pression intra-cardiaque systolique considérable. Les deux bruits normaux du cœur deviennent plus intenses, plus nets. La pulsation cardiaque est plus facilement perceptible. La digitaline constitue un tonique puissant du cœur. Elle ne produit l'affaiblissement du cœur qu'à dose trop forte et seulement dans la deuxième période de son action.

Sous l'influence de la digitaline on voit aussi souvent le *rhythme* des battements du cœur se modifier. Sur des animaux à l'état de santé, la digitaline, tout en ralentissant le cœur et en augmentant la force de ses contractions, produit aussi *des intermittences* en général régulièrement espacées. On constate dans le ralentissement produit par des doses moyennes que les battements du cœur sont accouplés deux par deux ou trois par trois, et qu'entre deux séries il y a un arrêt assez long. Ces modifications du rhythme n'existent que pendant le ralentissement du cœur; quand cet organe est accéléré, les battements sont régulièrement espacés, et il n'y a aucune intermittence.

La digitaline modifie aussi la circulation artérielle. Pendant qu'elle agit, la tension artérielle augmente notablement; les artères sont plus dures, plus pleines. Le pouls se modifie comme le cœur : il est plus vigoureux, plus fort, souvent intermittent pendant la période de ralentissement ; il devient régulier, plus petit pendant la période d'accélération ; pendant l'empoisonnement et peu de temps avant la mort, il est misérable et fortement intermittent. Quand on enregistre le tracé du pouls pendant la période de ralentissement, on obtient souvent le pouls *bigéminé* ou *trigéminé*, c'est-à-dire deux ou trois pulsations accouplées. La vitesse du sang dans les artères diminue sous l'action de la digitaline comme le démontrent nettement les graphiques obtenus avec l'hémodromographe de M. Chauveau.

Ces modifications importantes de la circulation se produisent par le mécanisme suivant: le ralentissement du cœur et du pouls est dû à l'excitation centrale et intra-cardiaque du système modérateur cardiaque ; l'accélération consécutive est due à la paralysie de ce système ; les modifications du rhythme sont également dues à une action sur le système modérateur, car aussitôt que ce système est paralysé, les intermittences disparaissent ; l'énergie plus grande des battements doit être attribuée à une action directe de la digitaline sur la fibre cardiaque ; l'augmentation de la tension artérielle est due au rétrécissement des petits vaisseaux qui opposent un obstacle à l'écoulement du sang à la périphérie ; la constriction vasculaire périphérique est due à l'excitation centrale et périphérique des vaso-moteurs.

La respiration se modifie à peu près dans le même sens que la circulation pendant l'action de la digitaline. A faible dose, les mouvements se ralentissent ; à forte dose, ils s'accélèrent. Il y a à faible dose une diminution de l'exhalation de l'acide carbonique.

La digitaline à faible dose, absorbée sans produire d'irritation locale, provoque un abaissement de la température rectale. Celle-ci s'abaisse généralement de 4/10 à 5/10 de degré sur les animaux sains. Si l'absorption de la digitaline est accompagnée d'une irritation locale, on voit au contraire se produire une élévation plus ou moins forte de la température rectale.

De nombreuses expériences que j'ai faites, il ressort que la digitaline amorphe ne produit pas d'effet diurétique sur les animaux sains. C'est un effet inverse que l'on observe, c'est-à-dire une diminution de la sécrétion. Quoique la quantité d'urine sécrétée soit moindre pendant l'action de la digitaline, il arrive quelquefois que la quantité d'urée éliminée est plus forte ; c'est lorsque la digitaline irrite localement les surfaces sur lesquelles elle est absorbée. Quand l'absorption se fait sans irritation locale, il y a à la fois diminution d'urine et diminution d'urée.

La digitaline, étant reconnue non diurétique à l'état normal, peut cependant dans certains cas produire la diurèse. Dans certaines hydropisies la digitaline est diurétique. Mais elle produit la diurèse par un mécanisme tout particulier différant beaucoup de celui des véritables diurétiques. Elle produit alors la diurèse en améliorant la circulation troublée et non en agissant spécialement sur le rein. La digitaline relève la pression sanguine en augmentant le travail du cœur et en produisant une constriction capillaire ; or on sait que l'augmentation de la pression est une condition favorable pour la sécrétion urinaire.

Comme la digitale, la digitaline produit rapidement un affaiblissement musculaire considérable.

INDICATIONS THÉRAPEUTIQUES DE LA DIGITALINE. — La digitaline est indiquée :

1° Comme *tonique vasculo-cardiaque* dans les maladies du cœur où avec lésion valvulaire nettement caractérisée il y a irrégularité, tumulte et fréquence des contractions du cœur ou palpitations désordonnées. Pendant ces maladies il ne faut administrer la digitaline qu'avec réserve et pendant un temps limité. Il faut commencer par de petites doses ; cesser ou diminuer les doses au bout de quelques jours, et se guider soit pour l'interruption, soit pour la reprise, sur l'état du pouls et particulièrement sur son degré de résistance ; la perte d'appétit, l'intermittence du pouls, la faiblesse musculaire, sont des signes qui indiquent impérieusement la suppression du traitement. Toutes les expériences que j'ai faites me démontrent qu'il faut repousser l'emploi de doses fortes de digitaline ou de digitale.

Les palpitations nerveuses simples sont modifiées heureusement par l'emploi de la digitaline.

On obtient aussi de bons effets dans le traitement de la métrorrhagie et des hémoptysies à cause de son action vaso-constrictive.

2° Comme *anti-fébrile* dans toutes les maladies caractérisées par une élévation de la température et une accélération du pouls et de la respiration. En ralentissant le pouls, en resserrant les petits vaisseaux, en abaissant la température, la digitaline s'oppose aux phénomènes principaux de la fièvre. On en a obtenu d'ex-

cellents résultats dans les diverses pneumonies aiguës;
les fièvres typhoïdes, etc.

3° Comme *diurétique* dans les hydropisies de toute
nature, anasarque, ascite, hydrothorax, hydropéricar-
dite. Ce sont surtout les épanchements séreux dépen-
dant d'une lésion du cœur qui sont guéris rapidement.

4° Comme modificateur de la circulation des centres
nerveux dans l'épilepsie.

Doses :

	Chien......	0gr,001 à 0gr,002
Digitaline. — Doses thérapeutiques.	Ane.......	0 003
	Cheval.....	0 005

Ces doses peuvent être données deux fois par jour.

Poudre de digitale. — Un gramme de poudre équi-
vaut à 5 milligrammes de digitaline.

	Dose forte.	Dose faible.
Cheval..............	3 à 5 gr.	1 à 2 gr.
Bœuf.	4 à 6	1 à 3
Mouton et porc....	0,50 à 1	0, 10 à 0,30
Chien.............	0, 15 à 0,30	0,05 à 0,10

Ces doses peuvent être données deux fois par jour. On
suspend généralement l'administration après trois jours.

Teinture de digitale.	Chien ..	5 à 15 gouttes.	Donner deux fois
	Cheval ..	5 à 10 gr.	par jour.

Doses toxiques.

	Cheval.............	25 à 30 gr.
Poudre de digitale.	Chien	5 à 8
	Chat...............	2
	Cheval.............	0gr,15
Digitaline amorphe.	Chien.............	0 025
	Chat...............	0 010

Administration. — La meilleure voie d'administration
est la voie digestive. On ne doit pas administrer directement la poudre de digitale ou de digitaline. Il faut

employer l'eau de macération de la poudre de digitale ou la teinture. Ces liquides doivent être étendus pour ne pas provoquer d'irritation gastro-intestinale. La digitaline est préparée en solutions titrées à 1/100, à 1/200, etc. ; au moment de l'administration on verse une quantité déterminée de cette solution dans de l'eau que l'on donne en breuvage ou en boisson. On a remarqué que la macération des feuilles de digitale a une action diurétique plus marquée que l'infusion.

Chez le cheval et l'âne l'administration peut aussi se faire par la trachée en prenant toutes les précautions voulues, c'est-à-dire injecter très lentement des solutions étendues.

Chez le chien on pourrait aussi choisir la voie hypodermique, quoiqu'elle soit cependant moins avantageuse dans ce cas particulier que la voie digestive.

SEPTIÈME CLASSE

ANTISÉCRÉTOIRES.

Belladone et atropine.

La belladone est une plante indigène de la famille des solanées, dont'le fruit est une baie qui ressemble à une cerise noire. Toutes les parties de cette plante sont actives; les baies et la racine sont plus actives que les feuilles.

COMPOSITION CHIMIQUE. — La belladone renferme un alcaloïde, l'*atropine*, qui est son principe actif; de l'albumine, de la gomme, de la chlorophylle, de la cellulose, des sels, etc.

La proportion d'atropine contenue dans la belladone est très variable, selon le terrain sur lequel la végétation s'est faite, l'état de sécheresse de l'année, le moment de la récolte et la manière dont elle est conservée. En administrant de la belladone ou des préparations faites avec cette plante, le médecin ne sait jamais exactement l'intensité des effets qu'il va obtenir; il s'expose à donner des doses trop fortes et à déterminer l'empoisonnement, ou des doses trop faibles et n'obtenir aucun effet, et cela avec les mêmes quantités administrées. En médecine comme dans les sciences positives, il faut constamment chercher à obtenir l'exactitude parfaite; il faut qu'on puisse graduer mathématiquement les effets, et pour cela il faut pouvoir exactement doser les principes actifs que l'on administre. Pour éviter les nombreux inconvénients qui sont attachés à l'administration directe de la belladone, il faut faire usage de son alcaloïde, l'*atropine*, et de ses sels, et proscrire entièrement les préparations végétales.

Atropine.

Cet alcaloïde a été découvert par M. Brandes, et isolé à l'état de pureté par MM. Geiger et Hesse.

Il est solide, en cristaux blancs soyeux et prismatiques, inodore, d'une saveur amère et nauséeuse, peu soluble dans l'eau, mais bien soluble dans l'alcool et l'éther.

L'atropine neutralise les acides et forme avec eux des sels cristallisables solubles dans l'eau. Le sulfate d'atropine est le plus employé en médecine, on ne fait jamais usage de l'atropine.

EFFETS PHYSIOLOGIQUES. — Le sulfate d'atropine appliqué sur la peau intacte détermine, après un certain temps de contact, une légère diminution de la sensibilité et un arrêt local de la sécrétion sudorale (Aubert). Sur les plaies et les muqueuses fines l'atropine produit d'abord une douleur cuisante assez vive, il y a irritation, congestion ; puis, au bout de quelques minutes, la douleur disparaît et il se produit une anesthésie locale plus ou moins intense. Une goutte d'une solution aqueuse de sulfate d'atropine instillée dans l'œil d'un animal détermine d'abord une irritation accompagnée de douleur et de sécrétion des larmes ; l'animal cherche à se frotter l'œil, dont la muqueuse rougit ; après 2 ou 3 minutes la douleur a disparu et, après 10 minutes, on observe chez le chien une dilatation de la pupille correspondante. La *mydriase* d'abord légère, augmente insensiblement, et après 25 minutes elle est généralement arrivée à son maximum ; alors l'iris n'est plus représenté que par une bandelette circulaire extrêmement étroite. La mydriase se produit facilement chez les carnassiers et chez l'homme, elle apparaît plus lentement chez les herbivores, et enfin elle ne se produit pas chez les oiseaux. Chez le chien, le chat, la mydriase arrive à son maximum dans 20 ou 25 minutes; chez l'âne, le cheval et les ruminants ce n'est qu'après 35 à 45 minutes. Si l'instillation se fait sur un seul œil, on voit que la pupille de l'œil opposé se contracte à mesure que celle du côté instillé se dilate. Cette constriction de la pupille opposée est due à l'effet réflexe produit par une plus grande quantité de lumière qui tombe au fond de l'œil atropiné. On peut provoquer alternativement la dilatation et le resserrement de la pupille par des instillations alternatives d'une solution de sulfate d'atropine et d'une solution de sulfate d'ésérine. Ce dernier alcaloïde a, en effet, la propriété de produire la myose, c'est-à-dire le resserrement pupillaire, et de faire cesser les effets mydriatiques de l'atropine quand ils sont déjà établis. En général, la myose produite par l'ésérine disparaît plus facilement avec l'atropine que ne disparaît la mydriase atropinique sous l'influence de l'ésérine. La pupille dilatée sous l'influence de l'atropine est immobile, elle ne se modifie plus sous l'influence de différentes intensités lumineuses et l'accommodation de l'œil devient impossible. La mydriase dure de 2 à 8 jours après l'instillation. La mydriase se produit encore sur un œil, quand on a préalablement coupé le nerf sympathique du côté correspondant ; mais elle s'établit plus lentement, comme j'ai pu m'en assurer souvent sur des chiens. Chez le lapin la mydriase est toujours très lente à s'établir, quelquefois même elle est à peine visible. Cet animal ne convient donc pas pour déceler l'atropine dans un liquide que l'on soupçonne contenir de l'atropine. Dans la médecine légale, il faudra donc toujours avoir recours au chat ou au chien pour s'assurer de la présence de l'atropine dans la matière provenant du cadavre d'un homme ou d'un animal empoisonné.

MÉCANISME DE LA MYDRIASE. — La mydriase est le résultat d'un effet local de l'atropine sur l'œil, quoique cette substance puisse encore produire la mydriase après son absorption par toute autre voie. En effet, la mydriase se fait toujours sur l'œil dans lequel l'instillation est faite, jamais sur l'œil du côté opposé. Si on enlève un œil sur une grenouille, la mydriase se produit encore si cet œil est humecté avec une solution d'atropine. Fleming a remarqué que la dilatation de la pupille commence d'abord au point où la goutte est déposée ; si celle-ci est déposée sur un des points de la circonférence de l'iris, on voit la dilatation commencer en ce point et elle se produit seulement plus tard dans tout l'iris. La présence de l'atropine a été constatée dans l'humeur aqueuse de l'œil (Ruyter), cette substance arrive donc en contact avec l'iris. Agit-elle sur les fibres circulaires en les paralysant ou sur les fibres rayonnées? Agit-elle directement sur la fibre musculaire ou sur les fibres nerveuses de l'iris? Ce sont des questions encore incomplètement résolues. D'après les travaux les plus récents, elle paralyse les fibres nerveuses motrices des fibres circulaires de l'iris. En effet, après l'atropinisation, l'excitation de l'oculo-moteur commun ne produit plus de resserrement pupillaire. De plus j'ai remarqué que lorsque la mydriase est incomplète, l'excitation du bout céphalique du sympathique produit les effets dilatateurs ordinaires.

Elle n'agit donc pas sur le système des fibres rayonnées, mais sur le système des fibres circulaires. Le système constricteur étant paralysé, le système dilatateur agit seul et il y a dilatation de la pupille. Il est assez difficile d'expliquer pourquoi la mydriase ne se produit pas chez les oiseaux. L'iris de ces derniers ne contient que des fibres circulaires striées et pas de fibres radiées d'après la plupart des micrographes, et c'est peut-être à cette différence de structure qu'il faut attribuer la différence des effets sur la pupille.

Effets généraux. — Quand l'atropine est arrivée dans le torrent circulatoire, elle produit des modifications dans presque toutes les fonctions.

La mydriase se produit sur les deux yeux avec une égale intensité, et la vue est obscurcie.

1° Sécrétions. — Elle tarit toutes les sécrétions ou les diminue considérablement. La bouche devient sèche, la déglutition est bientôt rendue impossible, les aliments se dessèchent dans l'estomac et l'intestin. Les sécrétions salivaire, gastrique et intestinale sont donc taries sous l'influence de l'atropine. Les aliments n'étant pas digérés, agissent comme des corps étrangers irritants sur la muqueuse gastro-intestinale, et on voit souvent se produire des nausées et des vomissements chez les carnassiers, et des coliques chez les herbivores.

L'atropine tarit les sécrétions des glandes en paralysant les extrémités intraglandulaires des nerfs sécréteurs. Ce fait est facile à vérifier sur la glande sous-maxillaire du chien. Cl. Bernard a démontré que la corde du tympan renferme les fibres excito-sécrétoires de cette glande, et qu'il suffit d'exciter ce cordon nerveux dans son bout glandulaire pour provoquer immédiatement une abondante sécrétion de salive et une congestion de la glande. Sur un animal atropiné, l'excitation du bout périphérique de la corde du tympan reste sans effet sur la sécrétion, mais produit encore l'effet vaso-dilatateur, comme l'a démontré le premier Heidenhain, et comme j'ai pu m'en assurer plusieurs fois. L'action antisécrétoire de l'atropine est donc due à la paralysie des nerfs

sécréteurs, et non à l'action de l'atropine sur la circulation de la glande.

2° *Circulation et respiration.* — A très faible dose
l'atropine produit d'abord un ralentissement des battements du cœur chez l'homme et le lapin, puis une
forte accélération de ces battements. Chez le chien l'accélération se produit immédiatement sans être précédée
d'une période de ralentissement.

Le ralentissement observé chez l'homme et le lapin
est toujours de courte durée, tandis que l'accélération
consécutive dure longtemps. Chez nos grands animaux
domestiques, l'accélération du pouls est aussi le phénomène le plus saillant et le plus durable. Le pouls en
même temps devient plus petit, plus difficile à percevoir, et les battements du cœur sont moins énergiques.

L'accélération considérable du pouls sous l'influence
de l'atropine doit être attribuée à la paralysie intra-
cardiaque des fibres modératrices du pneumogastrique.
En effet, tout le monde sait que l'excitation du bout
périphérique du pneumogastrique produit le ralentissement ou l'arrêt des battements du cœur dans les conditions physiologiques, tandis qu'après l'atropinisation
la même excitation n'influence plus le cœur, celui-ci
continue à battre avec la même précipitation.

On admet généralement que l'atropine produit un
abaissement de la tension artérielle. D'après les graphiques manométriques que j'ai pris sur le chien la tension artérielle reste normale. Il est probable que les
auteurs qui signalent un abaissement de tension ont
fait usage de fortes doses.

Généralement les muqueuses sont congestionnées, il
semble donc y avoir une dilatation vasculaire périphérique, et si la tension se maintient normale, c'est parce
que le cœur bat plus fréquemment.

La respiration est toujours accélérée avec l'atropine.

3° *Mouvements péristaltiques gastro-intestinaux.* — L'atropine arrête les mouvements péristaltiques de l'estomac et de l'intestin. Cet effet paralysant sur les fibres musculaires lisses a été nettement mis en évidence, au moyen de la méthode graphique, par le professeur Morat, de la Faculté de médecine de Lyon. Avant l'administration d'atropine les courbes obtenues indiquent des contractions rhythmiques dans l'estomac et l'intestin : après l'injection d'atropine ces mouvements ont cessé, et il n'a plus été possible de les réveiller même par l'excitation électrique du nerf moteur qui se distribue dans la musculeuse gastro-intestinale. Ce physiologiste a observé que les effets paralysants de l'atropine disparaissent sous l'influence de la pilocarpine ; cette substance est un antagoniste de l'atropine et exalte les mouvements péristaltiques et les sécrétions.

4° *Mouvements des sphincters.* — Quoique nous n'ayons pas d'expériences directes montrant que l'atropine paralyse les sphincters, il est pourtant rationnel d'admettre cette action.

Depuis longtemps les médecins et les accoucheurs admettent que l'anus, le col de la vessie et de la matrice se laissent dilater facilement sous l'influence de l'atropine. Cet effet est surtout très marqué quand ces sphincters sont le siège de contractions spasmodiques. L'atropine paralyse le système constricteur de l'iris, la musculeuse de l'estomac et de l'intestin, et il est probable que la même action paralysante s'exerce sur les fibres circulaires des différents sphincters. Évidemment après la paralysie de ces sphincters ceux-ci ne se dilatent pas activement, mais ils offrent moins de résistance aux causes qui tendent à les dilater.

5° *Sensibilité et motilité.* — De faibles doses d'atropine produisent une excitation des animaux, une augmentation de la sensibilité ; des doses plus fortes engendrent d'abord une période d'excitation pendant laquelle les animaux se déplacent et s'agitent, puis une période de calme pendant laquelle il y a diminution de la sensibilité et apparition d'un état de somnolence qui est cependant entrecoupé par des cris et des rêves pénibles. Les herbivores sont fortement agités au début, et ils sont en proie à des hallucinations; on observe aussi des tremblements musculaires; les chevaux poussent au mur comme dans le cas de vertige, et après le réveil ils ressemblent à ceux qui sont atteints d'immobilité.

6° *Calorification*. — Avec des doses faibles, on obtient un accroissement de la température rectale qui peut atteindre 4 degrés. Des doses fortes produisent d'abord une élévation de la température, mais ensuite une diminution de 1 à 3 degrés.

ÉLIMINATION. — Comme la plupart des alcaloïdes, l'atropine est excrétée par les reins. On a pu produire la mydriase sur des animaux en leur instillant dans les yeux de l'urine provenant d'animaux morts empoisonnés par l'atropine.

EFFETS TOXIQUES. — Des doses toxiques d'atropine produisent :

1° Une dilatation pupillaire extrême avec trouble dans la vision; les animaux butent contre les objets qui se trouvent sur leur passage;

2° Une exaltation de l'ouïe qui ne s'éteint que dans le coma ;

3° Une congestion très forte des muqueuses ;

4° Une excitation très forte pendant laquelle les animaux sont très sensibles ;

5° Une diminution de la sensibilité et de la motilité ;

6° Des tremblements musculaires et des convulsions;

7° Une paralysie sensitive et motrice complète ;

8° Une accélération considérable du pouls qui est petit et qui devient même imperceptible ;

9° Un refroidissement de la peau, surtout des extrémités ;

10° Un relâchement complet des sphincters ;

11° La mort au milieu des convulsions.

Certains animaux peuvent consommer de grandes quantités de feuilles fraîches de belladone sans éprouver de malaise ; tels sont les escargots, les pigeons et les lapins. Ces animaux peuvent être nourris pendant une semaine avec ces feuilles, sans en être incommodés. Leur viande mangée par des carnassiers détermine l'empoisonnement chez ces derniers.

A l'autopsie on ne trouve aucune lésion caractéristique ; il y a seulement de la congestion des centres nerveux, et les vaisseaux contiennent un sang noir.

ANTIDOTES. — Il faut d'abord employer les vomitifs ou les purgatifs pour faire rejeter le poison non absorbé. Si l'absorption est déjà effectuée, on conseille le café et les excitants. Je crois qu'il vaudrait mieux lui opposer la pilocarpine et l'ésérine, dont les effets sont exactement inverses.

INDICATIONS THÉRAPEUTIQUES. — Localement les préparations belladonées et les sels d'atropine sont indiqués :

1° Pour diminuer la *douleur* dans les inflammations cutanées ou sous-cutanées, quelle que soit leur nature ;

2° Pour tarir les hypersécrétions et diminuer le prurit dans certaines maladies cutanées, dans l'otorrhée, etc. ;

3° Pour produire la *mydriase* quand on veut examiner le fond du globe oculaire ou quand on veut pratiquer des opérations sur le cristallin.

4° Alternativement avec l'ésérine, pour provoquer des mouvements de resserrement et de dilatation de l'iris quand on veut empêcher les adhérences de l'iris avec le cristallin ou avec des produits pathologiques dans certaines ophthalmies ;

5° Pour calmer la douleur et diminuer les hypersécrétions et la tension intra-oculaire dans toutes les ophthalmies (il faut employer des solutions à 1/400).

A l'intérieur l'atropine est indiquée :

1° Pour diminuer l'excitabilité des nerfs d'arrêt du cœur quand on veut pratiquer l'anesthésie par le chloroforme ou l'éther. Quelques minutes avant de faire respirer les vapeurs anesthésiques, on pratique aux animaux une injection sous-cutanée de sulfate d'atropine. Chez le chien un demi-milligr. à 1 milligr. suffit pour diminuer considérablement l'excitabilité du pneumo gastrique, et pour mettre à l'abri des syncopes cardiaques. Dans la pratique, on a tout avantage à faire précéder l'emploi des anesthésiques d'une injection hypodermique d'atropine et de chlorhydrate de morphine. Ce procédé d'anesthésie mixte est toujours sans danger ;

2° Pour diminuer les hypersécrétions intestinales dans les cas de diarrhée opiniâtre ;

3° Pour diminuer la tonicité et l'état de contraction des *sphincters* anal, vésical et du col de la matrice. Dans les accouchements laborieux dus à un spasme du col, on introduit dans l'ouverture du col l'*éponge préparée* que l'on trempe préalablement dans l'extrait de belladone. L'éponge, en se gonflant, dilate le col dont l'excitabilité et la contractilité sont diminuées par la préparation belladonée ;

4° Pour diminuer les contractions spasmodiques de l'intestin, de l'utérus, de la vessie, quand ces contractions sont trop énergiques et produisent des coliques vives ;

5° Pour diminuer l'excitabilité bronchique et laryngienne au début des maladies de poitrine quand la toux est très douloureuse ;

6° Pour tarir la sécrétion mucoso-purulente et dessécher les bronches à la fin des bronchites, des pneumonies catarrhales.

PRÉPARATIONS ET DOSES. — On emploie la poudre de feuilles de belladone, la teinture et l'extrait de belladone et le sulfate d'atropine. Ce dernier doit être préféré quand on veut obtenir des effets généraux.

		Poudre de feuilles.		Extrait.		Sulfate d'atropine.	
Doses.	Cheval.......	15^{gr} à 30		2^{gr} à 4		0^{gr},25 à 1	
	Bœuf........	20 à 50		2 à 6		0 30 à 1.50	
	Mouton......	10 à 15					
	Porc.........	4 à 8		0.20 à 0.50		0 05 à 0.15	
	Chien........	0.30 à 1		0.05 à 0.30		0 001 à 0.01	

D'après Hertwig la poudre est 80 fois moins active que le sulfate d'atropine ; les feuilles fraîches sont 4 fois moins actives que la poudre.

		Poudre.	Extrait.	Sulfate d'atropine.
Doses toxiques.	Cheval.......	150 gr.	»	»
	Bœuf........	125	»	»
	Chien........	16	2 gr.	»
	Lapin........	»	»	1 gr.

Teinture alcoolique....	Poudre...............	1
	Alcool ordinaire........	5

Huile de belladone.....	Poudre de belladone....	1
	Huile grasse...........	2

Pommade de belladone.	Extrait aqueux.........	1
	Axonge................	3

La belladone entre dans la composition du baume tranquille, de la pommade de peuplier, etc.

Jusquiame (*Hyoscyamus niger*, L. ; *Bilsenkraut*, all.).

Cette plante, également de la famille des Solanées, a une odeur très forte et vireuse, une saveur nauséabonde, et possède sensiblement les mêmes propriétés que la belladone. Elle contient dans toutes ses parties un alca-

loïde isomère de l'atropine qu'on appelle *hyoscyamine*
et qui constitue son principe actif.

Hyoscyamine.

Cet alcaloïde a été découvert, comme l'atropine, par
Geiger et Hesse en 1833. Il est solide, cristallisé en aiguilles incolores, transparentes, à éclat soyeux, grou-
pées en étoile ; inodore, s'il est sec, il rappelle quand il
est humide l'odeur désagréable de la plante. Il est peu
soluble dans l'eau, mais très soluble dans l'alcool et
l'éther. Il neutralise les acides et forme des sels.

EFFETS PHYSIOLOGIQUES. — Ils sont exactement semblables à ceux d'atropine ; mais comme l'hyoscyamine
est plus difficile à obtenir pure que l'atropine, on préfère en général ce dernier alcaloïde.

La teinture de jusquiame est toxique pour le cheval à
la dose de 30 grammes.

Les ruminants sont en général peu sensibles à l'action
de cette plante, ils peuvent en consommer de grandes
quantités sans être sensiblement incommodés.

Stramoine (*Datura stramonium*).

Cette plante, appelée vulgairement pomme épineuse,
renferme dans toutes ses parties un alcaloïde, la *daturine*, qui est cristallisé, peu soluble dans l'eau, mais soluble dans l'alcool et l'éther.

EFFETS PHYSIOLOGIQUES. — La daturine jouit des
mêmes propriétés que l'atropine, mais est un peu moins
active.

HUITIÈME CLASSE

HYPERSÉCRÉTOIRES.

Dans cette classe nous comprenons tous les médicaments qui activent les *sécrétions* par suite de leur action spéciale sur les glandes.

Suivant la nature des sécrétions que ces médicaments provoquent on peut les diviser en : *sudorifiques, expectorants* et *diurétiques*.

1° Sudorifiques.

Les *sudorifiques*, encore appelés *diaphorétiques*, sont les médicaments qui ont pour effet d'exagérer la sécrétion de la sueur quand ils sont absorbés. Cette action est due à l'excitation des nerfs sécrétoires ou à l'excitation directe des éléments glandulaires de la peau au moment de l'élimination des médicaments par cette membrane.

Les principaux sudorifiques sont : la pilocarpine, le jaborandi, les fleurs de sureau, les fleurs de tilleul, le soufre, les baies de genièvre et les sels ammoniacaux.

Pilocarpine.

La pilocarpine est un alcaloïde cristallisé qui a été découvert en 1875 par Ernest Hardy, qui l'a extrait des feuilles du jaborandi (*Pilocarpus pinnatus*), arbrisseau de la famille des Rutacées, qui croît dans le nord du Brésil. Il se présente sous forme de cristaux blancs parfaitement solubles dans l'eau. Il se combine avec les acides et forme des sels qui jouissent exactement des mêmes propriétés que l'alcaloïde, et qui sont très solubles dans l'eau. On se sert principalement du chlorhydrate et de l'azotate de pilocarpine. Les solutions aqueuses peuvent se conserver longtemps sans subir aucune altération de leurs propriétés physiologiques; celles-ci s'affaiblissent à la longue, il suffit alors d'en augmenter les doses. Quand elles sont devenues troubles par suite du développement de germes, il faut les filtrer avant de s'en servir.

Effets physiologiques. — Sur la peau, les plaies et les muqueuses, la pilocarpine ne produit pas d'effets locaux. Quand on instille dans l'œil une goutte d'une solution de pilocarpine, la pupille commence à se rétrécir après dix minutes, et elle est arrivée à son maximum de rétrécissement après vingt ou trente minutes. Cette myose dure environ trois heures.

Après son absorption, la pilocarpine jouit de la remarquable propriété d'augmenter considérablement les *sécrétions glandulaires* et de provoquer des *contractions* assez énergiques dans les muscles lisses. Si l'on injecte une dose moyenne d'un sel de pilocarpine dans le tissu conjonctif d'un cheval, on voit survenir après cinq à dix minutes une salivation extrêmement abondante, une hypersécrétion lacrymale, bronchique, sudorale, sébacée et intestinale. A très faible dose la sécrétion salivaire est seule activée. A plus forte dose la sécrétion salivaire devient très abondante chez nos différents animaux domestiques, et la peau s'échauffe, rougit, mais ne fournit que rarement une sueur apparente. Chez l'homme la sudation est quelquefois considérable avec des doses moyennes de pilocarpine.

La salive arrive dans la bouche avec une telle abondance que l'animal ne peut pas la déglutir en totalité, une grande quantité s'écoule hors de la bouche vers les commissures des lèvres et tombe sur le sol. La salivation est, de toutes les sécrétions, la première influencée chez nos animaux domestiques; de très faibles doses d'alcaloïde suffisent pour la mettre en jeu. Avec des doses très faibles l'hypersécrétion salivaire est le seul phénomène que l'on observe; les autres glandes ne sont impressionnées notablement que par des doses plus fortes. Cette salivation commence une ou deux minutes après l'injection intra-veineuse; elle dure plus ou moins longtemps, suivant les doses.

Des doses moyennes produisent une salivation qui peut durer deux heures. Un cheval de taille moyenne ayant reçu une injection intra-veineuse de $0^{gr},25$ de chlorhydrate de pilocarpine a salivé abondamment pendant trois heures; la première heure on a pu recueillir deux litres de salive; la deuxième heure, plus d'un litre. La salivation, tout en diminuant graduellement après la première heure, a duré pendant trois heures, et la quantité de salive rendue a pu être évaluée à quatre litres environ. Pour recueillir la salive on a empêché, autant que possible, la déglutition en tirant la langue hors de la bouche. La salive recueillie sur le cheval est épaisse, très visqueuse, très filante; elle a une réaction fortement alcaline et ne saccharifie l'amidon qu'avec une extrême lenteur.

La sécrétion lacrymale est aussi rapidement mise en activité par la pilocarpine, elle dure aussi longtemps que la sécrétion de la salive. Les larmes s'écoulent en gouttes claires, mobiles, non visqueuses, soit par le canal lacrymal, soit par l'ouverture des paupières; elles se succèdent avec plus ou moins de rapidité.

L'hypersécrétion intestinale est considérable pendant l'action de la pilocarpine. Immédiatement après l'injection intra-veineuse, nous avons vu sur le cheval dont j'ai parlé plus haut une expulsion fréquente de matières excrémentitielles. Les premiers crottins rendus étaient durs, sans mélange de liquide ; dans les défécations ultérieures on a pu remarquer un ramollissement de plus en plus considérable des matières ; après une heure les défécations étaient fréquentes, très ramollies, et accompagnées d'une grande quantité de liquide. Vers la deuxième heure qui a suivi l'injection, l'animal a rendu un véritable jet de liquide par l'anus, sans mélange de matières solides ; on aurait dit que l'animal rejetait un lavement abondant. On a pu évaluer approximativement à un litre et demi ou deux litres la quantité de liquide expulsé par l'anus pendant les trois heures qui ont suivi l'administration. Les grosses glandes abdominales, dont les produits de sécrétion sont déversés dans l'intestin, sécrètent une grande quantité de liquide. La bile augmente à un tel point que sur un chien à jaunisse sur lequel le canal cholédoque est devenu imperméable, nous avons vu la vésicule se rupturer pendant l'action de la pilocarpine. Le pancréas participe à la même hypersécrétion. L'hypersécrétion sudorale et sébacée est moins nette chez nos animaux domestiques ; cependant cette hypersécrétion existe, et chez le cheval une légère moiteur s'établit à la surface de la peau, mais il n'y a pas de véritable sudation. Il en est de même chez les bêtes bovines. Chez l'homme on observe une sudation très abondante en même temps qu'une hypersécrétion salivaire. Après les injections sous-cutanées d'un sel de pilocarpine, la sécrétion de la sueur débute toujours au voisinage du point d'injection, ce qui indique que cette substance excite les extrémités terminales des nerfs glandulaires.

L'atropine tarit la sécrétion sudorale en paralysant les fibres nerveuses intra-glandulaires ; la pilocarpine active cette sécrétion en excitant ces mêmes fibres ; les deux alcaloïdes agissent comme antagonistes ; les effets de l'un sont détruits par ceux de l'autre. Cet antagonisme est très facile à constater sur les pulpes des pattes du chat. Sur un chat atropiné la sécrétion sudorale est complètement tarie ; si alors on fait une injection hypodermique de chlorhydrate de pilocarpine sous le bourrelet d'une patte, on voit la sudation commencer bientôt sous ce bourrelet, et ensuite plus tard sous les autres. Une nouvelle injection d'atropine fait disparaître la sudation. On peut ainsi à volonté l'augmenter ou la tarir.

La sueur sécrétée pendant l'action de la pilocarpine est plus riche en urée et en chlorures, d'après Al. Robin.

La pilocarpine produit une hypersécrétion muqueuse sur toute la longueur de l'appareil respiratoire. L'auscultation de la trachée et de la poitrine permet de constater des râles muqueux qui ne peuvent évidemment s'expliquer que par une accumulation de liquide sur la muqueuse respiratoire.

La sécrétion urinaire est diminuée notablement pendant qu'il y a hypersécrétion salivaire, lacrymale, intestinale, biliaire, sudoripare et sébacée. L'urine rendue est plus dense, plus concentrée, et se trouble par le refroidissement.

Outre l'augmentation des sécrétions, la pilocarpine provoque encore des contractions très énergiques des muscles lisses de l'estomac, de l'intestin et de la vessie M. Morat, professeur à la Faculté de médecine de Lyon, a démontré avec la méthode graphique que la pilocarpine exagère considérablement les mouvements rythmiques de l'estomac et de l'intestin, tandis que l'atropine les arrête.

Les contractions de la vessie sous l'influence de la pilocarpine sont démontrées par ce fait que l'animal expulse fréquemment de l'urine en petite quantité. Le cheval dont j'ai parlé plus haut a rendu de l'urine à plusieurs reprises, mais toujours une petite quantité à la fois ; à certains moments même l'urine s'écoulait goutte à goutte par l'extrémité de la verge ; il y avait une véritable incontinence d'urine.

La circulation subit également des modifications. Pendant l'action de la pilocarpine le pouls devient plus fréquent, plus ample ; puis survient un ralentissement notable ; puis il s'affaiblit jusqu'à devenir filiforme et presque imperceptible, et enfin il se relève graduellement jusqu'au retour à l'état normal.

La pilocarpine produit aussi des modifications de la température rectale et de la température de la peau. La température rectale s'élève, au début, de quelques dixièmes de degré, mais vers la fin de l'action elle baisse depuis plusieurs dixièmes jusqu'à 1° à 1° 1/2.

La peau s'échauffe notablement pendant que la pilocarpine agit ; cette élévation de la température du tégument peut être souvent constatée à la main, mais encore plus vivement avec le thermomètre. Un thermomètre placé sous la peau de l'encolure d'un cheval qui a reçu 0^{gr},25 de pilocarpine dans les veines a marqué successivement 34°,9, 35°, 35°,1, 35°,3, 36°, 36°,2. Il est resté stationnaire à 34°,9 pendant la première demi-heure de l'action ; l'élévation a alors commencé et a été à son maximum deux heures après l'injection. Dans le même temps la température rectale ne s'est élevée que de 38° à 38°,6. La peau s'est donc beaucoup plus échauffée que le reste de l'organisme : ceci ne peut être expliqué que par une circulation cutanée beaucoup plus active. Quand la dose de pilocarpine administrée est forte, l'animal perd momentanément l'appétit, il a une soif ardente et présente un peu d'abattement et de fatigue.

INDICATIONS THÉRAPEUTIQUES. — 1° Comme *diaphorétique* la pilocarpine occupe le premier rang. Elle échauffe et congestionne la peau, et convient au début de toutes les maladies produites par refroidissement. Elle agit à la fois comme *dérivatif* en attirant le sang à la peau, et comme *évacuant* et *déperditeur* en augmentant toutes les sécrétions sauf la sécrétion urinaire. A elle seule elle produit les effets combinés des rubéfiants et d'une forte saignée. Elle a fait des merveilles contre les maladies *a frigore* telles que : angines, laryngites, bronchites, pneumonies, pleuro-pneumonies, pleurésies aiguës franches, etc.

2° Elle est indiquée dans toutes les maladies inflammatoires du rein accompagnées d'urémie (maladie de Bright) ; activant les sécrétions salivaire, sudoripare et intestinale, elle augmente l'élimination de l'urée, car tous ces liquides sont plus riches en urée qu'à l'état normal.

3° La pilocarpine, en réveillant la contractilité stomacale et intestinale, et en augmentant les sécrétions des glandes qui déversent leurs produits dans le tube digestif, convient contre les *indigestions stomacales et intestinales* simples, contre l'*obstruction intestinale* due à des pelotes, à des matières durcies, contre la *constipation*, etc. Quand l'intestin présente sur son trajet un obstacle insurmontable comme une invagination, un volvulus, on échoue avec la pilocarpine comme avec tous les autres moyens.

4° La pilocarpine en agissant sur la peau, la conjonctive et les glandes de l'œil, exerce une influence favorable à la guérison de la plupart des maladies cutanées et oculaires.

5° On utilise encore avantageusement la pilocarpine contre les maladies chroniques de l'appareil respiratoire. En augmentant la sécrétion bronchique, le mucus se détache plus facilement, et la respiration devient plus facile, plus légère.

ADMINISTRATION. — La pilocarpine et ses sels sont employés en solution dans l'eau distillée. Pour les injections *sous-cutanées, intra-veineuses, intra-trachéales,* on fait des solutions à 1 ou 2 p. 100 ; pour les instillations dans l'œil on se sert de solutions plus légères, généralement 1 p. 200. Pour l'usage interne la forme pilulaire peut aussi être employée, mais elle offre moins d'avantages que la forme de solution.

Le meilleur mode d'administration des sels de pilocarpine, c'est le mode des injections sous-cutanées ; il est simple et n'expose à aucun accident local ; de plus les effets sont rapides, sûrs, et peuvent être gradués avec la plus grande facilité.

L'injection intra-trachéale, outre qu'elle est plus difficile à pratiquer, est certainement plus dangereuse. L'injection intra-veineuse est inoffensive et peut être employée dans quelques cas où il faut agir avec une grande rapidité.

DOSES TOXIQUES. — Elles ne sont pas encore bien connues, et sont certainement considérables, si on les compare aux doses médicamenteuses.

D'après mes propres recherches, il ne faut pas dépasser la dose de 0^{gr},30 chez un cheval de taille moyenne. Quoique cette dose ne soit pas toxique, elle produit un affaiblissement dangereux. Chez un chien de 10 kilogrammes une dose de 0^{gr},05 a produit un abattement et une perte d'appétit pendant deux jours.

DOSES MÉDICAMENTEUSES. — Pour les injections hypodermiques on doit employer les doses suivantes de chlorhydrate de pilocarpine.

Cheval	0^{gr},10	à	0^{gr},20
Bœuf	0 10	à	0 20
Chien	0 005	à	0 02

Jaborandi.

Les feuilles de jaborandi possèdent les mêmes effets que la pilocarpine. Beaucoup employées avant la découverte de l'alcaloïde, elles sont un peu délaissées aujourd'hui. On les emploie en infusions ou en poudre. Les préparations de feuilles sont un peu irritantes pour le tube digestif, et produisent plus facilement des vomissements que l'alcaloïde et ses sels. Les infusions se font à raison de 1 gramme de feuilles pour 50 grammes d'eau.

Les doses thérapeutiques de feuilles sont :

Cheval.....................	10 à 15 gr.
Bœuf.................	15 à 40
Chien	2 à 5

En général 5 grammes de feuilles correspondent à $0^{gr},02$ de pilocarpine.

Ces infusions sont généralement administrées dans le tube digestif, mais on pourrait aussi les faire absorber par le tissu conjonctif sous-cutané.

Fleurs de sureau (*Sambucus nigra*, L.).

Le sureau est un arbrisseau de la famille des Caprifoliacés, qui est connu de tout le monde. En médecine, on emploie ses fleurs, qui se présentent sous la forme de larges ombelles, blanches, d'une odeur un peu forte et d'une saveur amère. Lorsque les fleurs sont sèches, elles sont jaunâtres, ont une odeur aromatique agréable. Il est important de les sécher lentement et de les conserver ensuite dans des vases bien fermés.

Composition chimique. — D'après Éliason, les fleurs de sureau contiennent : une essence fixe fortement odo-

rante, du tannin, du mucilage, de la résine et de l'albumine.

EFFETS PHYSIOLOGIQUES. — L'infusion de fleurs de sureau exerce localement une action excitante légère sur
les tissus. Dans l'estomac, cette préparation chaude
excite les fonctions digestives, puis cède rapidement le
principe actif à l'absorption. On voit après son administration survenir une légère excitation générale, surtout
une élévation de la température cutanée et une augmentation de la sécrétion sudoripare. Il est très difficile de déterminer une véritable sueur chez nos
animaux domestiques avec l'infusion de fleurs de sureau. Pour réussir chez le cheval, il faut que la température de l'écurie soit élevée et que l'animal soit fortement couvert. Malgré l'absence d'une sudation visible,
il semble démontré, par l'observation, que l'infusion
chaude de fleurs de sureau a pour effet d'augmenter la
sécrétion insensible et l'exhalation cutanée. D'ailleurs,
ce remède a le grand avantage de ne jamais être nuisible aux animaux, et de pouvoir être utilisé par les pro-
priétaires avant l'arrivée du vétérinaire.

INDICATIONS THÉRAPEUTIQUES. — Localement, l'infusion
de fleurs de sureau est indiquée à cause de sa propriété
légèrement excitante, pour laver les plaies, les tissus
œdématiés, engorgés, enflammés. Elle est surtout utile
comme collyre. A l'intérieur, elle est indiquée contre
l'indigestion simple, contre les maladies inflammatoires au début, surtout celles qui ont pour cause un
refroidissement.

La pilocarpine ayant des effets généraux beaucoup
plus nets, plus prononcés, devra toujours être préférée
aux fleurs de sureau, lorsqu'il s'agit de provoquer un
afflux de sang à la peau et un échauffement de cette
membrane.

PRÉPARATIONS. — Les fleurs de sureau servent toujours à faire des infusions. Pour l'usage interne on emploie 15 grammes par litre d'eau, et pour l'usage externe 30 grammes par litre. On peut y associer du camphre, des ammoniacaux, etc.

Fleurs de tilleul (*Tilia europæa*, L.).

Les fleurs de tilleul contiennent, comme les fleurs de sureau, une *essence*, du tannin, du sucre, de la gomme.

EMPLOI. — Le tilleul s'emploie en infusion ou en décoction légère à titre de calmant et de sudorifique. Il est indiqué dans les mêmes cas que le sureau.

Soufre.

En médecine, on n'emploie que le *soufre sublimé* ou *fleur de soufre*. Sous cet état, le soufre est une poudre d'un beau jaune citron. Il est inodore, insipide, d'une densité de 2,45, insoluble dans l'eau, légèrement soluble dans l'alcool, l'éther, les corps gras, les essences, les huiles pyrogénées ; un peu plus soluble dans les solutions des sels alcalins ; très soluble dans le sulfure de carbone. Mis en contact avec des composés métalliques, le soufre se décompose le plus souvent, pour donner naissance à des sulfures insolubles. Le soufre sublimé renferme souvent de l'acide sulfureux, de l'acide sulfurique et de l'arsenic. Des lavages à l'eau lui enlèvent les acides, et des lavages dans une solution ammoniacale le dépouillent de l'arsenic.

EFFETS PHYSIOLOGIQUES. — Les diverses préparations de soufre n'ont aucune action sensible sur la peau intacte ou altérée ; mais elles jouissent de la propriété de tuer rapidement les parasites qui vivent sur la peau de nos animaux. Le soufre est un antiectozoaire excellent, surtout quand il est combiné avec des alcalins.

Ingéré en petite quantité, le soufre agit comme un léger stimulant du tube digestif ; il augmente l'appétit, accélère la digestion, communique après quelquesjours, aux matières excrémentitielles, une teinte plus foncée et une odeur d'acide sulfhydrique très nette. A doses moyennes, le soufre augmente les mouvements péristaltiques de l'intestin, hâte les défécations, rend le ventre libre et communique aux excréments la couleur noire et l'odeur hépatique à un degré très prononcé. A fortes doses, le soufre agit comme un *laxatif* énergique, sans déranger notablement l'appétit, si le traitement n'est pas trop prolongé. Enfin, à dose exagérée, la fleur de soufre irrite vivement le tube digestif et détermine une superpurgation qui peut devenir mortelle.

Outre l'action locale sur le tube digestif, le soufre produit des effets généraux qui résultent de son absorption. Or, comme il est insoluble, il doit éprouver dans le tube digestif des modifications qui ont pour effet de le rendre soluble et absorbable. Dans l'estomac, le soufre reste intact, il est seulement transporté dans l'intestin où il rencontre les liquides alcalins. En présence de ces derniers, il se combine, en certaine proportion, avec les bases alcalines, et forme des sulfures de sodium, de potassium et de calcium qui sont solubles. En même temps, il y a dégagement d'acide sulfhydrique, car les excréments ont une forte odeur d'œufs pourris. Une partie du soufre ingéré est donc absorbée dans l'intestin sous forme de sulfures alcalins et d'acide sulfhydrique, mais la plus grande partie est expulsée en nature avec les excréments. Les produits solubles, arrivés dans le sang, déterminent une légère excitation générale ; le pouls est plein et accéléré ; la respiration est plus fréquente ; la peau est chaude et les muqueuses sont injectées. En outre, on remarque que l'air expiré et la transpiration cutanée exhalent une forte odeur d'hydrogène sulfuré. Sous l'influence de cette élimination d'acide sulfhydrique par le tégument cutané, on voit que la transpiration insensible et la sécrétion sébacée sont notablement augmentées : la peau, sans se couvrir de sueur, devient plus souple, plus humide, plus grasse. Sur les animaux blancs, la peau prend un aspect sale et les pansages deviennent plus difficiles. L'acide sulfhydrique éliminé par le poumon excite légèrement les sécrétions bronchiques, rend le mucus plus fluide, moins adhérent, facilite l'expectoration et rend la respiration plus légère.

Pendant que les sulfures alcalins et l'acide sulfhydrique circulent dans le sang et les tissus, une certaine quantité de soufre est oxydée; il se forme des sulfites et des sulfates alcalins qui sont éliminés par les reins. Leur présence est facile à constater dans l'urine qui n'est d'ailleurs pas sécrétée en plus grande quantité qu'à l'état normal. L'acide sulfhydrique éliminé par la peau provient surtout de la décomposition des sulfures alcalins en présence des acides de la sueur ou de la matière sébacée; celui qui est éliminé par le poumon provient surtout directement de l'absorption intestinale.

Si l'absorption des principes sulfureux se continue pendant un certain temps, on voit apparaître des effets *altérants;* le sang devient plus fluide, moins coagulable et plus noir; les hématies perdent la propriété d'absorber l'oxygène ; il se produit un amaigrissement considérable, une résorption très active des produits épanchés, une diminution du volume des glandes et des ganglions lymphatiques. Enfin, si la médication continue, l'amaigrissement se prononce de plus en plus ; il se produit un affaiblissement extrême et enfin une asphyxie lente qui entraîne la mort.

Le soufre administré d'emblée à dose toxique produit rapidement de la tristesse, la perte de l'appétit, des coliques vives avec expulsion fréquente d'acide sulfhydrique par l'anus et d'excréments fluides à odeur repoussante, un affaiblissement général qui se prononce de plus en plus, une accélération considérable du pouls et de la respiration ; le pouls devient plus petit et misérable, la respiration devient laborieuse ; les muqueuses prennent une coloration violette, le sang est noir et fluide, les sécrétions exhalent une forte odeur d'acide sulfhydrique ; puis il y a chute sur le sol, refroidissement des extrémités, couleur bleuâtre des muqueuses et mort sans convulsions.

A l'autopsie on trouve les lésions suivantes : inflammation vive de la muqueuse gastro-intestinale qui est quelquefois gangrenée dans plusieurs points ; sang noir, diffluent, qui engorge tous les viscères parenchymateux ; poumon et cœur couverts d'ecchymoses ; caillots fibrineux dans le système de la veine-porte, dans la rate et le foie ; odeur très forte d'acide sulfhydrique dans tous les tissus, ce qui rend la viande inutilisable pour la consommation.

INDICATIONS THÉRAPEUTIQUES. — A l'extérieur, les préparations soufrées sont indiquées comme *antiparasitaires, antipsoriques*, dans la gale, les dartres et les autres éruptions de nature parasitaire.

A l'intérieur, le soufre est indiqué dans beaucoup de cas :

1° Comme *purgatif léger*. Lorsque le soufre employé est très pur, la purgation ressemble à celle produite par l'huile de ricin, elle est douce et sans coliques.

C'est un purgatif laxatif qui mérite d'être employé souvent.

2° Comme *antidote* dans l'empoisonnement par des oxydes métalliques, tels que ceux de plomb et de mercure.

3° Comme *expectorant* dans toutes les maladies catarrhales des voies respiratoires produites par un refroidissement ; telles que : pneumonie, bronchite, laryngite, etc. On obtient surtout d'excellents effets avec ce médicament chez les herbivores. Solleysel le nommait l'*ami du poumon*.

4° Comme *sudorifique ou diaphorétique* dans toutes les maladies où il est utile d'activer les fonctions cutanées et d'appeler le sang à la peau. Il convient surtout dans les rhumatismes et les maladies éruptives anciennes. Celles-ci sont traitées en général par une administration interne et des applications externes.

5° Comme *altérant et fondant* il convient surtout chez le cheval dans les cas d'engorgements glandulaires et ganglionnaires et d'épanchements divers.

Il est indiqué chez tous les animaux pour faciliter la résorption des lésions chroniques du poumon ou des cavités séreuses.

6° Comme *vermifuge* il peut aussi rendre des services. Il ne tue pas les parasites du tube digestif, mais il provoque souvent leur expulsion en exagérant les mouvements péristaltiques.

Pour l'usage externe on emploie les préparations suivantes :

Pommade soufrée.....	{ Fleur de soufre..........	1 gr.
	{ Axonge................	3

Incorporez à froid.

	(Soufre sublimé...........	2 gr.
Pommade d'Helmerich.	{ Carbonate de potasse.....	1
	(Axonge................	8

Incorporez à froid. Pour obtenir une préparation plus active on peut remplacer le carbonate de potasse par la potasse caustique. On y incorpore aussi le sel marin, le sel ammoniac, les cantharides, etc. Contre la gale de tous les animaux.

Huile soufrée........ { Fleur de soufre.......... 8 gr. / Jaune d'œuf............. n° 1 / Huile grasse............. 250 gr.

Incorporez le soufre dans le jaune d'œuf et ajoutez l'huile peu à peu en remuant sans cesse jusqu'à homogénéité parfaite du mélange. Contre les affections cutanées.

Baume de soufre...... { Soufre sublimé.......... 32 gr. / Essence de térébenthine.. 250

Mélangez les deux substances, faites digérer à une assez forte chaleur, laissez déposer et décantez ; l'essence prend une teinte brune. Contre les affections psoriques.

Mélange de M. Schaack. { Fleur de soufre.......... / Essence de térébenthine.. / Huile de cade........... } ãã 1 partie.

Mélangez les trois substances dans un flacon et agitez. Contre les affections galeuses et dartreuses.

Pommade antipsorique / Fleur de soufre.......... 1 gr. / de M. Ch. Bernard. { Huile de cade............ 2 / Essence de térébenthine... 2 / Axonge................. 3

Faites fondre l'axonge, et, au moment où elle commence à se figer, incorporez avec beaucoup de soin le soufre ; puis ajoutez successivement l'huile de cade et l'essence, et continuez à remuer jusqu'à refroidissement complet ; sans cette précaution le soufre se déposerait et la pommade ne serait pas homogène. Pour l'employer on nettoie la peau avec soin et on applique la pommade sur les régions atteintes de gale ou d'autres affections herpétiques. Le succès est constant.

Pommade sulfuro-tannique. { Soufre.............. 8 gr. / Acide tannique..... 2 / Laudanum .... 1 / Axonge............. 32

Incorporez à froid. Contre toutes les affections cutanées. On peut remplacer le laudanum par 2 grammes de teinture de cantharides.

Les préparations sulfureuses n'ont aucune action curative sur les eczémas et les éruptions cutanées humides.

ADMINISTRATION. — Pour l'usage interne on emploie le soufre sous forme de bols ou en électuaire, ou mieux mélangé à du son ou à de la farine. On peut aussi l'administrer en suspension dans de l'eau.

DOSES. — Lorsque le soufre est administré comme expectorant, diaphorétique ou fondant, il faut le donner aux doses suivantes et continuer l'administration pendant un certain temps :

	Cheval	10 gr. à 20 gr.
Doses	Bœuf	15 à 50
expectorantes.	Porc	2 à 5
	Chien	0.30 à 1

On peut l'associer à des sels alcalins, chlorure de sodium, sels ammoniacaux ou à des poudres végétales, de l'essence de térébenthine, du fer, de l'arsenic.

Pour produire la purgation il faut employer du soufre parfaitement pur, c'est-à-dire préalablement lavé, aux doses suivantes :

	Cheval	200 à 300 gr.
	Bœuf	250 à 400
Doses	Mouton	50 à 100
purgatives.	Porc	15 à 30
	Chien	10 à 30
	Chat	2 à 5

Les doses doivent être administrées une fois.

Le soufre employé en *inhalation* est très actif pour détruire les parasites du poumon. On fait respirer à l'animal les vapeurs qui se dégagent d'un mélange de goudron 5, et soufre 1, qu'on verse sur des pierres très chaudes, mais non rouges.

Baies de genièvre.

Voir p. 364.

Sels ammoniacaux.

Voir p. 341.

2° Expectorants.

On appelle ainsi les médicaments qui activent spécialement la sécrétion bronchique et qui facilitent l'expectoration des mucosités accumulées dans les voies aériennes.

Les principaux expectorants sont : les sucrés, l'anis, le cumin, le fenouil, l'aunée, les ammoniacaux, la pilocarpine et le jaborandi, et les sulfures d'antimoine.

Les sulfures d'antimoine sont les seuls expectorants qu'il nous reste à étudier ici, les autres ayant été étudiés dans d'autres classes.

Sulfures d'antimoine.

Les composés sulfurés d'antimoine sont au nombre de trois : le protosulfure d'antimoine ou antimoine cru, le kermès minéral et le soufre doré d'antimoine.

1° *Protosulfure d'antimoine.* — A l'état naturel ce sel se présente sous la forme d'une masse cristallisée en aiguilles prismatiques brillantes; il a un aspect métallique et est d'un gris d'acier. Pulvérisé, il forme une poudre d'un noir bleuâtre noircissant les doigts. Il est insoluble dans l'eau, soluble en partie dans les solutions alcalines ou acides.

2° *Kermès minéral* (oxysulfure d'antimoine). — Le

kermès est sous forme d'une poudre amorphe, d'une couleur brun chocolat, inodore, d'une saveur astringente et métallique, mais faible. Exposé à l'air, ce composé s'altère, devient jaunâtre et farineux. Il est insoluble dans l'eau, l'alcool, l'éther et les essences ; il est soluble dans les solutions alcalines et celles des sulfures alcalins ; les acides le décomposent en dégageant de l'acide sulfhydrique.

Le kermès étant souvent falsifié dans le commerce, il peut être avantageux pour le vétérinaire de le préparer lui-même. Il y a plusieurs procédés de préparation, mais celui de Cluzel, dont la description suit, me paraît être le meilleur :

Prenez :
- Sulfure d'antimoine pulvérisé... 1 partie.
- Carbonate de soude cristallisé.. 22 —
- Eau de rivière.................. 250 —

Faites bouillir pendant une heure dans une marmite de fonte, filtrez la liqueur bouillante et versez dans des terrines chaudes. Après le refroidissement recueillez le kermès qui s'est déposé, lavez-le à l'eau froide et séchez-le avec soin.

SOUFRE DORÉ D'ANTIMOINE. — Ce sel est beaucoup plus soufré que les deux précédents ; il contient 61.59 p. 100 d'antimoine et 38.40 p. 100 de soufre. Comme son nom l'indique, sa couleur est d'un beau jaune doré. Il est insoluble dans l'eau, l'alcool, mais soluble dans les solutions de sulfures alcalines et ammoniacales.

EFFETS PHYSIOLOGIQUES COMMUNS. — Ces différents sulfures produisent sensiblement les mêmes effets physiologiques ; cependant dans la pratique il est presque toujours plus avantageux de choisir de préférence le soufre doré d'antimoine ; ce sel a une composition plus fixe que les deux autres, il contient plus de soufre et est d'un prix moins élevé que le kermès.

Localement, ils agissent sur les tissus comme des poudres inertes. Ingérés à faible dose ils sont assez facilement supportés par l'estomac ; à dose forte ils provoquent souvent des vomissements chez les carnivores et le porc, et de la purgation chez les herbivores. En présence du suc gastrique acide et des sucs intestinaux alcalins, les sulfures d'antimoine sont décomposés et rendus en partie solubles et absorbables. Sous l'influence de l'acide chlorhydrique du suc gastrique il se forme des chlorures doubles de potassium et d'antimoine solubles, et il y a dégagement d'une certaine quantité d'acide sulfhydrique. Ces produits, après l'absorption et leur mélange avec le sang, font apparaître les effets combinés du soufre et de l'antimoine. Sous leur influence, la peau s'échauffe, se congestionne, sécrète en plus grande quantité et élimine en grande partie l'acide sulfhydrique formé ; les sécrétions du poumon, des bronches et des parties supérieures des voies respiratoires deviennent plus fluides, plus abondantes ; il y a expectoration plus facile ; la toux est plus grasse et moins douloureuse. Généralement aussi il se produit un ralentissement du pouls et de la respiration ainsi qu'un abaissement léger de la température rectale.

Comme tous ces composés altèrent la digestion à forte dose, il convient de ne les employer qu'à dose faible, surtout chez les carnassiers.

Indications thérapeutiques. — Localement les composés sulfurés d'antimoine ne répondent à aucune indication. A l'intérieur ils sont indiqués au début des maladies catarrhales des voies respiratoires, pneumonie, bronchite, laryngite et pour activer les sécrétions de la peau, pour amener le sang et la chaleur dans cette membrane ; pour rendre la toux moins douloureuse, plus grasse, et pour faciliter l'expectoration. Cependant comme ces composés sont peu solubles, peu absorbables, il y a presque toujours avantage à s'adresser à l'émétique ou à la pilocarpine. A cause de leur action excitante spéciale sur le tégument cutané et de l'élimination de l'acide sulfhydrique par cette voie, ils sont encore indiqués dans les maladies cutanées éruptives.

ADMINISTRATION ET DOSES. — L'administration se fait généralement sous forme de pilules, de bols ou d'électuaires. Les doses doivent toujours être faibles ; on ne doit guère dépasser celles qui sont indiquées dans le tableau suivant et qui sont les mêmes pour les trois sulfures.

Cheval	5 gr.	à 10 gr.
Bœuf	8	à 15
Mouton	3	à 5
Porc	2	à 4
Chien	0.30	à 1
Chat	0.05	à 0.10

Ces doses peuvent être administrées deux ou trois fois par jour. Ces faibles doses administrées souvent ont l'avantage d'être supportées facilement par le tube digestif et de maintenir l'économie sous l'influence continuelle des effets.

3° Diurétiques.

Les diurétiques, après leur absorption, excitent les glandes rénales dont la sécrétion est notablement augmentée.

Quelques-uns produisent la diurèse en augmentant la tension artérielle sans exercer une action spéciale sur les reins ; mais la plupart agissent directement sur le parenchyme rénal au moment de leur élimination par cette voie.

Les diurétiques les plus employés sont : les baies de genièvre, le nitrate de potasse, la digitale et la digitaline, la scille maritime et la scillitine, le colchique d'automne et la colchicine.

Baies de genièvre.

Voir p. 364.

Nitrate de potasse.

Voir p. 433.

Digitale et digitaline.

Voir p. 556.

Scille maritime.

La scille maritime (*Scilla maritima*, L.) est une plante bulbeuse de la famille des Liliacées qui croît sur les plages sablonneuses de l'Océan et de la Méditerranée, surtout en Bretagne, en Provence, en Italie, en Espagne et en Algérie. Elle fournit à la médecine son bulbe qui est ordinairement de la grosseur d'un poing et qui est connu sous le nom d'oignon de mer.

Ce bulbe se compose d'écailles ou de squames qui sont d'autant plus colorées et plus actives qu'elles sont moins profondes. Celles de la surface, qui sont sèches, minces, et rouges, et celles du centre, qui sont épaisses, mucilagineuses et blanches, sont rejetées comme trop peu actives; mais celles du milieu, qui présentent une teinte rosée, sont séparées les unes des autres, coupées en petites lanières et desséchées à l'étuve. A l'état frais l'oignon exhale une odeur forte et piquante qui rappelle celle de l'oignon cultivé; sa saveur est âcre et irritante; à l'état de dessiccation la scille est devenue rouge, coriace, a perdu son odeur et son âcreté, mais elle conserve une saveur amère et un peu irritante.

Composition chimique. — Le bulbe de scille renferme, d'après les recherches de plusieurs chimistes, les principes suivants : 1° la *scillitine*, principe probablement complexe, solide, amorphe, rougeâtre, déliquescent, à saveur amère et âcre, à odeur peu prononcée, très soluble dans l'eau, l'alcool et le vinaigre ; elle est toxique à la dose de 5 centigrammes pour le chien et de 1 gramme pour le cheval en injection intra-veineuse ; 2° la *skulléine* (5 à 10 p. 100) découverte par M. Naudet, pharmacien à Tarare, se présentant sous la forme d'une poudre amorphe, très âcre, insoluble dans l'eau et l'alcool faible, mais très soluble dans l'éther; beaucoup plus toxique que la scillitine, il suffit de 10 centigrammes pour tuer un cheval lorsqu'on l'injecte dans les veines; 3° du mucilage 30 p. 100, du sucre 22 p. 100 et du citrate et de l'oxalate de chaux.

Effets physiologiques. — Ces effets ont surtout été bien étudiés par M. Tabourin, auquel nous empruntons en grande partie la description. La scille fraîche exerce sur la peau une action rubéfiante et vésicante des plus énergiques, mais celle qui est sèche a perdu la plus grande partie de ses qualités irritantes et n'agit que faiblement, même sur les tissus dénudés. Introduite dans le tube digestif à doses un peu élevées, elle détermine une inflammation grave de cet appareil.

Lorsque les principes actifs ont été absorbés à doses faibles par une voie quelconque, on voit apparaître d'abord une *diurèse* très abondante. Le deuxième ou le troisième jour de l'administration, la quantité d'urine sécrétée est double ou triple, mais ce liquide conserve ses caractères normaux. En même temps qu'il y a diurèse il se produit une suractivité de la *sécrétion bronchique*. La scille est donc fortement *diurétique* et très nettement *expectorante*. Elle produit en outre un ralentissement considérable des battements du cœur et du pouls, une élévation de la tension artérielle et une énergie plus grande des contractions cardiaques. Ces effets se rapprochent beaucoup de ceux de la digitaline.

Le retentissement du pouls est dû à l'excitation des filets d'arrêt du cœur contenus dans le tronc du pneumogastrique. L'élévation de la tension artérielle, coïncidant avec une diminution du nombre de battements du cœur, doit être attribuée principalement au resserrement vasculaire périphérique. L'hypersécrétion urinaire semble avoir pour cause directe cette élévation de la tension artérielle en même temps qu'une excitation du parenchyme rénal.

Un usage un peu trop prolongé de cette substance produit une irritation gastro-intestinale, une diurèse très abondante qui peut se transformer en hématurie et anurie, souvent des vomissements chez les carnivores et des coliques avec diarrhée chez les herbivores.

A trop forte dose la scille produit toujours une gastro-entérite accompagnée de douleurs intestinales, de diarrhée, chez tous les animaux, et de vomissements chez les carnivores ; l'expulsion de l'urine est pénible, souvent répétée, accompagnée de ténesme vésical ; les animaux éprouvent des vertiges, de l'agitation musculaire, des convulsions ; la respiration est pressée et difficile, le pouls vite et concentré ; puis surviennent des phénomènes de prostration et la mort.

A l'autopsie, on trouve les intestins et les voies urinaires plus ou moins fortement irrités.

Indications thérapeutiques. — La scille est indiquée :

1° Comme *diurétique* dans toutes les maladies non accompagnées de fièvre, dans lesquelles la diurèse peut avoir un effet curatif. Elle convient surtout, pour hâter la résorption des exsudats et des épanchements séreux qui ont subsisté après la guérison de certaines maladies aiguës telles que : pleurésies, péricardites, pour amener la disparition des œdèmes et des liquides épanchés dans les cas d'hydropisies non fébriles ;

2° Comme *expectorant* dans les maladies catarrhales des voies respiratoires quand les reins ne sont pas malades ;

3° Comme vasculo-constricteur, quand il y a une dilatation vasculaire dans les organes parenchymateux, avec production d'œdème interstitiel (méningite, encéphalite, myélite) ;

4° Comme tonique cardiaque dans les maladies où la circulation est gênée par suite d'une lésion valvulaire ou d'une insuffisance aortique. Cependant dans ces derniers cas la digitaline doit être préférée.

Préparations. — Les principales préparations de scille sont les suivantes :

1° *Poudre de scille.* — Il faut la conserver en vase clos.

2° Miel de scille.......	Scille sèche.........	1 gr.
	Eau bouillante......	16
	Miel	12
3° Teinture de scille.	Scille sèche.........	1
	Alcool ordinaire.....	5
4° Vin scillitique......	Scille sèche..........	32
	Vin blanc...........	500
5° Vinaigre scillitique.	Scille sèche.........	32
	Vinaigre d'Orléans..	400
6° Oxymel scillitique..	Vinaigre scillitique..	11
	Miel	2

Dans la pratique on peut se passer parfaitement de la plupart de ces préparations dont le prix est généralement élevé. La plus économique et la plus active, c'est l'infusion de poudre de scille faite avec une partie de scille et 10 ou 15 parties d'eau bouillante. Pour éviter l'irritation gastro-intestinale, on ajoute un peu de vinaigre, du sucre ou du miel.

La scillitine est employée en solutions aqueuses titrées au 1/100, au 1/200, etc.

Doses. — 1° *Toxiques.* — Scillitine.

Cheval......	1 gr.	(injection intra-veineuse).
Cheval......	2	(tissu conjonctif).

	Chien.......	0.001 par kilogr. du poids de l'animal.	
Tissu	Chat........	0.002 —	—
conjonctif.	Lapin.......	0.0025 —	—
	Porc........	0.003 —	—

2° *Thérapeutiques.* — Poudre de scille.

	Cheval.............	5 gr.	à	10 gr.
	Bœuf...................	8	à	15
	Mouton	1	à	2
Estomac...	Porc...................	0.05	à	0.50
	Chien............	0.05	à	0.40
	Chat................ ..	0.02	à	0.05

Ces doses peuvent être répétées plusieurs fois dans la même journée.

La teinture se donne aux petits animaux à la dose de 10 à 20 gouttes.

Administration. — La scillitine peut être injectée sous la peau ; les autres préparations doivent être administrées dans l'estomac. Il faut toujours avoir soin de faire usage de préparations diluées pour éviter l'irritation locale.

Colchicine.

La colchicine est un principe neutre retiré du colchique d'automne (*Colchicum autumnale*, L.) se présentant sous forme d'une poudre jaunâtre, amorphe ou cristallisée, d'une saveur très amère, très soluble dans l'eau, l'alcool et l'éther, et se combinant avec les acides pour former des sels cristallisés. Cette substance est très toxique, mais ses effets se développent avec une grande lenteur.

Effets physiologiques. — Sur la peau la colchicine n'a pas d'action marquée. Dans la bouche elle a une saveur fortement amère et âcre, produit une sensation de brûlure et de la salivation. Arrivée dans l'estomac, elle irrite la muqueuse, produit du dégoût, des nausées et des vomissements. Elle a la même action irritante sur l'intestin et détermine des coliques, du ténesme et de la diarrhée souvent sanguinolente pouvant durer plusieurs jours.

Les effets généraux sont toujours lents à se produire, probablement à cause de la lenteur de son absorption. La plupart des auteurs signalent une diminution du nombre des battements du cœur; cependant Rossbach, qui a fait une étude sérieuse de cette substance, dit que le cœur n'est pas sensiblement influencé. La tension artérielle reste normale ; elle ne s'abaisse que vers la fin, quand il y a empoisonnement.

Des doses thérapeutiques ne modifient pas la respiration; des doses fortes produisent un ralentissement de cette fonction qui s'éteint avant le cœur. On admet généralement *une diurèse* abondante, quoique ce fait n'ait pas encore été nettement démontré. A fortes doses, le système nerveux est d'abord excité, puis paralysé ; la sensibilité est atteinte la première.

Voici les résultats des deux expériences faites, l'une sur le chat, l'autre sur le lapin, avec la colchicine de Merck.

1° A 2ʰ,15, on pratique sur un chat une injection hypodermique de 1 centimètre cube d'une solution au 1/100, c'est-à-dire 0ᵍʳ,01. Jusqu'à 5 heures on observe plusieurs défécations ; les matières rendues sont d'abord dures et sèches, puis molles et liquides; l'animal vomit des matières spumeuses et il est un peu triste. L'animal meurt pendant la nuit et le lendemain matin le cadavre est en rigidité cadavérique. A l'autopsie, on trouve, dans l'estomac et le duodénum, du sang mêlé à des mucosités épaisses, la muqueuse est congestionnée et fortement ecchymosée. Dans le jéjunum et l'iléon il y a un peu de sang, mais la muqueuse est normale, ce qui indique que ce sang provenait des parties antérieures. La muqueuse rectale offre aussi quelques ecchymoses, mais beaucoup moins étendues que celles de l'estomac et du duodénum. Les reins sont hyperémiés à la surface et au voisinage de la ligne de réunion de la substance corticale avec la substance médullaire. Le cœur droit est gorgé de sang ; le ventricule gauche est dur et ne contient presque pas de sang ; pas d'ecchymoses sur l'endocarde. Le sang est noir et en partie coagulé. Le foie présente quelques lignes de congestion, la vésicule biliaire est remplie de bile.

2° A 9 heures du matin, on pratique sur un lapin une injection hypodermique de 2 centimètres cubes de la solution au 1/100, c'est-à-dire 0^{gr},02. Jusqu'à 11 heures on n'a observé rien d'anormal. De 11 heures à 3 heures l'animal a rendu plusieurs fois des excréments ; les premiers rendus étaient normaux, ceux rendus après étaient mous, non disposés en boules. Le lapin est triste, abattu et ne se déplace que lorsqu'on l'excite vivement ; il a 40 respirations par minute. L'expiration est brusque, saccadée ; il y a discordance des mouvements respiratoires, thoraciques et abdominaux. Vers 5 heures, même état ; les oreilles sont froides et pâles. Il m'est impossible de prendre exactement le nombre des pulsations. La mort survient pendant la nuit. A l'autopsie pratiquée le lendemain matin, on trouve l'estomac plein d'aliments secs, entourés d'une épaisse couche de mucus ; la muqueuse offre quelques ecchymoses et des arborisations vasculaires. La muqueuse de l'intestin grêle est congestionnée, mais il n'y a pas de sang ni dans l'estomac ni dans l'intestin. Les reins sont hyperémiés, et l'un d'eux offre une ecchymose à sa surface. Le foie offre des zones de congestion. Pas de bile dans la vésicule. Le cœur est gorgé d'un sang noir coagulé. Pas d'ecchymoses sur l'endocarde. Les poumons sont fortement congestionnés et ecchymosés, surtout en arrière et en bas. La vessie est vide et fortement contractée.

Ces deux expériences et un grand nombre d'autres qu'il est inutile de décrire démontrent que la colchicine agit surtout sur la muqueuse de l'estomac et de l'intestin grêle, même quand elle est absorbée par une autre voie. L'hyperémie rénale indique qu'elle irrite cette glande.

Les ruminants étant les animaux les plus exposés à être empoisonnés par le colchique qu'ils mangent avec les autres herbes, il est utile de donner les symptômes de cet empoisonnement. M. Mandé, ayant observé des vaches qui ont reçu en nourriture des feuilles de colchique, décrit les symptômes suivants : inappétence, inrumination, grincement de dents, ptyalisme, borborygmes, coliques, regards dirigés vers le flanc, urine claire abondante, hématurie, suppression du lait ; respiration courte, difficile ; pouls petit, intermittent ; muqueuses pâles ; peau sèche, froide ; poils ternes ; diarrhée abondante, fétide. Matières alvines d'un vert grisâtre.

INDICATIONS THÉRAPEUTIQUES. — La colchicine n'est guère indiquée que comme *diurétique* dans les diverses hydropisies. Il est vrai qu'on l'a employée quelquefois contre les météorisations chez les ruminants, la fluxion périodique chez le cheval, les arthrites rhumatismales chez les porcs et les oiseaux, mais avec un résultat variable. L'action anesthésiante de la colchicine sur les extrémités des nerfs sensitifs pourrait recevoir quelques applications contre les névralgies, les rhumatismes ; mais nous possédons d'autres substances (vératrine, etc.) qui conviennent mieux.

Doses :

Injections hypodermiques (Colchicine).

1° Toxiques.......	Chat.........	0ᵍʳ,002	par kilogr.
	Chien.........	0 002	—
	Porc.........	0 03	—
	Lapin........	0 01	—

2° Thérapeutiques. (par tête)	Cheval.......	0ᵍʳ,02	à	0ᵍʳ,06
	Bœuf........	0 02	à	0 06
	Chien........	0 001	à	0 0002

ADMINISTRATION. — La colchicine doit toujours être administrée en solutions aqueuses ou glycérinées, au 1/100 ou 1/200 en injections hypodermiques. La voie trachéale peut également être utilisée, mais il n'y a généralement aucun avantage à la préférer à la voie hypodermique. Il faut suspendre l'administration aussitôt que l'on constate une purgation ou des phénomènes nerveux.

Colchique d'automne (all. *Herbstzeitlose*).

Le colchique d'automne (*Colchicum autumnale*, L.) est une plante bulbeuse de la famille des Colchicacées, qui croît en grande quantité dans les prairies humides. Toutes les parties de cette plante sont actives, vénéneuses. En médecine on ne fait usage que des bulbes, des fleurs et des graines.

COMPOSITION CHIMIQUE :

Colchicine (Geiger et Hesse)
Acide volatil.
Matière grasse.
Gomme.
Amidon.
Sucre.

Le colchique doit surtout son activité à la colchicine. Les effets physiologiques et thérapeutiques sont les mêmes que ceux de cette dernière substance. (Voir *Colchicine*.)

PRÉPARATIONS. — On emploie la *poudre* et la teinture de colchique.

Doses thérapeutiques.

Poudre	Cheval	3 gr.	à	5 gr.
	Bœuf	4	à	8
	Porc et mouton...	0.10	à	1.50
	Chien	0.05	à	0.30
Teinture	Cheval	6	à	10
	Bœuf	8	à	16
	Porc et mouton...	0.20	à	3
	Chien	10	à	30 gouttes.
	Volailles	2	à	5 —

NEUVIÈME CLASSE

EMMÉNAGOGUES.

Les médicaments de cette classe sont encore appelés
utérins et abortifs. Ils jouissent de la propriété de déterminer l'expulsion du fœtus en augmentant les sécrétions de la muqueuse utérine et en provoquant des contractions des parois de la matrice.

Les utérins les plus connus en médecine vétérinaire sont : le seigle ergoté, la rue des jardins et la sabine.

Seigle ergoté.

On appelle *seigle ergoté, ergot de seigle*, le grain du
seigle ayant subi pendant sa croissance une altération
pathologique produite par un champignon (*Sclerotium
clavus*, C. ; *Sphacelia segetum*, Lev.). Le grain altéré par
ce champignon est noir, énormément développé, long,
recourbé, et ressemble à l'ergot des gallinacés. L'odeur
du seigle ergoté est forte, repoussante, et rappelle celle
du tabac à priser ; sa saveur est amère et âcre ; sa
poudre, d'un gris bleuâtre, est très hygrométrique, très
altérable, et ne doit pas être préparée à l'avance.

COMPOSITION CHIMIQUE. — Malgré les travaux de nombreux chimistes très distingués, la composition du seigle
ergoté n'est pas exactement connue. Voici quels sont
les principes qui paraissent actifs : l'*ergotinine*, alcaloïde
cristallisé découvert par Tanret, et possédant une
grande activité ; l'*acide sclérotinique* et la *scléromucine*,

composés azotés découverts par Dragendorff et Podwizowski, et qui semblent agir comme le seigle ergoté, mais avec une activité bien supérieure.

L'ergotine Bonjean n'est autre chose qu'un extrait *mou*, très soluble, rouge brun ; ce n'est pas un composé bien défini.

Effets physiologiques. — Les préparations d'ergot de seigle exercent localement sur les tissus dénudés une action manifestement astringente. Dans le tube digestif, les petites doses sont facilement supportées, mais les fortes doses provoquent souvent le vomissement chez les carnivores et une irritation des intestins chez tous les animaux.

Les effets généraux consistent surtout dans une *constriction vasculaire* périphérique très énergique, très durable ; dans un *ralentissement du pouls et de la respiration*, dans une *anesthésie cutanée générale*, dans des *contractions énergiques de la matrice*.

Quand on fait une injection hypodermique d'ergotinine de Tanret sur un chien, on constate, après une dizaine de minutes, une légère inquiétude, et un peu d'excitation ; puis l'animal est calme, sa peau et ses muqueuses pâlissent considérablement, il y a resserrement des capillaires et le sang ne passe qu'en très petite quantité. A ce moment, la sensibilité de la peau a considérablement diminué ; des piqûres, des pincements ne provoquent aucun cri, aucune réaction ; l'anémie de la peau est telle qu'il est difficile d'obtenir du sang par des piqûres qui d'ordinaire en laissent écouler beaucoup. Le pouls est ralenti, la respiration et la température rectale ne sont pas modifiées sensiblement, du moins pendant la première période de l'action.

Quand l'administration de seigle ergoté se prolonge à doses un peu fortes, il se produit une anémie complète des organes placés en appendice et des extrémités ;

puis survient une anesthésie complète, suivie d'une gangrène sèche qui entraîne la perte de ces organes. La région digitée et les oreilles chez tous les animaux, la crête, le bec et la langue chez les oiseaux, sont frappés de gangrène sèche. Alors ces parties perdent leur sensibilité, leur souplesse, se durcissent, se momifient, et bientôt se séparent sans douleur des parties restées encore vivantes. L'empoisonnement par l'ergot de seigle est appelé *ergotisme*.

L'action de l'ergotinine est toujours accompagnée d'une dilatation pupillaire ou mydriase.

Des doses toxiques administrées d'emblée produisent les phénomènes que je viens de décrire avec une plus grande rapidité. On constate rapidement de l'hébétement, un regard fixe, des vertiges, une dilatation de la pupille et du coma, des tremblements, puis des secousses musculaires dans les membres postérieurs qui deviennent faibles et se paralysent, un refroidissement considérable de la peau, un pouls lent et misérable ; les poils sont ternes, les membres, les oreilles, la queue, très refroidis ; il y a parfois écoulement séro-muqueux et sanguinolent par les narines avec engorgement froid des membres ; des points noirs, des taches livides et des plaies gangreneuses apparaissent ; la langue, le bec et la crête se gangrènent chez les oiseaux ; les oreilles, la queue, les phalanges tombent chez les mammifères, et cela sans douleur ; la respiration, très laborieuse, s'arrête et la mort survient.

Lésions. — On constate à l'autopsie une irritation gastro-intestinale ; les viscères sont flasques et ramollis, les muscles semi-gélatineux ; le sang fluide, violacé ; l'intérieur des vaisseaux est rouge comme dans les maladies putrides.

Indications thérapeutiques. — L'anémie produite par l'ergot de seigle sur la matrice a pour conséquence d'amener des contractions vives et énergiques dans cet organe. Ce médicament sera donc indiqué :

1° Dans certains accouchements laborieux accompagnés d'une inertie ou d'une atonie de la matrice ;

2° Pour provoquer l'avortement ou l'accouchement prématuré. L'action du seigle ergoté sur la matrice se développe assez rapidement, en général au bout de quinze à vingt minutes ; sa durée est d'environ une heure. Les contractions utérines provoquées par ce médicament, au lieu d'être courtes et intermittentes comme celles qui sont naturelles, sont prolongées, presque continues, et souvent d'une énergie extrême. Si un obstacle mécanique s'oppose à la sortie du fœtus, ces contractions énergiques peuvent amener la rupture de la matrice ou la mort du fœtus.

Le resserrement vasculaire produit dans tous les parenchymes peut être utilisé en thérapeutique pour *arrêter les hémorrhagies* ou pour *diminuer les congestions*. On pourra donc employer avantageusement l'ergotine contre l'hématurie, l'épistaxis, l'entérorrhagie, l'hémoptysie, les hémorrhagies capillaires ; contre les congestions de la moelle et de l'encéphale qui amènent les paraplégies et autres formes de paralysies.

ADMINISTRATION. — La poudre fraîche d'ergot de seigle s'administre à l'intérieur dans un breuvage alcoolique ou en électuaire. On peut aussi faire une décoction avec la poudre. L'ergotine de Bonjean, se dissolvant très bien dans l'eau, ainsi que l'ergotinine de Tanret peuvent être injectées sous la peau ou dans la trachée. La voie hypodermique est surtout à recommander.

DOSES. — La poudre est toxique à la dose de 3 à 4 kilogrammes chez le cheval et le bœuf, de 20 à 30 grammes chez le chien. Pour les autres animaux la dose n'est pas encore déterminée.

	Cheval. ...	15 gr. à 30 gr.
	Bœuf.....	20 à 50
Doses thérapeutiques (pou-	Mouton...	5 à 10
dre d'ergot de seigle)..	Porc......	1 à 4
	Chien.....	0.50 à 3
	Chat......	0.10 à 0.50

L'ergotine de Bonjean se donne aux doses suivantes
en injections hypodermiques :

Mouton et porc........	0^{gr},30	à 0^{gr},80
Chien...............	0 10	à 0 30

L'ergotinine de Taret se donne chez le chien à la dose
de 0^{gr},001 à 0^{gr},002, en injections hypodermiques.

Cet alcaloïde étant d'un prix très élevé ne peut guère
être employé chez les grands animaux.

Rue des jardins (all. *Raute*).

Cette plante de la famille des Rutacées exhale dans
toutes ses parties une odeur vive et repoussante; elle
a une saveur amère et âcre, surtout lorsqu'elle est
verte.

COMPOSITION CHIMIQUE. — Les chimistes y ont découvert : une *huile essentielle*, une matière appelée *rutine* ou
acide *rutinique*, de la gomme, de la fécule, etc.

L'huile essentielle et la rutine constituent les principes actifs de la rue.

EFFETS PHYSIOLOGIQUES. — L'action locale de la rue
fraîche est irritante, surtout pour les tissus dénudés;
elle exerce sur les plaies et les ulcères une action excitante et antiputride des plus marquées; sur les tumeurs indolentes elle produit un effet fondant comparable à celui de la ciguë. A doses faibles elle peut être
supportée longtemps par le tube digestif; mais celui-ci
s'enflamme avec des doses fortes.

Après l'absorption, les doses faibles produisent une

légère excitation générale avec hypersécrétion muqueuse de la matrice ; les doses fortes produisent d'abord une excitation générale très forte, puis de l'abattement, de la faiblesse et une hyperémie de la muqueuse de la matrice et du tube digestif.

INDICATIONS THÉRAPEUTIQUES. — A l'extérieur, c'est un *détersif puissant* des plaies et des ulcères de mauvaise nature ; un *fondant énergique* sur les engorgements indolents.

A l'intérieur, la rue est indiquée pour augmenter la *sécrétion muqueuse* de la matrice dans les ports laborieux et la rétention du délivre.

PRÉPARATIONS. — On confectionne des *breuvages* en la traitant par l'eau bouillante ou les liqueurs alcooliques ; ou encore, on l'écrase dans un mortier pour en extraire le suc.

A l'extérieur, on l'emploie en cataplasmes après l'avoir écrasée, ou l'on en extrait le suc qui est mélangé à l'eau-de-vie et appliqué sur des solutions de continuité anciennes.

DOSES. — Les doses de rue fraîche sont :

Grandes femelles............	64 à 125 gr.
Moyennes —	16 à 32
Petites —	4 à 8

Sabine (all. *Sadebaum*).

La sabine (*Juniperus sabina* L.) est un petit arbrisseau de la famille des Conifères, qui croît sur les lieux secs et pierreux du midi de la France.

Les feuilles sont les seules parties employées en médecine ; elles ont une odeur térébenthinée et une saveur amère et âcre.

COMPOSITION CHIMIQUE. — D'après M. Gardes, la sabine

contient les principes suivants : huile essentielle, résine, extractif résineux, acide gallique, etc.

L'essence, qui est le principe actif, est de couleur citrine, très fluide, très aromatique et isomère de l'essence de térébenthine.

Effets physiologiques. — Localement, la sabine agit comme irritant. Sur la peau intacte elle est rubéfiante ; elle devient vésicante sur les solutions de continuité.

A l'intérieur, elle est excitante à très faible dose ; elle excite l'appétit, favorise la digestion et provoque de la diurèse.

A forte dose, elle peut produire une gastro-entérite mortelle avec une inflammation des reins et de la vessie, de la diurèse avec strangurie et une diarrhée sanguinolente fétide.

On croit généralement que la sabine exerce une action excitante sur la matrice et augmente les sécrétions de sa muqueuse, mais aucun fait positif n'est venu démontrer l'exactitude de cette assertion. Beaucoup d'observations tendent au contraire à prouver que l'avortement qui peut succéder à l'absorption de fortes doses est plutôt le résultat de l'irritation générale du tube digestif et des voies génito-urinaires que celui d'une action spécifique sur la sécrétion de la muqueuse. Presque toutes les substances fortement irritantes peuvent provoquer l'avortement.

Indications thérapeutiques. — A l'extérieur la pommade de sabine agit comme *fondant* sur les tumeurs indolentes, telles que l'éponge, les molettes, les vessigons, etc. L'action excitante locale peut faire utiliser la sabine pour augmenter la tonicité du tube digestif, pour augmenter les sécrétions et faciliter la digestion quand l'alimentation est atonique ou mauvaise. D'après certains auteurs, les maquignons allemands la donnent aux chevaux pour les rendre plus ardents, plus vifs.

La sabine est aussi indiquée comme *diurétique* dans les hydropisies et les cachexies surtout chez les ruminants. Son action *emménagogue* étant peu certaine, on doit lui préférer à l'intérieur l'ergot de seigle et l'ergotine pour provoquer l'avortement ou pour faciliter l'expulsion des enveloppes fœtales. La sabine convient par contre très bien pour faire des injections dans la cavité utérine en infusions à 1 de sabine p. 100 d'eau. Ce liquide est antiseptique, désodorant, et excite dans la matrice des contractions et des sécrétions locales en même temps qu'il ramollit les enveloppes et facilite leur sortie. M. Vogel recommande beaucoup ces injections qu'on fait avec un tube de caoutchouc ou une seringue contre la métrite puerpérale et les écoulements chroniques des voies génitales chez les femelles.

Les infusions faites avec 1 partie de sabine pour 30 ou 50 parties d'eau conviennent très bien pour panser et laver les plaies et pour faire des injections désinfectantes dans certaines cavités, sinus, poches gutturales, fistules, etc. On peut augmenter les effets astringents de ce liquide en y ajoutant de l'alun, du sulfate de cuivre ou de l'acide phénique. La sabine, d'un prix très modique, doit être recommandée à l'extérieur en applications ou en lotions sur les plaies et en injections dans les cavités purulentes.

Doses :

Doses thérapeutiques.	Cheval	15 gr.	à 50 gr.
Poudre..............	Bœuf............	10	à 30
	Mouton et porc.	2	à 10
	Chien...........	0.30	à 1

L'essence de sabine peut être utilisée chez les petits animaux à la dose de 1 à 2 gouttes dans des mixtures diverses.

Quand l'usage doit en être prolongé et surtout quand on veut obtenir les effets diurétiques, il faut plutôt employer des doses un peu plus faibles que celles indiquées dans le tableau, parce que la sabine produit la diurèse en excitant le rein ; s'il y a irritation la diurèse s'arrête, surtout chez les jeunes animaux, et il se produit de l'anurie.

NOTA.   FORMULE

du bain antipsorique de Zundel pour 100 *moutons.*

Acide phénique pur	1,500 gr.
Chaux caustique......................	1,000
Sel de soude	3,000
Savon noir..........................	3,000
Eau chaude	260 litres.

Ce bain est employé avec succès contre la gale du mouton en Alsace-Lorraine.

L'immersion de chaque mouton doit durer cinq minutes.

35.

APPENDICE

EAU ET HYDROTHÉRAPIE.

Eau. HO.

L'eau est certainement le corps qui joue le rôle le plus important dans la vie des êtres organisés. Elle forme environ les deux tiers du corps des animaux mammifères. Voici un tableau de Volkmann, qui donne les proportions d'eau contenue dans les différents organes chez l'homme adulte. Ces proportions sont sensiblement les mêmes chez les divers mammifères adultes; elles sont calculées pour 1000 parties de tissus.

	Eau.
Squelette	500
Muscles	770
Cœur	793
Cerveau	779
Tissu graisseux	150
Poumon	791
Foie	696
Rate	765
Canal intestinal	779
Reins	834
Peau	700
Pancréas	780
Sang	790
Autres organes	763

L'eau se trouve dans l'organisme sous trois états :

1° Comme véhicule de substances dissoutes ou en suspension, elle constitue la masse principale des liquides de l'organisme, sang, lymphe, urine, etc.;

2° Comme eau d'imbibition, elle pénètre les substances solides de l'organisme, et fait ainsi partie intégrante des éléments et des tissus du corps;

3° Comme eau de combinaison, elle entre dans la constitution même de certaines substances organiques, fait partie de leur molécule chimique. La quantité d'eau ainsi combinée est très faible eu égard à la quantité qui se trouve sous les deux états précédents.

L'eau qui existe dans le corps provient, presque en totalité, de l'alimentation, c'est-à-dire des aliments et des boissons. On pense qu'une petite quantité peut se former par synthèse ou par dédoublement.

L'eau est éliminée par les reins, la peau, les poumons et l'intestin.

L'élimination par les reins peut être représentée par 15, celle de la peau et des poumons réunis par 8 ou 9, et celle de l'intestin par 1. La quantité ainsi éliminée correspond à peu de chose près à la quantité d'eau introduite dans l'organisme, de façon que les organes et les tissus du corps contiennent toujours, au moins dans certaines limites, les mêmes proportions d'eau.

Quand ces proportions d'eau subissent une *baisse* ou une *hausse* trop considérable, l'activité vitale diminue et peut même être abolie.

C'est ainsi que la sécheresse empêche la germination des graines, la croissance des végétaux et ramène à l'état de vie latente les rotifères et les tardigrades. Mais la privation d'eau n'a pas besoin d'être portée jusqu'à la dessiccation pour amener des troubles graves. Chossat a constaté sur la grenouille qu'il avait placée sous une cloche avec du chlorure de calcium, que la déperdition d'eau entraînait bientôt de la dyspnée, un ralentissement des battements du cœur, une diminution de la sensibilité, des contractions tétaniques, etc.; et la mort arrivait quand l'animal avait perdu 35 p. 100

de son poids. A l'autopsie on trouva des altérations des globules rouges du sang.

L'introduction de l'eau en excès dans le sang détermine aussi des accidents qui peuvent devenir mortels. Les expériences de Dupuy, de Bouley, de Falck, de Picot, de Cl. Bernard et celles que j'ai faites moi-même, démontrent que lorsqu'un animal reçoit de 1/50 à 1/10 de son poids d'eau dans les veines, il se produit des troubles des principales fonctions, et quelquefois la mort après une ou deux heures. Si les animaux survivent et qu'on examine le sang au microscope d'heure en heure, on assiste à une dégénérescence des globes rouges s'accusant par l'absence de leur réunion dite en piles d'écus, par l'existence à leur périphérie de crénelures, puis par leur fragmentation, et leur réduction fréquente à la forme stellaire. Après l'injection, on constate toujours une accélération des mouvements respiratoires et un affaiblissement progressif de l'animal, une espèce de prostration comme dans l'asphyxie lente. Les altérations des globules suivent une marche progressive pendant laquelle la prostration se constate simultanément, et chez ceux qui guérissent il est possible de suivre la réparation des globules se faisant en général au bout de vingt-quatre heures. Chez ceux qui meurent, l'autopsie montre une infiltration du tissu conjonctif, des ecchymoses du poumon, du cœur et des viscères abdominaux, une altération des globules rouges du sang.

Voici le résumé d'une expérience faite sur un âne :

On injecte avec une grande lenteur, dans la veine faciale, 12 litres d'eau ordinaire à la température de 38°. Pendant l'injection, accélération de la respiration et du pouls ; efforts de vomissements après l'injection de 6 litres ; écoulement par les naseaux d'un liquide spumeux ; expulsion copieuse d'urine vers la fin de l'expérience ; pas de sueur ; température rectale reste stationnaire à 38° pendant tout le temps de l'injection, elle s'abaisse à 37° quelques instants avant la mort.

Les instruments graphiques appliqués sur la carotide nous ont indiqué une élévation constante de la tension artérielle jusque vers la fin de l'expérience ; à ce moment elle s'est abaissée graduellement et est arrivée à zéro, au moment de la mort. L'hémodromographe de M. Chauveau nous a indiqué une diminution de la vitesse du cours du sang pendant l'injection d'eau ; vers la fin cependant elle a augmenté, puis enfin a de nouveau baissé jusqu'à la mort. Le jeu du cœur était accéléré pendant toute la durée de l'expérience.

A l'autopsie le sang était diffluent et se coagulait avec peine, le caillot obtenu était très fragile, les globules étaient altérés. Le tissu conjonctif était infiltré partout ; il y avait des ecchymoses sur la muqueuse stomacale ; l'estomac et l'intestin contenaient une grande quantité de matière fluide ; les reins étaient rouges congestionnés, la capsule se soulevait et se détachait facilement.

Les faits ci-dessus indiquent que la quantité d'eau de l'organisme, et du sang en particulier, doit présenter une certaine constance. Quand cette quantité tombe au-dessous d'un minimum, les animaux ressentent la soif, ce qui les engage à prendre du liquide. Quand la quantité d'eau du sang tend à dépasser un certain maximum, les sécrétions se réveillent et se dépouillent de la quantité en excès.

Le rôle physiologique de l'eau est des plus importants. L'eau est indispensable aux phénomènes chimiques qui se passent dans l'organisme, soit qu'elle y intervienne simplement en dissolvant les matériaux qui doivent entrer dans les combinaisons, et ceux qui doivent en sortir, soit qu'elle y contribue directement comme dans certains dédoublements et dans les fermentations.

Aussi la quantité d'eau d'un tissu ou d'un organe est-elle en général en rapport avec son degré d'activité vitale, et on peut facilement constater le fait en se reportant au tableau d'analyse cité plus haut. L'eau détermine en grande partie les propriétés physiques de consistance, d'élasticité, de transparence, de volume, etc., des tissus. Elle constitue le véhicule direct ou indirect de tous les médicaments qui passent à l'absorption, et qui agissent sur l'organisme.

Si l'eau *absorbée* agit énergiquement sur la nutrition et modifie les grandes fonctions, surtout les sécrétions, son action n'est pas moindre lorsqu'elle est simplement appliquée à la surface de la peau, ou qu'elle est mise *sous certains états, et au moyen de certains procédés*, en contact avec les muqueuses ou les tissus nus. Pour bien faire ressortir les effets physiologiques qu'elle peut engendrer et les services qu'elle peut rendre en thérapeutique, nous devons en faire une étude spéciale.

Hydrothérapie.

On donne le nom d'*hydrothérapie* à la méthode thérapeutique dans laquelle on met à profit les *nombreuses* et *énergiques* propriétés de l'eau dans le traitement des maladies.

Historique. — L'eau, sous ses différents états, est employée en médecine depuis la plus haute antiquité. Hippocrate, Celse, Galien, Rhazès, Ambroise Paré, Fallope, Hoffmann, Lombart et un grand nombre d'autres médecins de grand mérite, ont employé l'eau à l'*extérieur* pour traiter les maladies telles que : les plaies, les contusions, les fractures, les hémorrhagies, les brûlures ; et à l'*intérieur*, dans toutes les maladies fébriles. Mais ce n'est que depuis le commencement de ce siècle que l'on a systématisé son emploi, non seulement pour les maladies externes, mais encore pour les maladies internes les plus diverses. Pendant les grandes guerres du commencement de ce siècle, le célèbre chirurgien français Percy aurait, dit-il, abandonné la chirurgie des armées, si on lui eût interdit l'usage de l'eau.

Dans le traitement des maladies de nos animaux domestiques, l'eau a toujours joué un grand rôle. Les écrits des maréchaux, des écuyers, des bergers et des premiers vétérinaires mentionnent fréquemment l'emploi de l'eau contre les accidents si nombreux et si variés qui surviennent sur le corps des animaux, surtout ceux des membres des chevaux. Le bain à l'eau courante est un moyen hygiénique et curatif employé de temps immémorial et dans tous les pays, pour remédier à la fatigue des membres des chevaux soumis à de rudes travaux, pour réprimer la fourbure, les engorgements articulaires et tendineux, pour guérir les plaies, les contusions, les piqûres et autres maladies qui peuvent atteindre le bas des membres du cheval.

Cependant l'emploi de l'eau n'a été universellement adopté, dans l'une et l'autre médecine, que depuis les travaux de Priestnitz vers 1830. Il est vrai que Currie, médecin de Liverpool, a, bien avant Priestnitz, posé les véritables principes de l'emploi de l'eau, aussi bien contre les maladies internes que contre les accidents externes. Mais les écrits de Currie restèrent ignorés de la plupart des médecins, et c'est à Priestnitz, paysan de la Silésie autrichienne, que revient l'honneur d'avoir *vulgarisé* l'emploi de l'eau sous toutes ses formes dans la plupart des maladies. C'est Priestnitz qui est le véritable créateur de l'hydrothérapie.

Priestnitz était aubergiste à Græfenbourg, dans la Silésie autrichienne.

Un jour, il fut victime d'un accident très grave qu'il guérit par l'emploi de l'eau. C'est à partir de ce moment qu'il commença à traiter les maladies des animaux et des hommes. Voici ce qu'on raconte à ce sujet : Frappé à la tête d'un coup de pied de cheval, il tomba, sa voiture lui passa sur le corps et lui fractura deux côtes. Les chirurgiens du pays portèrent un pronostic fâcheux ; mais Priestnitz n'en tint pas compte et, sans écouter leurs conseils, il résolut de se traiter à sa manière. Des compresses d'eau froide et quelques moyens très simples amenèrent une guérison rapide qui fit grand bruit dans le pays. Des malades du voisinage d'abord, puis de contrées plus éloignées, vinrent demander conseil au cabaretier de Græfenbourg. Il eut des succès nombreux et éclatants ; puis, s'enhardissant à mesure qu'il acquérait plus d'expérience, il se transporta bientôt de village en village en donnant des soins à la fois aux hommes et aux animaux. Il s'acquit rapidement une grande réputation par le traitement de certaines lésions extérieures, telles que foulures, entorses, brûlures, fractures, etc., et fut appelé à de grandes distances de sa demeure, soit comme médecin, soit comme vétérinaire. Plus tard, ayant acquis une grande expérience, il compléta son système en provoquant des sueurs abondantes, en baignant la peau couverte de sueur avec de l'eau froide, en faisant ingérer à l'intérieur des quantités croissantes d'eau fraîche, etc. Dans cette nouvelle direction le paysan autrichien acquit une célébrité plus grande encore, à tel point, dit le docteur Fleury, que les médecins et les vétérinaires, auxquels il faisait une concurrence ruineuse, le dénoncèrent comme exerçant illégalement la médecine, et que l'autorité fut obligée d'intervenir.

Enfin le succès de Priestnitz continuant toujours malgré les persécutions de plusieurs genres dont il fut l'objet, le gouvernement autrichien lui accorda, en 1830, l'autorisation de recevoir et de traiter des malades par sa méthode dans un établissement approprié qu'il avait créé dans ce but, et qui ne tarda pas à arriver à un haut degré de prospérité. Depuis cette époque, l'hydrothérapie s'est répandue en Europe et en Amérique, où elle compte maintenant un grand nombre d'établissements spéciaux généralement prospères.

En médecine vétérinaire, l'hydrothérapie joue aujourd'hui un rôle assez important dans le traitement des maladies internes et externes, mais ce rôle sera toujours infiniment moindre qu'en médecine humaine. Il y a de cela plusieurs raisons. La première, c'est que cette espèce d'hydrothérapie est un peu compliquée et d'une application assez difficile dans la pratique ordinaire, à moins de la réduire à de simples affusions d'eau fraîche sur le corps, comme cela se pratique sur des chevaux de course, soit pendant l'entraînement, soit après chaque épreuve ; ce n'est donc que dans les infirmeries des écoles, des régiments, des grandes administrations, des clientèles vétérinaires des grandes villes qu'on peut avoir à sa disposition l'arsenal d'ustensiles nécessaires à l'application complète et méthodique de l'hydrothérapie. Un autre obstacle à l'application usuelle de cette méthode curative, c'est le tégument velu des animaux, qui ne permet pas facilement de sécher la surface du corps, soit après les douches, soit après la réaction ; à la vérité, la pratique de plus en plus répandue de la tonte chez les chevaux communs atténue sensiblement cet inconvénient, au moins pour les solipèdes. Enfin, en médecine vétérinaire, la question *économique* domine la question *thérapeutique*, en sorte qu'on n'entreprend le traitement d'une maladie grave qu'autant que le succès est à peu près certain et que les frais qu'il entraînera ne dépasseront pas la valeur vénale de l'animal une fois guéri.

Maintenant que nous connaissons l'histoire sommaire

de l'hydrothérapie, il faut étudier les nombreuses propriétés de l'eau et ses divers modes d'emploi.

PROPRIÉTÉS PHYSIQUES ET CHIMIQUES DE L'EAU. — L'eau pure est un liquide incolore, inodore, sans saveur, présentant son maximum de densité à 4° centigrades. A 100°, elle se réduit en vapeur. A zéro, elle se sodidifie et forme la glace. A l'état de vapeur, elle occupe un volume 1700 fois plus considérable qu'à l'état liquide. La vapeur, en se condensant, abandonne une proportion de calorique telle qu'elle pourrait porter de 0 à 100°, 5 fois et 1/2 son poids d'eau ordinaire. La glace, pour se liquéfier, absorbe une quantité de chaleur considérable. Suivant son degré de température, l'eau est *froide*, *fraîche*, *tiède*, *chaude*, *très chaude*, *bouillante*, ou *à l'état de vapeur*. Voici, d'après les médecins, les degrés de chaleur qui correspondent à ces divers états :

```
L'eau de   8 à 12°  est très froide.
    —     12 à 16°       froide.
    —     16 à 20°       fraîche.
    —     20 à 26°       dégourdie.
    —     26 à 30°       tempérée ou tiède.
    —     30 à 40°       chaude.
    —     40° et au-dessus est très chaude.
    —     80°      —          bouillante.
```

L'eau, suivant *son degré* de température et la *manière* dont elle est appliquée, produit des effets physiologiques et thérapeutiques variables. Nous devons donc étudier l'eau successivement sous ses différents états.

Glace. — Eau froide.

La glace et l'eau froide jouissent des mêmes propriétés physiologiques ; il n'y a entre ces deux agents qu'une différence d'intensité. La glace, absorbant beaucoup plus de calorique que l'eau pour se réchauffer de la même quantité, aura un pouvoir frigorifique, sinon plus intense, du moins plus durable.

Effets physiologiques. — La glace ou l'eau froide, appliquée sur un point quelconque de la surface du corps, produit immédiatement une *sensation* très vive de froid qui retentit bientôt dans toute l'économie et qui détermine des *frissons* et même un *tremblement* général, si l'application est large et le sujet jeune et faible. Après la première impression, une tolérance s'établit progressivement ; elle trouve son explication dans la *diminution* de l'*excitabilité* et de la *conductibilité* des nerfs par suite de l'abaissement de leur température (Helmholtz). Outre le frisson et le tremblement, on observe encore d'autres phénomènes réflexes très importants. La peau pâlit, devient plus dense, se couvre de chair de poule ; la vessie se contracte et il y a quelquefois émission involontaire d'urine ; il y a gêne de la respiration et suffocation ; le *pouls* est serré, plus dur, mais pas accéléré.

La pâleur de la peau est due à la *constriction vasculaire* réflexe dans le tégument et au refoulement du sang à l'intérieur du corps. Si l'application d'eau glacée ou de glace se prolonge pendant un certain temps, on remarque que la *sensibilité s'émousse* d'abord, puis *s'éteint ;* la chaleur baisse rapidement et la circulation capillaire s'arrête par suite du resserrement vasculaire considérable et de la paralysie des globules. L'application trop prolongée peut frapper de mort les parties sur lesquelles elle est faite. On peut alors pratiquer des incisions profondes sur ces dernières sans qu'il en résulte d'hémorrhagie, ainsi que Hunter s'en est assuré en congelant les oreilles de plusieurs lapins et en les amputant ensuite. Mais si on évite de pousser les effets jusqu'à ce degré et qu'on suspende l'application à temps, on voit bientôt se produire la *réaction*. Celle-ci consiste dans le retour de la chaleur et de la rougeur dans la peau par suite d'une dilatation vasculaire qui entraîne une circulation plus active. La réaction apparaît quelquefois pendant l'application d'eau froide, lorsque le sujet est vigoureux. Un exercice modéré, une température élevée sont les meilleurs moyens pour provoquer la réaction. Quand la réaction s'est produite, la peau est rouge, chaude et elle sécrète et exhale plus activement.

Introduite en petite quantité dans l'estomac, l'eau congelée est parfaitement supportée ; elle produit par *réaction* une circulation plus active dans la muqueuse, qui s'échauffe et sécrète du suc en abondance. En grande quantité, l'eau glacée est nuisible à tous les animaux ; elle produit d'abord une anémie de la muqueuse gastrique et intestinale, un arrêt des mouvements et des sécrétions, une suspension de la digestion ; puis survient une réaction très intense avec épanchement de sang dans le tube digestif et le tissu sous-muqueux, de la diarrhée avec entérorrhagie. Lors de la retraite de Moscou, le chirurgien Larrey a vu périr rapidement les hommes et les chevaux qui mangeaient de la neige. M. Reboul a vu l'eau glacée produire une angine gangreneuse sur une famille de juments et de poulains.

MODE D'ADMINISTRATION DE L'EAU. — L'eau s'emploie à l'extérieur, sous les formes les plus variées.

La glace ou l'eau glacée peuvent être appliquées directement sur les parties malades, à l'aide d'étoupes et de pièces de toile, ou en introduisant ces matières dans des vessies ou des sacs de caoutchouc qu'on applique sur la partie malade.

L'eau liquide s'emploie sous forme de *bains*, de *lotions*, de *fomentations*, d'*affusions*, d'*irrigations*, de *douches*, d'*injections*.

BAINS. — On fait prendre un bain à un animal lorsqu'on le trempe complètement ou incomplètement dans l'eau stagnante ou courante. Les bains sont *locaux* quand une partie seulement du corps plonge dans l'eau ; ils sont *généraux* quand ils portent sur tout le corps.

Les bains généraux ne s'emploient, pour nos grands animaux, que dans un but d'hygiène et avec une eau fraîche, c'est-à-dire toujours au-dessus de 12°. On en fait usage pour nos petits animaux dans un but thérapeutique. Les bains locaux sont d'un emploi fréquent chez tous les animaux, surtout chez les grands herbivores. C'est surtout dans les maladies des pieds qu'ils rendent de grands services, on les appelle alors *bains de pieds* ou *pédiluves*. On place l'animal dans un ruisseau, dans un étang, dans une mare, de manière à faire plonger les pieds dans l'eau. Quelquefois, quand un seul pied nécessite un bain, on fait poser ce pied dans un seau ou dans un appareil spécialement destiné à cet usage et rempli d'eau. On renouvelle l'eau le plus souvent possible afin de prévenir son échauffement.

Les effets physiologiques produits par les bains d'eau froide sont ceux indiqués précédemment. Les *effets thérapeutiques* des bains froids sont les suivants :

La glace et l'eau froide, en soustrayant du calorique à l'organisme, agissent comme des *antipyrétiques* énergiques. Cette propriété antipyrétique peut être mise à profit dans toutes les maladies locales ou générales accompagnées d'une élévation de la température. L'application de l'eau froide est *rationnelle* dans toutes les inflammations externes, surtout lorsque celles-ci sont étendues et que la chaleur est intense. Le froid que provoque la glace ou l'eau froide sur les tissus a pour effet de diminuer leur vitalité ; les éléments anatomiques qui les constituent ralentissent leur nutrition et leurs fonctions ; ils ne se multiplient que difficilement, les globules blancs sont paralysés et la diapédèse devient impossible ; en outre, les petits vaisseaux sont fortement resserrés et ne laissent passer qu'une petite quantité de sang. L'eau froide, en *ralentissant* la nutrition des éléments anatomiques enflammés, en *empêchant* leur multiplication et en *resserrant* les petits vaisseaux, s'oppose très énergiquement à la formation du pus et au processus inflammatoire. La propriété réfrigérante et anémiante externe de l'eau glacée peut se propager par action réflexe à des organes éloignés. Tout le monde connaît la loi des symétries vaso-motrices établie par Brown-Séquard et Tholozan. En plongeant la main droite dans l'eau froide, on voit la température s'abaisser non seulement dans la main refroidie directement par l'eau, mais encore dans la main gauche. C'est ainsi qu'on peut expliquer les bons effets des applications de glace ou d'eau froide dans la méningite, le vertige, la congestion du cerveau et de la moelle épinière, etc.

L'action *vaso-constrictive* de l'eau froide a pour effet d'arrêter rapidement les hémorrhagies capillaires du nez, de la bouche, de la gorge, des bronches, du rectum, de la matrice, etc.

L'action *astringente* ou *resserrante* de l'eau froide est utilisée toutes les fois qu'il faut diminuer le volume d'un organe vasculaire et lui donner du ton. C'est pourquoi on l'emploie dans les hernies étranglées, dans les arthrites aiguës, dans le renversement du rectum, du vagin, de la matrice, sur les tumeurs sanguines, etc. La propriété *anesthésiante* de l'eau froide trouve son emploi dans tous les cas où il y a douleur intense sur une partie accessible à l'application de l'eau. Le froid produit par l'eau ou la glace combat directement les quatre symptômes cardinaux de l'inflammation, c'est-à-dire la *douleur*, la *chaleur*, la *rougeur* et la *tumeur*. En faisant des frictions de glace sur une partie sensible pendant quelques minutes on l'anesthésie presque complètement, de sorte qu'on peut pratiquer des opérations sans douleur même sur les animaux très sensibles.

Lotions. — On donne le nom de lotions à l'application de l'eau qui consiste à frapper doucement la partie malade avec un corps tomenteux imprégné d'eau. On peut faire usage d'éponges, d'étoupes, etc., pour faire cette application. Les lotions remplacent les bains locaux et s'emploient contre les inflammations cutanées peu graves.

Fomentations. — Les fomentations ou applications consistent à déposer sur une région du corps une matière poreuse imbibée d'eau froide et qu'on maintient dans une humidité constante. Les corps que l'on emploie sont les étoupes, les éponges, les linges, la terre glaise, etc. Les fomentations bien appliquées entretiennent une humidité et une fraîcheur continuelles.

Affusions. — Les affusions consistent dans une nappe d'eau qu'on verse d'une faible hauteur sur la région malade. Elles peuvent être générales pour les petits animaux, mais sont toujours locales pour les grands. L'arrosoir du jardinier pourvu de sa pomme convient très bien pour faire les affusions, parce que l'eau se divise en une multitude de petits filets qui se répandent uniformément sur la région.

Irrigations. — On appelle *irrigation* le mode d'application de l'eau qui consiste à faire arriver sur une partie du corps un courant continu d'eau qui la baigne sans la frapper.

L'irrigation est *continue* quand elle n'est pas interrompue pendant plusieurs jours, elle est *discontinue* ou *intermittente* quand on la suspend de temps en temps.

Pour pratiquer l'irrigation continue, il faut faire arriver l'eau d'un réservoir plus élevé que le point que l'on veut irriguer. Dans la pratique on installe un tonneau ou une cuve à une certaine hauteur au-dessus des animaux. On fait arriver l'eau sur la partie malade au moyen d'un tube de caoutchouc dont on serre plus ou moins l'orifice d'écoulement suivant la quantité d'eau que l'on veut faire couler dans un temps donné.

M. Martin, ancien vétérinaire militaire, a imaginé un appareil irrigateur destiné surtout à irriguer plusieurs parties à la fois. Il se compose d'un premier réservoir semblable à celui que nous venons de décrire, puis d'un second beaucoup plus petit présentant quatre orifices inférieurs et un supérieur. Ce dernier est relié avec un tube au réservoir principal et doit amener l'eau dans le petit réservoir. Celui-ci est fixé sur le dos de l'animal au moyen d'un surfaix et d'une croupière. Les quatre orifices inférieurs portent les tubes qui conduisent l'eau sur les parties malades, par exemple sur les quatre membres, un tube étant fixé sur chacun d'eux. Pour bien régulariser l'eau à la surface de la partie malade, on fait arriver l'orifice du tube irrigateur dans un bandage d'étoupes ou de linge. Ce bandage s'imprègne de liquide dans toute sa masse et le laisse écouler lentement sur toute la partie malade.

L'irrigation continue faite avec de l'eau froide ou fraîche constitue un des moyens thérapeutiques les plus puissants contre toutes *affections locales extérieures* caractérisées par une *inflammation* très vive, une suppuration abondante.

On en obtient d'excellents résultats : 1° contre les solutions de continuité étendues, accompagnées de délabrements des tissus, comme les plaies contuses, les plaies par armes à feu, les plaies étendues, les coups de pied, les contusions diverses, les plaies granuleuses d'été, les brûlures, les excoriations de la peau, les ulcérations, les ruptures des tendons et des muscles ; 2° contre les tumeurs et engorgements tels que : thrombus, phlegmons, javarts cutanés ou tendineux ; 3° contre les maladies articulaires telles que plaies articulaires, arthrites aiguës.

Douches. —On donne le nom de douche à une colonne d'eau animée d'une grande vitesse et qui vient frapper avec force la partie où on la dirige. Quand le jet est entier, la douche est dite en *colonne ;* quand il est divisé en un nombre plus ou moins considérable de filets, on l'appelle *douche en pluie.*

Les appareils à l'aide desquels on administre des douches sont nombreux. On peut se servir de la seringue ordinaire, de la pompe de jardinier, d'une pompe à incendie ou de tout autre appareil fournissant un jet liquide assez fort.

Les douches agissent par un double mécanisme : 1° elles produisent les effets ordinaires de l'eau ; 2° elles agissent mécaniquement sur les tissus. Cette dernière action devient souvent très importante, surtout pour produire la réaction.

Les douches *générales* sont indiquées pour produire par *réaction* la suractivité des fonctions. Lé bon fonctionnement de la peau et sa faible impressionnabilité au froid sont des conditions très favorables au maintien de la santé et à la guérison des maladies congestives ou inflammatoires de tout genre. Les douches réalisent ces deux conditions quand elles sont appliquées dans de bonnes conditions.

Quand on veut doucher un cheval, il faut diriger le jet liquide d'abord sur les membres de bas en haut, puis sur la tête, et enfin sur le reste du corps ; il doit arriver perpendiculairement aux surfaces frappées et autant que possible à rebrousse-poil, de manière à agir directement sur la peau ; il convient aussi d'insister sur les régions dépourvues de poils, comme le périnée, le fourreau, les testicules, les mamelles, etc. Pour doucher un cheval, il faut environ de 5 à 10 minutes.

Aussitôt après la douche, il faut sécher rapidement l'animal avec des frictions à la paille ; puis on le couvre et on lui fait faire un petit excercice jusqu'à production de la réaction. Quand le malade n'est pas en état de marcher, il faut le couvrir avec de nombreuses couvertures après l'avoir fortement bouchonné.

RÉACTION. — Toutes les fois que les applications d'eau froide sont faites pendant un temps très court, il se produit bientôt après une suractivité de la circulation dans le tégument cutané. Ce retour des fonctions de là peau, qui alors sont très activées, constitue la réaction. C'est après la douche qu'elle apparaît le mieux et le plus vite. Quand la réaction apparaît, la peau devient chaude, elle rougit sensiblement, une légère diaphorèse se produit, les muqueuses se colorent, le pouls devient plus ferme et plus régulier, la respiration plus ample, plus facile ; le sujet est gai, ses mouvements sont faciles et les digestions sont plus rapides et plus complètes. Généralement on fait une application par jour ; on peut en faire deux quand la réaction est facile.

La réaction peut encore être obtenue avec l'*enveloppement humide*. Il consiste à recouvrir le corps nu avec un drap ou une couverture trempée dans l'eau froide et tordue, et à mettre par-dessus plusieurs couvertures pour provoquer la réaction ; au bout d'un temps variable, cette réaction se déclare et quelquefois la peau se couvre de sueur. Ce moyen est mis souvent en usage par certains vétérinaires étrangers ; il donne d'excellents résultats quand les animaux sont tondus. L'enveloppement humide ainsi que la réaction produite par la douche peuvent remplacer l'application des révulsifs dans le traitement des maladies internes au début. Ces moyens hydrothérapiques ont l'avantage de ne pas tarer les animaux, tout en étant très efficaces.

La réaction produite par l'application d'eau froide, suivant un des procédés ci-dessus, est indiquée dans toutes les *maladies inflammatoires* internes qui ont pour cause un refroidissement de la peau ; elle est indiquée aussi pour rétablir la circulation, activer la nutrition dans les tumeurs froides, les phlegmons froids et faciliter leur résorption. Les douches constituent un des traitements les plus efficaces contre les grandes névroses, le tétanos, l'immobilité, la chorée, l'épilepsie, le tic, etc. Dans l'anasarque les douches et la production de la réaction doivent aussi avoir un heureux résultat.

M. Barry, vétérinaire de Paris, a guéri un cheval de la fièvre typhoïde. Le sujet malade est amené dans la cour, on lui verse sur le corps et les jambes quatre ou cinq seaux d'eau froide qui l'inondent instantanément, puis deux aides râclent la peau avec un couteau de chaleur; ensuite on essuie l'animal avec des linges et des éponges, et on le couvre de plusieurs couvertures sous la première desquelles on a placé une couche de paille, et il est rentré à l'écurie. Peu de temps après, la réaction se produit. Il faut renouveler ce traitement deux fois par jour.

Eau fraîche (16 à 20°).

L'eau fraîche possède identiquement les mêmes propriétés que l'eau froide, mais à un moindre degré. Mise en contact avec la peau, elle produit une sensation de *fraîcheur* agréable ; la partie où on l'applique pâlit, se refroidit et devient moins sensible, mais tous ces effets sont moins prononcés qu'avec l'eau froide. L'application peut être prolongée indéfiniment sans amener la mortification. La température de la partie ne s'abaisse que modérément, de sorte que la vitalité des tissus, quoique diminuée, ne menace pas de s'éteindre. Quand l'application est interrompue, la réaction qui apparaît après chaque temps de suspension est beaucoup moins intense qu'avec l'eau froide.

En résumé, les effets de l'eau fraîche sont de même nature que ceux de l'eau froide, mais ils sont plus modérés.

Les modes d'administration de l'eau fraîche sont ceux que nous venons d'étudier pour l'eau froide. A l'intérieur, l'eau *fraîche* est prise en boissons ; elle est rafraîchissante et favorable à la digestion.

On emploiera l'eau fraîche en thérapeutique dans les mêmes cas que l'eau froide ; elle est même exclusivement employée quand on veut prolonger l'application, comme par exemple dans les irrigations continues.

Eau tiède.

L'eau tiède produit sur les tissus des *effets relâchants, émollients*. Elle gonfle l'épiderme, le rend plus épais et plus étendu, d'où résultent des plis comme si la peau était macérée et avait perdu toute élasticité. Après la dessiccation du point médicamenté, l'épiderme se détache souvent par plaques furfuracées en entraînant les poils qui le traversent.

A l'intérieur l'eau tiède produit les mêmes effets débilitants et relâchants sur le tube digestif ; elle entrave à la longue les fonctions de l'estomac et de l'intestin. Chez les carnivores elle détermine le vomissement. A elle seule, elle peut remplacer la plupart des émollients.

Eau chaude.

L'eau chaude appliquée à la surface de la peau produit une sensation de chaleur d'autant plus intense et plus pénible que l'eau est plus chaude. L'eau modérément chaude agit comme un *rubéfiant*, c'est-à-dire qu'elle produit la rougeur de la peau, de la douleur et du gonflement. L'effet immédiat de l'eau chaude, c'est de faire pâlir la partie sur laquelle on l'applique, mais cet effet est fugace et est remplacé bientôt par la rougeur, la chaleur, la sensibilité. Une application prolongée d'eau chaude amène une véritable inflammation comme celle produite par les rubéfiants et même les vésicants.

Introduite dans le tube digestif, l'eau modérément chaude agit d'abord comme un stimulant énergique; mais cet effet est de courte durée; et, si un principe aromatique ne vient pas le continuer, un effet débilitant en est bientôt la conséquence. Aussi l'eau chaude ne sert-elle pour l'usage interne que comme véhicule des breuvages de diverses natures.

EFFETS THÉRAPEUTIQUES. — L'eau modérément chaude a une action émolliente légèrement excitante. On peut l'employer en bains prolongés pour faciliter le gonflement inflammatoire et pour nettoyer les plaies. On l'emploie aussi avantageusement pour le phlegmon, le javart cutané. En Allemagne, on en fait un fréquent usage dans les cas de *non-délivrance* chez la vache. On injecte de l'eau chaude en grande quantité dans la cavité de la matrice, soit au moyen d'une seringue, soit au moyen d'un tube de caoutchouc. L'eau distend la matrice, excite des contractions et détermine bientôt l'expulsion des membranes fœtales. Ce procédé de délivrance artificielle doit être désigné à l'attention des vétérinaires français; il pourra leur rendre de grands services.

Les propriétés *rubéfiantes* de l'eau chaude sont utilisées quelquefois pour amener une dérivation du sang à la peau. On emploie les affusions d'eau chaude dans les cas d'indigestion, de tympanite, de péritonite, d'entérite, de néphrite, de cystite, etc.

Eau bouillante.

L'eau doit être considérée comme bouillante quand sa température est au-dessus de 80°. Elle est très irritante pour tous les tissus ; elle amène très rapidement une escharification plus ou moins profonde de la peau, surtout lorsque celle-ci est fine. Lorsque son action est très courte ou lorsqu'elle est légèrement refroidie, elle provoque la formation d'ampoules remplies de liquide, semblables à celles provoquées par le vésicatoire. La peau devient rouge, enflammée, chaude et douloureuse. Au lieu d'appliquer directement l'eau bouillante sur la peau, on emploie souvent un marteau que l'on trempe dans l'eau jusqu'à ce qu'il ait pris la température de celle-ci (marteau de Mayor).

Voici les résultats que j'ai obtenus avec ce marteau :

1° Les poils étant coupés, le marteau chauffé à 80° est appliqué sur le côté droit de l'abdomen d'un chien âgé d'un an. On maintient le marteau en contact avec la peau en exerçant une pression légère. L'application dure cinq minutes. Pendant l'opération la peau est très blanche sous le marteau ; au pourtour, il se forme un bourrelet rouge qui fait saillie. Une heure après l'application, le point de la peau touché par le marteau conserve sa pâleur, le bourrelet périphérique est moins élevé, sa crête est rouge et de chaque côté à la base il y a une ligne blanche. Toute la partie chauffée proémine un peu sur les parties voisines ; il y a gonflement.

Le lendemain, peau toujours pâle, engorgement plus prononcé.

Deux jours après, la partie chauffée est éliminée comme une eschare. Il reste une plaie profonde, suppurante. Un mois après, la plaie était cicatrisée, mais les poils n'avaient pas repoussé.

2° Marteau à 60°; application pendant cinq minutes sur la partie inférieure de la poitrine d'un chien. Pendant l'application, rougeur très forte sur toute la surface touchée par le marteau. Après l'opération, gonflement rapide avec formation d'une phlyctène qui laisse suinter un liquide séreux transparent. Le lendemain engorgement volumineux et rougeur très prononcée. Les jours suivants, il y a une plaie légèrement suppurante. Après un mois, cicatrisation complète, mais absence de poils.

3° Marteau chauffé à 65°; application pendant une minute sur la partie latérale de la poitrine d'un chien. Les effets sont sensiblement les mêmes que ceux produits par le marteau chauffé à 60° et appliqué pendant cinq minutes.

4° Marteau chauffé à 55°; application durant cinq minutes. Rougeur pendant l'opération. Pâleur quelques minutes après. Le lendemain légère rougeur, légère phlyctène. Les jours suivants l'épiderme s'exfolie et se régénère sans persistance d'aucune cicatrice.

5° Marteau chauffé à 50°; application dure cinq minutes. Rougeur de la peau pendant l'application; pâleur quelques minutes après. Les jours suivants léger soulèvement épidermique, suivi de régénération rapide.

Des expériences faites sur l'âne m'ont donné des résultats semblables. Quand on veut se servir du marteau pour faire des applications de chaleur, il faut tenir compte du volume du marteau, de son degré de température, de la durée de l'application et de l'épaisseur de la peau. Dans mes expériences, je me suis servi d'un marteau de maréchal de volume ordinaire; les applications ont été faites sur la partie inférieure ou latérale de l'abdomen et du thorax.

D'après les essais précédents, la température de 55 à 60° est la plus convenable avec une durée d'application de cinq minutes, pour produire des *effets révulsifs*. Lorsqu'on n'a pas besoin de limiter exactement l'action on peut projeter directement l'eau bouillante à la surface de la peau. Mais comme on est exposé à des brûlures profondes, il vaut toujours mieux avoir recours au marteau de Mayor chauffé à une température déterminée.

INDICATIONS. — Les indications de l'eau bouillante sont celles des révulsifs en général. On produit une révulsion rapide et économique avec l'eau bouillante dans l'entérite suraiguë, l'entérorrhagie, la pneumonie, la pleurésie, surtout chez les animaux de l'espèce bovine.

Vapeur d'eau.

Les effets de la vapeur d'eau varient avec sa température. Si la vapeur s'est condensée en gouttelettes d'eau chaude, elle présente les mêmes effets que cette dernière, c'est-à-dire qu'elle est *stimulante, rubéfiante* ou *vésicante*. Si la condensation est plus prononcée, elle agit à la manière de l'eau tiède, c'est-à-dire qu'elle est *émolliente*.

USAGES. — On emploie souvent la vapeur d'eau pour provoquer la transpiration cutanée. Au début de toutes les maladies internes, on peut utilement faire usage de la vapeur d'eau pour ranimer les fonctions du tégument cutané et pour produire une dérivation du sang. Les douches de vapeur ou d'eau chaude alternées avec des douches froides sont héroïques contre les rhumatismes musculaires ou articulaires.

La vapeur d'eau est souvent employée en *inhalations* dans les maladies catarrhales des voies respiratoires.

ADMINISTRATION. — La vapeur obtenue par ébullition de l'eau est dirigée sur la partie malade nue ou recouverte d'une couverture, suivant le degré de chaleur de la vapeur. Comme un foyer de chaleur est souvent dangereux dans une écurie, on peut faire dégager de la vapeur d'eau, en versant de l'eau sur des morceaux de chaux vive. Pour donner un *bain de vapeur* à un animal on le couvre avec des couvertures de laine qui tombent jusque sur le sol, et on fait arriver la vapeur sous les couvertures. Pour les inhalations on couvre la tête de l'animal avec un tablier de manière à diriger les vapeurs vers les naseaux.

Électricité.

L'emploi de l'électricité comme moyen curatif est extrêmement restreint en médecine vétérinaire. Les résultats obtenus jusqu'aujourd'hui avec cet agent sont insignifiants et incomplets.

D'ailleurs, plusieurs raisons s'opposeront encore pendant longtemps à l'emploi de l'électricité dans la pratique de la médecine vétérinaire. L'application de l'électricité nécessite des appareils nombreux, compliqués, délicats, d'un prix très élevé; elle est difficile et dangereuse à cause de l'indocilité des animaux; elle ne donne en général de bons résultats qu'après un traitement longtemps prolongé et qui devient par conséquent trop coûteux. Toutes ces raisons m'engagent à garder le silence sur cet agent jusqu'au moment où des faits précis m'auront démontré son utilité.

FIN

TABLE DES MATIÈRES

PREMIER GROUPE

DEUXIÈME GROUPE

FIN DE LA TABLE DES MATIÈRES.

3742-83 — Corbeil. Typ. et Stér. Crété.